世界茶文化圣山，留给未来的文化遗产

世界茶文化圣山笔记

Essence of
World Tea
Culture Sacred Mountain

孙前◎著

巴蜀书社

图书在版编目（CIP）数据

世界茶文化圣山笔记 / 孙前著. -- 成都 : 巴蜀书社, 2025. 3. -- ISBN 978-7-5531-2268-7

Ⅰ. TS971.21

中国国家版本馆CIP数据核字第20249NR114号

SHIJIE CHA WENHUA SHENGSHAN BIJI

世界茶文化圣山笔记

责任编辑　白亚辉
责任印制　田东洋　谷雨婷
出版发行　巴蜀书社
　　　　　地址：成都市锦江区三色路238号新华之星A座36层
　　　　　邮编：610023
　　　　　总编室电话：（028）86361843
　　　　　发行部电话：（028）86361852
网　　址　www.bsbook.com
制　　作　成都完美科技有限责任公司
印　　刷　雅艺云印（成都）科技有限公司
版　　次　2025年3月第1版
印　　次　2025年3月第1次印刷
成品尺寸　240mm × 170mm
印　　张　36.5
字　　数　550千
书　　号　ISBN 978-7-5531-2268-7
定　　价　198.00元

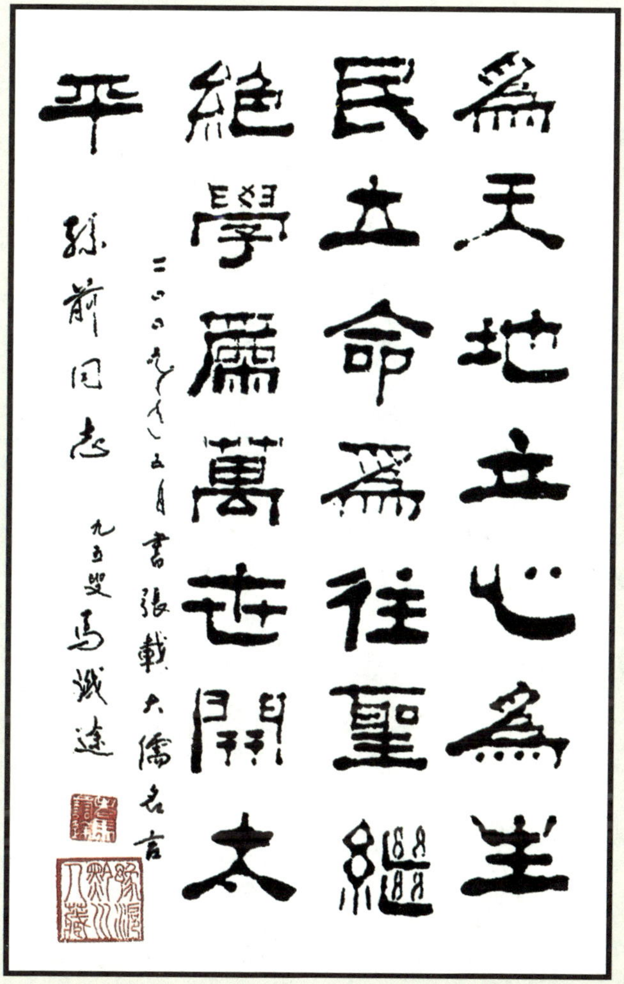

著名作家、书法家、诗人马识途赠作者墨宝

前所未有写雄篇

——孙前《世界茶文化圣山笔记》序

任何书写者，都有所爱的文体，有得心应手的笔墨方式。笔记散文，显然是孙前先生的喜好。收到他的《世界茶文化圣山笔记》样稿，我更加深了这种印象。因为他的第一本著作是《大熊猫文化笔记》，第二本著作是《英茶行日记：中英交流400年——茶 瓷器 丝绸 漆器 园林 贸易撷英》，均属于笔记散文类别。现将出版的新作，书名就表明了文体的属性。

笔记散文的源头，可以追溯到史官传统。先秦史官有左史、右史之别，《汉书·艺文志》云："左史记言，右史记事，事为《春秋》，言为《尚书》。"左史、右史，他们都从事记事记言的笔记工作。如何记事，许慎《说文解字》讲得非常明确："史，记事者也，从又持中。中，正也。"所谓"持中"，就是秉持中正之心，内容不能虚构。笔记还继承了诸子百家散文传统，包括《论语》《孟子》的语录体散文著作，以及后世的札记体和随笔性散文。不过，无论何种源头，都具有文直事赅、秉笔直书的笔法特性与精神特质。孙前先生的笔记体著作，既以传统为意趣，又具新风为蕴涵；既以日记为依据，又用资料增考据。

孙前先生的第一本著作《大熊猫文化笔记》，就形成了自己笔记文体的风格特色。作者追寻"大熊猫科学发现第一人"、博物学家阿尔芒·戴维先生发现大熊猫的足迹，重新行走，广搜资料，独具慧眼，深入思考，围绕打造具有影响力的大熊猫文化品牌、大熊猫文化的国际交流，涵盖了大熊猫文化研究方方面面有深度和有趣味的话题，通过大熊猫文化构建起中法民间交流的又一座桥梁。这本著作获得极大成功，2009 年至 2012 年出版了中法英文 4 种版本（法文有北京、巴黎 2 种版本），2019 年又出版典藏版。孙前先生也成为蜚声中外的大熊猫文化研究学者和大熊猫文化概念首创者，大熊猫文化和旅游的积极创造者和实践者。

《英茶行日记：中英交流 400 年——茶 瓷器 丝绸 漆器 园林 贸易撷英》是孙前先生的第二本著作，依然以他熟悉的笔记文体创作，采用日记方式编排。孙前先生率领"中华茶文化赴英国考察交流团"前往不列颠群岛，时在 2016 年 4 月 12 日至 25 日。在 14 天行程中，他们奔走了 25 处地方。回国之后的 5 年，世界巨变，游历时在欧盟的英国，已经脱欧；新冠疫情，肆虐全球。而孙前先生花费 5 年的时间，以每天工作 14 小时的节奏，参考 386 本中外书刊，完成 63 万字的英国之行日记，收入 500 余幅珍贵照片，实现了 400 年的穿越。这本著作有一个长长的书名：《英茶行日记：中英交流 400 年——茶 瓷器 丝绸 漆器 园林 贸易撷英》。因为它不仅仅是 14 天的单纯记录，而是 400 年中英交流的多种层面回顾、历史遗存考察、不同记载辨析、交流互鉴思考。将器物、文化、观念、制度的精彩博弈，竞争、打击、侵略、碾压的多重对抗，用事实表现得淋漓尽致，以史证澄清得讹误遁形。说 14 天穿越 400 年，并不为过！这不仅是引人入胜的旅游实录，也是娓娓道来的考察报告；不仅是旁征博引的考据辨析，也是史论结合的思想成果。阅读此书，读者难免会发出沉重的叹息，还会发出灵魂的追问：历史，还会轮回吗？

笔记文体不拘一格，多种多样。《世界茶文化圣山笔记》虽然不出其类，却又风貌迥异。全书 55 万字，400 多张照片，分为上、下两编，上编 18 篇记事，记录 2004 年雅安茶文化"一会一节"、打造"世界茶文化圣山"前前后后的人与事；下编 5 篇辨史，以史料阐释"茶祖吴理真"的由来和雅安乃至四川茶史。这样的上、下编安排，从篇章结构来看，显然失衡，是禁忌之举。但是，符合作者本意：为历史留痕，为常人立传。这本著作，虽然以日记为基础撰写，却并非原有内容的照搬，而是保持真实的适度加工，使之内容更生动、叙述更传神、人物更鲜明。

至于《世界茶文化圣山笔记》的写作旨意，在作者后记里写道："本书主题是什么？一位人民公仆怎么为富裕一方而开拓性地勤奋工作！"如果仅此而已，只是个人的奋斗经过，是个人的心路历程。其实，一本书问世之后，就成为文化存在，出现不同角度的解读，产生不同的社会价值。从这本书呈现的内容来看，起码有三个维度的价值。

一是管理学研究价值。在公共管理中，行政管理是重要组成部分。虽然政府决策与实施，我们已经司空见惯，许多工作与活动也有总结报告，但是，以管理学科的眼光来审视，从管理者出发研究管理过程的翔实案例相当缺乏，特别是真实细节、各方博弈的全过程难得展现。而雅安"一会一节"的举办，活动起因、决策情况、实施方法、管理程序、运用技术、哪些困难、如何解决、活动状况、事后反映，都丝毫毕现，一览无余，为行政管理学提供了难能可贵的案例。为了服务大众，政府需要决策；为了社会发展，需要实施工程。我们反对的是随心所欲的决策、贻害地方的工程、谋取私利的项目。对于造福百姓的、有益社会的、利于持续发展的项目、工程、决策，我们举手赞成，拍手称快，大力支持。这本著作，展现了真实生动的案例。

二是社会学考察价值。作为系统研究社会行为与人类群体的社会科学，社会学的研究范围非常广泛，其中，既有宏观层级的社会系统或者结构，也有微观层级的社会行动或者人际互动。《世界茶文化圣山笔记》虽然以打造蒙顶山为中心，却又涉及社会学不同支系的内容，例如地理社会学、生物社会学、政治社会学、经济社会学、宗教社会学、艺术社会学、农村社会学、都市社会学、社会工作，从不同的层级进行分析与解读，都能够获取有用的材料。"在场性"是哲学的重要概念，不同的哲学家有不同的解释。而从社会学来看，“在场”就是直接呈现在面前的事物，就是直面事物的本身。本书作者是事件的决策者、参与者、推动者，全过程的了解者，因此其著作具有难得的社会学价值。

三是文化学学科价值。文化学具有鲜明的综合学科特性，具备整体性、跨越性、典型性、通约性。《世界茶文化圣山笔记》记载了多民族的事项，跨越了民族文化、文化类型的界限。书中通过中外文化交流，从文化学普遍性与特殊性、个性与共性的观察出发，说明各民族文化存在差异，却又并非对立与对抗，而是能够相互理解、相互交流、相互借鉴的。这样的生动事例，正是文化学需要的。本书的文化学价值，有三个方面的呈现：一是茶文化本身的历史价值、认识价值、传承价值、弘扬价值；二是茶文化为打造蒙顶山带来的内涵价值、吸引价值、经济价值；三是茶文化在建设名山旅游、推动雅安和四川全域旅游中的作用。

总之，《世界茶文化圣山笔记》是蒙顶山历史回眸史，是雅安乃至四川茶事生活与重大活动史，也是芸芸众生群体形象史，还是社会形态与文化思想史。

当然，“仁者见仁，智者见智”。《世界茶文化圣山笔记》问世之后，可能会有新的质疑，甚至引发新的争议。因为十多年来，毕竟存在关于“茶祖吴理真”的不同声音。这本著作后记中，作者有几句话值得玩味：

我常讲学来的一句话——“人文修养决定思维层次”。

52岁之前的历练和积累，使我看到熊猫和茶时，会有不同的视野和认识，会把“熊猫牌”升格为“熊猫文化牌”，会把茶农吴理真、“蒙山顶上茶”，定格为植茶始祖和世界茶文化圣山。这本书，叙述了渐进的历程。

作者的思想，有“渐进的历程”；社会的认知与认同，也有“渐进的历程”。由于熊猫是“国宝”级动物，把“熊猫牌”升格为“熊猫文化牌”，得到一致的赞誉。依据“蒙山顶上茶”的流行，蒙顶山深厚的历史文化和悠久茶史，把蒙顶山定格为“世界茶文化圣山”，似乎也没有太多的异议。因为“圣山”之说，并没有排他性。声名显赫的季羡林先生就把庐山称为“世界人文圣山”。中国自古就有“三山五岳”并存于世。不过，对于吴理真作为“人工植茶之祖”，却有不同的认识，甚至有的论者穷追不舍。举其要者，原因有三：一是历史文献的不足，二是史料解读的差异，三是观察视野的“双标”。这是回避不了的状况，是值得继续探究的，也是我长期关注与关心的。

《世界茶文化圣山笔记》一书赞扬我“是打造圣山、茶祖吴理真和‘一会一节’的参与者、支持者、见证者”，惭愧不已，实不敢当。因为对于雅安的“一会一节”，我是“参与者、支持者、见证者”；对于“打造圣山”，从造福一方、发展旅游出发，我也参与了旅游考察，支持了景区打造，见证了雅安旅游发展。但是，对于“茶祖吴理真”，我一直在搜集资料，听取意见，冷静思考。在与孙前先生面对面交流时，我向他虚心讨教。其他发表文章肯定或者否定“茶祖吴理真”的先生，我与他们讨论时，也仅仅是提出问题。2019 年 1 月，陈书谦先生主编的《蒙顶山茶文化口述史》出版，我应邀为该书作序，题目是《把真实留给未来》。其中，谈到蒙顶山，谈到吴理真，我客观而鲜明地指出：

研究中国茶史，蒙顶山是绕不开的地方。巴蜀是中国茶文化的发祥地，已经形成共识；蒙顶山是巴蜀茶文化起源与发展的重要坐标，也有众多的依据。

蒙顶茶史，往往追溯到两千多年前的西汉时期。当时，王褒《僮约》所记茶事，是最早关于饮茶、买茶和种茶的记载，几成定论。而吴理真为“种茶始祖”之说，被著名茶学家、茶业教育家、制茶专家陈椽教授称为“蒙山植茶为我国最早的文字纪要”（《茶业通史》，1984 年农业出版社版）。当然，不必讳言，对于“种茶始祖吴理真”也存在异议。

其实，学术界历来认为：“说有易，说无难。”要彻底否定蒙顶茶史传统，否定吴理真"种茶始祖"之说，也要有更多的文献依据。近几年来，我任多卷本《中华茶史》总主编，上古到汉代的茶史往往仅见只言片语，或是陷入"孤证"，需要更多的佐证。吴理真之事，是其中有代表性、有影响的例子之一。这段时期的茶史，如果仅以史料不足，简单否认，是最简便的，却也是"虚无主义"的做法。而要一一厘清，则要下大力气，也可能经年不得。

这是我关于蒙顶山、吴理真的完整表述，也是至今为止的唯一看法。

除了上述意见，我还有一些疑惑，正好向方家请教。

——关于文献误读。四川戴开林先生是收藏家，2021 年 3 月 27 日我去其五桂山房拜访时，他示以"道光版《三巴金石苑》高清印书"，并告诸家论者有误读。因行色匆匆，未及细谈，只嘱其整理成文，知识产权还须保密。2022 年 2 月 23 日，收到戴先生发来的长文《茶祖是宋还是汉皆因误读》。经过文献解读，他得出四个结论：

通过上述对《三巴金石苑》载《祖师碑》三页图文的解析可以得出四个结论：

一是著者刘喜海对碑文的题跋不是界定吴理真是宋人的依据，而是对《祖师碑》勒碑年代的界定。

二是对《甘露祖师行状》碑文断句方式的不同，容易引起吴理真是宋是汉的歧解。

三是著者刘喜海对碑文的注疏证明了他本人认为吴理真为汉代（后汉）人，从而进一步证明了"宋甘露祖师像并行状"是对碑年代的题跋，并非说祖师为宋人。

四是碑文非宋皇或朝廷正式昭告，而是民间对曾经的昭告、显灵事件和传说的追记，内容杂遝。

戴先生的文章是否公开发表，我不甚了然。无论如何，上述观点的发明权是属于他的。戴先生还随文发来微信，谦虚地表示：“文章听取了大家意见，再次修改，仍为惶恐。鄙意并非批评谁，而在于澄清事实，还原真相。今不揣冒昧，将此文转发于你，敬请赐教斧正。”我当然无力“赐教斧正”，只能拜读再三。

的确，解读文献不易，该文也存在“误读”。文章前面引用南宋王象之《舆地纪胜》记载：“西汉时，有僧自岭表来，以茶实植蒙山。”后面引用北宋孙渐《智矩寺留题》诗：“昔有汉道人，薙草初为祖。分来建溪芽，寸寸培新土。至今满蒙顶，品倍毛家谱。”由此，作者专门分析“吴理真从北宋的道人演变为南宋的僧人”。其实，这是对“道人”一词的“误读”。我们只要翻翻词典，权威如《汉语大词典》，普及如《现代汉语词典》，就一清二楚了。“道人”本就有佛教徒的意思。如南朝宋刘义庆《世说新语·言语》：“竺法兰在简文坐，刘尹问：‘道人何以在朱门？’”宋叶梦得《避暑录话》卷下：“晋宋间佛学初行，其徒犹未有僧称，通曰道人，其姓则皆从所授学。”可见，北宋孙渐诗中的“汉道人”，与南宋王象之记载的“西汉时，有僧自岭表来”，二者的身份是一致的，即“僧人”。虽然佛教传入中国的时间有多种说法，但在汉代却是确切无疑的，这与“汉道人”是吻合的。至于看见“道人”二字，就理所当然地以为是“道教徒，道士”，只是一种思维惯性，也是因为对于一词多义缺乏了解。不过，“道人”一词的“误读”，戴先生并非始作俑者。只要回顾“汉道人”争议的来龙去脉，就一清二楚。

——关于人物性质。吴理真的争议，其中之一，是关于人物身份性质。数十年研究神话、成就斐然的神话学家袁珂研究员，是中国神话研究的集大成者，为中国神话故事的系统化和中国神话学理论体系的构建做出巨大的贡献，是海内外学术界公认的国际知名学者。他在《中国神话史》（1988年上海文艺出版社版）第七章“历史人物的神话”，对此有精辟论述：

研究神话，有一个需要予以解决的问题，就是神话人物本身性质的问题。不能简单地判定，神话人物都是虚构的。不，问题不会有这样简单。（147 页）

近十多年来我是逐渐比较相信“史影”之说了，我认为大部分神话并不都是凭空虚构的，从神话的五光十色的三棱镜中，总会或多或少曲折地反映出一些历史的面影来。神话人物的是否纯属虚构，就当以此为检验的标准。（147—148 页）

袁珂先生的论述，对于神话人物的性质检验提出了评判标准。民俗研究也认同这样的标准，并且进一步认为：神话人物，包括某些“神迹”，是有“史影”的。而历史上的真实人物，也有“箭垛子式人物”，诸葛亮、苏东坡就是这样的人物。以此为标准，对于吴理真、葛玄一类的人物，也就有迹可循了。

——关于茶史书写。早在唐代，刘知幾《史通》提出史学家应具史才、史学与史识。“史才须有三长，世无其人，故史才少也。三长：谓才也，学也，识也。”“史才”源于天生，兼具才气。辞章之学，叙述之文，简洁为基，明晰为度，平实为意，精准为要，深邃思想，见于平凡。“史学”是指学识。“君子之学，博于外而尤贵精于内，论诸理而尤贵达于事。”（明王廷相《慎言·潜心》）专业知识精深，相关基础雄厚，博约相济，方为上乘。“史识”就是识见，最为难得。辨析史料，论从史出，眼光独到，别出心裁。有才无识，有学无识，难成大器。“三才”之外，清代史学家章学诚又加“史德”，即史家本人品德，也就是追求历史真实的正直品格。时代虽然巨变，治史要义不移。

茶史书写，除了上述“四才”，还有“三难”。

一是先秦至隋代，史料缺乏，多为孤证。如果一概否认，何来历史流变？忠实记载，录明分歧。文献、文物、文书，三者互为补充；民间、官方、文士，三方互相印证。从历史的蛛丝马迹中理出头绪，从杂驳的残章断简中发现真相，正是需要我辈继续努力的。

二是后世著述，如何认定？史实总是事后载录，史料总是滞后现状。但是，同一时期史料，同为方志卷册，总要秉承一视同仁的原则。同系“旧传”，一则认定，一则否定，如何服众？只有不偏不倚，公正合理，才能得到广泛认同。

三是前辈学者成果，怎样科学评价？著名茶学家、茶业教育家、制茶专家陈椽教授是茶叶人文学派主要代表，所著《茶业通史》成为一代经典。当代茶史文献研究的先驱者朱自振教授，从20世纪50年代起，终生从事茶史文献搜集整理与研究，引领与影响了改革开放后的茶史研究。茶叶科技与茶文化两栖成果卓著的程启坤研究员，被称为“茶界老一辈中最敢直言不讳发言的人”。

这些专家以学术为生命，以治学严谨著称，都用著作论文或者以其他文字的方式肯定了吴理真。仅仅以“学术不端”的名义，对专家们不求闻达精神视而不见，对这些观点一笔抹杀，显然有失公允。“学术不端”有种种表现，诸如学术抄袭、剽窃的不良行为，恶意的一稿多投行为，唯独不包括学术观点的对立。

另外，从这些专家研究成果的取得时间来看，也与某些地方政府的“好大喜功”“弄虚作假”无关。根据学术史考察，这些专家研究成果在前，不良之风出现在后。因果关系，不宜颠倒。如果要说关联，只是专家的学术成果被政府采用。当然，也不排除被歪曲与窜改。其实，不从学术史实际出发考察，信口雌黄，上下其手，并非正途。近期，有人信誓旦旦地说：江西省万年县命名是源于发现一万年前的水稻。这是不顾历史的胡诌。“万年”系明代正德七年（1512）析鄱、余、乐、贵边徼之地设县，以县治于万年峰之阳而得名。万年县仙人洞、吊桶环遗址，是全国罕见的从旧石器时代晚期至新石器时代早期过渡时期的重要遗址。除了中国单独考察，

1993 年、1995 年，还由中美联合考古队对遗址进行了两次发掘。1995 年，考古学家们在吊桶环遗址发现了距今 1.2 万年前的栽培水稻植硅石，成为现今世界上年代最早的水稻栽培稻遗存之一。“无知者无畏”之风，千万不要影响茶史书写。

《世界茶文化圣山笔记》给人以感动，给人以力量，也促人去思考。书中直面学术争议，以梳理文献的方式回应了一些学术问题。学术不怕争鸣，学术需要争鸣。健康的学术争鸣，是学术前行的动力，是学术发展的必然。这是我阅读该书之后的一点感悟。我为《茶文化研究集刊》写的发刊词《让学术研究引领茶文化发展》中有一段话：

我们要坚持“百花齐放，百家争鸣”的方针，鼓励真知灼见的学术创新与互相尊重的思想交锋，倡导不同学术观点的充分说理与深入探讨，提倡不同学科与学术流派的交流合作，着力研究茶文化的热点、难点与焦点问题，欢迎观点鲜明、思想深刻、论证严密、文字平实的精品力作。

我想，“互相尊重的思想交锋”，“倡导不同学术观点的充分说理与深入探讨”，应该成为茶史书写的圭臬。

孙前先生的著作，素以日记为蓝本。行文至此，我亦仿效其法，记录一则“拟日记”：7 月 3 日，收到孙前先生发来的《世界茶文化圣山笔记》校样。一个月之前，已邀约我作序。7 月 20 日，又发来该书“后记”与参考书目，并询问序文之事。我即发微信：“拜读佳构，作序不易。如现灵光，方敢下笔！今以数语，遥相致意！”致意之语，为一首藏头诗：

孙康映雪换新天，
前所未有写雄篇。
您看蒙顶多奇峰，
好茶品赏知味鲜！

旋即收到微信：“当今天下，非先生无能为本书作序者。”我早过了知命之年，心明如镜，适合“为本书作序者”大有人在，位高权重者，德高望重者，学术高深者，不胜枚举。之所以邀请我，一是情谊，二是考试。正值炎炎夏日，不啻热锅煎烤。南昌向有“火炉”之称，夏日煎烤也无所谓。不过，我要与孙前先生开开玩笑，故速回复：“借上述语，以‘先生无能’作藏头诗，权且一哂。”诗云：

先贤留有一截碑，
生在世间令人奇。
无赖天降经纶手，
能在蒙山宏图起！

孙前先生快速回应：“罪过！当今天下，非先生无有为本书作序者。”于是，我又再次微信：“先生无能，市长有为！调笑而已，快乐开胃！品茗畅谈，期待再会！”

此“拟日记”，是为文坛留下逸事，也是为孙前先生画像“立此存照”。孙前先生年长三岁，是老大哥。他大学毕业于四川师范大学中文系，曾给省委书记许梦侠当过八年秘书，在四川省委办公厅、成都市委办公厅、省文旅厅和市县担任过领导，还曾任省政府直属企业董事长。正规化的学习，多岗位的历练，使他既有人文素养，又有领导经验，还有实际能力，与胸无大志者、好高骛远者相区别，他是想大事，做实事，干好事。蒙顶山瞄准“世界茶文化圣山”来打造，正是他一贯为政之道的再次践行。诚如前贤所言：“德不优者，不能怀远；才不大者，不能博见。”（汉王充《论衡·别通》）孙前先生的经历，正是对这精辟之论的诠释。

初见孙前先生，您会感受到他的儒雅之气、谦和之风。只有深入接触，参与实际，才能了解与体会他的进取之心、坚毅之志。2004 年 5 月 13 日，孙先生一行在江西婺源给我送“一会一节”邀请函，我们第一次见面。在此之前，孙前先生为《蒙山茶话》（董存荣著）写序，就引用过我的文章论述。说起来，我们神交已久，一见如故也在情理之中。“一会一节”期间，孙前先生忙得不亦乐乎，我们无暇细谈，但合影留念。其后多次见面，都是出席各种茶文化活动，匆匆而来，匆匆话别。

2016 年 8 月 23 日至 31 日，应西藏茶文化协会会长辜甲红先生邀请，孙前先生陪同刘昌明教授和我，一起去拉萨参加西藏茶文化发展高峰论坛。当时，孙先生严重感冒，去西藏高原十分危险，我们为他的健康担忧，劝他不必前往。但他不以为然，说是去过三次西藏，还深入过阿里地区，到了拉萨，感冒会好。此时他 68 岁。我们看到他的豁达、坚强与勇敢，只得随他意愿。也许这种精神，正是他在工作中克服困难、勇往直前的动力。进藏火车三天两夜的旅程，在空间狭小的软卧车厢，我们竟然没有被传染感冒，孙先生的身体也奇迹般地康复了。阅读《世界茶文化圣山笔记》，我不禁回想起这段往事。知微见著，窥斑见豹，“能在蒙山宏图起”，就不难找到答案了。

“前所未有写雄篇”系纪实之语。这“雄篇”，既指作者的“笔记三书”，使孙前先生实现了立德、立功、立言的完美融合；又指矗立在大地上的作品——“世界茶文化圣山”的打造，这是留给未来的文化遗产！

一株灵草，一座名山，寄予真情；

一段传奇，一组群像，尽在书中。

《世界茶文化圣山笔记》即将出版，仅以粗浅的“读后感”，表达良好的祝贺：

扬子江心水，蒙山顶上茶。

古今味相通，芳香遍天下！

余悦

2024 年 7 月 29 日

于洪都旷达斋

四川农业大学“一会一节”研讨会主会场　2004.9.20（余悦，右）

余悦，江西省社会科学院首席研究员，中国茶文化重点学科带头人，浙江大学茶叶研究所特聘教授，九江职业大学特聘教授，万里茶道茶学院院长，国家出版基金项目《中华茶史》（6卷本）总主编，中国国际茶文化研究会重大文化工程《中华茶文化通史》（7卷本）执行主编、首席专家。

目录 CONTENTS

上　编

第一篇

一座圣山立起来

提　要

世界茶文化圣山——谁认可的？

2004 年 9 月 19 日—25 日，雅安“一会一节”，
全球 28 个国家和地区，全中国 34 个省、自治区、直辖市和特别行政区，
2800 位代表认可！

中国茶文化泰斗朱自振教授的信

吴觉农茶学思想研究会创始人、驻外大使吴甲选书札

台湾中华茶文化学会理事长范增平致函

贺懋华团队报告——中国一流机构的评估报告

江西社会科学院副院长、《农业考古》主编陈文华教授讲历史

1　“一会一节”概况

2004年9月19日—25日，第八届中国国际茶文化研讨会暨首届蒙顶山国际茶文化旅游节（简称“一会一节”）在四川雅安市雨城区、名山县举办。出席会议代表2800人，全国34个省、自治区、直辖市及特别行政区皆组团参加，28个国家和地区的520位代表莅会，10家世界500强企业参会。

“一会一节”高峰论坛、WTO茶叶出口对策研讨会、茶马古道历史文化研讨会、西部（雅安）旅游高峰论坛、世界500强知名企业与雅安经贸洽谈会、雅安招商引资推介会、雅安市人居生态环境居住推介会异彩纷呈。

茶马古道老照片（来自法国）暨大熊猫生态摄影艺术展、生态旅游文化集邮藏品展、一区七县丰富多彩的群众文化艺术争奇斗艳，国际茶叶博

“一会一节”主会场——四川农业大学体育馆　2004.9.19

览交易会、中国西部（雅安）名优特新展销会、大西南美食节，在城市主街区通宵展售，30余万人参加了“一会一节”活动。

9月20日，在高峰论坛上，雅安市委书记侯雄飞宣读《世界茶文化蒙顶山宣言》（简称“《宣言》”）的同时，现场用中英日韩四种语言做同声传译。人手一册的《2004第八届国际茶文化研讨会论文集》的第一篇文章就是中英双语的《宣言》，由此“世界茶文化圣山—茶祖吴理真”名扬天下。

当今各地推崇会展经济，不说北上广，仅一些省会城市，动辄一年举办十几场国际会展活动，几天时间招商引资可揽数十亿甚至更多，吸引观众数十万甚至上百万。而一个仅有153万人口的小小地级市——雅安，7天吸引30万人，它有什么值得炫的？

日历翻回20年前，看看当年的评价。

2 朱自振教授的来信

朱先生何人？程启坤、姚国坤两位教授说，我们的那些茶历史文化知识，都是从他写的书里学来的。朱先生被尊为中国茶文史界的泰斗级人物，是中国农业科学院、南京农业大学中国农业遗产研究室研究员。

朱先生参加完“一会一节”回到南京农业大学，于9月23日给笔者写一信，原文摘录于下：

孙市长，感谢你邀我参加这次雅安“一会一节”盛会，实现了我久久想往的朝拜茶叶圣山蒙顶的宿愿。你们对蒙顶提了不少前所没有的提法。我支持，同意称蒙顶为中国和世界最早的茶叶名山、圣山的提法。

这次会议，贵市经过长时间精心筹备的，也是我参加和听说的国内也是世界所有茶文化会议，最盛大、最广泛、最感人、最激动人心的一次盛会。

朱自振教授参加雅安“一会一节”，同老友合影
右起：施嘉璠、梁朝清、刘启贵、朱自振、孙前、
黄桂枢、骆芃芃、沈冬梅、丁文、董存荣

这次会议，不仅以“空前”记入世界茶文化史册，我担心可能也会以“绝后”无人超越或继续。我作为一位茶人和茶文化爱好者，深深感谢你，感谢雅安市委和政府对茶文化的充分重视和大力投入，感谢雅安人民对承继雅茶文化遗产的重视和积极参加。

3 吴甲选先生赐书札

吴甲选先生是当代茶圣吴觉农的二公子，吴觉农茶学思想研究会创始人之一，曾任驻外大使，是一位博学多闻的学者。他和夫人张素娟参加“一会一节”回北京后，赐笔者书札一封：

孙市长同志：

此次有机会参加雅安盛会，并得到你的关注，十分感谢！临行还承你深夜亲莅宾馆探望，实深感不安。

吴甲选夫妇参加开幕式后合影
右起：王亚雷、丁以寿、张素娟、吴甲选、孙前、吴爱平

到会的朋友们普遍反映，这次大会开得成功，政府之重视，投入财力、人力、物力之巨大，堪称历届会议

之最，萧慧娟女士之言并不是客套话。（注：萧理事长说，多亏我是在雅安之前办会，要是在之后，我就不敢办会了！）大会成效将在今后愈益显示，为雅安传扬海内外又跨进了一大步。很多人惊叹雅安景色之美、名胜之多、旅游资源之丰富，都认为今后的发展，前途无可限量。

4 范增平教授致函

范先生是台湾中华茶文化学会理事长，是海峡两岸茶文化交流的先驱和主要推手，著述等身。参加“一会一节”返台湾后，他11月30日给笔者致函：

孙市长道鉴：

9月应邀参与雅安市“一会一节”盛会，承蒙热情接待，至深感谢。贵市举办如此盛大的国际活动而且圆满、成功地完成，创造茶文化历史灿烂辉煌的一页，必将留给人们深刻不灭的回忆。在此谨向孙市长暨所有领导和雅安市民致上无限的敬意和祝贺！

范先生在台湾发表了长篇采访《孙前：世界茶文化发祥地的领导——谈雅安市的金字招牌》，讲述市政府打造茶圣山的开拓、艰辛和成效。他把多文结集成《中华茶人采访录》，此文作为第一篇，2005年在海内外发行。

同范增平教授在“一会一节” 2004.9.19

5　贺懋华团队的《评估报告》

“一会一节”筹委办提前两个月邀请北京国经纬区域与城市经济研究院入驻雅安，以他们独立的眼光自由行，经过认真调研最后形成一份对“一会一节”活动的评估报告。副院长贺懋华教授（中国CI工程发展中心主任）带了几位弟子，亲自担纲操持此事，大家开了几次研讨会，我们毫无保留地提供资料。在第一次见面会上，贺先生说：“在中国，对一次政府活动的研讨会做出评估报告，你们是首例，我们给院长孙钱章（中共中央党校函授教育学院原院长）、靳晋（中国农业大学原副校长、北京市政协原副主席）汇报，他们高度重视，认为既然是首例，就要下功夫做好，取得经验，普及其他。”活动结束后20天，贺先生团队交出一份30页图文并茂的《2004第八届国际茶文化研讨会暨首届蒙顶山国际茶文化旅游节评估报告》（简称“《评估报告》”），他们的总评价是：

贺懋华团队做的《评估报告》
2004.10

第八届国际茶文化研讨会是迄今为止规模最大、规格最高、代表性最强、国际化程度最高、项目内容与活动最丰富、学术与文化成果最多、影响面最广、社会动员面最大、政府参与部门最多、宣传投入力度最大、招商招展投入最大、参会代表人数最多、公众参与率最高、基本建设工程投入最大、茶艺茶技活动最独特、对当地支柱产业促进作用最显著、对当地城市综合环境提升效果最显著、对城市外在形象品牌传扬效果最明显的一届国际茶文化研讨会，是一次基本圆满而非常成功的国际文化会展！

在《评估报告》交卷的座谈会上，学识渊博、不事张扬、功力深厚的贺先生诚恳地说："我们研究院给国内外做过无数个研究和评估报告，对你们的结论，我们用了18个'最'字，这是史无前例的。我们在这儿几个月的工作里，目睹你们的勤奋、团结、高效、创新，心怀坦荡，你们的目标只有一个——世界第一！这让我们的团队感动，很感谢你们的信任，让我们参与和见证了一个小城创造的历史！"

6 陈文华教授的记录

陈文华先生是江西省社会科学院副院长、《农业考古》杂志总编。

2006年9月，他出版了《中国茶文化学》，如实记录了第一届至第九届中国国际茶文化研讨会的时间、地点、规模等珍贵资料，录述于下：

1990年10月，浙江杭州举办首届"国际茶文化研讨会"，来自日本、韩国、斯里兰卡、美国等国以及中国海峡两岸与香港地区的茶文化界187人参加了这次盛会，酝酿成立筹建国际性茶文化研究机构。

1992年3月，湖南常德举办第二届"国际茶文化研讨会"，来自日本、韩国、新加坡、马来西亚等国以及中国海峡两岸与香港地区代表260人参加这次盛会。

1994年8月，云南昆明举办第三届研讨会，中国海峡两岸与香港地区以及日本、韩国、新加坡、马来西亚等国共200多人参加会议。

1996年5月，韩国汉城举办第四届研讨会，规模巨大，盛况空前，有来自中国、日本、美国、马来西亚和韩国的代表600多人参加，单是日本就来了200多人。

1998年9月，在杭州举办第五届研讨会，来自美国、法国、日本、韩国、印度尼西亚、新加坡、加拿大和中国的茶文化界人士1000多人参加会议。

2000年10月在广东广州市举办了第六届研讨会,来自美国、法国、日本、韩国、新加坡、马来西亚和中国内地及港澳台代表1000多人参加会议。

2002年9月，在马来西亚吉隆坡举办第七届研讨会，参加会议的各国人士也多达数千人。

2004年9月，在四川雅安市举办第八届研讨会，参加会议的各国人士多达2000人。

2006年5月，在山东青岛市举办第九届研讨会，参加会议的各国人士多达数千人。

除陈先生上述记录外，我一次不缺地参加了其后各次研讨会：2008年5月浙江湖州的第十届，2010年5月重庆永川的第十一届，2012年9月陕西西安的第十二届，2014年5月贵州遵义的第十三届，2016年10月河南开封的第十四届，2018年11月湖南株洲的第十五届，2021年5月浙江杭州的第十六届。

现在两年一届的“中国国际茶文化研讨会”，已经做成有国际影响的“茶叶界的奥林匹克盛会”的品牌。从以往16届看，任何一个举办地的经济实力都是雅安的N倍。而我亲历参加了10届，想要验证朱自振先生的“空前”“绝后”“无人超越或继续”的判断，看看大学者修持的功力，用时间检验，让历史说话。

同陈文华教授在浙江湖州中国国际茶文化研究会上

一个西部小城能打世界牌吗？一介政府公仆能打世界牌吗？——这就是本书的主题。

第二篇

巴蜀——中华茶文化摇篮与蒙顶山

▶ 提　要

茶文化源于何时——各述其是

朱自振的巴蜀“摇篮论”：众说归一

这位饮茶而乐的成都汉代女陶俑

王褒《僮约》说茶的三大贡献

中国最早的饮茶汉画像砖

寻访武阳买茶之地

蒙顶山何以称圣：六条考释

1　茶文化源于何时何地

中华茶文化起源于何时何地，多年来新消息层出不穷，有关考古发现和现存古茶树不断涌现，各地据此断定茶文化由此萌生。

以时间论，1980 年 7 月，贵州黔西南晴隆县发现据说 164 万年前的四球茶籽化石，由此晴隆被推论为世界茶树起源地。《农业考古》1997 年第 2 期载《从木兰化石论茶树起源和原产地》，云南省地矿局何昌祥等在景谷县发现宽叶木兰化石，后经中国社会科学院北京植物所认证，称是距今 3540 万年前的化石。何先生等由此推论“茶树是由第三纪宽叶木兰经中华木兰进化而来的”，并作为茶树原产于云南的一个依据。①

浙江省发布，在杭州附近的新石器遗址中发现 8000 年前陶釜中有一捆植物枝条，疑似熬茶树枝叶汤饮，还发现茶树籽，并推测先民“很有可能已经有喝茶的习惯了”。2015 年 3 月 18 日，浙江考古和茶研部门宣布，在田螺山遗址出土了距今 6000 年左右的山茶属树根，为“我国境内考古发现的最早的人工种植茶树的遗址”。

云南临沧凤庆县政府挂牌，称香竹箐茶树王 3200 岁，是人工所植……

以上论述的科学性有待实证。

---

①　《人民日报》2018年5月2日报道“我学者破解中国种茶树全基因密码”，安徽农业大学宛晓春教授团队称：“茶树祖先种大约在8000万年前与亲缘关系最近的猕猴桃物种发生分化……形成中国种和阿萨姆种。”

《农业考古》2020年第5期刊出杨崇仁博导、陈可可高工、张颖君博导、杨晓琳博士合作的《源于滇，出自巴蜀——论茶的起源与传播》一文，四人皆是中国社会科学院昆明植物研究所科学家。他们认为：“从山茶科及其类缘植物，如木兰科及其近缘物种化石推测茶的起源，不符合植物进化的规律。”

2 朱自振先生的“摇篮论”

那么，中国顶级茶史大家朱自振教授对中华茶业、茶文化源于何时何地是怎么判断的呢？

在《中国茶酒文化史》（1995年台湾版）、《茶史初探》（1996年中国农业出版社版）、《试论茶文化的起源》（《南京农业大学学报》2000年4月）、《前茶文化不属茶文化》（《新观点新学说学术沙龙文集13：茶与茶道的科学研究》，2007年）、《中华茶人探访录·大陆卷（四）》（范增平，2008年）、《朱自振：茶叶历史文化研究权威》（陶德臣，《中华合作时报·茶周刊》2008年6月18日）等论著中，他反复强调：

我国饮茶、茶业和茶文化初兴于巴蜀，巴蜀是我国也是世界茶业和茶文化的摇篮。

我国茗饮早在秦朝以前，在巴蜀就已有较长的发展历史；我国茶业的生产制造，由茶叶的产、制和饮用构建的最初茶叶文化，不是在别的什么地方，而正是在巴山蜀水这个摇篮里度过它们的初年的。

需要强调的是，某一植物的野生种，是确定其作物起源的重要参考条件之一，但不是唯一的条件，主要的还在于是谁首先发现、利用和驯化了这种植物。以茶来说，茶

朱自振先生最早记述“摇篮论”的几本书

树的栽培和驯化，不是因原始食用和药用，而是因主要用作饮用以后。从文献的记载看，我国早期茶史记载，尽在巴蜀。

朱先生的论断，用什么文献和当今新的考古材料佐证呢？

最早记载巴蜀贡茶和产茶的著作是《华阳国志》（东晋常璩，成书于约 348—354 年），这是我国现存最早的一部方志。《巴志》篇中记“周武王伐纣，实得巴蜀之师”，“巴师勇锐，歌舞以凌殷人”，灭殷后，武王对巴蜀方国皆有封赐，巴国为表感恩，向周王奉献的贡物中有“丹、漆、茶、蜜”，巴地“园有芳蒻、香茗”，南安（今乐山）、武阳皆出名茶。

3　战国铜壶上的采茶图

1965 年春，成都百花潭中学出土的战国青铜器中有一件“水陆攻战纹铜壶”，镶金错银，布满各种图案，壶高 40.6 厘米，腹径 26.5 厘米，是四川博物院的镇馆之宝。除水陆攻战、弓矢舞、宴饮、弋射图案外，在第一层还有女性在树上的“采桑图”，这是过去学界对此图的普遍判读。2006 年夏，我约朋友到当时的四川省博物馆专访此器。我说《茶经》讲巴山峡川有大茶树，此图案就不能识读为采茶吗？一位研究人员说，过去大家头脑中的茶树都是灌丛形的，倒真没想过这件蜀地特有的青铜器会不会是采茶题材。

杭州中国茶叶博物馆的陈珲、吕国利出版了一本《中华茶文化寻踪》（2000 年中国城市出版社版），封面即用此青铜壶的采茶图作装饰。

陈文华教授在《中国茶文化学》（2006 年中国农业出版社版）中讲到先秦巴蜀产茶时，专以此器图案作说明，过去解读为采桑，而此图恰恰说明“当时四川地区的茶树多是乔木型，这是茶树原产地区的一个特征”，“观其画面上的树叶形状为椭圆形，与今天云南地区大茶树的叶子相似，而桑

成都百花潭出土战国水陆攻战图铜壶有“伐而掇之”的图像

成都出土汉代饮茶乐的陶俑
成都博物馆藏

树叶的形状类似鹅掌形，且边缘有粗锯齿，有时呈不规则分裂状，和茶叶有明显区别，因而解释为茶树应该更合理些”。宋代乐史《太平寰宇记》载：“泸州之茶树，夷獠常携瓢置穴其侧，每登树采摘牙茶，必含于口，待其展，然后置于瓢中，旋塞其窍。”这算是对陈先生见解的佐证吧。

陈先生此书是 2007 年 3 月 28 日在雅安召开国际茶研会专委会时签赠予我，晚碰巧翻看此部分，第二天同他聊起我的观点，他让我行文登《农业考古》，我答应了，可一直未动笔，直到先生往生也未允诺。专记于此，算对陈先生的补报吧。

成都市博物馆收藏一件汉代开怀饮茶俑，出土于成都市。一赤足盘坐的女俑，右手匏勺，饮茶而乐，这是晋代杜育《荈赋》中“酌之以匏，取式公牛”的民间样本，亦说明当时饮茶在成都家庭的普及程度是无须礼仪、随遇而安的“酱醋茶生活”，也体现了当时女子群体饮茶的习俗。

4　西汉王褒《僮约》

西汉王褒的《僮约》，是历来讲中华茶历史文化必须涉及的重点文献。王褒（约前 90—前 51），字子渊，西汉著名辞赋家，蜀郡资中（今四川资阳市雁江区墨池坝村）人。公元前 59 年，他到亡友妻子杨氏家探视，被家仆便了顶撞，一怒之下买下便了，立《僮约》明确工作职责。后世称这是王褒的游戏文章，也有称是汉代经济民俗的范文，但其中“烹荼尽具，已而盖藏”“武阳买荼”12 字，是当今中外公认的茶进入家庭、饮茶有专用茶具、有专门买卖茶叶市场的最早文献，以证茶业在蜀地之盛。

明末清初大学者顾炎武在《日知录集释》卷七注《僮约》“炰鳖烹荼”，释“荼”为“苦菜”。朱自振在《茶史初探》中明确指出：“‘烹荼’应和后面的‘尽具’相连，‘尽’通假作‘净’，故前一句也当是指茶。”这更正了一些人对顾书的误读。

祭奠王褒先生　2009.3.9

大邑县汉墓出土一块线刻图案汉砖，上绘有 11 人寻欢作乐，7 人在看歌舞表演，4 人席地弈棋，棋局旁置两个陶茶碗，还冒着茶水雾气。杭州中国茶叶博物馆专家说，这是迄今所见最早的饮茶助娱图。

《茶经·七之事》有司马相如的《凡将篇》，记 20 种中药材，其中“荈诧”即茶，说明当时茶也被当作一味药物。扬雄《方言》曰：“蜀西南人谓茶曰蔎。”

中国汉砖研究权威高文先生（四川省文化厅文物处原处长），鉴定多幅邛崃、彭山、雅安、成都出土汉砖(巴蜀茶文化博物馆藏)为“茶园画像砖”。

我国是什么时候出现茶馆的呢？一般认为茶馆最早产生于巴蜀，有人根据张载《登成都楼》“芳茶冠六清，溢味播九区”之句，称成都大抵在汉代，至迟在西晋时就已经有茶店。唐朝的《封氏闻见记》称北方在禅教大兴之后，“城市多开店铺，煎茶卖之”，这“不是最早的茶馆，只是现存茶馆的最早记载”（《茶史初探》）。

那么，茶具最早又出现于何时？

王洪林、刘昌明有关王褒著作

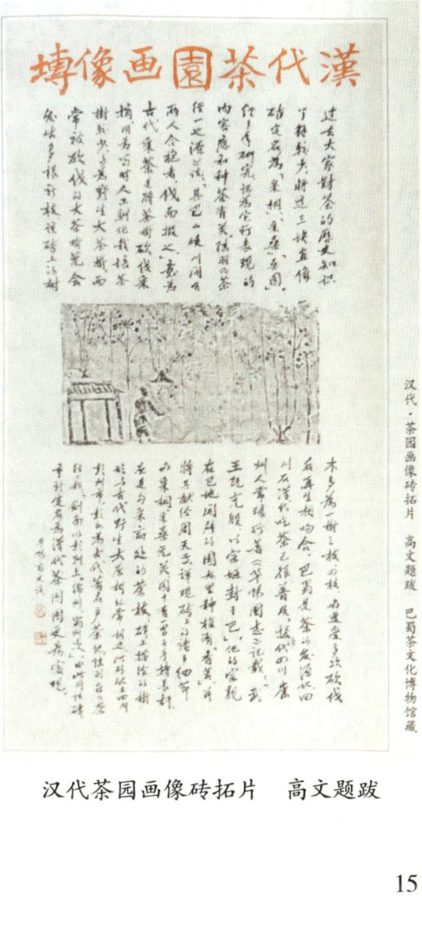

汉代茶园画像砖拓片　高文题跋

资阳市首届王褒茶文化研讨会　2009.3.10

同刘松龄教授考察武阳　2011.9.21

《僮约》“烹荼尽具，已而盖藏”做了最好的说明。“尽”通“净”，饮完茶后洗净专用茶具然后收藏好，说明此时茶具不仅是专用，而且有一定档次了，谁也不会说把饭碗“已而盖藏”。在传说神农尝百草以后的漫长时代，炊具是通用的，无论是吃饭、喝汤或饮茶。“茶具是进入文明也即建立国家以后，首先由王公贵族的生活需要而建立和发展起来的”，“具体说，也就是巴人和蜀人”，说明巴蜀“也是我国茶具的诞生地”。“我们认为在春秋战国时期，由巴蜀奴隶主首先创设茶具，是完全也极其可能的”。（《中国茶文化史》）

汉晋之世，除上述司马相如《凡将篇》、王褒《僮约》、扬雄《方言》、张载《登成都楼》等文献以外，还有孙楚《出歌》“姜桂荼荈出巴蜀”句。《尔雅》“槚，苦荼荼”，“即是现存‘荼’兼代茶的最早记录”。郭璞注：“树小如栀子，冬生叶可煮作羹饮。今呼早采者为荼，晚取者为茗。一名荈，蜀人名之苦荼。”（朱自振《茶究竟出之何时》，《茶业通报》1998年第2期）可见，“在晋人眼里，巴蜀具体如成都一带，不只是我国茶业和茶叶文化的摇篮，也是我国茶的一个早期传播中心”（朱自振、沈汉《中国茶酒文化史》）。

《茶经》中茶之古名的荼、檟、蔎、茗、荈等字，都源于巴蜀上古茶字的双音节方言。“可以说我国历史上所有的茶和茶义的名与字，无不出自巴蜀方言。这一点，除巴蜀再没有别的省可以举出我国史籍中的茶名茶字，是出自他们的方言了。既然我国乃至全世界的茶名茶字都源出巴蜀，巴蜀是我国和全世界茶业和茶文化的摇篮，也就不言自明了。”（朱自振《茶史初探》）

自 2002 年 9 月到马来西亚吉隆坡接旗确认雅安举办第八届国际茶文化研讨会后，我恶补茶历史文化知识，完全接受和理解了朱先生的教诲，醍醐灌顶。2004 年 8 月，我在给《历代名人咏蒙山》作序《用历史证明茶圣山》过程中全盘接受和使用了朱先生的观点，“事实不容置疑地证明，巴蜀是中国茶业和茶文化的摇篮，蒙顶山麓是其中心地带”。

《僮约》是公元前 59 年写的，吴理真于公元前 53 年的西汉甘露年间在蒙顶山五峰之间植茶 7 株，怎么认识理解这个时间差？如朱先生和众多专家学者论证，茶经历了始于神农时代的由食到药再到饮的发展过程，它们全来自高大的野生茶树，《茶经》记载“巴山峡川有两人合抱者，伐而掇之”，人要爬上大茶树，将其枝杈芟伐后才能采茶。如果仅是小部族自食自伐，不是问题，但是发展到“武阳买茶”进入家庭的“酌之以匏”“烹茶尽具”的时代，就必须人工驯化茶树，使其矮化量化，方便采摘加工。这即朱先生所言，“是谁首先发现、利用和驯化了这种植物”。西周时，巴蜀有香茗，不知是源自野生茶或是驯化茶，史无记载。到吴理真时代的千余年时间里，可能一直是采野生茶，也可能有驯化茶，不见文献，无以为凭，直到吴理真植茶见于文献，他就成了人工植茶第一人，顺理成章地成为茶文明、茶文化的始祖，当之无愧地成为世所公认的“茶祖”。

5　蒙顶山何以称圣

前述“摇篮论”诸文史，只是晋以前的文献考证，而有关蒙顶山的典籍在隋唐以后可谓汗牛充栋。我在《蒙山茶话》（董存荣，2004 年中国三峡出版社版）序《让世界了解蒙顶山，让蒙顶茶走向世界》中概括 6 条见解：

其一，史载公元前 53 年，吴理真在蒙顶山种下七株茶树，开人工植茶先河，世界茶文明由此发祥，茶文化由此蔓延华夏。其二，唐玄宗天宝元年（742）到清末 1911 年，蒙顶皇茶园所采明前茶，一直是中央朝廷清明祭天祀祖专用茶，长达 1169 年，无茶出于其右。其三，禅茶不可分，源于宋代，至今吟诵的《蒙山施食仪轨》诞生在蒙山永兴寺，佛教《常用赞本·八赞品》中要求供奉佛菩萨的是“蒙山雀舌茶”。其四，宋代设立，至今全国仅存的茶马司在蒙山脚下的新店镇。其五，从宋代不动禅师始创，现在名动神州的蒙顶山派茶技——龙行十八式、禅茶茶技和新推出的茶马古道茶艺正在产业化。其六，历代名人颂蒙山的“扬子江心水，蒙山顶上茶”（元代），“琴里知闻惟渌水，茶中故旧是蒙山”（唐代），“若教陆羽持公论，应是人间第一茶”（明代）……这是千百年锤炼的文脉，是无价的文化珍宝。

2004 年董存荣著《蒙山茶话》

巴蜀茶文化摇篮萌生抚育了蒙顶山；蒙顶山偕摇篮走向全世界！

第三篇

横断山的诱惑

▶ 提　要

有多少人知道横断山?

为什么考察横断山?——取得发言权

跨越四川、云南、西藏、贵州、甘肃、青海，占地 70 万平方千米

雅安面积只是它的五十分之一

“横断山”一词起源

贡嘎山是横断山系的主峰，海拔 7556 米

四夜五天探田湾河　　　不走遍雅安，哪能心中有数

考察团穿越甘孜州，为商贸、旅游做文章

雅安藏茶遍甘孜　　　果亲王《七笔勾》的故事

熊猫文化诞生于此次考察

1　雅安什么样

初到雅安工作，最重要的事就是调查研究，深入了解全地区和毗邻区域的实情，否则没有发言权。

喜欢红色歌曲的朋友，一定熟悉 1965 年 8 月 1 日在北京演出的《长征组歌》（萧华上将作词，北京军区战友文工团晨耕、生茂、唐诃、遇秋作曲）中的《四渡赤水》歌词——“横断山，路难行，天如火，水似银”，“调虎离山袭金沙，毛主席用兵真如神”，不是专门的研究者和爱好者，常人搞不清横断山是怎么回事，与雅安有什么关系。

用一个形象的比喻，伸开食指和中指，雅安就在指根的那一块，向右去青藏高原，往左去云贵高原，这是中国唯一连接两大高原的枢纽，它也是藏羌彝汉走廊、南方丝绸之路、茶马古道的命门所在。舍此，别无他途。

中国人都熟悉“一江春水向东流”的山川概念，但是横断山恰恰相反，是由南北走向的山脉组成。《中国山河全书》（张立汉主编，2005 年青岛出版社版）有专门词条：

横断山最宽处 800 公里，长 1300 公里，面积 70.2 万平方公里，相当于两个德国面积。它由 7 列近于平行的南北走向山脉组成，沿用七脉六江说，自东向西依次为，岷山（岷江）、邛崃山（大渡河）、大雪山亦即贡嘎山（雅砻江）、云岭—沙鲁里（金沙江）、宁静山即芒康山（澜沧江）、他念他翁山（怒江）、伯舒拉岭—高黎贡山（马丽华《藏东红山脉》，2007 年中国藏学出版社版）。

它涉及西藏昌都，四川阿坝、甘孜、凉山、雅安，云南丽江、迪庆、怒江、大理、西双版纳，以及青海、甘肃局部。它的最低海拔是青衣江出境处不足500米，最高则是贡嘎山的7556米，相对高差的世界之最在雅安和泸定、康定、九龙数县，这就使它骄傲地拥有笑傲天下的动植物资源和山川奇异的旅游美景。汉源富林、麦坪遗址是四川罕见的旧石器、新石器遗址，这证明了大渡河谷久远的人居历史。而稻城县13万年前的大型旧石器皮洛遗址出土的精美石制手斧、薄刃斧，一举否定了西方认为中国没有阿舍利石器文化的误说，让世人重新定位中西文化交流的时代和路径。

这就引出了怎么认识和界定雅安的历史文化，为其社会经济发展探寻方略的问题。

四川大学教授、著名文史学者蒙文通先生在《巴蜀古史论述》一书中说：“这样小小一个地区的山水，《山海经》如此详为序列，就和《禹贡》见出蒙山、蔡山一样，正足表示临邛、青衣、严道在古代的重要。所以郭璞在《江赋》中也要说‘流二江于崌、崃’。可能蜀文化的开始是在这一地区，而成都平原反是第二步的发展。”

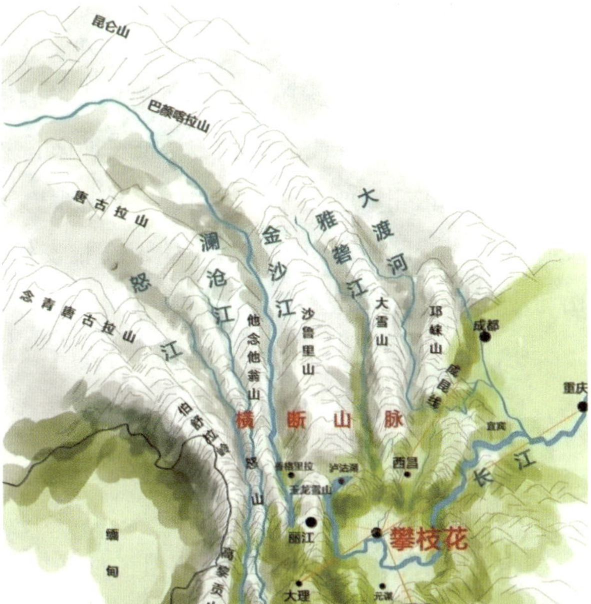

横断山地形图（百度文库资料）

为什么临邛、青衣、严道经济文化的发展早于成都平原呢？蒙先生自有见解，“这说文井江也从蒙山的濛溪发源，可见大渡水、文井江都源出蒙山。临邛既是汉代经济发展最早而又最古的地区，就应当说蜀的文化是从这一河谷发生孕育起来的，以至蜀刀、蜀布、盐井都是从这里发展起来的。‘蚕丛始居岷山石室中’，蜀的先代从山岳下居河谷，可能最先即住在文井江和青衣江这些河谷，所以《禹贡》和《五藏山经》特别重视蒙山、蔡山、崌山、崍山这一地区”。（蒙文通著、蒙默编《蒙文通全集》，2015 年巴蜀书社版）蒙顶山是成都平原西行横断山的一座山脉，最高峰海拔 1456 米。

中国人民大学考古文博系教授陈胜前说：“史前中国农业首先出现于山麓、小盆地区域，经历了从山麓走向平原的发展过程，我们熟知的适合农业的平原地带并不是农业的发生地，农业是从森林边缘地带开始的。”(《中华文明起源中的边缘发展现象》，《光明日报》2023 年 3 月 22 日）

1948 年毕业于中央国立大学（南京）的曹宏先生（汉源人，史地专家，雅安市地理学会名誉理事长）主编《雅安地区自然地理志》。他经数十年研究、踏勘，指出北纬 30° 线和东经 103° 线皆横穿雅安雨城区，四川省的地理中心点在雨城区旅游车站附近，建议在雅安修建“蜀心楼”，这也是横断山与成都平原的交汇区域。

中国古无横断山概念，何时、何人提出，有两说。

其一，1878 年 8 月 5 日（农历七夕），受四川总督丁宝桢之邀，江西上高县人黄楙材（熟悉数理、测量、地理、英语知识），率领一个 6 人小队（除厨师仆人外，4 人学有专长），出成都，经雅安、荥经、清溪、泸定、打箭炉至巴塘。因受西藏人所阻，改道云南中甸、剑川、大理、保山、腾冲到缅甸八莫，改水道乘船到加尔各答。这一行耗时 7 个多月，历横断山自东向西，再由北向南，跋涉崎岖险峻高山，渡无数激流险道，这是在中华他处未闻未涉的神奇之境。后又在印度考察半年许，坐船到香港返回。他写了《西輶日记》《西徼水道》《游历刍言》《印度劄记》给丁宝桢交功课，这些书至迟 1897 年已先后出版发行。《西辐日记》是第一本穿越横断山的日记。其二，1900 年左右，京师大学堂地理学家邹代钧在其编写的教学讲义中明确提出“横断山”一词。

现在有研究者提出叫“横断山脉”，范围窄了，应叫“横断山系”，多脉并存，似为妥。我认为论及“横断山”的首名权，应写黄、邹二人为宜，一是千辛万苦的探索者、实践者，一是科学概括的定义者，两者不可偏颇。

按蒙、陈二先生之论，先民怎么走出横断山，再开发成都平原，那是考古学家、史学家的研究范围。那么，横断山的动物、植物是怎么走向世界的？这倒是我的兴趣所在。拙著《大熊猫文化笔记》，从 2009 年至 2019 年已出版了中、法（北京、巴黎）、英、典藏 5 个版本，把大熊猫、扭角羚、川金丝猴和鸽子花介绍到了世界，当下的植物主题是吴理真怎么把蒙山茶引到成都推向华夏。

雅安的模样，就因为它是大熊猫文化圣殿和世界茶文化圣山而享誉天下。

2 这里的文史和山川

2000 年 1 月 15 日，星期六上午，雅安市政府办公室副主任岳平陪我和秘书张勇去碧峰峡。

1997 年夏天，我到雅安市检查下属企业环联北海房地产公司在闹市区建的雨城花园项目（东大街 77 号）。这个项目建筑面积 2 万平方米，这里有“小春熙路”之称。市委书记希望我帮他评估一下新打造的碧峰峡景区。我带何总经理以及从宝兴赶来的校友王先忠副县长一起登山。我在长江三峡长大，有登山奇好，同龄人中难寻匹敌。左边壁立百仞，1.5 米宽的栈道，右边激流跌宕，我的目的——尽量多看。殊不知，走到半路，同伴累倒了，躺在半山凉棚等我。登顶返回，沿途千层岩瀑布、映月潭、双龙瀑、龙滴水等一并领略。

晚上市委领导问我怎么样。“不怎么样！”他大感意外。“这种风光在四川多的是，我跑了半天，碰到两位疑似游客的行人。”他知道我 1987 年就开发了泸定县海螺沟冰川森林旅游，知道大师兄评估旅游价值的眼光独到。

这是我第二次来，万贯集团的魏学大副总接待我，安排看了野生动物园。园长周铨说，有各种野生动物 400 多种、11000 头（只、尾），国家一级保护动物 30 多种。看了高中低档客房、接待大厅，岳平陪我重走碧峰寺、佛爷洞、小西天、林场。这是一处极具超前意识、规划建设高档大气的崭新景区，给我留下很好的印象。

第二天，市文管所所长赵彤和岳平陪我到上里看韩家大院、牌坊、白马泉、红豆杉树，下午到城区看摇摇欲坠的观音寺。赵所长如数家珍，娓娓道来。隔周又看了高颐阙、金凤寺。

2 月 22 日，棋圣聂卫平在碧峰峡迎战 150 人。在其他地方对弈几十人，他要吸氧，可是这里奋战一天，完全自然呼吸。媒体让全国知道，这里空气质量超优。

3 月 25 日，陪中国人民银行四川省分行领导上蒙顶山。多年来，我数次拜谒，而今天是到雅安开展工作首次登山，就不做专题考论了。

4 月 19 日—22 日，我带原企业的几位朋友到甘孜州泸定县海螺沟，既是还愿之旅，也是看看多年来的发展变化。孙光俊副县长带我到共和小学，当年的教室玻璃破碎、学生穿单裤坐鹅卵石上课的情景历历在目，现在大变样了。返程时滑坡路阻，步行 3 个多小时翻摩岗岭，汗出如洗。景区内的条件蛮不错了。

5月18日—22日，约林强（著名摄影家）、吴天昊、岳平、张勇和方毅修副县长、县旅游局吉局长，考察石棉县田湾河。这是县上和地区都寄予厚望的景区。我看能否同海螺沟一样打造环线，从而带动石棉、汉源、荥经游。岳平是学地质的，了解能否修公路。还派了一位30多岁的医生，拎着一个灌满的氧气袋，以应不测。方县长是本县农村人，当兵转业后从乡镇一步步干起来的，雅安展销会上我已看到他的干练与活跃。

车到石棉、康定相交的界碑石，就只能步行了。方县长雄赳赳地在前面开路。我登山有个习惯，询问当地人所需时间，然后要在此时间前抵达，这是我的挑战和乐趣。走了不到一个小时，我觉得方县长速度不行，超之前行，他紧跟不舍。到了仁中尾海，藏语称为“仙女海子”。吴天昊同方县长一调侃，方县长说长年冬泳，脱了个赤条条就扎进水里，还摆“美人鱼”或“思考者”雕像的动作。吴天昊相机不停，咔咔录入。我们要返行宿四马塘，方县长被“神女”冷水一激，感受寒凉，越走越慢，傍晚到了宿营地，饭也不吃，蒙头大睡。医生给他服感冒药。

20日早上7:30出发，方县长又来劲了，我们经过子干沟、巴王海，森林中地形复杂，溪水乱流。晚上6时，我们到了康定县魏石达村，这是藏族村，吃了挂面，除了盐什么也没有。晚上8点，我们随喇嘛扎西彭措上贡嘎寺，这是一位面容慈祥的出家人。我们期待第二天一早看日照金山，走不动的两个年轻人就留在村里。月光迷蒙，万籁俱寂，打着电筒、火把，缓缓上山，在森林中穿行的感觉很是爽心。晚上10:30到达贡嘎寺，海拔3750米。我拿出喇嘛给的被子，和衣而眠。

21日早6:30起床看贡嘎山，天有薄雾，效果受影响，趁风吹雾散，大家以贡嘎山、大冰川为背景留下珍贵照片。这里是海螺沟的背面，站在寺坡，贡嘎山和冰川就在眼前，堪称奇景。寺周围的草坡上，十多只艳丽野鸡啄草觅食，不避生人，可以说是仙境了。8:15时，我们下山，到藏村

这是最有名的日照金山图，横断山的最高峰——贡嘎山，海拔 7556 米　林强摄

早餐。下午，陈医生失足跌跤，腹疼不已。他说可能是脾破裂，这把我吓住了，如果大出血闹出人命来，只有拿我问责。我安排壮丁小伙子，空手全速跑到有电话的地方，请速派救护车接应。我作为二梯队，快速奔走。方县长做了担架，抬着医生收尾。天已黑了，我们走上公路，远方出现灯光，救护车来了。不一会儿，方县长也到了，医生个高体胖，怎么会这样快呢？方县长说，抬他走了一段，觉得不怎么痛了，估计是石头顶了肋骨，痛了一下，缓过劲儿就好了。医生也步行，所以速度快。我长舒一口气，虚惊一场。晚上住热水沟温泉。

第二天田湾乡的领导介绍旅游规划，很想大干一番。晚到石棉县政府，杨凯书记、黄万钧县长满怀希望地期待我们的意见。几天途中，边看边商量，这里的地质条件不可能从海螺沟修路过来，森林地况复杂多变，目前不具备旅游开发条件。为了不给县上泼冷水，在充分肯定资源价值的前提下，我告诉他们："美景都在界碑石以西的康定境内，等你花大价钱把路修通，他们一纸诉状告到省政府，说你抢民族地区资源，只有认输。"因为石棉县的任何人没有我们这次考察得深入，方县长点头附和。4夜5天的田湾河行，让我深深体会到地方的热情与实际间的差距。两年前，县上出了一本精美的《田湾河》画册，定价108元，很看好这里的旅游前景。

3 穿越神奇的甘孜州

2000年7月11日—20日，笔者同戴秀明（雅安行署专员助理）、王德福（地区工商局局长）、曾英慧（地区商业局局长）、钟声儒（地区外贸局局长）、何连生（地区供销社主任）、曾凡清（地区粮食局局长）、朱正铎（地区药监局副局长）、袁学平（地区旅游局副局长）、岳平、杨朝宗（雅安市建委主任）、郑戎（女，四川雅安化工厂厂长）及一位销售科主管西行考察甘孜州。我比较了解甘孜州，要构建川西商贸大市场，必须雅、甘联手，所以我带各部门一把手出行。雅安化工厂是国家的重点民爆（炸药）企业，郑厂长听说我们甘孜行，找上门来说甘孜修路开矿需要炸药，要去探路找机会。佩服她的胆识，她是此行唯一女士。曾英慧安排两辆货车随行。

7月11日下午3时，甘孜州刘昌泽副州长、州政府副秘书长王方霖、州经委副主任王成荣，在二郎山泸定出口给每人献哈达欢迎，晚住康定宾馆。12日上午，刘州长主持座谈。州里10个部门参加，对口交流甚欢。下午康定县委、县政府座谈田湾河合作事。马昌华常务副县长放了一个石棉县卖的光碟，指着其中的一些镜头说："石棉把我们的藏村牛场，都划成他们的地盘了。"我打哈哈说，两个月前我都去看了，帮你们宣传。马县长很智慧，点到为止。

7月13日，王成荣副主任陪我们西行考察。他曾任泸定县县委书记、县长，是我的老朋友。我们需了解什么，他就直言相告。

到折多山上，停车远眺贡嘎山，我讲了一个1950年18军先遣侦察科进藏发生在折多山的故事：4月在折多山搭帐篷宿营，一夜下了20至30厘米大雪，把帐篷压塌了。收拾完毕，吃早饭时发现昨天的藏族向导不见了，以为他跑回家了。一些人齐声高喊，他却猛然从雪地里神奇地跳出来，大家都惊讶不已。“原来藏族老乡穿的皮袄都很长，可以拖到脚跟。晚上把腰带一解，长皮袄拖到脚尖，身子一卷，这身没有布面的光板老羊皮袄就既是被子又是褥子，躺下便露天野地睡觉，刮风下雪，他们也照睡不误。”我向王成荣求证，他说1949年前是这样的，很多牦牛帮运茶，藏族老乡都是这样过夜，现在的藏装短小多了，完全没有这种功能。藏胞的袍子有多宽大，侦察科讲，他们在昌都加玉桥村，一个藏族老乡来卖鸡蛋，两手空空，从袍子里摸出100个鸡蛋卖给解放军，完好无损。不是亲历者所述，谁能相信有这样的神奇装束。

到甘孜县，相洛县长陪我们看市场，到处都卖篾条长包藏茶，也有精致小包装的兄弟友谊藏茶，很多雅安啤酒和汉源挂面、调料。我们到大金寺拜访甲登活佛，献上条包藏茶，他用哈达欢迎大家。他说雅安商品是藏族老乡最爱，这是他们千百年来的家乡味。

雅安行署赴甘孜州考察团在康定折多山　2000.7.13

考察团在甘孜了解藏茶销售，拜访寺院　2000.7.13—16

7 月 14 日到德格县，与柯洛阿抽书记、刘俊明县长、当秋副县长座谈。县人大常委会副主任泽尔多吉是一位文史专家，陪看藏族聚居区最负盛名的德格印经院，之后我们成了多年朋友。德格印经院被称作“康巴敦煌”“康巴文化中心”，怎么评价它的价值都不过分。只要是对藏族聚居区文化感兴趣的人，皆驻足不愿离去。印经院收藏的珍本、孤本、绝版本，世所罕见。这是一处手工操作的综合性大作坊，造纸、制墨、刻版、印刷流线一体，藏纸加入含毒性植物，千年不生虫。我们还专访了萨迦派（花教）祖庭更庆寺。我看着始终微笑、博学的泽尔多吉，真羡慕他生活在一个宝藏的福窝窝里。

第二天，我们到金沙江边，车停四川，我们小跑到金沙江大桥的中间，把一条系着哈达的竹篾包藏茶高高举起，投进湍急奔腾的金沙江，呼啸而去。过完桥，就是西藏昌都地区的江达县。桥头有过去战备修的堡垒，空无一人，我们照相作念，然后乘车返回。

7 月 17 日到炉霍县，县委李国平副书记、杨国清副县长主持研讨会，然后参观 1973 年 2 月 6 日 8.2 级特大地震纪念碑、牛羊肉加工厂、林场、

甘孜州道孚县惠远寺

给寺院送雅安兄弟友谊藏茶

寿星寺。下午到道孚县座谈，许万秀书记、清呷副县长等参加，然后考察市场，看灵雀寺大灵坛，给寺庙送藏茶。

7 月 18 日，离开道孚县城，专访惠远寺。在宽阔的乾宁草原上，寺院巍峨，白塔沿寺墙排列。恢宏大气的皇家惠远寺，名震一方。我这是第三次来，因很多同事没来过，主寺活佛在大门迎献哈达，我们以多条藏茶作见面礼。

这里的历史曲折而极富故事性，18 世纪初，准噶尔扰西藏之乱被康熙平息，但此后内乱不断，七世达赖喇嘛避居四川。为防意外，继位的雍正帝拨银 40 万两，在此建了金碧辉煌的寺庙，赐地名“泰宁”，寺名“惠远”，亲书匾额，浮雕九龙九狮，这是高规格御敕，并派三营精兵守卫，将年轻的七世达赖喇嘛迁住至此 7 年之久。后来，达赖喇嘛要返回 2000 千米外的拉萨，雍正特派皇弟、负责民族事务的理蕃院主事果亲王胤礼和皇室宗教顾问章嘉呼图克图护送。

由此而生出三个问题：

果亲王送去拉萨了吗?

流传他写诗《七笔勾》述当地风情，是真的假的?

数千里高寒地区跋涉，骑骡子太辛苦，抬轿太慢，什么交通工具能护佑大贵人远行?

多年来版本各异，撩人有趣。

之后我通过国家图书馆的朋友寻到果亲王《西藏往返日记》和《奉使纪行诗》，详记此行。果亲王从到达和离开惠远寺，逐日活动、会谈、互赠礼物、宴饮、法事、欣赏歌舞、出猎……无一不详，从 1735 年 1 月 16 日至 2 月 25 日。然后去成都，回京复命。他没有送七世达赖去西藏。

1985 年 11 月，我挂职任泸定县委副书记，工作两年。有文人雅士向矢一、阳昌伯先生书果亲王《七笔勾》相赠，传言是果亲王甘孜行所写，他对康巴风情民俗印象深刻，因此写下《七笔勾》。诗的第一段是“万里遨游，西出炉关天尽头。山秃雄而陡，水恶声似吼。四月柳丝抽，花无锦绣，惟有狂风不辨昏和昼。因此（上）把万紫千红一笔勾”。文辞神采飞扬，通俗易懂，在康巴流传甚广。到康泸昌都，不知不言《七笔勾》，就虚此行。这《七笔勾》勾销了人生的七种欲念，万紫千红、金榜题名、居住豪宅、美食华服、宗教信仰、娇妻美女等。此诗出于谁手，方家之言各从其是。

遍查果亲王《奉使纪行诗》二卷，各处短诗四言八句皆在册，独无此长诗《七笔勾》。看来可以断言，那是后来好事之人的佚名传世之作，为康区茗饮趣谈。

我阅书有限，从未见过叙述达赖和班禅远行羁旅之事。好不容易，淘到《十八军先遣侦查科进藏纪实》（王贵、黄道群，2001年中国藏学出版社版）一书，书中记叙了进藏侦察科参谋王贵亲睹其盛的情景。

1952年4月28日，十世班禅大师从青海抵达拉萨，6月上旬到达江孜，然后去日喀则的扎什伦布寺驻锡。到达江孜时，我们和阴法唐书记前往欢迎。当班禅乘坐的骡轿从远处缓缓行来时，喇嘛们吹起早已架好的长长的法号；藏族老乡们按宗教习惯熏柏树枝烟，并朝着轿子弯腰、吐舌，表示敬畏。

我们是第一次见到这种骡轿。它是用一前一后的两匹大骡马分别驮载一台轿子的前后轿杠，由两个用人分别牵着两匹骡子行走，班禅则坐于轿中。这在旧西藏是最高级的交通工具了。听说只有达赖、班禅及其亲属可以坐这种骡轿。1939年达赖从青海来西藏和这次班禅从青海入藏的长途跋涉，都是乘坐这种骡轿。

陪同的县长说，这些资料，深化了我们对惠远寺价值的认识。我说，不看惠远寺，不算到甘孜。

12:30到康定新都桥塔公寺，这是萨迦派（花教）的重要寺庙，寺外骄阳，一行人刚踏进寺门，噼噼啪啪黄豆大的冰雹照头泼来，谁也不躲避。主寺活佛合十：“阿弥陀佛，吉人天佑！”

下午3时，康定的州委办公楼，州委书记苟全林会见大家，希望两地加强合作，推动发展。我讲了环贡嘎山打造石棉、泸定、康定、九龙环线旅游构想。

7月18日晚住泸定桥宾馆。翌日上午，县委书记王晋、县长刘吾康召集四套班子和部门领导，与考察团举行了座谈会。双方认为，我们分驻二郎山东西两侧，同饮大渡河水，山水相亲，数千年来商贸文化人员交往，情同手足，加强合作、互相促进是共同需要。下午，借纪念碑公园的文化馆，考察团开了总结会。从雅安市到德格县金沙江，9天时间往返1600千米，穿越甘孜州东西，多数人是第一次走这样远。大家说，我们看到了甘孜的广阔、资源的丰富、景色的美丽、文化的灿烂，以昌都、拉萨为辐射地，雅安和甘孜携手，共建川西商贸、旅游大市场前景广阔。

8月31日，同钟声儒到汉源永利藏族乡和皇木镇调研反季节蔬菜种植，县委曹正甫副书记、白乐康副县长陪同。这里海拔2100米，日照强、温差大，适宜多种蔬菜种植。明清时期属松坪土司辖。皇木镇因给北京建故宫砍伐楠木而得名。竹子坪坡地放眼无际，远处是轿顶山，向下俯瞰乐（山）西（昌）公路，沿大渡河的悬崖开凿，是抗战时解决国际救援物资从云南运抵成都的主要通道，算是一条生命线。

4 把熊猫文化抓住

10月11日下午，我同吴天昊到宝兴县，会同王先忠及县外旅办负责人陈兴喻、夏岗首次考察邓池沟教堂。这个教堂历史上称“穆坪教堂”。因为1869年4月1日，法国博物学家阿尔芒·戴维神父在这里首次采集到大熊猫的“模式标本”，所以它又被美国动物学家夏勒博士称为“熊猫圣殿”。我被这座深山古寺的建筑和历史文化震撼。

12日上午，会同硗碛藏族乡的张志高（藏族）乡长、县电视台的小伙子杨建学（羌族），翻越夹金山。我看胖胖的张乡长，担心他登山不行拖后腿，建议换个年轻人。他说：“专员来翻夹金山，必须我陪！”他听出我的弦外音是怕他登山不行，就同我赌一把：如果今天翻山他输给我，就输一头牦牛；他赢了，是情理之中的。我一击掌说：“好！”结果是什么，我在 2009 年 11 月出版的《大熊猫文化笔记》一书中有详述。

我们上午 10:15 从夹金山下的林场出发，晚上 7:45 到达小金县达维会师桥，全部沿当年红军的路线攀登。除了在半山的公路上野餐半小时外，基本上是急行军。杨建学说，他刚到电视台上班一个月，听说陪孙专员出差，特意穿了西装打上领带，脚蹬皮鞋，哪里想到全步行，把脚亏惨了。

我们还考察了卧龙熊猫基地和成都斧头山熊猫繁育研究基地，由此提出，以打造“熊猫文化牌”为雅安熊猫旅游的基本特点。

10 月 26 日，行署办公会，黄彦蓉专员宣布把旅游和外事工作交给我分管。这使我名正言顺地站到了 1.5 万平方千米横断山脉的舞台中央，今后的戏怎么唱，我自己明白。

11 月 7 日—8 日，同张波、吴天昊到天全喇叭河、白沙河，县委常委、组织部部长肖建林陪同，晚看野鹿群。这是伐木场停伐后，原工区厕所毁了，经雨水形成的硝盐引得野鹿下山，后来银厂宾馆又人工投盐，天天群鹿觅食形成一景，四川罕见。

11 月 9 日，同赵彤、吴天昊、岳平、李洪柱、彭德平，微雨中上周公山，赵所长讲“蔡蒙旅平，和夷底绩”的典故。山上立“周公山”碑，双凤朝阳图案，署“赵孟頫字”款，是否赵亲笔，没深问。上山爬了两个多小时，下山稍不慎，就摔大仰叉。岳平在前摔下，我的笑话未完，也一跤跌下，好在没伤，揉揉屁股继续下山。吴天昊在后面喊起来:“领导手表不要了嗦？”我一摸手腕，手表没了。转身一看，吴天昊提着表带一晃一晃的。要不是他眼尖，这块表就留在周公山了。

11 月 14 日，我在宝兴县接待了不请自到的戴维先生故乡的 46 人代表团，他们在市长戴海杜率领下，为纪念博物学家戴维先生仙逝 100 周年（1900 年 11 月 10 日—2000 年 11 月 10 日）而专门到中国作缅怀之旅。这是百年一遇的机缘，被雅安抓住了，由此唱响大熊猫文化之旅的中法交响乐。我的专著《大熊猫文化笔记》有一章“法国亲人险些擦肩而过”详述了此事。

11 月 23 日，同吴天昊去考察天全县紫石乡的红灵山。当时县上正在开人民代表大会，派肖建林、县文化局副局长杨雄、农民向导陈寿康等陪同，还有十多位女居士背油相随。我是从图片资料看到它风光奇特，来一探虚实。从海拔 900 米的地方出发，缓缓上山，很多寺庙遗迹从柱础石判断规模不小。有些正恢复重建，多是民间集资所为，不成气候。进入林区，莽苍起伏，壮观诱人。山有积雪，折树枝作杖上行。经万灵寺、红灵寺，到王母殿，这里海拔 2300 米，空气清新，也够累了。如果从另外的路线，可到小西天、雷音寺，海拔 3650 米。我们时间不够，没走那条线。每到寺址，或歇气回首张望，奇特的景色是我在巴蜀其他地方所未见。这里如同登陕西华山，人全在山脊行，打望来路，尽在眼底。而四川其他地方登山，循环往复，在山坳里螺旋式上升，上下无法张望。这里给人一种我在山上、山在脚下的气势和豪情，是登山的真乐趣！千百年来这里被称为“小峨眉”，看来不虚，寺庙遗址之多就是证明。从 10 时登山，到下午 5:35 歇息，7 个多小时登了相对高差 1400 米，功力不俗。女居士们的登山水平不错。在红灵寺生火做饭，晚餐大家围成一圈，山居寺餐，别有风味。收拾停当，居士们表演自编自演的节目。

晨 6 时推开寺门，远处的贡嘎山，在森林的衬拥下，银光闪烁。随着太阳的爱抚，变得红彤彤亮闪闪，这就是有名的日照金山。在海螺沟我看过多次，但是在雅安，这是首次，醉人心神，这是横断山巅峰的奇景之一。

早餐后下山，雪深难行，小心翼翼但慢不下来，坡陡路险，跌跌撞撞，一处树桩叉着我的 YY 牌运动裤，呼啦一声，撕了一道大口子。无法留步，匆匆下行。车到县人代会现场，刚好计票休息，县委书记李伊林、县长卢泽康见我们慰问辛苦。肖建林说：“山上下雪，两天很辛苦，孙专员的运动裤都撕烂了。”李书记说：“泽康，你把孙专员的裤子都整烂了，赔起哈！”“你出钱，我赔起！”大家互为打趣，哈哈一笑。他们要我谈观感，我说是罕见奇绝之景，但是开发难度大，不是大手笔，不是大投入，那就保持现状，不能破坏，它是天全的宝贵财富。

12 月 13 日，同张波、吴天昊、许君如去芦山县，上灵鹫山、浮图山看积雪的茶园。到青龙洞打电筒勘察，同杨勇研究员讨论开发前景。这里被有些人称为“亚洲少有，中国之最”。我耳语芦山县委书记帅韬，要慎重。

12 月 22 日，同李洪柱、王五一到望鱼镇天河景区瀑布、阴河，再到南郊看音乐石梯、龟都府。

12 月 27 日，曹立虎、白乐康陪同，考察清溪古镇文庙、九襄牌坊。到乌斯河及石棉的几个地震观测站，这是中国最典型的大渡河地震带观测点。

2001 年 2 月 8 日，同吴天昊、彭德平到荥经县，路剑波副县长和县林业局、旅游局人员陪同到龙苍沟三岔河坝、天生桥等。下午到云峰寺、严道镇朱庆平砂器作坊。彭先生是雅安从湖南引进的高级工艺人才，曾在朱庆平家住半月，指导怎么把粗而厚的砂器做到小巧精致，颇见成效。

至此一年时间内，我算是考察完了雅安行署 1.5 万平方千米内 8 个县（市）的高山深谷、森林草原、文物古迹。这是横断山脉的东缘，神奇多姿，魅力无穷。

在这个特殊的自然文化单元，旅游和商贸该怎么做，会怎么做，雅安能以此为依托奋力腾起吗？调查完了，心中有数。

蒙顶山龙行十八式雪景

芦山灵鹫山茶园 2000.12.13

法国比利牛斯省艾斯佩莱特市政府考察团　2000.11.15

艾斯佩莱特市长戴海杜夫妇到碧峰峡看熊猫　2004.11.26

第四篇

有多少人知道蒙顶山

▶ **提　要**

首次考察蒙顶山：1985 年 2 月 7 日

2001 年 4 月 29 日的智多星研讨会，制订蒙山发展三张牌：
世界茶文化发源地、申报龙行十八式、茶禅文化之源

2001 年 5 月 1 日黄金周，雅安首次亮出“世界茶文化发源地”广告

2001 年 6 月 20 日成都国内旅交会隆重推出“世界茶文化发源地”牌

第一本中英日文《雅安旅游画册》

亚明先生的“扬子江中水　蒙顶山上茶”绘画作品

2002 年 4 月 3 日，南京吆喝蒙顶茶，江苏轰动

1 初涉蒙顶山

1985 年 2 月 7 日，作为秘书，我陪四川省委老书记许梦侠同志到蒙顶山考察，雅安地委书记秦长胜、名山县县委书记季世福、负责景区开发的县文化局局长欧阳崇正陪同。这是我第一次上蒙顶山。季书记送了两份铅印小册页——《蒙山茶史考》，是四川农业大学李家光老师写的蒙顶山和吴理真首开人工植茶及皇茶园的历史。我们看了永兴寺和天盖寺，许书记题词留念。几天后，季书记寄来照片和毛笔手札一封，我珍藏至今。

笔者陪四川省委老书记许梦侠首次到蒙顶山、永兴寺。许书记题词留念　1985.2.27

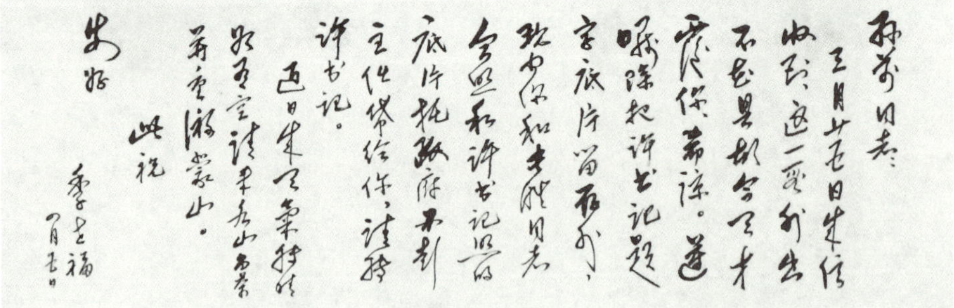

名山县县委书记季世福手札　1985.4.5

三个月后，我离开梦侠同志，任省委办公厅办公室主任。11 月挂职到甘孜州泸定县任县委副书记两年。1987 年 12 月回到省委办公厅。

1988 年 4 月 7 日，收到雅安地区行署和省建委发的请柬，邀请我到雅安宾馆参加“蒙山风景区总体规划大纲评审会”。1986 年 11 月 20 日，省政府公布了四川省首批省级风景名胜区 9 处，蒙顶山位列其中，之后名声很大的碧峰峡属此景区的后山部分。鬼使神差，请柬被我保存了 30 多年。这是天意和蒙顶山结缘。

2 旅游发展的“11246”战略

2001 年 3 月 26 日，在雅州宾馆举行全市旅游工作会，市委、市政府的一把手都参加，我系统地详述了全市旅游发展的“11246”战略，即一点（雨城、名山），一片（雨城、名山、芦山、荥经），二环线（经甘孜、凉山形成旅游环线），四张牌（熊猫文化、茶圣山文化、红军文化、汉代文化），六大系列的旅游商品（茶、宝兴汉白玉、荥经砂器、芦山根艺、森林蔬菜、旅游工艺品），这是在充分调研的基础上，经市委、市政府认可的战略，是今后全市旅游发展的行动纲领。

4 月 15 日，我请林强到蒙顶山拍片，以用于雅安出一本中英日文的旅游画册。他专门拍摄了高凌峰的长壶表演，正巧一对法国夫妇带孩子旅游，他们也被收入镜中。

4 月 29 日，我约请赵彤、吴天昊、荣罕、罗军，以及名山旅游局局长和蒙顶山景区的唐林、刘永贵、郭友雯、李亚军等在天盖寺召开“蒙山派茶文化研讨会”，落实市旅游会精神。高凌峰表演了要长壶的高难动作，非常精彩。

对吴理真植茶的功绩，大家认为过去认识不够。我总结说，吴理真把野生茶树进行人工种植驯化，这是茶文明的发祥，由此而衍生茶文化的发源，因此，蒙顶山是世界茶文化圣山，我们必须响亮地打出“圣山牌”。马上是五一黄金周了，景区要拉出大标语广而告之。会上谈到永兴寺有《蒙山施食仪轨》这本书，这是我过去不知道的。大家来到永兴寺，普明师徒拿出台湾高雄出版的《蒙山施食仪轨》，厚厚的精装本。看到这个，我们将禅茶、不动禅师、长壶茶技联手打造的思路逐渐清晰。

5 月 1 日，在索道大厅的门廊上端，李亚军用黄色绢布红色字拉出“世界茶文化发源地蒙顶山——欢迎您”的大幅标语。他拍了照片发给我，以证明“世界茶文化圣山”由此产生。

3 第一次在大型博览会上推出茶圣山

6 月 21 日—24 日，“2001 中国国内旅游交易会”在成都金牛区沙湾会展中心举行，各省、自治区、市组团参加，国家旅游局孙钢、张希钦副局长出席。雅安市组织了一个庞大的参展团，把六大系列旅游商品悉数推出，立了三块堪称巨大的喷绘广告牌，每块 20 平方米，第一块是总理视察碧峰峡；第二块是宝兴邓池沟教堂，标明大熊猫的科学发现地；第三块是蓝绿色蒙顶山全图，醒目的大字标出“世界茶文化发源地——蒙顶山”，这是首次在国内盛会上推出圣山品牌。

我陪张希钦副局长 19 日到碧峰峡，午餐后在阳台上，我指着对面的蒙顶山说，那是世界茶文化圣山。看出他疑惑的目光，我说下午咱们去看看。下午我请蒙顶山最优秀的导游郭友雯导览，回答了张副局长感兴趣的所有问题。凝视着高耸入云的古银杏，绿叶初绽，他很直爽地说：“来晚了，来晚了！”“是我们宣传不够！”

省委、省政府领导杨崇汇、徐世群、王怀臣、陈官权先后观展。展会

蒙顶山第一次在黄金周响亮推出“世界茶文化发源地”宣传语 2001.5.1 李亚军摄

首次“蒙山派茶文化研讨会”，确定打造茶圣山和“龙行十八式”
赵彤、吴天昊、荣军、罗军、孙前、唐林、刘永贵、郭友雯、高凌峰等参加 2001.4.29

国家旅游局张希钦副局长考察碧峰峡　2001.6.19

蒙顶山首次在大型国内博览会推出“世界茶文化发源地——名山蒙顶山”　2001.6.21
成都沙湾会展中心

四川省委副书记杨崇汇、副省长王怀臣参观雅安馆　2001.6.20

结束，雅安市荣获旅游商品展区第一名——最佳特等奖，省政府颁最佳组织奖。

4　在南京吆喝蒙山顶上茶

2002 年 3 月 13 日，我同赵迎鸿、雅安日报社记者张国访到南京为雅安参加“第十届全国国内旅游交易会”打前站。我们拜访了南京市市委副书记王浩良，他是我中央党校的同学。到南京熊猫电子集团拜访张祖忠书记、王宏金副总裁。我在四川省环联实业总公司当总经理时，下属电器公司是熊猫电器产品在四川的最大销售商。

张书记知道我来南京的意图，通知集团宣传部部长蒋光华参加，以便提供帮助。谈到我们要宣传蒙山茶时，蒋部长说，他有一幅亚明的画，一个道士在江边扇炉烹茶，上边文字潦草，请我看看。亚明是金陵画派创始人之一，大名鼎鼎。蒋部长回到办公室拿来此画照片，画面右上赫然题款“扬子江中水　蒙顶山上茶”，“扬”“蒙”二字潦草，不易辨认。我请他把照片送我作纪念。

2002 年 4 月 1 日—6 日，雅安组织庞大阵容到南京参加“第十届全国国内旅游交易会”，市委书记带队。会前，我们在熊猫电子集团举办“故乡亲人看熊猫”活动；在明代朝天宫举行“扬子江心水，蒙山顶上茶”品蒙顶春茶活动，邀请川籍老红军，江苏艺术家、文化名流、知名茶人参加；给南京市博物馆赠送荥经黑砂仿汉代吴理真茶具；给江苏画院赵绪成院长

中国著名艺术家亚明绘“扬子江中水　蒙顶山上茶”

中英日文《雅安旅游画册》推出“熊猫文化、茶圣山文化、红军文化、汉代文化”四张牌　2002.3

送出首版《雅安旅游画册》。同时，授予南京市副市长兼熊猫电子集团有限公司董事长奚永明“雅安市荣誉市民”称号，赠汉白玉熊猫、300套8开版的《雅安日报》专刊《故乡亲人看熊猫》。我翻开专刊上的醒目配图给蒋部长看，就是用他提供的亚明画，他感慨地说：“您太聪明了！南京人可以不知道蒙顶山，没有不知道亚明的。你们借亚明说蒙顶山，高明！”

这几大主题同南京、雅安紧密相关，通过电视、报纸的系列报道，神奇的雅安荡漾在千年古都，雅安展台成为最火爆展区，所有商品被扫荡一空。雅安获得最佳组织奖、最佳展台奖，是获奖最多的地市级参展团队。

会毕，为了犒劳大家，组织大家第一次到杭州中国茶叶博物馆学习。

在南京朝天宫隆重推出蒙山茶，同川籍老红军合影　2002.4.3

第五篇

让外地人了解雅安，让雅安人认识自己

提　要

“坝坝会”百年古今同？错！

这是新千年雅安更新观念的发轫之作　　作者履历披露

在企业破产“搞不赢”中寻出路

铺“红地毯”的坝坝会

芦山的水杉大道　　行署首届名优特新展销会开张

卖百万的“圣火”，什么东西？

英雄刘志斌，为旅游献身的派出所所长受到全国表彰

蔡鸭子、晓阳春风头强劲　　拿根雕换媳妇，真的吗？

邮政局发特殊纪念封

趁势而上，整治市场脏乱差

1 雅安履新

历史进入第三个千禧年。2000年1月2日，我同黄彦蓉到雅安地区行署任职，她当专员，我当副专员（正厅级）。省委组织部常务副部长彭柏林晚8时从成都送我们履新。

1999年12月28日，成（都）雅（安）高速141.2千米通车。同一天，碧峰峡野生动物园也鸣炮放鸽开张。高速路的价值，人们能估量；碧峰峡有什么作用，似乎没有人想过；这一路一峡的长远影响，没人预测。

2000年1月3日，彭柏林在全地区领导干部会上宣布任职通知后，我即向黄专员请假，返成都处理原单位工作的交接事宜。

在成都，我先后拜访了在雅安工作过的谢世杰、秦长胜、杨崇汇等十多位老领导，登门求教，请他们指点迷津。

返雅安后，我又到文化路地委宿舍探访原雅安地委秘书长马负诚。他是芦山县人，我爱人1969年1月从成都知青下派芦山后就同他相识。1987年以后他调雅安地委任秘书长，书法很好，咏诗脱口成章。我在省委办公厅任副主任时，同他打交道很多。那时雅安有几项拳头产品：通工汽车，红花岗石和汉白玉大理石建材，6.6元一双的雅安轻便皮鞋，蒙顶山甘露、苗溪炒青茶，汉源花椒油，天全袋装嫩竹笋。我们经常电话托他帮朋友买皮鞋。我们相知甚久，是可以掬心而谈的朋友。

他说："孙专员，谢谢光临寒舍，我有一事不解。1988年，你就是省委办公厅副主任，是当时最年轻的厅级干部之一。川渝没分家，我们都喊你大总管。怎么过了这么多年，到四川人口最少的雅安地区来当副专员，是出了什么毛病吗？"他不解和疑惑的眼神含着期待。真神面前不烧假香，我也坦诚相告。

1992 年邓小平南方谈话以后，四川有一股“冲出夔门方成龙”的走出盆地的气势。省上成立了 5 个正厅级的大型国有企业：四川通亚实业有限公司（省交通厅刚退二线的厅长郭洪喜任董事长，主攻东南亚市场），四川省信托投资公司（省财政厅副厅长梁昌飞任总经理，金融试点），四川省地产房产开发（集团）股份有限公司（省计委副主任朱芬吉任总经理），四川出版集团（省委宣传部副部长梁守勋任总经理），四川省环联实业总公司（省委办公厅副主任孙前任董事长、总经理，开拓日、韩和渤海湾地区、东北地区）。

5 个公司中，只有我负责的这个公司作为省委的试点企业，企业注册资金 6000 万元，完全市场募集，省财政不出一分钱（其他几个公司是财政出资或国企资产组合）。无论是人事权任用方式还是资金出处筹集方式，都是省上有史以来做出试点的第一家企业，道地的一无所有，白手起家。好在有省委给的政策，一月之内，省上各金融机构和大企业就认股满了，我们团队信心满满。其他几个公司在 1992 年挂牌开张，资金、资产全部到位。我是 1993 年 3 月交代完办公厅工作，投入到企业运作。

殊不知 1993 年 5 月亚洲金融风暴，中央严禁金融机构参股，大企业收紧银根，无法兑现参股协议。到 1993 年底，我公司只到位 500 万股本金。

公司开始几年经营不错。雅安市的第一个商业加民居的高层建筑群雨城花园，横跨东大街的环联天桥（四川西部的第一座人行天桥），就是下属的房地产公司建的，另外在成都主城区和都江堰、内江隆昌、自贡自流井等地有多处房地产开发项目；我们的电器批发销售名列成都前三甲；下属的科技公司同四川大学合作研制了中国首家“防火墙”一、二号，得到国家安全部和公安部的嘉奖；成都环联出租快递公司是全省的第一家……有朋友说我是“高台跳水”，游得不错。酸甜苦辣，扪心自知。

著名油画家于小冬绘孙前、曾全珍伉俪　2000.4

到了1998年，我找省委书记谢世杰同志汇报说，500万的注册资金不够我这几年付银行的利息，如果把欠的5500万股本金到位，我继续干，否则就请另外考虑我的工作。他征求相关领导的意见后，决定让我到雅安工作。他对我说："以雅安的资源条件和人口基数，应该是很有发展前途的，但是现在在全省的排位愈来愈后。班子的同志勤恳踏实，但是开拓的视野不够。你在省级机关十多年，又在市场经济大潮中历练多年，到雅安好好干，做出成绩来。"在他任省委书记的最后一次常委会上——1999年12月23日，决定我到雅安行署工作。就这样我来了。

马负诚问："那几家公司经营如何？"

我答："1994年通亚换帅。1996年以前，另两家公司老板上岸。省信托从成立以来就是成都股民挤兑的热点，老板的上班地点只有几个高管知道。梁守勋3年以后，请求坚决上岸。5个公司，我是唯一全身而退，账面资产有盈余，干了7年的老总。"

他说："这样安排，你不是太亏了吗？"

"干部政策，我很清楚，已经52岁了，其他什么都不想了。我爱人是成都下乡知青，雅安人民培养她成为全省优秀知青代表，我儿子就出生在你们这个院落里，现在轮到我来回报雅安人民了。也是天意，就在今天，

2000 年 1 月 13 日，中共中央、国务院印发《关于转发国家发展计划委员会〈关于实施西部大开发战略初步设想的汇报〉的通知》（中发〔2000〕2 号文件），我来到了西部的西部雅安，努力为人民办点实事吧！”

他拉着我的手说：“神奇的经历，不可想象。有什么需要我做的，尽管说，老朋友啦。”

2 铺“红地毯”的坝坝会

知道我在企业多年，所以到雅安行署后，黄彦蓉专员就把商贸交我分管。从 1 月 10 日开始，我分别约谈分管部门的领导，有地区外经贸局（钟声儒局长）、粮食局（曾凡清局长）、医药局（高平章局长）、物资局（司锡浩局长）、商业局（曾英慧局长）、供销社（何连生主任）、烟草局（何平局长）、盐业公司（叶永莲总经理）、石油公司（王国华总经理）、地区财办（郝逸萍主任和曾广柱、王波副主任），考察了雅安啤酒厂、雅安茶厂（生产边销茶）、雅安皮革总厂、雅安云母矿厂、雅安三九药厂、康藏路供销社市场……1 月 18 日，在地区财办首次召开财贸口会议，各部门正、副职参加。没有想到，这成了一个倒苦水的会议。

“我们现在是毛（楠）竹林盘掰笋子——搞不赢！一个没掰完，几个又冒出来了！”

“计划经济时代，没有点关系，是进不了商贸行业的。”现在商贸行业要下岗分流，改转租卖，从领导到员工，任何人都没有思想准备。我原则性地讲了要克服困难，用新观念看待商贸工作的市场化，要倾力打造“雅安造”。我举了遂宁市打造沱牌曲酒的例子：在 1980 年以前沱牌在四川都没有什么知名度，八九十年代沱牌名声渐起，1989 年沱牌曲酒成为川酒的“六朵金花”之一，当时他们各处拜客的礼品，就是 2 元一瓶的“沱牌酒”，一箱 6 瓶。这是本地人对本地产品的自信。遂宁市借助各种机会和市场推广、广告宣传提升沱牌知名度，1996 年沱牌正式上市，今年沱牌酒厂的产量列全国白酒业第一名。雅安应该很好地学习一下，倾力打造“雅安造”。

用两个多月时间，我又跑了多数市县的商贸局及下属企业，3 月 26 日找到黄彦蓉专员做了专题汇报。商贸系统的企业，从地区啤酒厂、雅安茶厂到市县区乡镇的企业，90% 以上面临破产倒闭，改转租卖。供销社系统的股金兑付就像一座座隐形火山，随时会喷发，天全县应退股金 8000 多万元，汉源县应退 5300 多万元。地属部门的企业，以物资局为例，下辖的机电公司、金属回收公司、生产资料公司、化工建材公司、金属材料公司，全部排队在年内破产。如果政府不能给他们规划出路，让他们有想头、奔头，把下岗费花完了，他们全部要堵政府的大门说子曰。

黄专员问：“你什么意见？”我回答道：“雅安资源和农副产品丰富的程度，在全省属顶级水平。雅安人民勤劳智慧，很多人有赖以生存的活计。全地区人口总量，只相当于一个仁寿县或安岳县。只要政府引导得法，可以变压力为动力。2 月 22 日，聂卫平在碧峰峡挑战 150 位棋手，136 胜、3 和、11 负，创吉尼斯纪录，全国爆炒。我判断，五一黄金周碧峰峡会再次火爆。建议抓住这个机会，举办雅安地区名优特新展销会，让外地人了解雅安，让雅安人认识自己，来一次更新观念的展销会。”

黄专员说：“好！孙专员，由你全权负责，抓好展销会。”我补充：“仅凭商贸一家之力不行，必须形成全地区合力。宣传部、财办、公安处、建委、工商、技监、卫生、体育、旅游部门都得出力。”

黄专员回答：“我同意，请你通知他们开会，以行署名义办这个活动。”

4 月 1 日晚 7:30，我在行署二楼会议室主持召开了“雅安地区首届名优特新商品展销会”筹备会，成立展销会领导小组：

组长：孙前（雅安行署副专员）

副组长：戴秀明（雅安行署专员助理）、王德福（雅安工商局局长）、吴国忠（雅安市副市长）、王波（地区财办副主任）、侯启明（地区公安处副处长）

成员：唐世明（雅安技术监督局局长）、冯治安（地委宣传部副部长）、杨德光（地区卫生局局长）、魏国华（地区建委副主任）、吴天昊（地区旅游局副局长）、严谦益（地区体委副主任）、佘志国（地区电力公司副总经理）、毛嘉甫（雅安工商分局局长）

领导小组下设办公室，王德福兼主任，毛嘉甫为副主任。并制订相关具体工作，

展销会主题：让外地人（来宾）了解雅安，让雅安人认识自己！

展会时间：2000 年 5 月 1 日—7 日（4 月 27、28 日布展，预展）

参展团体：雅安行署 8 个市县和地级部门、企业共组成 9 个展团。

展销内容：各市县名优特新商品、各地特色小吃和旅游纪念品。（各展团推荐 10—20 种商品，7—10 种特色小吃。经领导小组审定后，方可入场，严禁假冒伪劣商品。摊位视面积、位置收 200—300 元，用于水电卫生清扫开支。税费、广告费一律免除。）

宣传舆论工作：从 4 月中旬开始到展销会结束，《雅安日报》、地区电视台及各市县电视台免费系列报道。地委宣传部邀请省上和国内的媒体现场报道。

王德福表示，雅安市工商分局去年底花 22 万元买了一批新棚架，这次无偿提供给行署使用。这真是好兆头。4 月 3 日，地区行署办公室即以雅署办〔2000〕16 号文《关于举办首届雅安地区名优特新商品展销会的通知》下发各县（市）和地级部门。

4 月 12 日，行署专员会，黄专员把地区工商局、物价局、地震局划由我分管，我通报了展销会筹备情况。常务副专员李超凡是我老友，他推了

芦山县行道树是植物活化石——水杉树　2004.4

推眼镜说，老孙搞坝坝会，热闹。

领导小组成员跑各县（市）筛选参展商品。

我到芦山县，副县长李进忠在飞仙关附近的金三角等我。他的爱人和我妻子是成都沙河堡中学的同班同学，1969年1月同时下乡到芦山县双石公社河边8队当知青。他坐我车上聊芦山，这是到芦山、宝兴的210省道，路不宽，但是行道树挺拔高耸，气势不凡。我问是什么树，“水杉！”“水杉？植物活化石的水杉！”我让停下车，抚着树干，这是1992年县林业局选种，适生环境让它挺括成形。

我对此树有一种特殊感情，同李县长聊起费孝通的老师潘光旦先生1957年1月到湖北利川考察时讲的水杉树历史。潘先生不仅是大名鼎鼎的人类学家，也是生物学家。他说，2500万年前第四纪特大冰川期，原来广布欧、亚、美洲的水杉，与恐龙一样灭绝了。欧美是大陆冰川，陆地被整块冰川覆盖，许多动植物在劫难逃。中国西部是高山冰川，错落参差，冰川来临时，动植物在冰川到不了的凹处藏身，直到冰川消退，这些珍贵植物如水杉、珙桐得以存活。（张祖道《1956，潘光旦调查行脚》，2008年上海锦绣文章出版社版）1941年，于铎教授在万县磨刀溪（现属湖北省利川市谋道镇磨刀溪村）大森林发现一株特大水杉。1945 年胡先骕、郑万钧教授鉴定其为模式标本，被称为此种树的“古老世界爷”，树龄 600 年，树高 35 米，树围 3.5 米。水杉雌雄同株，靠风授粉，生命力强，一年可结籽 10 千克左右。之后在四川万县、石柱（今均属重庆市），湖南龙山、桑植也发现了大水杉。1949 年后，经过人工繁育，在一些适生地已有引种。我在万县上中学时，生物老师讲到水杉时的激情偾张，至今难忘。万县到利川只有几十千米，但无缘得见，没想到在此看到它。水杉大道，连接宝兴的珙桐林地，稀世奇珍。

李县长带我来到王晖石棺旁的竞尔雄雕刻艺术厂，厂区摆满各种木雕、根雕、石雕和石膏模型，老板是只有 26 岁的年轻人彭富伦，结实得像一头壮熊，圆圆的大眼睛，闪动着渴求探索的光芒。他把郭沫若 1942 年 2 月 14 日为新掘王晖石棺写的诗“芦山僻地竞尔雄”作为公司名，足显小伙子的气势和追求。我说，把你的根雕尽量拿到展销会吧。

然后到芦山大河坝的东方根雕厂，老板吴坤租用华营石材厂的车间搞创作展示。他指着一块 2.20 米 ×2.06 米的金丝楠乌木屏雕说，在成都的“1999 四川（第四届）根雕奇石大展”，这件名叫“远古”的作品获得金奖。场地还有茶几、画海、屏风、熊猫、山水摆件等不少作品。我说，好东西，都拉去参展吧。李县长说，这两家是芦山最大的，还有两三家小摊摊，也动员他们把作品拉去吧。

领导小组多次会商，遴选入展商品，然后邀请各县分管副县长统一认识，落实任务，务必使展销会出彩。

雅安市优秀教师戴雅萍写过一篇怀念乡情的文章《老雅安的“坝坝会”》，甚是精彩，选一段分享。

雅安是雨城，农历三月七天不下雨，简直不可能。广场是土泥巴地，一下雨，地上泛起烂泥浆，太阳一出来，人一多，脚步起灰尘，在里面挤

历史上的雅安坝坝会 1998 王五一摄

一圈出来，人人变成灰姑娘，个个“蓬头垢面”，抬手往脸上抹下汗，立马成花脸。但是每天仍是人挤人，同伴被挤开是找不回来的，喊不答应，那是人的海，声的无底洞。一般在进去之前相互约好，“我们在电影院门口第一根柱子下见，不见不散！”

4月25日我给向世毅市长打电话，他说：“雅安的坝坝会有数百上千年历史，是三月初三农村备耕交换农具、买种子化肥的交易会，四镇八乡的农民都赶坝坝会看热闹。吴国忠已告诉我了，相信会办得好，需要我做什么？”

“请你安排25号把雅安体育广场全部用红砖铺一层，26日开始入场布展。”

“铺红砖干什么？”

“农历三月是多雨之时，一遇下雨，广场的浮土就成了稀泥巴，无法下脚。”

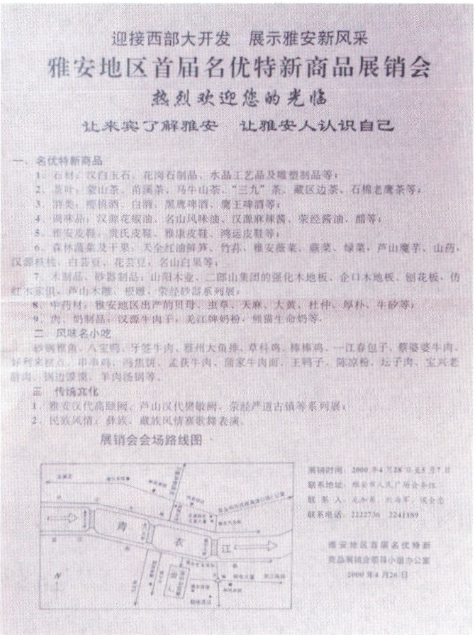

迎接西部大开发　展示雅安新风采

雅安地区首届名优特新商品展销会

热烈欢迎您的光临

让来宾了解雅安　让雅安人认识自己

一、名优特新商品

1、石材：汉白玉石、花岗石制品、水晶工艺品及雕塑制品等；

2、茶叶：蒙山茶、荷溪茶、马牛山茶、"三九"茶、藏区边茶、石棉老鹰茶等；

3、酒类：樱桃酒、白酒、黑鹰啤酒、鹰王啤酒等；

4、调味品：汉源花椒油、名山风味油、汉源麻辣酱、荥经酱油、醋等；

5、雅安皮鞋：贵氏皮鞋、雅康皮鞋、鸿运皮鞋等；

6、森林蔬菜及干果：天全红油鲜笋、竹荪、雅安蕨菜、薇菜、绿菜、芦山魔芋、山药、汉源核桃、白芸豆、花芸豆、名山白果等；

7、木制品、砂器制品：山阳木业、二郎山集团的强化木地板、企口木地板、刨花板、仿红木家俱、芦山木雕、根雕、荥经砂器系列展；

8、中药材：雅安地区出产的贝母、虫草、天麻、大黄、杜仲、厚朴、牛砂等；

9、肉、奶制品：汉源牛肉干，美江牌奶粉，熊猫生命奶等。

二、风味名小吃

砂锅雅鱼、八宝鸭、牙签牛肉、雅州大鱼排、草科鸡、棒棒鸡、一江春包子、蔡婆婆牛肉、好利来糕点、串串鸡、冯焦饼、孟获牛肉、蒲家牛肉面、王鸭子、陈凉粉、坛子肉、宝兴老腊肉、锅边馍馍、羊肉汤锅等。

三、传统文化

1、雅安汉代高颐阙、芦山汉代樊敏阙、荥经严道古镇等系列展；

2、民族风情：彝族、藏族风情赛歌舞表演。

展销会会场路线图

展销时间：2000年4月28日至5月7日

联系地址：[illegible]

联系人：[illegible]

联系电话：2222736　2241189

雅安地区首届名优特新商品展销会领导小组办公室

2000年4月26日

展销会导览图　2000年五一黄金周

"明白了，今天落实。"

连夜，市建委副主任彭国强安排工人用20多万块新砖把体育场铺成闪亮的"红地毯"。王德福、毛嘉甫立即组织工商队伍按规划搭建了18排棚架，每个县（市）有明显的标识，26日全部到位。宣传部安排的升空气球、大幅广告、音响装置，建委和电力公司的照明系统、垃圾设施，全部在27号完成。整个广场只有一处大公厕，由地区体委负责，24小时不间断清扫和喷洒消毒，确保无异味。

领导小组办公室用A4红、黄色纸印了大量的宣传广告单，分为名优特新商品、风味名小吃、传统文化区三部分，并附有行车路线和停车位图。在所有路口，逢车必发。

3　他卖百万"圣火"

各市县井然有序，27、28日入场布展。人算不如天算，29日下午雅安大暴雨，当风口的一排展棚摇摇欲倒，市工商局奋力抢救加固，化险为夷。

全部展棚，只有名山县是"空档"，一户商家也没有。筹委办的几次会议，是廖泽澎副书记参加的，分管副县长出国考察。他回来时，廖副书记到省上开会，二人还未交接。晚上，我带郑万章副秘书长、谢代宏副局长冒着大雨雷电赶到名山县。杨天禄副县长听郑、谢说了布展情况后说："孙专员，名山人的经营意识在地区是超前的，平时都很忙，放大假，要关门休息去成都耍，不想参加雅安的坝坝会。既然展位很俏，就把名山的展位分给其他县吧。”

我说：“名山离展场最近，石棉、汉源、宝兴的都入场了。你出国回来不知情，不能全怨你。名山的展位由名山县负责，一个也不可能转其他县。明天是最后一天布展，你们看着办！”

说完，我们冒雨返回雅安。没有今晚的雷雨行，蒙顶山打造的故事，可能就是另外一种写法了。

30 日一早，杨天禄带县工商联主任袁经鸿前期通知的企业到现场，其中以晓阳春餐饮老板杨奇为首，用他的话说，现场的高档大气让他震撼，其他市县都在预展销售了。听说汉源县昨天带的 4 吨挂面全部售完，今天紧急调货。荥经朱氏砂器的砂锅药罐，被哄售一空，县政府帮忙调货。杨副县长立即组织企业快速布展，好在名山近，运输方便，到中午时也全部妥当了。晓阳春是雅安地区第一家农家乐餐厅，1997 年元月就开张了，以卖烤全羊、烤鸡、烤兔为特色。杨奇一瞅现场，立即选了 6 个展位，并通知徒弟小蔡、小刘来“凑摊”卖油淋鸭。他给小蔡说：“300 元一个摊位费我出了，展会结束你没赚钱，算我买单。你如果赚了钱再说。”

芦山县彭富伦用吊车拖了一个 4 米高的大银杏根雕，如同火炬，他取名“圣火”。展位无法放，他希望放在主席台旗杆后。这个“圣火”极扯眼球，我同意了。“圣火”到位，他拿出准备的销售价卡一挂，我上前一看，标价 100 万，吓了一跳，“彭总，100 万呀？”“天下独此一件大型‘圣火’，几千年树龄的银杏根，就是这个价！”

芦山仅有的 4 家根雕工艺企业都来了，彭富伦、吴坤、杨云东、徐世清，后两人是拼摊搭伙的。

闹得场面大的是宝兴中喜雕塑公司，他们拖了 8 卡车汉白玉雕塑，每

杨奇揭蔡鸭子追伞老底

辆车都拴上红标语“宝兴雕塑入驻展销会”，在城区转了三四个来回。副县长王先忠提前给我说，汉白玉雕塑又多又重，放展棚不方便，他们就放露天坝，不怕日晒雨淋。我说好呀！8车货就占地几百平方米，再加上其他几家企业的雕像，白晃晃一大片，扎眼。

晚上12:30，我和郑万章、王德福、曾英慧做最后巡查。来到名山晓阳春杨奇的展位，整个下午直到晚上，烤羊、烤鸡卖得不亦乐乎，买油淋鸭的更是排队候鸭。杨奇指着小蔡说：“她叫蔡崇芬，我的徒弟，中午带了12只鸭子来试一下，卖不脱拿回去也没关系。想不到半小时就卖了，她赶快把油锅安起，搞都搞不赢。”

我看着小蔡、小刘夫妇说：“你们两个都来了，名山的铺子谁守呢？”

杨奇瞪着眼睛说：“他哪里有啥子铺子哟！小刘把一辆旧自行车改装成三轮车，小蔡骑着沿街叫卖。先卖水盆鸭，后来又卖油淋卤鸭。骑累了，就找个宽的街沿，撑一把红色太阳伞。有一次遇到大风，把伞吹了十几米，遇到我下班经过，看到小蔡冒着大雨跑得飞叉叉的追伞，我还去帮她追。”

再看小刘，他一声不吭，靸着一双油腻腻的破塑料鞋，脚趾头紧紧地抠在一起。小蔡从脖子上取下钱包，挂在小刘头上，“你回家数了放好哈。明天正式开张，可能比今天好，你早点把鸭子送来。”小刘把钱包塞进胸口里，跨上朋友的摩托后坐奔名山而去。

我问杨奇：“名山还有卖油淋卤鸭的吗？”他说：“有呀，有萧鸭子、柏鸭子、大充鸭子，他们都有铺面，经营多年，在名山有些名气。”“他们来参展了吗？”“他们不来，说雅安的坝坝会，12 块钱一只，卖给哪个？不如去成都要。所以我把小蔡喊来，我们这一排展位羊、鸡、鸭、兔就全了。”我立即给吴国忠电话，请他明天在展场安排两处储蓄点，帮助商家存取款。

当天，冯治安部长派车到省上接来 14 家中央和省上的新闻媒体，碧峰峡已经很有吸引力了。雅安电视台舒新台长、雅安日报社王泽林社长都制定了从 4 月 15 日至 5 月 10 日逐天分解的详细报道方案。各市县电视广播系统，全方位参照跟进。

4　SOS，SOS——补货！补货！

5 月 1 日早上 9 时，雅安地区庆祝五一升旗仪式暨雅安地区首届名优特新商品展销会在雅安广场隆重举行。

16 名武警持国旗，国旗在“圣火”前的旗杆冉冉升起。大雨后的雅安，蓝天浮云，娇艳妩媚，国旗猎猎飘扬。省政府副秘书长、省财办主任司沛文，省贸易厅厅长赵岷、副厅长张胜明，省工商局副局长刘遂明，省委宣传部外宣处处长郝耀南，以及雅安地级领导班子、驻雅部队、四川农业大学校长、地委行署老领导、地级部门负责人和各县（市）长及分管县长，所有参展商家出席了开幕式。

笔者主持会议，地委书记杨水源致辞，然后是巡展。

雅安市别出心裁地做了一个城市大沙盘模型，展示下一步的发展规划。这对于不了解雅安的外地人来说，非常重要。向世毅市长亲自讲解。雅州宾馆出了一个奇招，他们搬了一个能坐 30 人的大圆餐桌到展场，最大尺寸的玻璃转盘，中置砂锅雅鱼突突不息，熊猫戏竹摆案，晾衣白肉、牙签牛肉等凉菜，大中小玻璃酒杯，精美瓷餐具，几位高挑靓丽的正装服务员排

雅安地区首届名优特新商品展销会开幕式，地市领导出席，笔者致辞 2000.5.1

展销会场景 2000.4.28—5.7

在两边，回答询问。这是让来宾了解雅安的接待餐饮水平，一目了然。

各市县长纷纷把领导带去，口若悬河地介绍本县名优特新商品。石棉县长黄万钧笑眯眯地把大家带到展区，地上放了十几个烧烤架。“到石棉不吃烧烤，不算到石棉！”这是口头禅。

成都和住碧峰峡的客人，要午后才能来，这个上午就成了雅安人认识自己的机会。邓存璋是雅安市的风云人物，书香传家，父亲邓德业是中国著名篆刻家，他有收藏爱好和不俗的玩赏水平。他转到芦山馆，瞄上了吴坤的《远古》，一番讨论，2 万元成交，真是开张大吉，吴坤连同金奖获奖奖牌也一并送上。邓先生还买了茶几、木画海、花架、仙鹤木雕、凳子，差不多花了 4 万元。他又介绍很多人去买稀奇：“送上门来的宝贝，不下手，更待何时？”

杨奇靠雅州宾馆师兄弟的帮助，借了十多套矮桌椅，占了一块地盘。蔡鸭子的油锅前，已经排了十几个人的队伍，由昨天的一口锅增到两口。

来到荥经县展位，副县长孙久国悄悄告诉我，朱庆平拉来的药罐、砂锅在县上是卖7元、15元一个，在这里翻一番，卖15元、30元。“好卖吗？”“你看嘛，收钱都搞不赢，货都快断档了，县上帮他调货。”

汉源县每天要运两车甜樱桃来，限购，每个买主只能称一斤，要让更多的人晓得汉源优质水果。

侯启明局长同各路口交警密切联系。在碧峰峡塞车时，就向城里分流。从山上下来的车，全往城里放。人如潮水，越来越多。

下午 4 时，我和傅志康副书记接待绵阳市市委书记杨海清，他带了一个十多人的企业团队，来考察碧峰峡旅游。在山上余兴未减，下来又被我们带着转。宝兴县县委书记向华全、副县长王先忠把大家引进汉白玉雕塑方阵。

悄悄涨价的荥经砂器

杨海清问：“宝兴怎么能做出这样精美的雕塑？”向书记说：“‘文化大革命’前，北京玉雕厂专门派师傅和技术员到宝兴常驻，设计加工外销产品，因为这里的汉白玉算天下一绝，所以培养了技工，也留下了样稿。这些春夏秋冬欧式人物、名画作品是销欧美的，那些佛像、观音是销东南亚的，那些鹿、熊猫、长颈鹿的生态系列是国内主销的。这是华西公司、中喜公司、宝兴宾馆二轻公司的产品。”

展销会场景 2000.4.28—5.7

随行的绵阳兴力达公司董事长张钧，看着眼花缭乱的雕塑，问卖不卖。“拿来展销就是卖！”“是送货还是提货？”“送货，保证完好无损。”“什么时候送货？”“这些大件，展会结束统一送货。”“好，我来点货，你们做记号，不要搞错了。”一圈走下来，他点了将近30件雕塑作品，王先忠默算了一下，卖了35万元的货。向书记喜出望外，握着张总的手说，感谢对革命老区的支持。张总说，这些作品，放在绵阳我们的兴力达广场，给绵阳添光彩。

我们转到芦山根雕区，很多商品贴上“已售”的标签，有一张2米长的大茶几，带一个天然匹配的椅子，标价3万元。我注意到张总多看了两眼，就对他说：“这是二郎山奇特的杂木根雕，根包着一块大岩石长了几百年，后来石匠把岩石打掉，形成这一几一椅，非常难得，买去放在办公室，沏上茶，思考问题，文思泉涌，怎么样，请回去？”“有点意思！”我给彭富伦说：“大家图个吉利，给个优惠价2.3万元，2乘3得6，大家顺！”张总说：“好，成交！”他又在旁边选了几个雕件。

很多游客看着大圆桌的美食发呆，“酒店在哪里？”美女一指，雅州宾馆，一墙之隔。“可以订餐吗？”“24小时接受订餐。您有几位，何时用餐，我马上给您预订！”

已是傍晚，广场灯火通明。石棉县烧烤区彝族阿咪子欢快的《祝酒歌》，与宝兴硗碛藏乡的踢踏舞《欢迎你到藏乡来》的旋律，互为呼应，此伏彼起，笼罩着整个广场。现在游走在广场的，基本都是外地人。杨奇烤得金黄的全羊引人注目。蔡鸭子已架起四口锅，排着数十人的队伍。看着色香味俱优的油淋鸭，不买到手，那是不罢休的。

凌晨1:30，我召集各县带队县长开碰头会。他们只有两句话，一是太累，二是断货，赶快补货。吴国忠说，市农商银行设了两个点，帮助商家存取款。大家都笑嘻了。

5月2日，算是展销会进入高潮。有了前几天的演练，一切正常进行。各市县分管副县长寸步不离蹲在那里，调度解决问题。

5　刘志斌，好样的！

5月2日下午，雅安市委副书记肖金元告诉我，碧峰峡派出所所长刘志斌，昨天下午在碧峰峡山上牺牲了。

“为什么？”“碧峰峡挤了数万游客，他已累了几天，引发脑出血，送医途中牺牲了。”“啊，累死了？”“明天上午市公安局在雅安殡仪馆设灵堂遗体告别。”我同刘志斌有一面之交，知道他是重庆梁平人，与我是川东老乡，部队转业的营级干部。“我明天到灵堂，送他一程。”“孙专员去，我也参加。”

3日上午，肖书记陪我到殡仪馆。市公安局局长李家祺，带着30多名干警，白花黑袖套，悲戚地肃立两旁。刘志斌的妻子徐庆凤失声痛哭，亲

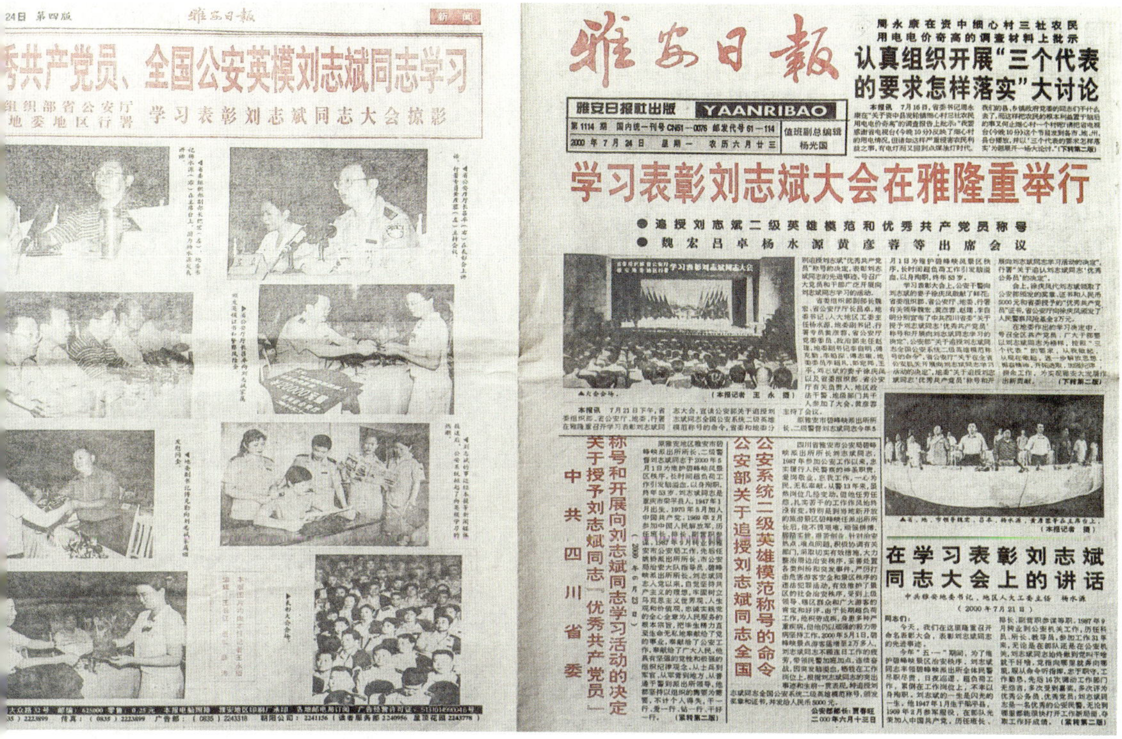

媒体报道黄金周牺牲的碧峰峡派出所所长刘志斌

属架着她才没有瘫下。

李局长带我走到她面前说：“嫂子，孙专员代表行署领导来送老刘。”我握着她的双手说：“嫂子，志斌是好样的，雅安人民不会忘记他，你一定要节哀保重！”她更是抽泣不已。我在遗像前默语：“志斌，你这位川东巴人，长眠在川西蜀地，你是为人民而光荣的，一路走好！”

我对李家祺说：“一定把志斌爱人和子女的问题安排好，干警们都看着，志斌的今天，也可能是自己的明天。你们立即写报告，同时报行署公安处和省公安厅。在旅游爆点牺牲派出所所长，这是全国第一例。”肖书记说：“孙专员，你来了，地委行署关心基层干警，大家都很感动。”我面向两边干警，分别鞠了一躬，然后抱拳以礼，默然下山。

5 月 7 日上午 10 时，行署秘书长张必达给我送来省委书记对刘志斌同志以身殉职的批示，要省委相关领导高度重视宣传他的感人事迹。

5 月 10 日，省政法系统英模代表团第 5 分团在雅安剧场向地区政法干警做了一场感人肺腑、催人奋进的“刘志斌事迹报告会”，地委副书记、政法委书记傅克勤讲话，市委宣传部部长傅志康主持会议。笔者和人大刘江成、地区政协马负诚也出席会议。

5月12日，公安部人事局副局长张美荣专程到雅安，代表部长看望徐庆凤和碧峰峡派出所干警。6月13日，公安部追授刘志斌为全国公安系统二级英模的命令。6月23日，中共四川省委授予他“优秀共产党员”称号。6月15日，中共雅安地委追授他为“优秀共产党员”，开展全地区学习刘志斌的活动。“志斌，这是你应得的荣誉。你在天之灵有眼，也该欣慰了！”

6　什么最出彩——满堂彩

5月3日，《四川日报》头版、《中国食品报》分别以“让外地人认识雅安：首届雅安名优特新商品展销会扫描”“雅安大步朝前迈”为题介绍展销会。四川电视台等多家媒体都予以报道，这是雅安的助推剂。

每天晚上12:30以后的碰头会是必需的。展区阵仗最大的是宝兴、石棉藏彝歌舞片区。排队最长的是蔡鸭子，她每天要加工500多只鸭子，手肿得刀都拿不起；第二是烤全羊，杨奇卖了108只烤全羊，几千只鸡、兔。在他得知朱庆平的招数后说：“我们是名山的原价，早知如此，提价30%—50%，也会卖得嗨嗨的。”

补货补货，快补货！这是各市县的SOS急救电话。石棉县的陈远芳主任说，原来准备的小香猪、草科鸡，2号就卖完了。到处搜购的小香猪、草科鸡，由县交警的公安车护送过泥巴山，每天送货到场。

孙久国说，每天大货车送砂锅药罐，朱氏砂器的库房已经底朝天，都把严道镇街上的货全部运来啰，没参展的商家后悔惨啦。

名山的蒙顶山茶，雅安市的一江春包子、油炸吴豆腐，芦山的冯焦饼、八宝鸭和现场炒的马牛山茶，汉源的花椒油、麻辣酱、牦牛肉干系列，石棉的彝族旅游工艺品、老鹰茶，天全的红油鲜笋、森林蔬菜系列，宝兴的老腊肉、荞麦馍沾蜂蜜、藏家酥油茶，荥经的棒棒鸡、挞挞面、李凉粉……雅康鞋业、贵氏鞋业（杨皮匠），无论男鞋、女鞋、童鞋，价格便宜，样式新颖，被抢稀奇一样买走。红白酒类、小巧石材、木雕工艺品供不应求。省级机关一位老友带孩子来旅游，女儿拽着妈妈的衣服说："那个鸭子好香哟！""排那样长的队，起码要等两个小时。"我找名山县工商局局长邓锡波说："你设法帮我买两只蔡鸭子，钱我出。"过了一个多小时，他送来两只鸭子，坚决不收我的钱，说请老乡品尝。小女孩笑逐颜开，吞口水的动作可见。

石棉烧烤扩展到40多个架位，硗碛锅庄扩到雕塑片区。啤酒厂厂长安排供销科长守在现场供货。"为了参加歌舞，欣赏美女帅哥，住下不走啦。""为了多尝几种美食，再要一天。""断档货明天早上才送来，买了再走。"……地区邮政局局长杜晓波，很有经营意识。他对设计科长说："虽然叫'雅安地区首届名优特新商品展销会'，其实也是最后一届，下半年地改市，'雅安地区'就不存在了。你们设计两枚纪念邮戳，盖在今年的'千禧贺岁封'上，集邮者一定喜欢。"今年的龙票，屈腾欲飞，再加上两枚特制圆章"雅安地区首届名优特新商品展销会纪念 2000.5.1—5.7"，似乎意味着，千禧之年，雅安该跃起啦！

5月7日展销会落下帷幕。扯了十来天眼球的"圣火"成为展会的一个打卡地。"一个树桩桩要卖100万"，一传十，十传百，每天吸引无数人排队照相，手持百万卡牌，含笑看着远方，"雅安真是有宝！"之后彭富伦以50万元出手卖给爱家，他赚了50多倍。

商家们恋恋不舍，好几个人说："我们这些小摊贩，五一同省、市领导同场升旗，眼泪都流出来了。我们天天看着你们半夜才离开，希望以后

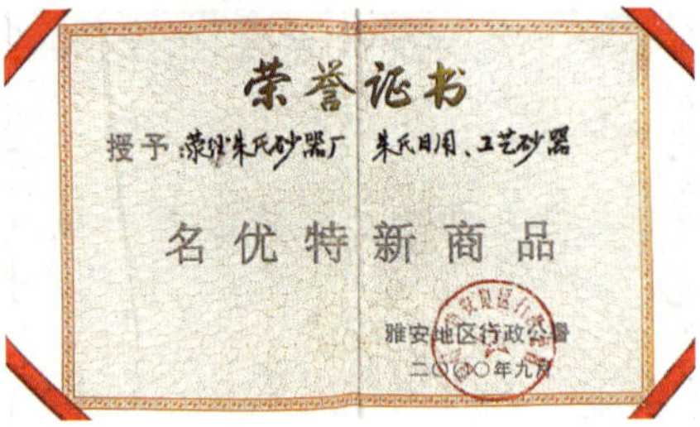
荣誉证书

授予：荥经朱氏砂器厂 朱氏日用、工艺砂器

名优特新商品

雅安地区行政公署

二〇〇〇年九月

荥经朱氏砂器的发展道路

地区邮政局首发展销会纪念封 2000.5.1

多组织这样的活动。”

5月12日，黄彦蓉在雅州宾馆四楼主持了“雅安地区名优特新展销会总结表彰会”。各市县、地级部门领导，相关企业负责人参加。黄彦蓉说，这不仅是一次商品展销会，这是一次雅安人民解放思想的会，是一次让外地人认识雅安的会，远远超出预期效果，请各市县认真总结，下半年再召开发牌表彰大会。

10月30日下午2时，雅安地委、行署“首届名优特新商品展销会授牌大会”在雅安行署底楼召开。地委行署主要领导参加，笔者主持。绝大多数授牌业主第一次跨进行署这座大门，气氛的隆重热烈可想而知。

最佳组织奖：宝兴县、石棉县人民政府。

优秀组织奖：芦山县、雅安市、汉源县人民政府。

最受欢迎的企业：宝兴中喜雕塑公司、汉源酒厂、雅州宾馆、名山茶厂。

消费者最满意的展位：宝兴中喜雕塑汉白玉、宝兴硗碛藏庄、石棉县彝寨、雅州宾馆美食店、汉源酒厂樱桃酒、雅安鹰王啤酒、芦山东方根雕厂、三九药业中药针剂、天全二郎山森林蔬菜、芦山马牛山炒茶、雅康鞋业、荥经朱氏砂器。

消费者最喜爱商品43种（另详），消费者最喜爱小吃37种（另详）。

餐饮 周刊 CAN YIN 总第91期

经理的参谋 厨师的朋友

《中国食品报·餐饮周刊》下半年征订开始

欢迎订阅莫失良机

雅安 大步朝前迈

雅安地区旅游与餐饮发展座谈会

中国食品報

《中国食品报》大版面刊登雅安展销会消息　记者陈吉勋

邮政局杜晓波局长赠送给每个获奖单位、个人一套特色千禧年纪念封。

展销会成交额400余万元、订货额200多万元。黄专员给蔡鸭子授牌时说："全国的鸭子我吃了无数，你的鸭子最好吃。听说你在雅安开了店？""我已经在苍坪路菜市、八一路、河北街14队菜市、创业商城开了4家店。"小蔡羞涩地说。"好、好，我以后买鸭子方便了。"

7　用根雕换媳妇，信不信

颁奖结束，彭富伦对我说："孙专员，你帮杨云东做了一件大好事。"

见我疑惑不解，他说：“杨云东是天全县新华村 3 组大山里的人，与芦山交界，交通闭塞，太穷，都 34 岁了，两兄弟都没讨到老婆。本地人喊他杨疯子，说他不种庄稼，要烂树疙瘩。”

“一年前，他花 600 元买了两个杂木根桩，打整了十来天，要卖给我 2000 元。物有所值，我说缓一下再说。展销会他跟我凑摊，把根雕拉来了，问我标多少钱，我说标 3 万元。他吓了一跳，说我安心不让他卖哟。”

“领导还记得吗？你帮忙 2.3 万元卖的就是他拉去的根雕。拿到钱，我带他先去买了一辆重庆建设厂的 150 型摩托，花了 1.1 万元，然后再买一些材料发展生产。他骑摩托在小路上的那个风光劲，不摆了。寒门不寒了，媒婆接二连三，他让我把关，现在相中了一位天全的姑娘，品貌端庄，很勤劳，与他这个帅哥很般配。”

“啊！小彭，这个故事太生动了，吃糖时别忘了通知我。”

吃糖没有通知我。多年后，彭富伦陪我寻访杨云东，他早搬到芦山县城，盖了一栋三层新房，连同一片园林共一亩三分地，私家作坊式经营香杉根雕、盆景园艺、奇石。男雕女琢，恩爱情深，儿子已大学毕业。夫妇俩选了一件香杉工艺壶非要送我作纪念，说这是迟到的谢礼，让我永远记住他们。

彭富伦、杨云东忆苦思甜

同杨云东夫妇合影

8 整治市场脏乱差

6月6日，我约戴秀明、王德福、岳平以及市工商局负责人，检查了城区17个大小市场。其脏乱差、沿街设市、占道经营、堵塞交通的程度，是上年纪的雅安人抹不去的记忆。“为什么会这样？”“积重难返，长期形成。”王德福回答。

我听取了向世毅、吴国忠、杨远志等领导的意见，再找地级机关部门分析，最后确定，“上下动手，齐抓共管”，在国庆节前解决已审批数年、论而不决、决而不行的问题，打造5个规范的市场，取缔脏乱差市场，给人民群众一个良好的生活购物环境。

6月20日—23日，我和戴秀明率王德福、曾英慧、靖宽朝、岳平组织两级工商、物价、贸易部门到广元、梓潼、剑门关、绵阳考察蜀门市场、义乌小商品市场、温州商城等商贸市场建设，那里商贾云集，井然有序。返雅下午即看破产军工企业西雅达、幸福商城民居规划，经同幸福商城开发商刘正联研究，他同意改成大市场建设项目，岳平建议取名幸福商城。

川北考察后，我同戴秀明给黄彦蓉提出，打造川西商贸大市场，以吸引甘孜、凉山和各县商家，为雅安创造更多的就业机会。黄专员原则同意，一个整顿市场秩序、打造川西商贸大市场的方案付诸实施。至9月29日，雅安地委、行署、军分区领导和雅安市王平、向世毅、吴国忠、杨远志共同检查五大市场归市情况，分别是西门农贸市场（县前街279号原雅安食品厂改建）、雅通市场（挺进路238号，原百货公司改建）、苍坪山农贸市场（新生路5号）、创业商城（建新路65号）、康藏路批发市场（康藏路32号，原供销社系统市场）。之后两年，幸福商城、康藏路生资市场（原木综厂址）建成，加上原有的康藏路批发市场，城北片区的川西商贸市场基本形成。

2000 年 12 月 10 日，地级雅安市六套班子授牌成立，原县级雅安市更名为雨城区。

12 月 29 日，《雅安日报》载：点击 2000 年，最响亮的口号是“雅安造”；最火爆的地方碧峰峡；最驰名的人物刘志斌。

年末，地区商贸会在石棉召开。餐桌上方毅修生气地对我说：“孙市长，你要把吴局长那个家伙好好收拾一下！”

“怎么啦，你们不是好朋友吗，扯崩啦？”“你问她嘛。”陈远芳说：“办公室收到一封信，小女生剪开来看，尖叫一声，甩到我面前。大家凑过去一看，是方县天光光的相片，是你们考察田湾河时照的。”“这是我的隐私照片，他寄给阿庆嫂，是安了心的哟。”

“‘思想者’的裸雕，全世界多少亿人看过？”“那不一样，那是石头，我是胴体。还想烧烤，吃个铲铲，要是我老婆知道了不找他打官司才怪了哩。”看着无奈又暗自得意的方县长，阵阵欢笑。

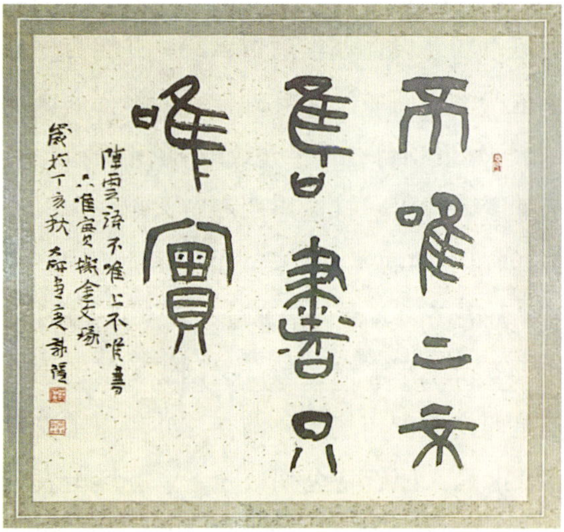
著名篆刻家郭强书赠陈云句：“不唯上，不唯书，只唯实”

千禧年的“三金”（注：工商局合作基金、农村信用社互助基金、供销社社员股金）清退涉险过关，企业改转租卖的艰难辛酸，都抛进大渡河随波而去，“上烧烤！”

第六篇

什么是碧峰峡模式：蹚雷的活了，不蹚雷的死啦

▶ 提 要

一只凤凰飞出山旮旯

省检查组到

不蹚雷的大佬，来一场“三华论剑”

再查，北京检查组到

陈清华风头正劲

熊猫搬家来了，《玫瑰之约》上山，无票可求

“九大碗”，穷人变富人的历程

1　昨天的碧峰峡

我来雅安行署报到后，收到一封迟到的请柬，1999 年 12 月 28 日下午 1 时，碧峰峡风景名胜区接待中心，“碧峰峡开园剪彩”。这是我在企业多年收到的最后一封请柬，也是到雅安的第一封请柬。

1998 年 1 月 8 日，成都总府皇冠假日酒店三楼国际厅，举行“雅安市招商引资会”，副省长邹广严，原省委常委、政法委书记白尚武（时任全国人大常委会委员），省计委副主任贾健民、吴果行，民革四川省委主委纽小明等省地市领导，42 家新闻媒体负责人，97 家大小企业参加，我作为四川省环联实业总公司董事长、总经理应邀出席。向世毅市长主持，雅安市委书记致辞。

会议的重头戏是雅安市政府同万贯集团总裁陈清华（乙方）签署碧峰峡开发合同，雅安签字人是沙国霖（时任雅安市人民政府市长，甲方）。各种招商会多如云烟，难留记忆，可是碧峰峡被记住了。邹广严是分管建委和计委的副省长，他出席签约，是对此认可。

合同规定：合同期限 50 年，从 1998 年 1 月 8 日到 2048 年 1 月 8 日，万贯集团拥有对风景区的独家经营权；万贯集团保证 16 个月内完成投资 6000 万元，否则合同失效；万贯集团每年向雅安市交 5 万元风景名胜资源保护费（5 年后每年递增 5%）；景区门票收入 6 年内全归万贯集团，6 年后门票收入的

碧峰峡开园庆典　1999.12.28

10% 归雅安市。这些内容，多年来是保密的。今天来看，这似乎不算什么，但是当年它是蹚雷的。合同签署后，雅安市政府和新组建的万贯碧峰峡有限公司，委托四川省规划设计院对碧峰峡景区 20 平方千米进行了规划，由地区建委聘请省建委、省规划院等有关专家组成评审委员会评审通过，并报雅安地区行署批准实施。

2 山旮旯飞出金凤凰

2000 年 1 月 18 日，举行西康省解放 50 周年纪念会（1950 年 2 月 1 日解放军入城雅安）。我的老领导贾丕绩（省档案局原局长、省级机关事务管理局原局长）、李定邦（省委办公厅原副主任、省顾委办主任）等诸多老西康莅临雅安参会。我建议贾老到碧峰峡看看，他说："西康省我哪儿没看过，有什么好看的？"李定邦说："小孙建议，咱们就去看看吧。"

火爆的碧峰峡

第二天傍晚又见贾老，他说:“太好了！我让全省的档案系统都到这里开会。”

2月5日（大年初一），雅安的党政机关循惯例放15天长假，这是地方政策。所有商店、旅馆、饭店也按此休闲，打烊谢客。成都车流滚滚，畅行在崭新的成雅高速公路上，奔新开张的碧峰峡而来。触目震撼，世外美景，太棒了！景区人爆满，但到市内找不到吃喝住，电话告到省政府，省里命令雅安行署解决好游客反映的问题。成都各大媒体潮水般的批评，“雅安人不会赚钱！雅安人捧着金饭碗受穷！”这一报道，碧峰峡顺势蜚声全省。

2月22日，聂卫平应战150人的围棋赛，举国皆知。《走进自然，走近动物，回到森林，回到原始：碧峰峡欢迎您》（《四川日报》特刊2000年1月18日），《碧峰峡精神》（傅雷、刘依梦、陈坚，《华西都市报》2000年3月21日），《旅游开发，呼唤崭新模式：“碧峰峡”喷薄而出》（刘理科、李伦，《四川日报》2000年3月23日），《西部旅游，放眼二十一世纪：“碧峰峡”深圳速度》（刘理科、李伦，《四川日报》2000年3月31日）……招风大树，除了赞美、惊叹，还有质疑、批评。

3　第一个检查组，省上的

4月5日，李超凡告诉我，省人大常委会城建工委、省建委组成联合调查组，来雅安调查反映的碧峰峡违规问题，让我参加。我说，超凡聪明过人，让我去挡子弹！我既不管旅游，又不管城建，怎么让我去？他笑笑说，老兄从省上来，大家都是熟脸面，有事好商量。

5日，刘江成陪同调查组考察碧峰峡。6号下午，雅安宾馆四楼，刘江成、吴国忠、杨远志和地市建委、旅游单位，向联合调查组刘少峰、王应（省人大常委会城建委副主任）、欧阳世华（办公室主任）、何洪安（调研员）、卯飞（省建委处长）和一位工程师一行汇报。刘少峰的开场白说得好，这次座谈会，不是来挑毛病，也不是来唱赞歌，了解情况，大家畅所欲言。

吴国忠副市长准备了一份4000字的汇报稿，他也是建设的全过程参与者，把来龙去脉说得清楚明白。调查组也分别询问相关问题。

刘少峰问行署什么意见。我说："地级四套班子一致支持市政府对碧峰峡的开发。4年前我到碧峰峡走了半天，碰到两个人，现在周末节假日数千上万人，这里山清水秀、悬崖陡坎，给你土地，你都不敢种玉米，种了也不敢去收获，太危险，命要紧。这里有多少光棍汉知道吗？姑娘全部外嫁。这是最典型的守着青山绿水受穷啊！这种山水，四川多得是，万贯凭什么把真金白银扔到这穷山恶水的山旮旮，雅安市政府五年来投资580多万元，一年来2万到3万游客，门票几块钱，亏钱难计，他们国有国营经营多年失败了。穷则思变，换一种运作方式，把万贯引进来。你们昨天考察了，依我所见，碧峰峡的创意设计、硬件设施和管理，目前在四川是一流水平。一些人对碧峰峡横挑鼻子竖挑眼，让他们到现场来操练一把，看他们怎么盘活那580万元。"

最后我提请调查组注意，五牛集团在金堂建的"成都野生世界"，在直线距离不足200千米的范围内，建两个大型野生动物园，这种重复建设的结果是自相残杀，用国有资本肆意而为，应予追责。分手时，刘少峰意味深长地说了一句话："摸到石头过河，好自为之！"对雅安来说，这句话就够了。

4 蹚雷，什么雷

随着2000年五一黄金周，碧峰峡派出所所长刘志斌累死，雅安地区首届名优特新展销会的火爆热烈，大众对碧峰峡的关注，与日俱增。梳理起来，有两大特点。

一、碧峰峡的经营模式，是否越红线犯规。1986 年 11 月 20 日，四川省首批风景名胜区由省政府颁布，碧峰峡是省级风景名胜区蒙顶山景区的重要组成部分。由于它地跨两县市，不便管理，1993 年 10 月 26 日，经省地有关部门同意，由雅安市政府将碧峰峡景区单列出来进行保护管理、开发利用，并成立了碧峰峡风景名胜区管理处。

《国务院办公厅关于加强风景名胜区保护管理工作的通知》（国办发〔1995〕23 号）和《国务院办公厅关于加强和改进城乡规划工作的通知》（国办发〔2000〕25 号）都明确规定："各地区、各部门不得以任何名义和方式出让或变相出让风景名胜资源及其景区土地……不准在风景名胜区内设立各类开发区、度假区等。"因此，任何地区、部门都没有将"风景名胜区的经营权向社会公开整体或部分出让、转让给企业经营管理"的权力。2001 年 2 月 16 日，国家建设部针对四川省建设厅的请示，以复函重申，"不能将风景名胜资源和门票专营权出让或转让"。

四川省建设厅 1994 年颁布的《四川省风景名胜区管理条例》第 13 条规定："风景名胜区及其外围地带的主要地段，不得设立开发区、度假区，不得出让土地，严禁出租转让风景名胜资源。"

二、碧峰峡经营权是否交给民营企业乱整。经核证，经营者四川雅安万贯碧峰峡有限责任公司由三家组成：雅安旅游总公司（雅安市政府下辖国企，占股本 4.34%）、成都铁路分局经济开发总公司（国企，占股本 16.81%）、万贯（集团）置业股份公司（多种经济成分构成，其中包含部分国有股，占股本 78.21%）。经折算，碧峰峡公司的国有资产股份占 30% 以上，企业经济性质属于混合型经济性质。

如果土地、门票等开发经营权不转让给企业，谁敢注重金来经营景区资源？所谓"碧峰峡模式"，即资源属国有、交企业开发和经营的模式，50 年内有排他性，不论经营者的经济属性，这就是旅游资源开发的"国有民营”模式。这是同红线叫板的操作，雅安市委、市政府和陈清华总裁有这个担当和勇气，拼力一试吗？如同当年广汉县金鱼乡搞责任定产、安徽凤阳县小岗村包产到户一样。4 月 6 日，迎来省人大、省建委的联合检查，得到了他们的理解。

5 不蹚雷的大佬来了

外战未息，内战刀光剑击，搏杀铿锵。

重庆永川围垦农地建了一座 5000 亩地的“重庆野生动物世界”，2000 年 12 月 28 日开张，投资 3.6 亿元，引进 14 个国家的动物 430 种，共 3 万只，大广告打到成都。如此，重庆、宜宾、泸州、自贡、内江的客源就被截了。

成都市更厉害，在雅安眼皮下的金堂县，拉了一家大型国企为后台，圈农地 5000 亩建“成都野生世界”，投资 5 个亿。这是一座超大型野生动物园，他们豪气地说“你有万贯，我有亿贯”，就是瞄着雅安万贯来玩一把，锁定在 2001 年 12 月 28 日开业。如此，成都、绵阳、德阳、南充、广元的游客，都近路去金堂了。一东一西的两个野生动物园，等于断了碧峰峡的财路。

此时的雅安市委、市政府，在省林业厅的支持下，正在秘密运作在碧峰峡建中国面积最大的熊猫基地，此暂按不表。我们聚焦蹚雷和不蹚雷的鏖战。

2001 年 11 月 17 日，四川省社科院、《中国经济时报》《中国市场经济报》《中国改革报》《中国经营报》《市场与消费报》《西部发展内参》、香港《大公报》等专家记者专访碧峰峡，邀请分管旅游的笔者与大家座谈对话。交流率直明了。之后，《西南经营报》记者周明霞写了一篇《“三野”西南争霸，谁当称雄？》登载，引起关注。当时是疑问式，5 年后是结论式，今天是典型案例式，不吐不快！

“三野”的老板分别是万贯集团总裁陈清华、成都卷烟厂厂长宫新华、重庆华冠集团李建华，三人都有一个“华”字，被媒体戏称“三华论剑”。

以陈清华与沙国霖签的合同，16个月内投入6000万元，占地1600亩，1999年12月28日开张，一年的利润达2260万元，虽说舆论讲投入1.5亿或1.8亿元，但以陈清华的精明，不可能成倍增加投资，因为前期规划严谨，完全没有盲目超扩的必要。碧峰峡所在的下里乡，是极贫困之地，所以搬迁补偿费用在当时是不高的，这使投资成本低廉。陈清华当过工程兵，极能吃苦，他带着设计人员攀岩穿林，寻找动物园布局的最佳循环路线，在崇山峻岭、山环水复中，把野生动物园建得迷宫一样。无论你在哪里出现都能看到动物，都能与它亲密接触，让游客在动物园中寻找欢乐。而它的动物数目仅是另“二野”的三分之一或四分之一，它的品种数与对手的差不多，这将节约多少饲养和管护成本。碧峰峡的欢乐剧场1200座，成野的大马戏场4400座。碧峰峡的别墅11栋，另外的几百套高中档客房和大量的农家乐，既解决游客需要，又使农民增收。碧峰峡的十余处峡谷飞瀑、栈道龙潭女娲池，来多少人都可安然游嬉，四季皆宜，这种得天独厚的旅游资源被万贯整合打扮成了俏佳丽，人见人爱。如果不是雅安市政府敢撞红线，如果不是陈清华爱上并重新打扮碧峰峡，就没有“碧峰峡模式”。

碧峰峡熊猫基地开园　2003.9.21

20 多年过去，碧峰峡和熊猫基地，是四川旅游的名片，是万贯和雅安重要的生财之道，是中外游客的打卡地。

“二野”的条件完全相反。他们把平原浅丘的农民搬走，在农耕地上绘新图，搬迁成本是万贯的几倍。我暗访了开业后的“二野”，视野广阔无边，气势逼人的非洲火烈鸟，叫不出名字的飞禽成群结队，猛兽善兽在各自环境中游荡。宽阔游道的大行道树，再过 15 年也难遮日，太阳晒得我们无处藏身。豪华的观光车在几平方千米的园区往返，老板想的是气势，没有想成本。

在方圆 300 千米内“三野”争雄，当然只能“雄”一家，谁能雄起，谁垫背？如果不是《碧峰峡密码》一书多年后趣侃商战，万贯人的韬略，我也知道得不多。陈清华当过兵，从小小个体户走到今天，很多人说他熟读《孙子兵法》《鬼谷子》，我没有求证过。但是他和伙伴把《孙子兵法·用间篇》和《鬼谷子·谋篇》用到炉火纯青，不服不行。

成野的名字叫“成都野生世界”，重野的名称是“重庆野生动物世界”，两者都号称是“全国最大的野生动物世界”，两者都以“世界级”为追求，万贯来个顺势捧场，四川话叫“怂起瓜娃子跳岩”。

万贯约请成、渝两地媒体开“恳谈会”，帮助万贯出谋划策应对挑战，陈清华亲自主持。他非常诚恳地说，我们也有劣势，就是占地规模小，动物数量不多。“二野”面积很大，但是动物显得少，游客照相得等时机。他们讲是非洲大草原，如果非洲动物再多些，我们就没法比了。“在座的都是万贯的老朋友，这些话就不必拿出去说了。”孙子曰：“故用间有五，有因间，有内间，有反间，有死间，有生间。五间俱起，莫知其道，是谓神纪，人君之宝也。”这是说，作战要使用间谍，如果五种间谍方式都用上了，那肯定克敌制胜。各色记者把话传到“二野”起到反间、死间作用。于是庞大的动物采购队伍上路了，非洲动物夏天在成渝还可以，到冬天就难熬了，死伤连连，成本难计，万贯此谋，让对方加大成本。

另一招，让对手减少收入。动物园的主要客源市场是学生，并拉动家庭的连锁消费。万贯散布消息，使成野对学生市场大打折扣优惠，原价100元的门票，如果50人以上的团队每人只收10元。政策一出，门庭若市，看似风光，收入每人只10元，碧峰峡则每人160元。这是《鬼谷子》之策，家丑外扬，欲擒故纵，说有利对方的话，引其入误区。

到2007年，成野留下一堆坏账，关门让第三方做房地产开发。重野整体转让给重庆交旅集团。“三华论剑”收官。

6　第二个检查组，北京的

2001年7月21日下午，在碧峰峡小会议室，接待国家计委社会司副司长王威（组长）率领的11人调研组。省计委副主任扎喜旺登，省旅游局副局长崔志伟、处长陈立祥和省建委、林业厅、环保局等相关部门十多位处级干部参加。雅安市政府由笔者主汇报，李毅（雨城区区长）、吴国忠（副区长）及市区相关部门干部，万贯集团董事长陈清华、雅安碧峰峡有限公司总经理魏学大参加。

这是一个极专业的调研组。我准备了一份6000字的汇报稿，直奔主题：一、雅安踩了什么红线。二、为什么要明知故犯。三、效果如何。四、怎么避免出问题。五、请理解和支持“碧峰峡模式”。

我是碧峰峡五六年新旧对比的见证者，穷把政府逼上梁山，要做有作为的干部，只有铤而走险，他们不是为自己，是为穷苦百姓。李毅、吴国忠准备了一份光棍统计表。陈清华捞起裤腿，登山砍树的伤痕犹在。扎喜旺登和崔志伟从省上的角度表明了态度。调研组成员全神贯注，奋笔疾书。

2002年，陈清华因“碧峰峡模式”获得全国“十大旅游风云人物”称号。2003年，杭州全国旅游工作会上，陈清华首次代表民营企业发言。同年8月，

湖南《玫瑰之约》到碧峰峡 2002.8.10

省政府表彰4个“先进旅游景区”峨眉山、九寨沟、碧峰峡、青城山，只有碧峰峡是民营企业，在毫无历史文化底蕴的“绿水青山枉自多”的穷旮旮奔杀出来。

2002年2月22日，副省长王怀臣率蒋明政副秘书长、交通厅鲜雄副厅长、省建设厅戴宝臣总工检查瓦屋山—雅安公路后到碧峰峡，在考察和听取汇报后他说，省委、省政府决定将雅安作为旅游促发展带动农民致富的全省试点，他概括了一句话影响深远:“负责任的政府加上高素质的企业家，创造了碧峰峡模式！”

时间，是对这句话最好的验证。一言以蔽之，省委、省政府及省旅游局和相关部门是“碧峰峡模式”的坚强后盾。随着旅游在国民经济中权重的增加，总会有人撰写敢立潮头的“碧峰峡模式”在中国的影响和地位。

7 雅安的“九大碗”

成都的耍家和美食家有一句口头禅，如果你到过两次雅安，除了看碧峰峡熊猫和蒙顶山之外，就是吃“九大碗”。

第一次排队太久没吃上，第二次来一定要吃，吹得那样凶，不吃不晓得;第一次吃了很好，第二次带老人、朋友再来吃。只要是到过雅安的省内外客人，几乎都知道“九大碗”。河南、山东、陕西的客人戏言，我们的乡下叫“八大碗”，这里多一碗，看来物产丰富。

老板姚伟全，今天看他，怎么也是一个做善事的、笑眯眯的胖罗汉，或者是喜结善缘的大老板。他有不堪回首的往事，他的成长史、发家史，就是雅安2000年前后的旅游史、发展史。

姚伟全生于1968年，雅安市七盘公社（后北郊乡）红星大队第4生产队道地的世代农民之家。读到小学四年级辍学，在家割猪草，做农活。1984年16岁后，在电站、工厂做零工，学理发、抬石头，学做羽绒服，学厨师。当时全家每人4分地、4分田，产量很低，田是望天雨浇水的田，能想见产量有多少。

说起发家史，姚总娓娓道来：

1990年结婚后，老婆怀孕，连生娃娃的钱都没有，只有处理掉。我是家里老大，又是生头胎，都生不起，那个经济状况就可以想象了。1992年，抬了3个月石头，每天工钱9元，攒了300多元才敢生了大女儿。

1991年5月的一天下午6时，我得了急性阑尾炎，没钱去城里医院看病，乡卫生院医生下班了，值班医生打哌替啶止痛，几小时以后痛得死去活来。第二天早上，医生做手术，一周后出院，由于医术差，以后每年伤口要溃烂4次，苦不堪言。再进医院，在乡医院的费用都是挂账，因为院长是本家小辈，第二年才付费。3年后到雅安三十七医院打开伤口重新处理，才解决问题。

我们生产队有陇西河穿过，田地分在两边，生产、收获、卖农产品很不方便，于是全队签名给改名后的北郊乡反映，要求迁居到河对岸。河只有约10米宽，四季翻脸，涨落不定。乡里同意了，按人居30平方米，给点补助自建，全村搬过河，一楼一底。但是在1999年底以前，房子全空着，一户都没搬，故土难离。

1998年到1999年，修建碧峰峡野生动物园，经朋友介绍，我当小工头，约了十来人上山抬石头，搬运水泥沙石。1999年上半年的一天，天下大雨，运沙石汽车倒了4车货，赶紧下山回家。老板陈清华第二天要来检查，挡了路，乱糟糟的肯定不行。一个现场负责人找我帮忙，我一口答应，要他准备油布遮雨，100多人的稀饭、包子管够，派观光车到北郊乡拉人。做到大半夜，任务完成。他们看我为人诚恳，有组织号召力，以后就拿一些几万、十几二十万的小工程给我，除了结人缘，也挣了点钱，也学点管理经验。

1999年12月28日，成雅高速公路和碧峰峡同天竣工开张。由于碧峰峡的宣传攻势，春节期间，成都车流滚滚到碧峰峡，雅安按老习惯放假15天，馆子统统不开门。那时，去碧峰峡的公路还是乡村公路，一堵就是几个小时，饿得游客哭天喊地，附近农民煮鸡蛋、土豆来卖高价。

我们看到了商机，弟弟的房子就在北郊高速站出口，一直空着，我们花了1000多元把底层打整出来，设2个包间2张桌，大厅摆7张桌，1个厨师，弟弟在部队当了4年炊事员，也上灶干，3个服务员，十几个菜品，开张了。一商量，取名“九大碗”，这是我们农村逢年过节、红白喜事的酒席通称。我们就突出农家味儿，你喊我们办洋盘菜，我们也办不来。

我这点儿文化，歪打正着，就突出“九大碗”特点，很受欢迎。我们把周围生产队的土地都流转来用，老实巴交的农民就种蔬菜自用，精灵一点的就在“九大碗”当服务员、厨师。一户最穷的农民，我送他一个冲洗机，专门给客人洗车，收入很好。就这样滚雪球发展到2005年，已有30桌左右，在后面建了一个四合院经营。那几年的“碧峰峡模式”是全国样板，中央又给3000万彻底改造了公路，2003年又建了熊猫基地，“九大碗”

姚伟全由一位贫苦农民发展成乐于助人的富人

左起：赵迎鸿、孙前、姚伟全、林强、高富华　2022.10.29　张雅琪摄只有三个字“忙不赢”！

我每次带客到雅安，总要游转扩成20多亩地的“九大碗”。所有建筑古色古香农村味，所有装修的门窗，全是清代以来的老物件，现在已是100多桌，可以千人用餐的规模了。在后院一个几百平方米的大堂屋，最抢眼的是一张4.99米直径的金丝楠大圆桌，按二十四节气设计，可坐24—32人，桌面是雨城区的大沙盘雕刻，厚厚的桌沿雕中国四大名著的典故。堂壁挂有名人书画，有特色的古董摆件，让人看到主人的品味和眼光。

最近同姚总见面，谈到碧峰峡总裁陈清华先生。陈先生1957年11月生于成都，2023年12月4日晚心脏病突发逝世，享年67岁。我们共同的认识是，雅安能有今天的知名度，第一个应该感谢的是陈先生的所作所为。

姚总说，汶川地震、雅安地震、海螺沟地震，自己都尽其所能捐钱捐物，他知道穷苦的滋味，不忘党恩，多做善事。2016年后，他投资3000多万元，在雨城区藏茶村建了“西康往事民宿酒店”。

20多年来，我在“九大碗”用餐数十次，没有享受过姚总一次聚餐，读者相信吗？他邀请我到“西康往事”免费吃住游，我同意了。看着一个穷苦的农民变成有爱心的富人，我高兴。

著名山水画家庞泰嵩绘《蒙顶山之春》　2004春

第七篇

摩梭女王回故乡

提　要

《雅安日报》揭开王妃才女的盖头

市政府出手，到泸沽湖——一支强势的接亲团

以史为证，这是仅存的和亲大使

碧峰峡赞助王室后裔读书　　摩梭民俗故事多

迎女王上回乡路，猪槽船荡起《美丽的泸沽湖》

为什么选肖淑明和亲　　摩梭人属什么民族，可有定论

冤狱 14 年，祸从何来

雅安人民盛待女王　　北京老作家来访写女王书

香港邵逸夫、法国大使专访女王

“一会一节”女王坐在主席台

2007 年 8 月 31 日，笔者一行泸沽湖看望住新居的女王

天堂安好，往生吉祥

1　动女王的念头

1998 年，国内电视圈热炒一部纪录片《三节草》，讲述泸沽湖土司夫人肖淑明的经历。她将坎坷人生概括成一句话“人生如三节草，不知哪节好”（少年、中年、老年）。此片被巴黎第 20 届法国真实电影节颁特别奖。

2001 年 4 月下旬，市政府办公室告诉我，一位叫邓莲华的退休职工来访，想谈肖淑明的事。这是一位 70 多岁的大姐，健谈且有激情。她展开两封信，是肖淑明 2000 年 3 月 22 日和 2001 年 4 月 2 日写给她的。她俩是雅安女子中学的同班好友。肖淑明嫁到泸沽湖 58 年，收到第一封来自雅安同学的信后，也写出半个多世纪后的第一封信。这封信整整 4 页纸，如同钢板刻写的印刷体。字字楷书工整，笔力可见，足有近 2000 字，道不尽对雅安的思念之情。邓大姐说，肖淑明是一位促进民族团结的和亲大使，她的传奇人生很值得发掘，建议市政府予以重视。我复印了两封信，并同邓大姐互留电话，保持联系。

2001 年 8 月 4 日—5 日，《雅安日报》周末版分两天登出记者王永的采访报道《末代王妃原是雅安才女：泸沽湖畔访肖淑明》。文章生动翔实、图文并茂，我认真地看了两遍。7 日下午，我约王永到办公室谈 4 个问题：肖淑明的生活状况，她想回雅安吗，泸沽湖的旅游如何，道路条件怎么样。

王永是报社的名记，我们多有交往，所以聊天放得开。他说，一个字“穷”，两个字“很穷”，三个字“非常穷”！王永文章的结尾处引了一段话：“‘在雅安的老同学知道我现在生活困难，就凑了一百多块钱寄给我。现在想回去看看，经济又不允许。’肖婆婆问记者回一趟雅安所需的费用后，露出失望的表情。”王永在报纸上用了她的题签：“离开故土 58 年，想回雅安看看。2001 年 7 月 27 日于泸沽湖。”云南宁蒗炒泸沽湖旅游热度很高，但凉山盐源县泸沽湖，还是一块未开垦的处女地，从县城到湖区的道路很差，如遇雨季，行车危险。

“你为什么给她定位末代王妃？”

“因为泸沽湖左所土司喇宝臣在她之前还有两位夫人。但是按摩梭人母系制传承，肖淑明掌了十多年的土司大印，称她为摩梭女王，应该更贴切一些。”

我立即通知吴天昊（雅安市旅游局）、荣罕（雅安电视台主持人）、汪文智（雅安日报社编辑）到办公室会商，他们是雅安的智多星。大家都已看过王永的报道，一看市政府要牵头做这篇文章，都很来劲，纷纷献计献策。荣罕说，盐源旅游还未开发，肖婆婆现在只是一个农村老太婆，但是以雅安碧峰峡旅游的势头，如果我们策略不当，太张扬，对方会认为是在抢旅游资源，鹅卵石就变成了金包卵，这个宝贝就抢不走啦。我记住了大家的意见，电告碧峰峡明天上午会商。

8 日上午，陈清华总裁、魏学大总经理、周铨（副总经理兼动物园园长）、伍鹏橙（营销副总经理）与我们在碧峰峡会议室研究“摩梭女王回故乡”活动的创意和策略。碧峰峡的一项重头戏是女娲文化，大厅有一幅巨大的“女娲补天”喷绘油画，景

雅安日报 2001年8月4日 星期六
人间 周末版 3版
末代王妃原是雅安才女
泸沽湖畔访肖淑明(上)
一夜之间定终身
告别亲人成王妃
王妃生活很潇洒
神枪女子播远名
父女两地相牵挂
深情留在泸沽湖

雅安日报社记者王永最早到泸沽湖采访女王 2001.8.4

区内有女娲池、女娲瀑布，如果把母系社会的摩梭女王接到碧峰峡，那么轰动效应是不可估量的。我对陈总说："这次活动，由政府和企业联手推动，用企业优势，调动媒体参加，政府经费紧张，请你们承担活动费用。"陈总何等聪明，眼都不眨一下，满口答应，安排周铨、伍鹏橙全程做好服务工作。多少人都想编织肖淑明的故事，看看雅安怎么出手吧。

准备工作大体有眉目了，我即报告市委、市政府的一把手。他们都看了王永的文章，觉得是很好的旅游资源，非常支持我率团出访，只嘱咐一句，注意安全。

我立即打了三个电话：给市医院张惠国副院长说，请他派一位女医生同行，要给肖婆婆体检和保驾；邀请北京的中国旅游报社记者魏晓霞排冗同行泸沽湖；邀林强同行，他的摄影技术是宣传效果的保障。

15 日下午，去泸沽湖人员在市政府小会议室碰头，交代纪律，统一策略口径。同伴们满怀期待和亢奋，都相信会有好文章。即以市政府名义发函凉山州政府，前往考察交流旅游开发经验，"加强两市州旅游的联合开发"。

2　惊险的回家历程

8 月 17 日上午，19 人组成的考察团在雅州宾馆合影，报社给每人一套王永的报纸。考察团成员分别是：

团　长：孙　前　雅安市政府副市长
副团长：吴天昊　雅安市旅游局负责人
　　　　周　铨　万贯碧峰峡公司副总经理
成　员：林　强　四川省教委处长、摄影家
　　　　赵迎鸿　雅安市政府办公室秘书
　　　　伍鹏橙　万贯碧峰峡公司副总经理
　　　　李　豫　雅安市交警支队副支队长
　　　　寇　勇　雅安市交警支队干警

高培慧（女） 雅安市医院主任医师
魏晓霞（女） 中国旅游报社记者
郑汝成 四川日报社驻雅安记者站站长
杨金凤（女） 华西都市报社记者
饶 颖 成都商报社记者
汪文智 雅安日报社编辑
荣 罕 雅安电视台制片人、主持人
周德祥 雅安电视台编导
刘宁平 雅安电视台摄像
余 力 驾驶员
朱永贵 驾驶员

如果稍一分析这支庞大队伍的人员构成，就会发现它是以新闻媒体为主，而不是雅安的旅游部门为主。我们为什么如此看重“摩梭女王回故乡”的活动，这是我们研究了中央王朝与边疆民族的和亲史，尤其是南诏、大理国政权的和亲史，而看到了肖淑明的特殊价值和贡献。

雅安亲友团出征 2001.8.17

据龚荫教授《民族史考辨》、张正明教授《中国历史百科全书》统计，自夏讫清王朝，与边疆少数民族和亲的记载，有 136 起（夏代 17 起，商代 3 起，西周 4 起，春秋战国 21 起，汉代 9 起，魏齐周 7 起，隋代 9 起，唐代 28 起，五代至元代 16 起，清代 22 起）。《旧唐书》《新唐书》记载的唐王朝 289 年间和亲 27 起，平均 10 多年就有 1 起。

而南诏（公元 738—902 年）和大理（公元 937—1094 年）作为秦汉以后延续时间最长的地方政权（达 356 年），仅有唐懿宗李漼之女安化公主允嫁南诏第 12 代君主隆舜（公元 861—897 年）的记载，是否嫁成功，说法不一。此二政权曾是唐宋的边关大患，数掠成都、雅安，而凉山、宜宾的相当范围就是他们的属地。稳定凉山民族地区，对西康省主席刘文辉来讲是何等重要。发掘出这位千年仅有的“和亲大使”故事，并且是从雅安嫁过去的，将会有灿烂诱人的华章。

这支媒体队伍可称强悍，杨金凤是《华西都市报》的才女，写过大块头的“碧峰峡模式”文章，陈清华点名请她同行；饶颖是《成都商报》的快刀，目光犀利；《中国旅游报》更是全国关注；郑汝成是《四川日报》老资格名记；汪文智是《雅安日报》的一流记者；荣罕在全省广电系统以能言善辩著称；雅安电视台和报社，将全天候供稿发稿。

到达西昌邛海宾馆已是晚 7 时，方光兴（凉山州委副书记、政协主席）、杨朝波（彝族，凉山州副州长）接风。18 日在西昌、普格考察一天。晚张作哈（彝族，凉山州州长）、方光兴、陈其中（西昌市委书记）、杨朝波、肖明（凉山州旅游局局长）洗尘。

饭后，邛海湖边，我和高医生、赵迎鸿散步。我做了托底交代，明天晚上高医生给肖淑明单独体检时，要启发她同我们的车一起回雅安看看，这是个好机会，要让她主动提出来，这样大家都方便。

19 日，凉山州政府派副秘书长张建成陪同我们去泸沽湖，他是雅安人，

初次见到肖大姐 2001.8.21

大学毕业后到凉山工作多年，能陪家乡代表团，很是亲切。中午到盐源县，白华县长、张国清副县长，还有一位摩梭作家李达珠送书，我们第一次见到盛装的摩梭姑娘，给大家敬了苏里玛酒。下午 2:30 出发，路越走越难，张国清副县长在前面开道排险。我同张建成商量，今晚到泸沽湖，无论多晚，我们按汉族家乡的习惯，必须去看望肖淑明。他同意，并请张县长通知镇上转告。

颠簸的车上，我在推敲对肖淑明怎么称呼。按摩梭人的习惯，叫阿依（奶奶、婆婆的统称）。以她 70 多岁的年龄，雅安习惯称婆婆。如果我这样称呼，辈分远了，不亲切。称肖大姐吧，我代表政府看她，姐弟之间，亲密。

车到泸沽湖所在的左所酒店已是晚上 7 点多，镇长喇江福忙里忙外，他看着天空浓云说，要看阿依，得抓紧，要下大雨了。大家匆匆嚼了几口饭，即赶往肖大姐家。刚进木椤房的围墙，暴雨倾盆而下，喇镇长冲在前推开门，大家一拥而进。空中一道白光，接天连地的噼啪一声炸响，惊天动地，如果你看过《三节草》，就知道这里炸雷的威力了。

肖淑明从火塘边起身来迎候大家，我疾步上前，请她别动。

“肖大姐您好，我们代表雅安市人民来看望您！”

“你是孙市长哇，感谢家乡亲人来看我，快60年了，这是家乡人民第一次来到这里！”

肖大姐一开腔，一口纯正的成都口音，让我意外。我握着她的双手，枯瘦嶙峋，黢黑的皮肤裹着瘦小的骨头，我翻看她的手掌，厚厚的老茧，像老松树皲裂的树皮，这就是大家闺秀、是校花、是王妃、是女王的手？记者们把麦克风递到她面前，照相机闪光不停，大家在抓第一感觉。

我端详着肖大姐，戴一顶油腻腻的蓝色工人帽，还有一个补丁，一套深蓝上装，罩一件绒背心。我曾经让邓莲华给我描绘肖淑明：皮肤白皙，纤纤玉手如嫩笋，长方脸，一根葱似的鼻梁，杏仁眼，男式中分的头发，英姿勃勃，人见人爱。王永的照片订正了邓大姐的形象，但这个差异也太大了，除了中分短发和一根葱鼻梁依然，其余不见踪影。

我对肖大姐说：“我们请了雅安市医院最好的高医生，来给您检测下身体。”

“谢谢，谢谢啰！”

“肖婆婆，我们到隔壁您房间先检查一下吧！”

杨金凤抢了一张听诊的照片。

记者们打量着火塘四周，把肖婆婆的生活环境全部记录在案。

将近半个钟头后，她俩出来了。高医生说，肖婆婆身体还可以，就是抽烟的原因，有点老年支气管毛病。

荣罕立即递上一支烟，打火点燃。肖婆婆吸了一口说，好烟。

我同张建成商量，时间不早了，让肖大姐早点休息，我们明天上午再

女王讲骑白马打双枪和摩梭民俗故事　郑汝成摄

来拜访。我把两袋礼物递给肖大姐，这是家乡的见面礼。雨停了，张建成说你们千里迢迢来看和亲大使，感动了格姆女神。

回到住地，高医生立即来讲肖婆婆的意见，她根本没有想到能跟我们去雅安，真是意外的惊喜。明天上午见面时，由她向州县领导提出。这一幕大戏，快开张了。

早餐时李豫告诉我，最近雨季，来路损毁厉害，我们不可能原路返回，只有绕湖到宁蒗。三辆车必须尽快过去，否则困在这里就麻烦了。我同意除媒体人员外，他率三车先行。

我们步行来到多舍村4号肖淑明木楞房的小院坝，一张红桌子上放了一小盘核桃和一大盘生向日葵，一把大玻璃壶泡着本地药草的饮料。主房门打开，肖大姐双手合十说："欢迎你们，欢迎你们！"

她头戴黑纱大盘头，穿枣红色左开襟上衣，宽长的红腰带绕腰两匝，深蓝色的长裙，一双褪色的旧皮鞋。开门瞬间的神态，把我镇住了，这不是昨晚的农村老太婆，“鹰老不掉毛，虎老不倒威”，这是一位见过世面的土司夫人、大家掌门。她双眉间深刻的竖纹，眼睑下两颊一坡水而去的皱纹，如同横断山苍茫、挺拔的山脊深谷。我迎上前，牵她出门，二女儿和小孙女喇华美也来到桌边。

我同张建成分坐两侧，记者们记录着肖婆婆讲的摩梭风情。

神秘美丽的泸沽湖在川滇交界的盐源县和宁蒗县跨界处，海拔2690米，三分之二在盐源境内，总面积70多平方千米，平均水深20米到40米，最深处90米。这里被称为“中国独一无二的女儿国”，女性掌权的母系大家庭，实行“男不娶女不嫁，重女轻男”的走婚习俗。每个家庭少则十几口多则数十人，由家庭中公认能干正派、德高望重的母亲、姐姐或阿妹掌权，称为“达布”。母亲的兄弟统称为舅舅，叫“阿乌”，这里只承认母系血缘关系，不承认父亲血统关系，所以以生女为贵，生男是干活的。女孩子到了13岁，经过“成人礼”后，母亲就给她在花楼上安排单独一间房子，实际上要到十五六岁后，就可以正式走婚了。男孩子也一样，13岁行“成人礼”后，就可以外出走婚了。

“走婚”通称“阿肖”，男称女子为“阿夏”，女称男子为“阿柱”，是汉地“情人”“男朋友”“女朋友”的意思。走婚有严格的传统民俗，禁止叔伯、兄弟、姐妹、姨表之间走婚，不准近亲走婚。所以你们看摩梭男女都健康英俊。走婚不以贫富、门第高低为标准，只要双方愿意，都可以自由走婚。

要寻找意中人，我们这里农历每月初一、初五、十五、二十五有四次“转山节”“转海节”，青年男女对歌跳舞野餐或是甲搓舞会，在手牵手的舞蹈中，如果一方有意，在对方手心扣三下，对方如果回扣三下，表示达成协议，如果对方无反应，你就知趣离开。

男子晚上到女方花楼住宿，第二天天亮前必须回自己家去劳动。如果感情破裂，女方喊你不来，就终止了。如果老阿肖上门，遇到女方有新阿肖，就知趣离开去敲另外的门，一点儿不会生气。生下的孩子，归女方抚养，男方可以没有任何责任，孩子也不知道父亲是谁，只称舅舅，分手没任何财产纠纷。

我们左所土司下辖36个村庄，据1950年统计，摩梭人有4794人，普米族（西番）有1850人，普米族的习俗与我们一样。全部土地都是土司及家族（总管、头人）的，其他各阶层只有租用权。土司辖下的百姓叫“责卡”，地位始终不变，既不能上升为头人，也不能下降为家奴。在土司境内可自由迁移，但不能迁出境外。

本地宗教是巫教信仰，叫“达巴”教，即苯教、黑教，他们没有寺庙，没有组织，只是师徒关系。达巴巫师是摩梭人里的知识分子，懂天文地理、医学历史和族谱，受人尊重，他们可以结婚，饮食没有禁忌。我大女儿的阿肖就是巫师，一起生活了几十年，他的一个儿子喇华勇也是小巫师。逢年过节、老百姓家生老病死，都要请达巴巫师操办。人死了实行火葬，吃饭全部分餐制，由女主人掌勺……

肖婆婆侃侃而谈的这些摩梭风情，大家如听天书，兴趣盎然。

“那你们属于什么民族呢？”她掏出身份证，指着说：“这上面给我们写蒙古族，我们自己都不承认是蒙古族。”赵迎鸿告诉我，李豫车队走到湖边，一辆越野车侧翻，多亏镇上帮助才脱险了。

肖大姐的儿女捧来一大摞花腰带，她说，孙市长，按摩梭人的最高礼节，给客人系花腰带。我们一字排开。女王走到我面前，双手托一黄哈达，我弯腰躬身，她挂我颈间，再给我系上花腰带。周铨也享受同样的礼遇。然后女王的女儿给每位记者腰上拴了花腰带。张建成、张国清、喇江福鼓掌助兴，气氛达到高潮。

女王回到桌边，看着州县的领导，颇为羞涩地说：“我离开雅安58年

摩梭女王全身像　2001.8.21　林强摄

了，一次都没有回去过，这次孙市长他们来看望我，我想搭他们车回雅安看看，死也瞑目了！”这个话，谁听了也会动容。张建成说：“那好呀，就看孙市长他们的车是否方便。”张县长也说：“机会难得，拜托孙市长。”我接过话说：“没有问题，欢迎肖大姐回雅安看看。”“那就感谢啰，感谢啰！”肖大姐双手合十，对着我们几人致谢。

大女儿牵着两个小孩站在墙边，默不作声，肖大姐走过去，几句话后，一脸怒气地斥责女儿。我问喇镇长怎么回事，他说松弄今天带两个孙孙去小学报名，结果学费不够，回来问阿依能不能帮忙。阿依发脾气说：“我都穷得打鬼，哪里给你找钱！”

我问喇镇长，肖婆婆的后代有多少适龄儿童，他不知道，招呼肖婆婆的孙儿喇华勇来询问：“你好好算一下，在阿依的直系后辈中，现在要报名读书的和已经在外地读书的，一共有多少人。”

我把周铨喊到一边耳语，由碧峰峡公司资助女王后辈读书如何，他立即拍掌：“好主意，我就可以决定，不用请示。”喇华勇告诉有 12 人，周铨点点头，我俩回到圆桌给张建成、张国清说，碧峰峡资助女王的后辈读书，张县长一拍手说：“太好啦，太好啦！”

我对肖大姐说，今天要报名读书的娃娃，还有几个，叫他们都到这里来。她几句摩梭语，儿孙们就跑出门去叫人。

一会儿，4 男 4 女 8 个孩子站在阿依周围。我对肖大姐说：“碧峰峡公司资助您的直系后代，从小学发蒙，直到大学毕业的全部学费，以弥补您十多年冤狱失去的教育孩子的机会。”我注视着肖大姐眼神的变化，她由怒气未消到迷茫到惊喜的泪水夺眶而出。她站起来，两手拉着我和周铨使劲摇晃：“感谢啰，感谢啰！”

端来两张小桌，周铨起草资助协议，他和肖大姐签字，我作为见证人也签了。周铨掏出3000元现金交给她，让孩子们今天去报名。媒体的朋友们合影见证。这是意外的插曲，但是它把摩梭女王回故乡的活动掀起了第一波高潮。第二天，成都和雅安的媒体关于“碧峰峡资助王室成员读书”的报道风传天下。

肖大姐说：“按摩梭人的习俗，出远门和重大活动要请喇嘛作祭奠。我58年来第一次回老家，一定要告慰祖宗神灵，保佑平安。明天要有祭祀活动，后天出发可以吗？”张县长说：“今天晚上喇镇长组织盛大的篝火甲搓舞会，全镇的美女帅哥都要来，观瞻女王家乡人的风采，各位不要缺席哟。”

几位年轻人问我，遇到扣手心怎么办？我看着张建成，他又碰了碰喇江福，镇长说，入乡随俗，不犯规，这是双方的缘分。晚上，20多位高挑

碧峰峡公司资助摩梭女王王室成员读书　2001.8.21

盛装的摩梭美女、10多位帅哥，拉着我们疯狂转圈，人美、音乐美、环境美，让人心醉。张建成因州里有急事，下午返回西昌。

利用这一天半的时间，我们看了各色民居、土司衙旧址、老水井、黑教寺、尼玛堆，还有荒芜的王妃岛、草海……

8月22日早8:30，张国清、喇江福和县旅游局曹局长，在泸沽湖畔赵家湾举行了隆重的欢送仪式。7位摩梭美女簇拥着我同女王照相，然后告别，祝阿依平安愉快。

女王对她们和喇镇长说："我是你们的阿依，孙市长是我的弟弟，是你们的总舅舅，泸沽湖的总舅舅！"姑娘们朗声高喊："总舅舅好！"雅安的见证者们，以后20多年，见我必称"总舅舅"。

我们分乘两艘改良型的猪槽船，女王、喇华勇（喇嘛）、喇华雄、喇华美，周铨、高医生和我一船。离岸不久，女王坐到船尾，拿过船桨，放声唱起《美丽的泸沽湖》，喇华美也童声伴唱。波光粼粼的湛蓝湖面，格姆女神听着这苍茫和童稚的颂歌，看着随歌远去的和亲使者，作何感想？女王用汉语、摩梭语交替轮唱，荣罕全部录入，邻船掌声不断。

船到宁蒗域的洛克岛，岸边5女1男6位着摩梭盛装的年轻人恭候肖婆婆，这阵势一下就显出了女王的威仪和排场。伍鹏橙得意地说，他"策反"了宁蒗摩梭山庄的表演队，听说碧峰峡来接女王回去，都愿前往，他根据汽车座位选了6个人，这一路为女王把阵势拿够。做企业的人眼光就是不一样。

从资助协议一签订，成都、雅安等媒体就放手报道女王回故乡的活动了。女王回故乡的消息，经过《华西都市报》《成都商报》《雅安日报》等媒体报道，境内外媒体的关注转载，女王的传奇身世、摩梭人母系社会形态和走婚、魅力无穷的泸沽湖以及我们的行程已经成为全国关注的热点。

我安排女王和3个孙辈坐越野车，叮嘱驾驶员慢行。晚上到丽江住玉

泸沽湖畔同亲友告别，回故乡 2001.8.22

龙大酒店。高医生为女王检查身体后建议，在丽江多住一天，她们有点晕车。赵迎鸿检查了两个房间，告诉孩子们卫生间的使用方法和注意事项，他们第一次住这种酒店。周铨给喇华美买了一套衣服。

23日，林强、魏晓霞乘飞机返成都。周铨、高医生、赵迎鸿、余力我们去玉龙雪山、洛克纪念馆、木王府、四方街。在纪念馆我意外地买到一本《人文地理杂志》1999年第3期，封面的标题有“泸沽湖畔的末代土司夫人”。回到住地，我翻开第90页的图片向女王求证。她说，这是1944年洛克到泸沽湖时给她们三人照的，那是喇宝臣的前夫人，右边最年轻的就是她。

24日一早，周铨、高医生带女王到市上采购，给她买服装，选了一双新皮鞋。下午到攀枝花市宾馆，市政府的老朋友看望宴请女王。赵迎鸿电凉山刘助理明天中午到邛海宾馆见，对方说已安排在高速路口餐厅见。

25日快11时，赵迎鸿说，刘助理的电话打不通了，怎么办？我说直接到邛海宾馆，不能去他说的那家餐厅。到邛海宾馆时，已过了饭点，厨师说没什么吃的，下了几大盆面端上桌来。我给方光兴拨通电话，20分钟后，他和杨秘书长赶到。方主席说：“我家乡的父母官，帮我们了结半个多世纪的还乡愿，谢谢你们！”他让重新上菜和饮品，表演队在旁伴唱，记者们录下这珍贵的瞬间。上车出发，我给朋友们说：“如果我们不到邛海宾馆吃饭，就会被人编造成我们偷抢了凉山的摩梭女王。”方主席宴别，这就是双方认可的官方行为了。

凉山州委副书记、州政协主席方光兴宴别女王回家探亲 2001.8.25

进入石棉县就是回娘家了 2001.8.25

一路上我们接到了100多个来自国内外媒体的电话，包括日本NHK电视台都来凑热闹，有电话采访的，有了解行程的，有预约采访的，有感激赞许的……

赵迎鸿通知石棉县政府我们的到达时间。离石棉界还有100米全体下车，欢迎仪式正式举行。女王和演员们全部盛装，喇华勇穿喇嘛服，取下备好的火盆，把松柏枝放在盆里点烧，双手托于头顶，松柏烟袅袅升腾，缓缓在前开道。我们相隔5步，女王在中间，左手牵我，右手牵喇华美，神情庄重地前行。摩梭男女排成两列随卫。

石棉县界那边铺起了红地毯，用鲜花扎起了高高的圆形拱门，顶上大大的红字写着“欢迎女王回故乡”。

来自各地媒体的长枪短炮，四川电视台的采访车，雅安市、石棉县的采访车……在黄线外对准了女王。女王缓步踩在红地毯上穿过拱门，看热闹的人群掌声、欢呼声不断，场面壮观。我略微为女王担心，她会不会怯场呢？我对女王说：“肖大姐，我们回家了！”“我终于回家了！”她神采奕奕、庄重大方地向群众挥手致意，这是凯旋的女王，那神情那举动，十足的女王风范。

仪式毕，上车进城，开到石棉大酒店。常务副县长刘建民率旅游、民族宗教部门的领导欢迎。晚宴隆重热烈，主席台上贴着“欢迎摩梭女王回故乡”的标语，石棉彝族演出队奉上了热烈的《祝酒歌》，我们摩梭演出队也是盛装表演，这是石棉人民第一次看到摩梭人的歌舞，席间高潮迭起。刘建民对乖乖的喇华美说，小朋友你也来一个。阿依也鼓励了她两句。一位摩梭演员领她登台，把麦克风递给她。没有音乐伴奏，《美丽的泸沽湖》的童稚高音响彻大厅，一亮嗓，就换来大把掌声。她不惊不诧，唱完全曲，给大家一躬身说“谢谢”，就跑回阿依身边。每一个人发自内心的掌声，都送给了这位首次登台的摩梭小公主。刘建民拉开他的小提包，取出一个蓝色首饰盒，内装一枚圆形多棱水晶饰件，挂在小公主胸前。这是他上个月到奥地利买回来准备送一个亲戚的礼物，现在送给人见人爱的小公主。他说：“我终于知道外国小说里写的小天使的银铃歌声是什么声音了。”所有演出人员，连同女王、“总舅舅”、刘县长都为小公主站台，留下了珍贵的合影。

重回泸定桥的女王　2001.8.26

四川电视台《今晚十分》栏目专题组跟随我们活动。26日上午到达泸定桥头，这是精心选择的路线，我们要重走女王当年的和亲之路。细心而有情趣的常务县长孙光俊，备了一匹头戴红绸花的枣红马在泸定桥御碑前等候。女王目光闪亮，走到鞍前，一个鹞子翻身跃上马背，吓了我们一跳。她那钩拉缰绳的手势，如同搭箭开弓的将军，英武老到，哪里是70多岁的老人。我们每人系着哈达，缓缓走过泸定桥。女王说：“58年了，我又回来了！”

穿过二郎山隧道，女王唱起《二郎山之歌》。她说，当年他们在年关的暴风雪中，走了三天三夜才翻过二郎山，现在10分钟就翻过山了，换了人间呀。中午到天全县宾馆，“欢迎摩梭女王回故乡”的标语格外醒目，县长毛嘉雄主持了欢迎宴会。

下午4:30车到雅安城区雅州宾馆，宾馆门口的文化路上人潮荡漾，都想一睹女王风采，欢迎女王的标语随处可见。女王到大厅门前下车，第一个迎上来的是老同学邓莲华，两人抱头痛哭，青春少年到古稀再见，只在弹指一挥间。罗玉兰副市长、邓庙生副主席待她们抽泣毕，迎上前来，拉着女王双手说：“肖婆婆，欢迎您回故乡！”

我们一起到二楼，我主持了“摩梭女王回故乡”的新闻发布会。来自各地的众多媒体出席，《今晚十分》栏目主持张言再次和女王面对面，她认为女王身上有无尽的神奇故事。

女王住雅州宾馆711套间。之后几天，拜望恩师，会见老同学，全体同学在军分区内合影，接待媒体。雅安市原副市长高启植的母亲余迪芳当年被肖淑明称为“芳姐”，有通家之谊，高市长当了几天导游，陪女王寻访故地。只要外出，几位摩梭男女就随侍左右，老百姓纷纷照相，真是摩梭女王回故乡啊!

3 写女王的新书

三天后，女王移住碧峰峡7号别墅。一天魏学大打来电话，北京来了一位老作家要采访女王写书，问让不让见。

我到碧峰峡见冯学敏先生，60岁开外，谢顶，戴一副近视眼镜。他递过两本书，《野性女王：揭开三星堆母系氏族古王国神秘的面纱》《点击三星堆》，都是他今年出的新书，图文并茂，这是无言的通行证。他说在北京看到各种媒体的报道，他对母系社会题材有研究有兴趣，所以飞过来了。碧峰峡的老总说，外地媒体的采访，必须经孙市长同意。这是送上门的研究高人，求之不得。我询问了采访计划，他在这里找女王面谈一周左右，然后去泸沽湖采访。我给魏总说，对冯先生吃住行全免单，安排住在女王同一幢别墅，方便采访。让他写出好书，我们什么都有了。一周后，碧峰峡派车送冯先生和喇华勇回泸沽湖。

经过半个多月的改扩建，碧峰峡景区的小西天景区建成摩梭女王园。女王和喇华美住楼上，有会客厅、有阳台。楼下是相当于木楞房的火塘，大客厅、演出厅。摩梭演员住相邻的客房。演出厅的墙上挂着一幅大大的泸沽湖全图。这是看图识景，三分之二的泸沽湖在凉山盐源境，三分之一在云南宁蒗境，女王的左所辖区最大。

9 月 18 日，张建成率团到碧峰峡考察旅游，我笑着对周铨说，醉翁之意不在酒啊，厚待。我们先陪他们看野生动物园，坐观光电梯，最后到摩梭女王园。女王很是感谢副秘书长。周铨说，10 天前盐源县旅游局一位副局长悄悄来到山上，动员肖婆婆回去。肖婆婆说："我跟你们回去受穷打鬼啊？"碧峰峡招演员，左所一个人都不愿来，还是在宁蒗那边招的。周铨出面请他吃饭，让他放心回去，婆婆是来探亲访友，过一段时间要回去的。

我指着地图对张建成说："中国喜欢旅游的人，都知道泸沽湖在云南，有多少人知道它的三分之二在四川凉山，有多少人知道和亲大使是从雅安去的？这仅仅 20 多天的媒体躁动，凉山和雅安知名度大为提高。现在去泸沽湖的路敢开展旅游吗？"他说："你们是大智慧，演了一出明修栈道、暗度陈仓的戏，我一直蒙在鼓里，直到州领导询问，我才梦醒。现在看来，感谢你们给肖婆婆还愿，我们也借力发力，借碧峰峡宣传泸沽湖摩梭人。"

9 月 21 日下午，我到碧峰峡见雅安军分区原副司令王录全、副政委宁身同志，解放初他们的部队是驻防在泸沽湖，见过肖淑明，现在专门上山看望。大家相聚，分外亲切。

通过这段时间的接触，我大体搞清楚了三个期待了解的问题：摩梭人属什么民族，为什么选中肖淑明和亲，她为什么受冤狱。

4 摩梭人属什么民族

摩梭人属什么民族，有多种版本的故事性演绎。有“南汪（宁生）北宋（兆麟）”之称的著名民族考古研究专家宋兆麟，写有《民族考古之路：我的治学生涯》（2018年商务印书馆版）、《永宁纳西族的母系制》（1983年云南人民出版社版），他曾“在左所住了十个月，是田野调查最久的一次”。两书论证精详，我引述如下：

保存母系制的摩梭人，主要分布在三个地区：一是云南宁蒗县永宁区，位于泸沽湖西岸。一是四川盐源县左所区，位于泸沽湖东岸，现在叫泸沽湖镇。一是四川木里县屋脚乡，位于泸沽湖北边山区。

我们从学术上看，找不到他们是蒙古族属性的根据，最多元代时留有蒙古统治者的一点血统，但当地在唐以前就是摩梭夷的地盘。永宁纳西族在汉族文献中的历史名称是摩梭，这个名称最早见于晋代常璩所著的《华阳国志·蜀志》，写作“摩沙”，后有“摩挲”“末些”“摩梭”等写法。自称有“纳西”“纳日”等，自称“纳西”的人以丽江为中心，自称“纳日”的以泸沽湖畔为中心。解放后，云南各县的摩梭统一定名纳西族，人口约23万人（1978年），其中以丽江地区为最大的聚居区……（丽江地区的摩梭人）早已发展到地主经济阶段，家庭婚姻是父系的一夫一妻制。泸沽湖地区社会经济属封建领主制，却保留着浓厚的母系制遗俗，并一直沿用摩梭人这个古老的族称。泸沽湖地区的摩梭人，即指云南宁蒗彝族自治县永宁区和四川盐源县左所区、木里县一区等地保留母系制的摩梭人。

我认为上述足以解惑。民族识别后，现在摩梭人都归并于纳西族。

5 为什么选肖淑明和亲

肖淑明，1927 年 12 月 23 日出生在成都文庙后街一个军人家庭。父亲肖曾元，成都人，职业军人，任刘文辉 24 军军需主任，少将。母亲曾丽群，成都人，出身书香门第，家谱中记“唐宋八大家”的曾巩是老祖宗。肖淑明有两兄一妹。

1933 年川军大战，刘文辉被侄儿刘湘赶到雅安。那时军阀混战不伤家属，肖曾元随军到雅安，子女在成都上幼儿园和小学，熟读四书五经，背诵诗词歌赋。“少年所学如刻石”，终生不忘，肖淑明打下了不错的国文功底。家里保姆康姨，满族，其父是端方清军中的营长，她会武术，教肖淑明剑术可以防身。他们在成都滞留几年，两个体弱的哥哥病死。父亲接他们去了雅安，给康姨很多盘缠，劝她在成都找人安家。

肖淑明到雅安插班读小学二年级，以后几年，成绩优秀，各科都是班上一二名。小学毕业以优异成绩考入雅安女子中学，就是现在的雅安一中，以后每年成绩平均在 95 分以上。肖淑明从不服输，专找男生惹事，是学校童子军的中队长，个子虽小，但长相打扮逗人喜欢。一次刘文辉检阅童子军，学校选她喊口令：“报告军长，全县童子军应到 6720 名，已到 6656 名，报告完毕，请训示。”

1942 年，刘文辉通知少数民族头头儿到雅安开会，泸沽湖左所土司喇宝臣（摩梭人）带了一个排的兵丁到雅安，在一家大旅店住下。交了进见礼品，汇报完工作，刘军长给 5 挺机关枪、50 支手枪、100 支步枪和弹药。喇宝臣又向军长提出一个请求：“泸沽湖 3 万人，只有我一个人粗通汉语，不识汉字。遇到上级公文，要骑马一天跑到县城找人念给我听。希望能娶一位读书知礼的汉家女子，去帮助我管理和教化摩梭人。”刘军长说：“这好办呀，你到雅安女子中学去选，高才生多的是。”

刘文辉的一个副官出主意，喇宝臣几人穿上军装找到校长，说军部要选一才女予以重任。校长推举赵秀莲、杨娟、肖淑明三人，评论了各人优缺点，并在教室外隔窗指望，肖淑明被选中了。一打听是肖将军的千金，副官信心满满地去提亲，不想碰了钉子。将军说女儿年幼，是块读书的料，要培养她。而且一方 36 岁，一方 16 岁，差距太大，也是顾虑。副官给刘军长回话，军长说：“我来当媒婆。”他喊来肖曾元晓以大义，他要委以喇宝臣重任，康滇交界的泸沽湖他十分看重。军长开口做媒，这还有什么话说，“你的千金，可是我派去的和亲大使哟！”

1943 年腊月初十，婚礼在鸭绿江大饭店举行，办了 60 桌，有 500 多人参加，雅安二区保安司令方俊修主婚，两个女同学李世珍、杜秀珍当嫔相。婚后，喇宝臣被任命为“川康边防总指挥部彝务指挥官”回去上任。32 驾骡子的礼物中，有 50 套小学 1—3 年级课本和一架脚踏双凤牌风琴，这是肖淑明为办小学准备的。

翻二郎山，肖淑明在泸定桥头过春节。历经风雪坎坷，走了 20 多天到达木里大寺，跪在活佛甲央支古面前。活佛询问了出生年月，为她取名次尔直玛，健康长寿的意思，这就是她用了一生的摩梭名字。

从雅安出发到泸沽湖，肖淑明走了整整一个月，行程 1800 千米。一年后，肖淑明熟练掌握摩梭语。一天喇宝臣拿出一个小箱子，取出一枚铜质大方印，刻着“左所世袭抚彝千户司”，印把上的小字是“大清康熙四十九年御敕”。喇宝臣说：“从今天起，你就是名正言顺的摩梭女王了。除了带兵打仗是我的事而外，其他的事情就全部交给你了。”肖淑明不服气地说：“我已练就飞马双枪打鸟的本事，为什么不能打仗？”喇宝臣笑着说：“有我在，还能劳你出马吗？”

肖淑明回忆起往事。

湖边有一个小岛叫博尔岛，就像湖中的盆景。几代土司在这里盖有一处土墙大梁架房子，百姓戏称“王宫”，也叫王妃岛，我的 4 个孩子就生在这里。第二年生下大女儿，喇宝臣给她取了一个跟我姓的摩梭名字松弄，随父姓的名字叫喇品英。紧跟着二女儿出生，叫喇品蓉，大儿子喇品高，小儿子喇品全。接二连三生娃娃，办小学的宏愿就落空了。

1947 年夏天，父亲随刘军长到西昌检查工作后，请两个月假到泸沽湖看我。土司衙门的门丁通报有老将军见，我出门一看愣住了，扑到爸爸怀里放声大哭：“爸爸，爸爸，你终于来了，妈妈和妹妹好吗？”喇宝臣杀了 5 头牦牛，宴请属下头人、各户女主人，为岳父接风。

老人家以他功力深厚的书法，留下不少中堂对联。爸爸假期快到了，突然病倒，头痛发呕，腹泻，当地无西医，请中医实际上是巫师治病，跳神之后说是中暑热，过两天就会好。我到博尔岛想去为他寻些好中药治病。晚上勤务兵划船来岛上报告，老将军升天了。我连夜渡湖来到爸爸身边，哭得惊天动地……喇宝臣杀了 3 头牦牛，办了丧火仪式。我按摩、汉习俗，披麻戴孝，3 天后举行隆重的火葬仪式，把爸爸埋在看着湖面的山岗上，我题挽联一首：“青山秀水默悼千秋忠魂；祥雪祺风合奏百代壮歌。”横批：“永垂不朽。”

1949 年初春的一个上午，门丁报告一个小伙子求见，名叫康福生。见面才知是康姨的儿子，17 岁。他千难万险走了十几天，从褡裢取出康姨写的信和一堆金玉手圈、念珠，一本翻旧的《金刚经》，这都是妈妈的东西，我瞪着他：“怎么啦？”“这还不明白吗？”我一下瘫倒在地上，人事不省。爸爸去世以后，康姨常从成都去看望生病的母亲。“那我妹妹呢？”“头一年就病死啦。”我待康福生如兄弟，让他调养了一段时间，分手时，送他一匹马免得走路，又送一支手枪沿途防意外，还送了 20 锭银子（当时一锭银可换 30 块银圆），让他回去好好照顾母亲，表达我的感恩之心。

择了一个日子，两个喇嘛举着熏烟的火盆，在土司衙门前，面对狮子山也就是格姆女神山，我着摩梭盛装，匍匐在地，叩地三声：“格姆女神，我在汉地的亲人已经绝户了，我就是泸沽湖的一滴水，我就是草海的一苇草，保佑我和摩梭人，健康吉祥！”喇宝臣挽起我说：“你就是我们摩梭人的汉、摩守护神。”

6 因何冤狱 14 年

肖淑明为什么受冤狱，这是很多人想知道的问题，原因各说不一。肖淑明回忆起这段经历：

1950 年，西康省刘文辉起义，喇宝臣也是起义人员，被县上委任为泸沽湖的区长，办公地点仍在土司衙门，上级派的工作组也在这里办公。不久，喇宝臣调县政协当副主席，上任前他给我说，把家里的丫鬟、奴仆遣送回家，一是放人，二是减租减息，土改是早迟的事，这样就主动一些。我同意了，工作组充分肯定，县上通报表扬。喇宝臣芝麻开花节节高，一直到省上去当官了。从此，我喂娃、养鸡鸭、割草喂马、煮饭洗衣、待客支应，从头学起。

1956 年，要实行民主改革了。虽然工作组换了好几轮组长，但是我们相处不错。由于一些地方对土改认识不足，引发了局部土匪闹事，泸沽湖新来一位区长，叫屈心，高高胖胖，一脸麻子，听说了我在本地的声望，要我上山劝土匪投降，这是入虎穴玩命的事情，我还是办了。第一次上山，带了一个人两支枪下山，这是土匪头儿的试探，看是否杀头关监，结果没事。过了一个星期，又上山劝降。100 多人、20 多条枪的土匪队伍到区政府投降。屈区长十分高兴，报告给县上得到表扬，说其他地方匪患未息，这里投降平静了，证明他工作有方。

当晚屈区长组织附近摩梭男女到政府跳甲搓舞，庆祝剿匪成功。他拨开同伴，拉着我的手跳起来，一会儿在我手心扣了三下，这是今晚要来“走婚”

的暗号，我是汉家女，土司夫人，不兴那一套，没有理他。他急了，一会儿又扣三下，我依然不理他，直到舞会结束。半夜，有人敲门，打开一看，是屈麻怪，进得屋来，他说："你多美呀！能跟王妃过一夜，一辈子都值得啦！"他先是动手动脚，然后霸王硬上弓，压在我身上就要乱来，我气急，一巴掌打在他脸上，开门冲出房间。猎狗见主人动怒，冲上去给他腿上就是一口，只听他大叫一声，跛腿消失在远处。

在这种偏僻小区当区长，官不大，胆子大，敢吃王妃。由此埋下祸端，厄运连连。先是戴上地主分子帽子。1959年冬月初二早晨，村长带了几个民兵持枪来家，一个叫班主任的人宣读了一张条："不法地主，历史反革命——肖淑明，又名次尔直玛，女，现年32岁，文化程度初中，中华人民共和国成立后收租300余石，私设法庭，吊打农民，判处有期徒刑8年。"看来是屈麻怪步步升官，还惦记着王妃，不报一掌之仇，誓不甘休。申辩是徒劳的，我被双手反绑押出门，大女儿才13岁，二女儿10岁，两个儿子8岁、5岁，他们哭成一片。我一步三回头，眼泪扑簌簌流淌，谁管他们呀！

我被押着骑马走了两天，送到黄梁关劳改农场服刑。这是一个大山坳，荒无人烟，插翅难逃。两年后，劳改管理所来了一位新所长喊我去，结果他是康姨的儿子康福生，从部队的连职干部转业到这里。他看了我的档案，所谓罪行都是1949年前的事，于是把我从天天服苦役的劳改队调到保管室工作，这一下就轻松了很多。

1967年8月刑期满了，康福生之前已调离。新所长关心地说现在搞"文化大革命"，你要回去就是批斗对象，留下来作劳改就业人员吧，每个月发20元5角钱工资。我同意了，也相对自由了。所长帮我打听到大女儿喇品英与喇嘛益不松穷结成阿柱关系，修了木棵房，带着弟弟妹妹过日子。从此，农场有什么能挣钱的脏活累活我都争着干，刷墙砌防水堡坎、挖沟修路，也学到了一些技术。我要挣钱，有朝一日回去用得上。

1973 年，我被允许离开劳改地了，14 年啦，满脸皱纹，两鬓白霜，早过不惑之年。见到孩子们，喜悦之情难于言表。14 年的班房生活，我省吃俭用存了几千元钱。我给喇宝臣写信，让他弄点钱来，帮二女儿和幺儿子修个简单的房子。后来我同小儿子在新修的简陋木房相依为命。

我们一家 5 口，全是精壮劳动力，可是一年下来两手空空，还要倒补社里的钱。我们是戴罪之家，敢去找谁说理。在饥寒交迫之中，迎来了改革开放，迎来了泸沽湖女儿国的好奇之旅，我逐步被打捞出来，这里被称为“人类历史的活化石”，我被称为“和亲大使”，“人类最后一朵玫瑰”。

7 夕阳红艳

2001 年 11 月 5 日，黄彦蓉市长、罗玉兰副市长和我，以及邓莲华等 20 多位同学，齐聚碧峰峡摩梭女王园，在鲜艳的红幅标语“摩梭女王欢迎您常回家看看”之下，合影告别。市政府准备了礼物和一本《摩梭女王回故乡探亲写真集》，里面有 80 多张精美图片和说明。我在相册的内页写下一封信：

肖大姐：

我有幸受 150 万雅安人民的委托，从 8 月 17 日—26 日，历时 10 天，驱车 2300 千米，接您回到离别 58 年的娘家。

今天在您返泸沽湖的日子，奉上这本《摩梭女王回故乡探亲写真集》，作为永久的纪念。58 年前，您作为和亲大使去了泸沽湖；现在，您作为旅游和文化大使再到泸沽湖，雅安人民和凉山人民永远记住您。

摩梭女王，欢迎您常回家看看！

愚弟 孙前

2001 年 11 月 6 日

女王在雅安母校合影　2001.11 .6

国务院参事室专家看望女王　2002.4.26

11 月 6 日，从雅州宾馆出发，雅安市民宗局局长邱康（彝族）、市政府办公室副主任余希、市旅游局科长熊平、主任医师彭绍忠、碧峰峡管理部长等送女王和孙辈返泸沽湖。

第一阶段的大幕徐徐闭合。碧峰峡和女王签订了合作协议，她回家料理停当就会再来。

2002 年 2 月 8 日，碧峰峡把女王的儿女和几个孙辈都接到了摩梭女王园，中午我招待了王室成员。按协议，女王享受碧峰峡副总级别的工资待遇，吃住行全免。演出队除不低的月薪外，论表演场次给补助，激励演出积极性。凡是和女王照相的收入，全归女王。春节临近，客人火爆，这是双赢的节日。3 月 8 日，摩梭园的喇嘛堆开光。碧峰峡的营销策略，让游客觉得，不去拜望女王照张相，是一大遗憾。

4 月 26 日，省参事室主任陈信远陪同国务院参事室主任徐志坚、副主任蒋明麟一行 26 人到碧峰峡，专程看望肖淑明。这些参事，是中国一流的科学家、艺术家、作家，他们的经历与女王有天壤之别。在欢快的甲搓舞之后，参事们对女王表示出由衷的敬佩之情，合影之后徐志坚说："据我所知，您是中国仅存的和亲大使，也是历史上和亲时间最长的，59 年呀，女王多多保重！"

2002 年 6 月 30 日，碧峰峡举行了隆重的新书发布会。冯学敏先生的《泸

女王新书出版　2002.6.30
左起：冯学敏、孙前、肖淑明

香港邵逸夫先生与女王在碧峰峡　2002.8.28

沽湖畔的摩梭王妃》本月发行。两天前，他邀女王在北京举行了新书发布会，各媒体刮起泸沽湖旋风。由于碧峰峡之前的吹风，当天是星期日，摩梭女王园水泄不通。辽宁电视台专程来挖社会新闻。粉丝们排着队等肖婆婆签名，有的一下子买三五本回去送朋友。两个摩梭姑娘当搬运工取书递书。肖婆婆签一会儿就要甩甩手，签得手软。新书首版 2.5 万册，肖淑明和作者有分成比例，应该是回报不错。

冯先生给我在书封内题签：“孙市长：无为，则无不为，顺其自然，万事可成。”肖大姐同书题签。

我笑着对冯先生说，如果“顺其自然”，就没有这本书了吧。他一愣，说：“啊，也对！”我连夜拜读全书，写得蛮好，由于有深入的交流和实地采访，一位活灵活现的和亲大使跃然纸上。

8 月 28 日，香港邵氏影业公司董事长邵逸夫、香港李福善大法官一行 50 余人，由教育部副部长章新胜、浙江大学党委书记张浚生、四川省副省长柯尊平、省教委主任杨泉明、雅安市副市长罗玉兰及笔者陪同，在碧峰峡雅女园会见了摩梭女王。邵先生兴味很高地同大法官讨论走婚是否违背婚姻法，大法官巧妙地说，数千年的传统民俗，婚姻法奈何？

2003 年 9 月 25 日，戴维神父的同乡，原梵蒂冈外交部长嘎海椰大主教、艾斯佩莱特市市长戴海杜看望女王。无论翻译怎么比画，婚姻严谨的天主

法国大使蓝峰先生感受“筛糠”乐趣　2003.10.25

教大学者不知道“走婚”是怎么回事。摩梭姑娘拉戴市长示范，一群美女把他拉进花房，脸上抹了油彩，配了一个阿肖，再出来跳甲搓舞。阿肖高挑靓丽，告诉市长，如果他有意走婚，明年拿九头牦牛作聘礼。他听懂了多少不知道，第二年他同夫人来这里，想给太太炫耀艳遇，结果得知，阿肖回去结婚了，他深为遗憾。

10 月 25 日，法国驻中国大使蓝峰先生一行看望女王，他披着哈达，被摩梭姑娘转甲搓舞。一声暗哨，4 位美女抬着大使抛起来，四川话叫“筛糠”，记者抢下照片，大使乐不可支。从中国卸任后，他担任世界博览局主席，主持了 2010 年上海世博会，他永远不会忘记摩梭姑娘的“胆大妄为”。记者说：“孙市长，您筛了市长，筛了大使，就差筛总统啦！”

2003 年 9 月 24 日，已是四川省司法厅厅长的方光兴陪国家司法部段正坤副部长到碧峰峡看望摩梭女王。方对我说：“老孙，你把女王接到雅安是对的！”

10 月 27 日晚，我到碧峰峡为肖大姐提前贺生日。之前她电话说，这几年在碧峰峡挣了些钱，打算回泸沽湖重建一个新居，也作土司文化的展示厅，年龄越来越大，总要把窝安排好嘛。我理解她。

席间我掏出一枚红色首饰盒打开，取出一枚银丝珐琅“寿”字戒指戴在她手上，“肖大姐，这是我私人多年前的收藏，送给您，保佑长寿安康。木里活佛给您取的名字就是健康长寿，祝福您！”“太珍贵了，怎么敢当呢？”“哈哈，您是摩梭女王，我是总舅舅，应该的！”第二天碧峰峡派车送她和孙女返程。演出队仍然在女王园。

2004年9月初,碧峰峡派车把女王和孙女接来,参加雅安的“一会一节”,很多朋友提前就在打听,能见到摩梭女王吗? 9月19日开幕式,盛装的女王坐在主席台,引起全体外宾的好奇围观,通过翻译,知道了摩梭女王的神奇身份,纷纷合影。内宾是知道女王故事的,这几天,到摩梭园照相购书,然后去一墙之隔的新建的熊猫园,成为一句俗语——看双宝!就是拜见女王,看大熊猫。

2005年10月,我调省旅游局任巡视员,主持省旅游协会工作。2006年夏,西昌市申办中国优秀旅游城市,我作为省检专家组组长,去给全州党政机关和旅游部门上一堂辅导课,我的第一句话说:“请允许我解释一下为什么要演出‘摩梭女王回故乡’,有的人耿耿于怀,说我偷盗了泸沽湖的国宝。”会场哄堂大笑,不打不相识呀!

8 天堂安好:历史上和亲最长的使者

2007年8月31日,我和中国十大民间艺术家司徒华、川音美院潘雪梅教授、旅游策划专家李敏,专程到泸沽湖看望肖大姐,给她送去中秋月饼,她在新建的“末代王妃府”款待大家。“总舅舅,多亏在碧峰峡挣了点钱,2003年建成这个样子,花了十多万元,占地差不多一亩。现在凡是到泸沽湖的游客,都要来这里,都想和我照相。”司徒华大师留下“昨日摩梭女王;今朝泸沽精英”、横批“传奇人生”的墨宝。看看极有神韵的喇华美,潘教授和李敏动了念头,要把她接到成都专门打造,教授英语、法语,教音乐、舞蹈和艺术。喇华平给妈妈转告了,妈妈说她还小,不放心远行。我同司徒华于此不在行,难以帮腔。在返程车上,潘、李唏嘘不已,大叹可惜。

2008年10月30日,喇华平电话,阿依因脑出血突发,在医院仙去,享年 82 岁。而喇宝臣是 1976 年 3 月在盐源县病逝的。她留下 17 个孙子，20 个重孙。我请司徒大师书“魂系泸沽”墨宝悼讣肖大姐整整 65 年的和亲历程。

用肖大姐的话说，从 1943 年腊月初十在鸭绿江饭店结婚，到 1950 年解放，是她末代王妃和女王的日子，但仅限于左所地区。再到 1956 年被戴上地主分子帽之前，虽小有波折，但也还顺畅。从 1959 年到 1973 年，坐班房，劳改 14 年。1973 年到 1987 年，在家乡监督劳动 14 年。1987 年摘掉地主分子、历史反革命帽子。最光鲜耀眼的是 2001 年 8 月女王回故乡活动以来，一切都变了，成了国内外的知名人物。

耳边又响起肖大姐的话音：“人生如三节草，不知哪节好，我无怨无悔和亲历程！”

摩梭女王回故乡活动　2001.8.22

第八篇

一条信息，让雅安到马来西亚接旗

提　要

智炬寺皇茶苑开张得到的宝贵信息

一个小活动，引出千年圣山大事件

雅安市委、市政府决定——干

到杭州总部汇报，雅安接招

考察组在蒙顶山的意外惊喜

雅安赠送的礼物：蒙顶茶＋荥经砂器

2002 年 9 月 11 日吉隆坡，雅安市政府代表团接旗

全方面学习，我们怎么舞旗

1　智炬寺皇茶苑开张

2002 年 4 月 22 日，杨奇承租 20 年的蒙顶山智炬寺皇茶苑开业。因为前年五一展销会我们熟了，他希望我站台助威。为保险起见，他叮嘱师兄雅州宾馆厨师长周兵楼和田文敏面送请柬。

10∶30 开张，没想到成都来了十多家媒体，很多还是资深写手。我认识了有名的“碧潭飘雪”掌门徐金华先生、四川大学教授刘松龄。聊天中，刘教授讲，可惜了蒙顶山的品牌，不被重视。我介绍了南京行打造蒙顶山的影响，现在市委、市政府高度重视蒙顶山品牌。名山县副县长何国莲、国营蒙山茶场场长郑天华出席庆典。

话匣打开，他提供了一条信息，杭州国际茶文化研究会每两年举办一次国际茶文化研讨会，实行申办制。几年前乐山、宜宾曾经申办过 2002 年

蒙顶山智炬寺皇茶苑开业庆典　2002.4.22　左起：郑天华、徐金华、孙前、何国莲

的第七届会议，没有成功。今年 9 月在马来西亚开会，第八届的承办地好像还没有确定。我咬住他的话说：“雅安申办可以吗？”他说：“可以呀，但是必须向总部申报，他们要组织考察。”我询问了申办在省内要走的程序后说：“刘教授，我尽快给你回话。”

杨奇拿来红笺签到簿，我的字是拜不得客的，解其善意，用钢笔写下：“让蒙山派茶文化名震天下！”晚上我给雅安市委市政府主要领导做了汇报，他们都同意申办，以宣传蒙顶山茶文化。

我同刘教授保持联系，因会长外出，直到 6 月 4 日上午，在成都岷山饭店，我同四川省茶文化协会会长谢运全、常务副会长王云、副秘书长钱晓宪会商。他们介绍程序，讲了紧迫性，现在云南、山东也在申办，9 月初吉隆坡开会就要宣布，当前最重要的是要抢在外省之前到杭州总部汇报。

下午谢运全就给杭州姚国坤副秘书长电话汇报，雅安市政府申办第八届研讨会，我们在积极准备申办报告。6 月 26 日，谢运全、刘松龄、钱晓宪到雅安市政府，我们会商了准备工作，一个目标——为四川拿到申办权。

2 杭州总部汇报

7 月 8 日，我同谢运全、曾英慧、钱晓宪到杭州西湖畔的中国国际茶文化研究会总部汇报，呈送了申办报告。宋少祥常务副会长、程启坤副会长和几位秘书长，李茂荣、杨楠先生对谈。中国茶叶博物馆吴胜天馆长、江万绪书记参加。

阮浩耕副秘书长介绍了前几届研讨会的概况，杭州开过 2 次，云南昆明、湖南常德、广东广州各 1 次，韩国汉城、马来西亚吉隆坡各 1 次。姚国坤副秘书长说：“我们从媒体知道雅安的旅游做得很好。1966 年我去过雅安，我读浙江农业大学茶学系时，就知道蒙山是中国茶文化发源地。我

向宋少祥常务副会长呈递申办报告　2002.7.7

写了一本茶书，其中专写蒙顶山就有 7 个景点。”

宋副会长说：“大的会是两年一届，单项可以一年多次，一个月前接到谢会长电话，我们平衡了各省情况，倾向在雅安办，但是要挂四川省政府名头，雅安和相关部门作为承办单位。我们尽快到雅安考察一次。”

3　雅安行吗？行！

8 月 7 日，宋少祥、姚国坤、刘勤晋（西南农业大学茶专业教授）、朱红樱（浙江树人大学人文学院副院长）到雅安考察办会条件。我同曾英慧、杜义（名山县县长）、王家聪（市文化局局长）全程陪同，全方位考察了蒙顶山各处古迹。在永兴寺翻看《蒙山施食仪轨》时，姚、刘二位教授极其兴奋：“我们到处查禅茶一味的出处，没想到藏在蒙顶山！”此次看了龙行十八式茶技表演、禹王宫茶博馆、茶马司、茅河一把伞、朗赛、正大、绿川茶厂，还看望了摩梭女王。

我指着一墙之隔紧张施工的熊猫基地说：“2004 年开会时，熊猫会排着队欢迎大家！”“真的吗？那对外宾太有吸引力了！”市委市政府领导汇报工作，赠送他们朱氏砂器茶具。对他们来说，其古朴苍劲是另一番味道。

11 日晚，在成都的四川宾馆，省委副书记、常务副省长蒋巨峰会见考察团，他是从温州调到四川工作的，同宋会长是老朋友，同意以省政府名义和研究会总部合办第八届国际茶文化研讨会。

考察组在永兴寺看《蒙山施食仪轨》时兴奋不已，认为找到了禅茶之源 2002.8.8

4 第一次参加国际茶文化盛会

时不我待，可以想象我们的紧张程度。

12 日，姚国坤从杭州给我电话，他们给刘枫会长汇报研究，决定把雅安市作为国内唯一申办城市。我们准备“扬子江心水，蒙山顶上茶”的中英文多媒体专题片，我们还带了中英日文《雅安旅游画册》、茶文化印拓轴作赠礼。

2002 年 9 月 10 日—22 日，笔者与曾英慧、李毅（雨城区区长）、杜义（名山县县长）、陈书谦（雅安市供销社副主任）组成的申办团到吉隆

笔者在吉隆坡第七届国际茶文化研讨会陈述申办报告　2002.9.11

坡，四川省茶文化协会谢运全会长，王云、徐金华副会长，刘贵民秘书长，钱晓宪副秘书长参加。

11 日下午 6:30，在双威金字塔 10 楼会场，第七届国际茶文化研讨会举行，程启坤副会长主持，马来西亚马哈迪尔总理书面致辞，文化艺术与旅游部长阿都卡迪出席，有 20 多个国家的数百人参加。大会给中国 10 位代表（总部各副会长，四川、云南、福建代表）赠巴蒂马来西亚上装。中国驻吉隆坡总领事张应文出席会议，他是四川人，为我们助威。

刘枫会长宣布 2004 年 9 月第八届国际茶文化研讨会在雅安举行，我上台接旗；2003 年重庆国际茶文化节在永川举行，永川邓副市长接旗。我们同陈松青（马来西亚茶协会）、林福南（马来西亚茶协理事长）、萧慧娟（马来西亚国际茶文化协会理事长）在双威金字塔大门合影，这是我们的交接旗纪念。

9 月 11 日，程启坤副会长、刘凯欣（新加坡国际茶文化协会会长）主持研讨会，先后有邬梦兆（广东广州）、仙龙人（瑞士）、虞富莲（浙江杭州）、叶汉钟（广东潮州）、骆芃芃（北京）、李茂荣（浙江杭州）、周文堂（浙江中国茶叶博物馆）、释继程（马来西亚）、甘良华（湖北天门）做了内容丰富的演讲。

5 怎么舞旗

我受四川省政府委托陈述申办报告，发出隆重邀请。我说，作为茶人，要像朝圣一样到蒙顶山，否则就算不上茶人；雅安的大熊猫将列队欢迎大家；人类社会的活化石摩梭女王将同来宾载歌载舞。

萧慧娟会后对我说："孙市长，你太有感染力了，任何一项内容都足以专飞雅安，何况是三项并列，精彩！"

会议期间，结识了工藤佳治（日本）、朴权钦（韩国茶人联合会会长）、尹致五和崔金子（韩国），看了日本茶道表演（陈妮），之后会议安排到成功集团法国村、马六甲海峡、荷兰城堡、葡萄牙城、唐人街、苏丹宫、清真寺、首相办公地参观两天。然后去新加坡、泰国、香港，返蓉。

我第一次参加国际茶活动，带着大脑和双眼，认真学习。我们 5 人随时交流提炼总结，为我们的第八届国际茶文化研讨会提供借鉴。我们有什么收获，用人少汤黏来概括：国际盛年、总理致辞、部长出席，规格高；上、下午两场研讨会，题材丰富；邀请了日本、韩国、中国、马来西亚有影响的茶人参加；茶商品、茶艺、展销会，只有几十个展位，就设在酒店会场大厅外的通道上，清爽简洁有档次；参观范围广，有特色。

参加日本伊势市的小型茶道研讨会 2000.8.1

雅安市申办团成员同主办方合影　2002.9.11

左起：陈书谦、李毅、林福南、孙前、陈松青、刘凯欣、萧慧娟、曾英慧、杜义

雅安市申报“第八届国际茶文化研讨会”成功，同第七届主办方交接旗　2002.9.11

第九篇

锤炼一支能打硬仗的队伍

▶ 提　要

“一会一节”筹委办成立

聘请专家顾问

同事们为什么玩命：关心、信任、放手

《蒙顶山宣言》是怎么诞生的

捐赠吴理真雕像

特殊的纪念品，人见人爱

帮扶蒙山村

到小学的石板路

培训雅女礼仪：严格，再严格

志愿者是一支人多面广的队伍

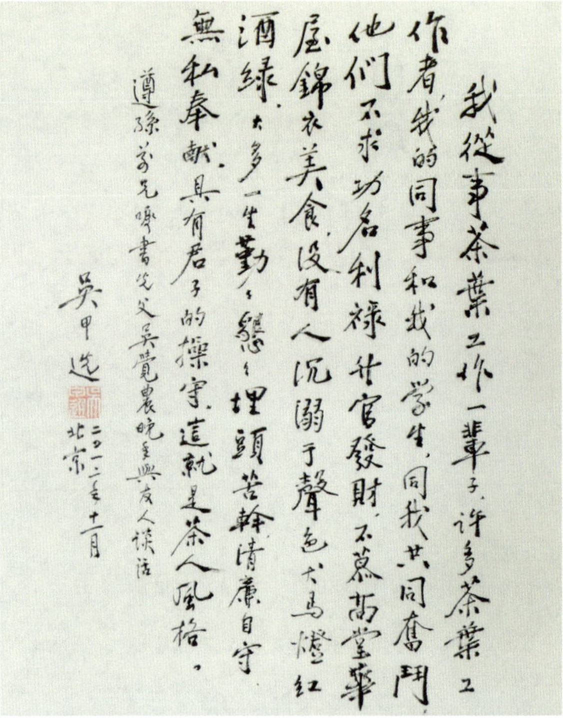

我從事茶葉工作一輩子，許多茶葉工作者，我的同事和我的學生，同我共同奮鬥，他們不求功名利祿，升官發財，不慕高堂華屋，錦衣美食，沒有人沉溺于聲色犬馬，燈紅酒綠，大多一生勤勤懇懇，埋頭苦幹，清廉自守，無私奉獻，具有君子的操守，這就是茶人風格。

遵孫前兄囑書先父吳覺農晚年與友人談話

吳甲选 二〇一二年十月 北京

吴甲选先生赠笔者吴觉农箴言

1 中枢指挥机构

2003 年 10 月 21 日，“一会一节”筹委办的首批工作人员 20 余人，在市外经贸局提供的雅安市北二路 140 号临街二楼办公室召开会议，我做了《创新、团结、纪律、一流》的讲话，市政府以《政务通报》第 41 期（2003 年 11 月 18 日）转发。我引用开场白于此，颇有意思。

今天在座的各位都是雅安精英，先给大家定个位，你们都是为雅安、为四川、为中国创世界级品牌的雅安精英。但要强调的是，各位是雅安精英，而不是四川、不是中国精英，一批地方级精英，要创世界级品牌，行不行呢？我认为行。川农大的周开达院士不就是在这里成为世界级专家的吗？为了创雅安的世界级品牌，我们走到这个集体中来，祝贺大家能够为自己人生轨迹书写辉煌，而参加到雅安人民寄予厚望的活动中来。

筹委会办公室不是机关，不是公司企业，不是科研院所，但是这个集体要比机关更规范，比公司企业更市场化运作，比科研院所钻研要更广泛，我们是三位一体融合起来打世界级品牌的队伍。

大家都是来自机关，但我们绝不能用机关的行为规范来审视自己现在的工作，我们必须学会市场化的运作，也需要有科研单位的钻研精神。我相信依靠雅安精英的综合组打优势，就能完成市委、市政府交办的创“水平一流”的世界茶文化圣山的任务。任务光荣而艰巨，为此我讲八个字，作为对我们的共同要求，即创新、团结、纪律、一流。

我指着主墙上的蒙顶山全图说，筹委办工作的目标和追求，就是标题的那句话——“打造世界茶文化圣山，让蒙顶山茶文化走向世界！”

雅安市筹委会：

主　任：

侯雄飞　中共雅安市委书记

副主任：

傅志康　雅安市人民政府市长

何大清　中共雅安市委副书记

孙　前　雅安市人民政府副市长

筹委会下设办公室，作为办事的执行机构，办公地点设在雅安市北二路 140 号。

主　任：

孙　前　雅安市人民政府副市长（兼）

常务副主任：

曾英慧　雅安市外经贸局局长

副主任：

杜　义　名山县人民政府县长

毛嘉雄　雅安市委副秘书长
曾　林　雅安市政府副秘书长
肖建林　雅安市旅游局局长
杨天禄　雅安市供销社主任
王家骢　雅安市文化局局长
侯启明　雅安市公安局副局长
陈瑞琼　雅安市工商局局长
伍晓波　雅安市人民政府驻成都办事处主任
秘书处处长：王先忠
副处长：董存荣（市电视台）　赵迎鸿（市政府办）
　　　　李国斌（市电视台）　毛永华（市法制局）
宣传处处长：毛嘉雄（兼）
副处长：王云康（宣传部）　　蒲　航（市文化局）
　　　　高富华（雅安日报社）　杨鼎国（市委办）
招商会展处处长：陈书谦
副处长：彭学松（市外经贸局）　郎　红（市农业局）
　　　　黄春鉄（市招商局）
后勤联络处处长：侯启明（兼）
副处长：陈远芳（市政府办）　李庆蓉（市委办）
　　　　田文敏（市旅游局）　谢松青（荥经县旅游局）

这是一支团结齐心，奋力向上，开拓进取，争创一流，纪律严明的工作队伍，还吸纳了刚工作不久的大学生朱波、邱康金、王光澈、史小丽、毛莉、刘婧等。

雅安市除侯雄飞外，任何人没有筹备国际盛会的经历，因此学天下之长为我所有，成为筹委办的当务之急。

10月28日，“一会一节”办的全体工作人员，包括不在这里坐班的郑万章副秘书长、陈瑞琼局长等，会同名山县筹委办的成员，到蒙顶山看老茶树及各处文物古迹，皇茶园、永兴寺、茶马司、朗赛茶厂、茶史博物馆，接受系统培训。要使人明白，首先必须自己明白。

10月30日—31日，由董存荣、黄春铁、田文敏给大家讲蒙顶山茶文化史、茶艺品鉴、酒店管理。这种互教互学，对双方促进很大。

31日，邀请雅安茶界专家、学者开座谈会，听取意见建议，并且聘请李家光、施嘉璠、唐茜、马负诚、耿继洲、文荣普、欧阳崇正、杨天炯、蒋昭义为“一会一节”顾问。

从2002年4月南京旅交会以来，尤其是9月吉隆坡申办接旗以来，筹委办负责人分组带队，满天下学习取经。很多人之前没有坐过火车飞机，其眼界和思维可想而知，现在都可以滔滔应对天下大事。

2004年2月5日，元宵节下午，筹委办全体成员和家属孩子被接到碧峰峡熊猫园、摩梭女王园游览，到周公山温泉晚餐时，我对所有家属说：“你们的丈夫、妻子、爸爸妈妈，为了雅安的明天更美好，顾不上家，顾不了孩子学习，他们在极其辛苦地工作，我代表雅安市政府，给你们鞠躬，雅安人民忘不了你们，干杯！”酒桌上传出抽泣之声。有这样的团队，什么困难不能克服！

2月6日，在雨都饭店主持“雅安市宾馆饭店迎接‘一会一节’动员大会”，

筹委办在永兴寺考察 2003.10.28

聘请专家顾问开座谈会 2003.10.31
李家光、施嘉璠、唐茜、马负诚、欧阳崇正、文荣普、蒋昭义等参加

请雨城、名山、芦山、天全、荥经的酒店参加，提出改造软、硬件设施，以崭新面貌迎接“一会一节”。

2 《蒙顶山宣言》诞生记

2004年2月18日上午，同雅安市委副书记何大清、筹委会办公室副主任曾英慧到雅安市委书记侯雄飞办公室汇报“一会一节”相关工作。侯书记提出，大会最好搞一个“蒙顶山茶文化宣言”，这对打造圣山牌有利。这个主意不错。我即给宋少祥常务副会长打电话汇报，他说：“可以考虑，你们下月到杭州开会时再商量。”

3月24日，我同谢运全到杭州金溪山庄参加“第三次全国茶文化工作座谈会”，20个省市的60多人参加，都是国内茶文化茶产业界的一流人物。我汇报了“一会一节”准备情况，邀请大家莅会。我同谢运全找到程启坤和梅峰会长，汇报雅安市委准备蒙顶山宣言的事。程会长说：“研讨会开了7届，没有先例。你们的想法可以考虑，和宋会长已谈过，你们写一个稿子，我们看看再商量。”

回到雅安，我给侯雄飞、何大清做了汇报，然后同曾英慧、毛嘉雄、曾林找王先忠、杨鼎国商量“宣言”的体例和写法。由杨鼎国执笔，数易其稿，交侯雄飞审定后，我发给程会长，他认真推敲后，提交研究会领导会议通过。7月下旬程会长电话告诉我，《世界茶文化蒙顶山宣言》作为论文集的第一篇文章，中英文双语刊发。这是没有先例的，这是对雅安“一会一节”工作的支持和肯定。

2月23日，到名山县雕塑家韩德雅工作室审查《茶祖吴理真》样稿，认为不错。3月3日，韩先生又做了小雕塑《吴理真》泥稿。我同名山县李毅书记、杜义县长、欧阳崇正等推敲后，一致认可这两稿。杜县长组织按样稿在县城吴理真广场塑茶祖吴理真石雕像。

3 月 3 日，笔者同曾英慧出席名山县委、县政府在县电影院召开的“名山县‘一会一节’动员大会”，1000 余人参加，县级机关全体干部、各乡镇、192 个村支书和社区主任参加。我做了“让蒙顶山茶文化走向世界”的主题演讲。县委书记李毅拉着我的手说：“劲鼓起来了！谢谢，谢谢！”

3 月 4 日，应四川农业大学校长文心田之邀，在其新校区演讲“雅安旅游发展战略与‘一会一节’国际盛会”，旅游、茶学专业师生和志愿者 800 多人踊跃参加。同行筹委办的同志说，响起了 20 多次掌声。我说，别太夸张了吧！

3 月 22 日下午，在市委党校我给中青班和市社科联组织的文化界名流 200 多人讲“雅安旅游战略和‘一会一节’国际盛会”。4 月 11 日上午，我应市委宣传部部长向华全之邀，到市广电局给各区县和市广电系统的编导、记者演讲，主题仍然不变，但是受众不同，作用不一样。6 月 14 日下午，我到雅安职业技术学院，给 300 多师生演讲“一会一节”的召开对雅安文化经济旅游发展的意义。

雕塑大师韩德雅向雅安市政府捐赠茶祖吴理真雕像　2004.2.23

法国市长和茶祖吴理真在一起　2004.12.4

3 特殊的纪念品

给参会客人准备什么样的礼物，是颇费心思的事情。好在这两年游走天下，参加各种会议，对各处礼品的优劣进行比较后，确定了我们礼品的原则：宣传雅安五张牌，珍贵且有收藏价值，便于携带。

我们的礼品有两套。一套是精装硬卡纸纪念册，内有一版国家发行的特色珍邮，包括蒙顶圣山、宝兴教堂、红色旅游、汉代古迹和雅安风情等16枚；“一会一节”首日纪念封2枚；《雅安印象》光碟1个；熊猫极限特色明信片3枚；王晖石棺“龙”金属纪念牌；红军长征胜利60周年纪念邮票一套2枚；熊猫和茶为主题个性书签2枚。

在纪念册上写下一段让人不会忘记的文字：

浪漫之城——天下雅安：雅安是无法忘记的。

蒙顶山是天下茶人的朝圣之地，吴理真恩延二千载，惠及亿万民。

大熊猫是全世界的宠物，它的故乡在雅安。

崇尚英雄是人类的天性，毛泽东的如椽之笔，在大渡河、夹金山绘下惊世绝唱。

赠送参会嘉宾的纪念册　2004.9.19

雅安使人流连忘返，雅雨使蒙山茶天下无双，雅鱼使美食家感叹河豚失味。雅安“三绝”，人见人爱。

茶文化、熊猫文化、红军文化、汉代文化、三雅文化五张牌，是雅安旅游让天下游客追捧不息的骄傲。

奉上这本纪念册，让雅安陪着您。

人类的追求——天下雅安！

纪念册装在特制的印有中英日韩文的小手袋中。另一套手袋装4本书，《研讨会论文集》、《雅安旅游画册》（中英日文）、《蒙山茶话》、《历代名人咏蒙山》，一条24包明前蒙顶甘露，一条24包兄弟友谊藏茶，皆有会徽，是大会指定用品。后勤处的处长说，我们只担心礼品不够怎么办。

4　帮扶蒙山村

按照党政部门领导要定点帮扶贫困村组的规定，2000年，我到雅安工作后，行署就让我定点帮扶汉源县大田乡木林村（后大田乡并入九襄镇）。8月30日，我同钟声儒局长到该村，村党支部书记陶全林、张小畔、姜永忠介绍情况，带我转田坎，看乡镇企业。水稻长势喜人，亩产可达1400斤，大出意外，梨树挂果很好。企业不大，但业务尚可。再一看一问，此村在当地属中上水平。我每年总要到村两三次，从分管部门的散碎银子中给他们一些帮助。这个村的班子不错，我也没多的钱给他们。

随着对蒙顶山了解的深入，我向市政府提出，把我的帮扶点调改成名山县蒙顶山镇蒙山村，蒙顶山景区的文物古迹全在它的域区，其交通只有前山的景区公路。2002年6月10日，我约雨城区吴国忠副区长、名山县张昌陵副县长、市计委副主任张韬、市交通局副局长王世良，从碧峰峡谷底的陇西乡，花一个多小时，穿田埂小路爬到永兴寺。农民房舍比较差，沿途全是山坡旱作植物，产量不高。我们考察的目的，是修一条后山道连接蒙顶山和碧峰峡，为游客提供方便。如果路通了，对沿途农民肯定是有好处的。大家都支持修路。

2003 年 2 月 19 日，我在智炬寺约见蒙山村各社的负责人，听取情况，他们叫苦不迭，全然没有木林村干部的气势。

这一天，我召集名山县县长杜义、欧阳崇正和市县级 10 余个部门的联席会，确定恢复蒙顶明前采茶节和皇茶祭天祀祖活动，这是提升景区知名度的利好决策，对当地农民有利。

9 月，蒙顶后山的公路在积极建设中。为了给蒙顶山造势，我同李毅、杜义商定，在 9 月 21 日卧龙熊猫喜迁碧峰峡新居的活动中，在蒙顶山的山门歇一脚，美其名曰给熊猫加餐进水。实际上，只需半小时就到碧峰峡新家了。在施工的蒙顶山门外，拉起了几十米的黄色大绸布，高有七八米，赫然红字书写“世界茶文化发源地　世界茶文化圣山——蒙顶山欢迎您！”巨大的充气彩虹拱门写着“4A 旅游区蒙顶山喜迎熊猫回娘家”。熊猫车队到停车场进食，旁边摆了 20 多个小摊，免费提供鸭翅鸡脚、烧烤饮料。这个庞大的熊猫车队，央视、川视及多省市全程卫星转播，数十上百名记者，早上 5 点在卧龙起床抓拍，现在也饿了，好吃好喝，放眼一看，“世界茶文化发源地！”“世界茶文化圣山！”“没听说过呀！”“是这样的吗？”摄像机把这一切都转播出去了。我笑侃杜义：“你拿鸡鸭零件做大文章哟！”他说，谢谢熊猫咪咪！

2004 年 3 月 15 日，筹委办李庆蓉、谢松青、田文敏、赵迎鸿几位副处长和我到蒙山村考察，县委宣传部部长、蒙顶山镇党委书记、蒙山村支部书记陪同。我提出，要看最穷的农户。

阳春三月，天气晴朗，大家在二三十厘米宽的田埂上，小心翼翼地行走，如果打个闪闪，就甩下坎去。走了不到一个小时，大家的外套全脱了。碰到几个农民聊天，他们说去小学接娃娃，如果下雨，这个埂子就是硬头滑，必须由大人接送娃娃，不然回不了家。

来到一处砖木平房的农家，罗支书说，这是一个困难户，就两爷子。

看望蒙山村的困难户 2004.3.15

小学新铺的石板路 2004.7

老人端碗吃饭，没有菜。儿子30多岁，身体健壮，穿一件短袖T恤。儿子常年在沿海打工，最近老人身体不好，他回来照顾。母亲早逝，儿子单身。

女处长发问：“这种帅哥还单身？”杨书记说：“这个村单身男性有二三十个，年龄最小20多岁，最大的60多岁！”“为什么？”“女娃娃都嫁出去了，外地的姑娘不愿嫁进来，这里太穷！”这让人有五雷轰顶的感觉，这是守着天下名山、茶圣山的农民，吴理真的子孙竟然穷到如此地步。

我扫了一眼陪同的县、镇、村领导干部，他们都避开了我的目光。安慰、鼓励之后，我们继续转田坎，我说到小学看看。附近几个村的孩子都在此校读书，校舍还可以，进出校门就是田埂小道。我问村支书：“娃娃最远的有多远？”他算了一下，大概两三千米吧，散布在蒙山各处。我说：“治贫先治愚，不能让娃娃再掉队了。我支持你们解决石板路的问题，把学校出来的田埂泥路，全部铺成80厘米宽的石板路，下雨天、冬天不让父母再接送娃娃。村社也要出劳力，大家分担一点，彻底解决这个问题。”村支书说：“太好了，我代表全体村民感谢孙市长。”“多少时间能完工？”“两个月吧！”“先预支一万元作材料款，验收后补余款。请县上也帮助支持一下。”我们怀着沉重的心情下山，“灯下黑，灯下黑呀！”赵迎鸿留下了村支记的电话。

两个月后，村党支部书记说石板路修通了，让拨一万元，他们要付材料款。我带着赵迎鸿与杨书记到蒙山村小学门口见面。村支书指着新石板路说：“80 厘米宽度铺的，孩子下雨天不用家长接了。”

我说：“好，你带我把新路走完。”他打了一个愣：“领导这样辛苦，就不用都看了吧！”我说：“凡是新铺的石板路，全部带我看看。”杨书记说：“领导要看，你就带着看吧。”走了不到 20 分钟，村支书站住了。“就这样多？”“就这样多！”“这有 3 千米吗？”村支书埋头不吱声，我勃然大怒：“你怎么可以这样骗政府、骗孩子们？”“钱虽然不多，但是能让祖祖辈辈从走泥巴田坎变成走石板路，上学大人小孩都安心，你才修了三分之一就不修了，你安的什么心？”杨书记也没想到受了愚弄。“再给你一个月，把石板路全部铺好，雨季马上要到了！”下山途中我对杨书记说：“多亏没犯官僚主义，否则愧对孩子们！”不到一个月，村支书说路铺好了，我实在走不开，委托赵迎鸿去验收结款。

5　怎么培训雅女

2004 年 8 月 17 日，以雅安市筹委办、市政府办的名义发文《关于培训“一会一节”礼宾工作人员的通知》，要求 9 月 8 日—14 日，在雅州宾馆脱产集中培训，内容包括“一会一节”基本情况、雅安概况、雅安茶产业现状、茶文化知识、礼仪礼貌、接待英语、普通话、旅游知识等。7 日在雅州宾馆报到。

7 日下午，负责报到的陈远芳、李庆蓉跑来找我们：“要得啥子哟，有些县的礼仪人员，那叫雅女呀？倒雅安的牌子哟！”“有那样严重呀？”“不信你们去看嘛！”我把曾英慧、毛嘉雄找来商量。曾英慧眨眨眼说：“嘉雄是宣传处长，审美水平高些，请他去看看把关。”

这是得罪人又推不脱的苦差，只有毛嘉雄去。“人都来报到了，再换人，要注意方法，照顾面子哟！”毛嘉雄没吱声，带着他的助手大将王云康、蒲航去雅州宾馆，以看望的名义，把100名雅女都筛了一遍。晚上毛嘉雄笑嘻嘻地走到办公室对我和曾英慧说，摆平了！我们都好奇，这个得罪人的差事怎么这样快就摆平了。他说，多数雅女是达标的，少数几个弱一点，各县有副县长带队，拍拍肩膀，口授机宜，叫原单位打电话通知回去有什么什么要事，连夜汽车送回，换的人今晚报到，不影响明天开班。“嘉雄你太屈才了，应该到外交部礼宾司工作。”曾英慧对他哈哈一笑。

9月8日上午9时，雅州宾馆四楼礼仪培训开班，负责此项工作的市妇联主任唐芳琼、副主任王菊，团市委书记王军、副书记余云峰等，各区县带队副县长参加。我们已提前了解过参训人员素质和心态，我致开幕辞：

到过碧峰峡的请举手！（85%的人举手）

到过蒙顶山的请举手！（50%的人举手）

到过宝兴邓池沟教堂的请举手！（10%举手）

到过安顺场的请举手！（60%举手）

看过高颐阙、樊敏碑的请举手！（10%举手）

雅女呀雅女，你们怎么啦?

从这个调查，看到你们的兴趣和知识面，可不要金玉其外、败絮“腹”中哟！我听说很多人不愿来当礼仪，觉得要死记硬背好多东西，太苦太累。就这样说吧，经过严格的培训，当大家胜利完成“一会一节”任务的时候，你们不仅给雅安人民增光添彩，你们也为自己的子孙后代树了一个标杆，你们将来教育孩子的视野和追求就完全不一样了！今天开班了，任何人没有退路，我是甩鞭子的，鞭策前进，跑慢了还不行！

培训资料人手一套，“一会一节”的行游路线反复踏勘，各种培训专题安排得满满的，几大展销场地的内容，外宾内宾的人数身份、住地名册等人手一册。

第二天晚上，陈远芳给我们说：“过去到市上开会，第一任务是逛商店购物，这两天没有一个人逛街的，头发都整来竖起了，苦背呀！”毛嘉雄为了保证培训人员质量，又出了一个史无前例的怪招，以市委、市政府两办名义发文，101 个礼仪人员落实到单位、人名、电话，谁也不敢中途跑路或换人。

9 月 11 日上午 9 时，在雅安剧场，请省旅游学校彭声坤高级讲师授礼仪知识，他是省旅游局推荐的全省最优秀的礼仪培训专家。市委、市政府两办通知，市级四套班子、军分区、川农大在家领导，各区县参与“一会一节”工作的县级领导，市级各部门正副职领导和参与“一会一节”的中层干部，150 名礼宾礼仪（川农大的 50 人）、400 名青年志愿者，“一会一节”筹委办全体人员参训。彭老师妙语迭出，深入浅出，讲述礼仪的重要性、容易犯的毛病、应注意的问题，要以足够的自信笑迎天下客。全场掌声不断，为彭老师喝彩，为自己的茅塞顿开而高兴。

全国征募评选出的“一会一节”会徽
2004.7

我主持会议的致辞是：

两年前的今天，雅安市人民政府在吉隆坡接过了举办“一会一节”的旗帜；昨天，在全省第二次旅发大会上，确定四川省第三届旅发大会明年在雅安召开。

雅安团市委副书记余云峰、市妇联副主任王菊率各县区培训负责人到蒙顶山考察
2004.8.26

从现在报名参加“一会一节”的内宾和外宾人数统计看，我们的人数、规格、规模大大超过前7届。今天参加培训的1000多人，不仅是“一会一节”的陪同人员，也是明年旅发大会的陪同人员，所以认真领会今天的培训并用之于实践，十分重要。再次以掌声感谢彭老师。

“一会一节”在天下茶人面前，展示了世界茶文化圣山下的中国西部小城的底蕴、涵养、风采，雅女的风姿绰约、美丽大方、高雅淡定，征服了天下宾朋。

2015年7月，我应邀到荥经县政协讨论他们的书稿《茶马古道（第十辑）》。邓良平副主席看着我笑眯眯地说：“孙市长，你在雅安打造旅游文化的千秋功业有目共睹，也有人把你恨得咬牙切齿！”

“我那样招人嫌吗？”

“‘一会一节’时，我在另一个县工作，培训抽调雅女，就是我在负责。‘一会一节’结束不久，结婚的闹离婚，耍朋友的也分手了。”

“为什么？”

“她们见了世面，觉得老公、男朋友土气，没文化，就要分手。”

“就这样对我咬牙切齿？”

“这还不够吗？他们说罪魁祸首就是你。”

“呀！县政府逃避责任，转嫁矛盾给我！”

几年后，我去雅安开会，多对雅女夫妇抱着孩子来看我。先生指着孩子说：“喊爷爷！你妈都是世界级的，你以后孬死要挣一个省级、国家级，不然对不起市政府！”

20年后，同几位雅女礼仪雨城重逢，她们都是县级领导了 2023.12.25
左起：刘滟、孙前、蹇武、谭琳

第十篇

全国学习，遍发英雄帖

▶ 提　要

筹委办是干活的，有哪些干将

恢复中断百年的皇茶祭祖仪式

参加广州市国际茶文化节：首次大兵团出动

台湾访学：开眼界，交朋友，邀嘉宾

香港王曼源、白水清盛待：普洱老茶故事是他们的首创

夹江拜访世界茶王李瑞河，他能参会就是胜利

1 “一会一节”誓师大会

2003年6月17日下午3时，雅安市委第85次常委会听取笔者汇报“第八届国际茶文化研讨会暨首届蒙顶山国际茶文化旅游节”的实施方案、准备情况和困难。笔者提出需要的300万活动经费，时间7天，1800人参会，其中外宾500人，商品展场600个摊位。

侯雄飞提出，要举全市之力办成“一号工程”、国际盛会，总目标是“规模适度，重点突出，特色鲜明，水平一流，影响广泛，确立地位”。

9月15日，市委、市政府在四川农业大学举行了“一会一节”誓师大会，宣布了省政府文件，确定相关内容。

会节主题：让蒙顶山茶文化走向世界！
主办单位：四川省人民政府、中国国际茶文化研究会、中国茶叶流通协会
承办单位：四川省雅安市人民政府、四川省文化厅、四川省农业厅、四川省旅游局、四川省供销社、四川农业大学、四川省茶文化协会

“一会一节”组委会主任为四川省人民政府副省长陈文光、中国国际茶文化研究会会长刘枫，副主任有国际茶研会常务副会长宋少祥等12人；组委会秘书长孙前（兼），副秘书长梁朝清（浙江）、吴锡端（北京）、王云（四川）。雅安市筹委会主任为市委书记侯雄飞，副主任3人，筹委会下设办公室，作为办事的执行机构，主任为笔者，常务副主任为雅安市外经贸局局长曾英慧，副主任由名山县人民政府杜义县长、雨城区人民政府区长，雅安市旅游局、文化局、工商局、公安局、供销社等单位领导10人组成，下设秘书处王先忠处长、宣传处毛嘉雄处长、招商会展处陈书谦处长、后勤联络处侯启明处长等。

雅安市除侯雄飞外，都没有筹备国际盛会的经历，因此学天下之长为

我所有，成为筹委办的当务之急。

2 恢复中断百年的皇茶祭祖仪式

2003年2月19日上午，在蒙顶山智炬寺，笔者召集名山县和市级机关单位，研究恢复蒙山清明采茶节和皇茶祭天祀祖活动。名山县杜义、欧阳崇正、杨天炯、杨奇及县旅游局领导，市级机关郑万章、曾英慧、杨天禄、陈书谦、吴天昊、董存荣、赵迎鸿等参加。大家一致认为，蒙顶山有2056年的茶叶种植史，从唐玄宗天宝元年（742）至清宣统三年（1911），有长达1169年的祭祖专用贡茶史，恢复这张历史名片，重振蒙山茶雄风，为“一会一节”做铺垫，是一项重要的活动。大家达成共识。

恢复蒙顶山皇茶祭天祀祖采茶节 2003.3.30

名山县县长杜义会同绵阳嫘祖锦专程送茶到陕西黄帝陵祭祀 2003.4.5 清明

法国戴海杜市长在蒙顶山朝山碑前合影 2004.11.27

3月9日，笔者到省政府给王怀臣副省长汇报，他大力支持，要求做就做大、做好、做出影响，并派办公厅邱旭东处长协助。

3月4日—9日，笔者同张昌陵副县长、麻朝云、邱旭东、赵迎鸿等到陕西黄陵县考察做前期衔

首开蒙顶山祭拜的韩国茶道大学院师生 2003.8.24

到杭州汇报工作，宋少祥、杨招棣、程启坤对雅安寄予厚望，赠墨宝勉励 2003.9.11

接。绵阳、广元市得知，都愿意积极参与。宝鸡市扶风县法门寺和炎帝陵提出，希望得到祭天祀祖专用茶。

3月30日10时，“皇茶祭天祀祖仪式暨采茶节”在蒙顶山首次恢复举行，王怀臣、崔广义（四川省政府副秘书长）、张巨雄（省旅游协会副会长）出席。谢运全、王云、徐金华以及20多家中外媒体参加，一时天下茶界轰动。雅安市副市长吕火明、秘书长朱玉贵主持到陕西全程活动（我因3月16至5月16日到省委党校学习，未能同行）。绵阳市盐亭县把嫘祖织锦祭贡也增加进来。黄陵县认为四川大大提升了中华祭祖文化的内涵和外延。

2003年8月24日，韩国茶道大学院第十期中国茶文化踏察团39人到蒙顶山朝拜，团长为郑仁悟教授。这是雅安打造蒙顶圣山以来，首批外国朝拜团，我很重视，在雨都宾馆宴请。翻译姜育发教授是中国台湾人，他哥是台湾文艺明星姜育恒。我请姜育发提供全团中韩文名单，要刻在蒙顶山的汉白玉碑上，但有一个条件，每人这一生要介绍5人朝山。如果有团员明年来参加“一会一节”，我个人送一瓶熊猫王子酒奖励。大家鼓掌响应。

9月15日，雅安市委、市政府在四川农业大学举行“一会一节”誓师大会，从此，举全市之力，负重奔跑。

9 月 21 日，央视媒体实况转播卧龙大熊猫乔迁新居碧峰峡。姚国坤教授电话说，看来真是熊猫排队欢迎嘉宾啰。

3 天下拜师取经

筹委办成立以来，开了几次会，要解决一个困扰大家的问题：在很多外地人眼中，区区雅安小城，值得去吗？宴席摆好了，请客客不来，怎么办？

集思广益之后，我们形成了四条工作方针：

外出学习，开阔眼界；上门请客，以示礼遇；

广交朋友，诚邀天下；制造事件，吸引眼球。

这成为我们此后的工作指南。

9 月 18 日—19 日，参加重庆永川国际茶文化节，我们是在吉隆坡同天接旗。我和曾英慧、彭学松带了智炬寺 3 人去禅茶表演。刘枫会长主持，认识了小泊重洋（日本）、阮逸民（中国台湾）等茶人。会议发的礼品是 60 厘米 ×30 厘米的长礼品盒，内装川人熟知的永川豆豉和几种调味品，又重又大，不方便携带。我们自驾车还行，要携带上飞机、火车是很不方便的。这是我们学的第一招，怎么准备礼品。

10 月 4 日—7 日，我同曾英慧、彭学松到广西南宁商谈策划方案，参观桂林两江夜游，考察横县茉莉花市场，到广州越秀展览公司洽谈，拜访邬梦兆会长，考察芳村市场。

10 月 15 日—19 日，我同曾英慧、陈书谦到湖北天门市参加“纪念茶圣陆羽诞辰 1270 周年暨首届湖北国际茶文化节”，新塑陆羽雕像，每人发一套麻纱服装，观看中国歌舞团表演。程启坤、梅峰主持论坛。结识丹下明月（日本国际茶道、香道宗家）、玄山尚武、李根柱（韩国）、李钦聃（中国台湾）、刘启贵（上海茶研会副会长）、黄桂枢（云南茶文化专家）。

11 月 10 日—12 日，同曾英慧、陈书谦、董存荣、陈远芳、王云康到武夷山参加茶文化艺术节和第六届岩茶节，展位费贵，我们起个大早，自己动手把带的易拉宝喷绘展架搭在草坪上，效果很好。在这里结识了著名茶文化人林治先生，他是民国元老林长民的孙子，才女林徽因的侄子。活动结束，陈书谦又带着几大箱宣传品去国内其他几个地方招商宣传，月底同我们在广州汇合。

11 月 20 日—25 日，广州市投资 39 亿元新建的芭洲国际会展中心首次举办“广州第三届国际茶文化节”，雅安组织了 110 多人队伍，名山、雨城、天全、芦山、荥经分管副县长带队，20 多家企业包揽了 20 个展位，《茶马古道》歌舞、龙行十八式、智炬寺禅茶 3 支表演队轮番亮相。雅安的参展商头天布展完毕，去参观了其他展区的茶品后，达成共识，雅安茶价全部上涨 2—5 倍，统一行动。

广东省、广州市的领导专门参加雅安的活动、颁奖。

数十家媒体连珠炮般地介绍雅安，所有商品全部售罄，以致后来市民拆分一盒茶品，不能一人买走，让大家尝尝蒙山茶。

我同邬会长说：“我们包了一架专机来参会。”他说：“真的吗？”“110 多人，不就相当于包机人数了吗？”他说：“广东明年参加‘一会一节’的人数，绝对不会比你们少，回报雅安的厚爱，你们给我们的展会增光添彩。”

雅安囊括了大会的全部大奖。回到雅安开座谈会，企业才披露他们统一调价的秘密。还说，去年也是动员到广州参会，带了 10 斤茶，回来变成 10.2 斤，涨了潮气，一两也没卖出，所以今年不敢多带，后悔不及。如果是带了一两百斤茶去，肯定买一部奥拓车开回家。大家总结经验是，政府策划强大的舆论攻势，特色的展场布置，升空气球、大标语的环境营造，都推动了雅安形象的塑造。

12 月 17 日—22 日，我同王先忠、董存荣、田文敏到福建安溪参加第二届中华茶文化节。下午我们转展场，位置比较偏，一些展位空着也不降价。会上组织中央电视台的节目演出，开幕式的凳子放在茶园的茶丛间，颇有新意。我们结识了王曼源（香港世界茶文化交流协会会长）、曾佐威（澳门茶人联谊会会长）、芭芭拉（法国人，欧盟茶协会秘书长），向他们递交了邀请函和雅安资料。

2004 年 1 月 13 日，雅安市茶业协会成立，我当选为创会会长。

3 月 23 日，同谢运全到杭州金溪山庄参加国际茶文化研究会主持的“第三次全国茶文化工作座谈会”，刘枫、王家扬、宋少祥主持，全国 20 个省市的 60 多位专家出席，结识和重见陈宗懋（北京）、朱自振（江苏）、于观亭（北京）、陈文华（江西）、刘崇礼（北京）、张顺高（云南）、黄汉庆（上海）、李新玲（陕西法门寺）等专家，我同谢运全逐室拜访，送上请柬和茶礼。

25 日，我专程到中国茶叶博物馆同吴胜天馆长、江万绪书记商量，雅安市赠送博物馆一尊 2 米高的茶祖吴理真汉白玉雕像，选定位置，与茶圣陆羽相伴。

专门给程启坤、梅峰汇报，四川方提出大会上要有一个“蒙顶山宣言”，他们同意，尊重雅安意见，虽然此前没有发表宣言的先例。

3 月 27 日 10 时，蒙顶山皇茶园采茶仪式举行，名山县政府主持。这是 1911 年辛亥革命后皇茶园采茶仪式中断以来的首次恢复。请僧人沐浴更衣采摘，再送到智炬寺加工珍藏备用。市川剧团的演员古装表演仪式，宣读由欧阳崇正拟的祭文，这是一次演练性的仪式，很有意义。仪程完全按清光绪十六年名山知县赵懿（贵州遵义人）和兄赵怡纂修的《名山县志》的历史记载，一招一式复排而成。

蒙顶皇茶开采祭文如下：

蒙顶山皇茶园采茶仪式　2004.3 .27

筹委办领导祭茶祖
左起：李毅、孙前、曾英慧

癸未之春，清明前之吉日，县长杜义率众人为祭黄帝陵而采贡茶，致祭于天盖寺前，祷告植茶始祖，文曰：

西汉甘露，祖师于此，手植灵根，解民疾苦。开人工种茶之先河，创蒙顶仙茶之起始。由是而遍植中华大地，商贾为之营运，山民为之衣食，上裕国赋，下利民生，皆祖师首植仙茶之德也。

自唐至清，钦定贡茶，岁贡京师，祀祖祭天，千年不衰，名声远播。文人学士，众口齐夸；诗词歌赋，华章连篇。露芽云叶胜醍醐，色淡香浓品自仙。蒙山味独珍，人间第一茶……溢美之词，代代有加。

蒙顶仙茶，不仅历代文人倾倒，各朝政府倚重，寺院僧徒顶礼膜拜；边陲兄弟民族，更是生活必需，不可一日离也。千余年来，维系民族团结，宏开茶马互市，中华大地和平统一，汉藏蒙回亲如一家，师之功德，伟大之极！

今逢盛世，重开采贡之举，以祭于中华始祖黄帝之灵，俾使中华各族儿女团结奋进，社会主义祖国繁荣富强，炎黄子孙共奔小康。开园之前，虔诚敬祭。茶祖山灵，来格来享。

4 成都万人品蒙顶茶

“巴蜀鬼才”魏明伦参会题辞 2004.4.3

2004年4月3日—4日，雅安市在成都武侯祠、百花潭举办“万人品蒙顶春茶”活动。在武侯祠结义楼，准备了200多把竹椅、盖碗茶，首版新书《蒙山茶话》《雅安旅游画册》，“一会一节”请柬，精致的明前蒙顶甘露、黄芽礼品。雅安市委、市政府侯雄飞、傅志康、何大清及笔者邀请了省委、省政府领导，成都市委、市政府领导，四川省社会名流贤达魏明伦、钟渭基、任新建、李树人、张昌余、谢运全、刘贵民等参加，省市媒体悉数到场。同步在百花潭举行市民品春茶活动。这是强势向四川、成都推出“一会一节”的预告。到广州的三支茶歌舞、茶技、茶艺表演队在此做了精彩汇报，让大家领略了蒙山茶文化的博大精深。4月25日，雅安市在南充市北湖公园举办“果城万人品蒙顶春茶暨雅安市国际茶文化盛会推介会”。

5 法门寺佛祖祭茶

4月21日—27日，我率团到陕西扶风法门寺参加“第三届法门寺茶文化国际艺术讨论会”。筹委办的董存荣、李国斌、王云康、高富华、李庆蓉，名山县王维（县政协主席）、杨奇、杨华静、唐林前往参加。为方便运吴理真雕像和节约费用，大家全部坐火车。我在火车站要打电话，一摸，手机没有了。让同行人打我手机，关机，肯定被偷了。同行摸自己的包包，庆幸躲过一劫。挤上火车，唐林一摸，遭了，机子不在了！我拍拍他说："贼眼闪亮，认钱不认人！"

在法门寺大殿，王维代表蒙顶山，在一对特制硕大的宝兴汉白玉盖碗杯中，沏上今年恢复采制的皇茶园贡茶甘露、黄芽以祭佛祖，20 多位僧人诵经祈祷。有的僧人以为《蒙山施食仪轨》之蒙山在山东，我们送画册和书以证，法门寺不会再有误解了。

在法门寺用特制汉白玉盖碗沏茶供奉佛祖　2004.4.22
右起：姚国坤、孙前、林治、王维

向法门寺领导李新玲女士赠吴理真汉白玉雕像　2004.4.22

雅安市政府向法门寺博物馆赠送了 99 厘米高的汉白玉吴理真雕像，这使法门寺唐代地宫出土的宫廷皇家茶具和茶祖连成一个整体。

蒙顶山代表团表演了千年禅茶技艺。姚国坤。林治录制了祭拜全过程。我结识了法门寺地宫的考古发掘者石兴邦先生，邀请仓泽行洋、高振宇诸先生参加"一会一节"。组织到华山、西安大雁塔、陕西历史博物馆考察学习。

5 月 11 日—18 日，同王洪琴（四川省贸易学校校长）、曾林、董存荣、谢松青、王光澈到江西婺源参加"首届婺绿飘香国际茶博会"，陈文华（江西省社会科学院副院长、《农业考古》

主编）主持。

茶园中新建一亭，内立一个2米高的黑色大理石碑，把所有参会人员的名字刻上，四川省有6人铭刻于此。这让我们感动。“树碑立传”是中华传统的盛德，婺源以此来纪念，让我们开眼。女子禅茶表演，个个清纯美丽，一袭淡黄禅装，动作纯熟自然，给人以美的享受。陈文华说，她们是南昌女子职业学校的学生。王洪琴想专门去考察一下这所学校。17日上午，陈文华、程光茜夫妇陪我们到校考察，观摩了一节茶艺课，到白鹭苑品茶讨教，这对王洪琴触动和启发很大，为以后的故事埋下了伏笔。然后我们到晓起村、景德镇、庐山考察。

6月29日—7月4日，同杨鼎国、田文敏到南京熊猫集团拜访张祖忠书记等，感谢支持捐助雅安的熊猫电子学校30万元。

到溧阳县拜访彭留双副市长，茶企业家霍益民，见朱自振、高英姿、刘新玲等，再次发出参会邀请。

7月2日到宜兴县，著名收藏家、茶人王爱民安排我们拜访徐秀棠、施小马、江建翔、朱卫其、徐立、史小明等各位紫砂大师和艺术家。到湖州市拜访徐明生老书记（市茶协会会长）和市委、市政府领导，向各位大

江西婺源茶博会刻石碑 2004.5.13
左：王光澈、孙前、谢松青

到南昌女子职业学校学习 2004.5.17
程光茜、陈文华陪同（左3、4）

师和茶人发出邀请。考察顾渚贡茶院、陆羽乐返亭等，这些地方已荒芜多年。7月3日到杭州，给程启坤、钱吉寿、张莉颖再次汇报对接“一会一节”方案。

此外，曾英慧、毛嘉雄、曾林也分别率团到各处学习取经，然后我们汇总提炼，扬长避短，为我所用。

这里需要特别强调的是招商会展处工作，处长陈书谦，副处长彭学松、黄春铁、郎红，工作人员邱康金、史小丽、赵彬、毛莉等，他们要负责三大片展场800余个展位的招商引资工作，无论严寒酷暑，带着沉重的宣传资料和礼物箱、长长的喷绘架，奔忙于大江南北参会、发帖、邀客、宣传。仅举一例，2004年7月20日，在上海拜访刘启贵，到天山茶城大统路茶叶市场招商；22日火车到苏州拜访碧螺春茶叶公司；23日南京雨花茶公司；26日长途车到黄山茶城；28日长途车到合肥考察巢湖路茶叶市场，拜访丁以寿教授；29日长途车到六安、信阳，邀请五云茶叶集团；30日火车到天津珠江茶叶城；8月1日长途车到济南茶叶市场，返雅安。这个强度和节奏，是招商引资成功的秘诀。我到港澳招商引资740多万元，直接收入100多万元。我把码单交书谦，他说，三大展场招商超额完成。

6　台湾访学

中国台湾地区的茶产业、茶科技、茶文化在全世界享有盛誉，是必须去学习和请专家的。

我联系四川农业大学（以下简称“川农”）茶学系的唐茜教授，邀她同行。她说：“在川农我们属豆芽系，不怕见笑，穷得无钱去台湾。”我明白了，找到文心田校长说：“到台湾考察，我们这些半罐水，摆龙门阵说历史文化可以，说茶科技种植，那就不在行了，请唐教授给我们当后盾，费用就请校长出了吧？”文校长心中有数，爽快答应。于是，我率唐茜、

蔡荣章先生亲自演示“无我茶会” 2004.7.17

新竹县天仁茗茶工厂茶王李瑞河之父雕像 2004.7.20

到台湾茶场、博物馆考察 2004.7.17—25

甘玉祥（兄弟友谊茶厂董事长）、姚清国（荥经塔山茶业董事长）、陈德全（荥经县副县长）、王宝俪（雨城副区长）、黄春铁、田文敏、苏京平（省政府机关事务管理局处长）同行。7 月 16 日飞抵台北，邓炯宗等三人接机。

17 日，专程拜访有名的陆羽茶艺中心，蔡荣章主任导览，晚上他主持了由他开创的无我茶会表演。19 日，拜访台湾制茶工业同业公会理事长徐发政及黄正敏、范德光。

20 日，专程到新竹县天仁茗茶头份工厂。吴瑞乾、蔡松厂长会见，这是在大陆名气很大的天福茗茶的台湾老总部、发祥地。可惜没见到茶王李瑞河先生，他在大陆忙得不亦乐乎，我们瞻仰了他父亲的铜像。后到南投县鱼池乡茶场、民间乡农会茶种场。

23 日，到台东县鹿野乡“连记茶庄”连阿娜民宿茶庄考察，这是风味独特、高雅配套、怡人养性的茶之旅。专程到“行政院”农业委员会茶叶改良场台东分场，吴声舜场长讲解，送资料、会旗，热情周到，真诚的茶人之交。24 日，到台北坪林乡茶业博物馆，虽然只是乡级名头的博物馆，但资料丰富，我买了好几本茶书。

7 月 25 日我们飞香港。就茶产业而言，开了眼界，不懂的地方就请教唐教授。把台湾绕了一圈，真正体会到，台湾——宝岛！

7 香港王曼源、白水清盛待

7 月 26 日下午 5 时，香港世界茶文化交流协会会长王曼源，在海港潮州酒楼，为我们举行隆重的欢迎宴会，香港的茶界精英出席，聘我为世界茶文化交流协会名誉会长。副会长白水清、林修源、刘正庆，太平绅士蒲炳荣，张潜、林黎明、李德宝、王振灿等先生和太太出席。投桃报李，我们协会加入该会作团体会员，赠送了礼物，递上到雅安参会的邀请函。

王曼源说：“孙市长亲自到香港送邀请函，让人感动，我们一定到雅安参会，朝拜蒙顶圣山。”他还说：“协会2002年成立，这是首届，您是我们聘请的大陆第一位名誉会长。”

王曼源会长在香港主持隆重欢迎宴

宴毕，白水清邀请我到他茶库品茶，我觉得晚了，有点犹豫。他的弟子苏荣新说，白会长极少邀人到库房喝茶，机会不可错过哟。开车来到类似民居的电梯6层楼，白水清打开铁保险门，几十米纵深，甬道两边全是3米左右高的各式茶箱，有方有圆。他随手揭开一个盖子，就拿出一提七子饼普洱，或者沱茶。包装纸陈旧，一看就是几十年光阴打磨的成色。他说，这一箱几十万，那一箱几十万。看得我们目瞪口呆。

白水清先生讲烹老茶的秘诀　2004.7.26

库房顶头，一张极简单的旧课桌，主人一个方凳，对面一个条凳、一个方凳，仅此而已。他用电炉烧水沏茶，先泡40年的普洱老茶，然后60年、80年的，每一款的名称、出汤的特色、口感他都娓娓道来。后来要泡百年老茶，我觉得实在不好意思打扰，苏荣新说：“孙市长，师傅是在请你喝黄金，我跟他这样多年，从来没有这种待遇。”

我讨教白会长怎么会收到这样多好茶，他有一个不大的玻璃柜，里面装着的是一二百年的老茶。白会长说，他和王曼源、林源修、王曼龙都是安溪茶农，“文化大革命”时因贫困所迫，偷渡到香港。因为懂茶，且港台很多人喜欢铁观音和乌龙茶，他们就与家乡联手做这种生意，逐步积累了一点儿钱。

改革开放了，说香港要回归，很多人就卖掉原来的大排档和餐馆，移民海外。过去堆在排档屋竹库房里的普洱茶，就以甩垃圾的价格扔掉，这就让为数不多懂茶的福建、广东茶人大量扫货，有时就是以帮除垃圾的名义，用车把库房腾空。之后又面临房地产开发，要拆迁大量餐饮排档房，这就又使懂行人大量屯积“垃圾”。

不久，他们把茶带到台湾，宣传推动认识老普洱的价值。这才有今天的普洱茶行情。这得感谢王曼源、白水清诸先生的先见之功。

对于白会长的坦言，我心存感激。今天之前，我根本不相信所谓普洱老茶之说，过去是供销社系统管茶生产，按计划量生产供市，根本没有多余存库，哪来老茶一说？且过去认为茶放久了要变霉，一定年份以后就甩了，哪有今天“陈霉香”的故事？陈年普洱，不在云南、四川，只在香港、澳门，没有白会长的一番真言，我永远长不了这番知识。喝了数小时老茶，一宿鼾睡。哦，老普洱不影响睡眠。

8　拜访世界茶王李瑞河

7 月 31 日下午，我同曾英慧、唐茜、黄春铁、田文敏、董存荣、高富华、赵迎鸿到夹江县高速公路旁的天福服务区拜访李瑞河先生。这是从成都去峨眉山、乐山大佛最热门旅游线的要道，可见选点设此的眼光。服务区占地 25 公顷，2002 年 10 月 1 日开业。服务区总经理陈胜治先生是李总裁的外甥，他为我们导览，他说总裁的生活习惯是午休到 3 点，因为很忙，座谈一个小时吧！百忙中的茶王，能接待我们一小时，很是礼遇了。

我们第一次来此，停车场的长墙上镶一幅10米长的李瑞河语录——“21世纪是中国茶的世纪！”让人震撼，敬佩之心油然而生。参观了天福茶博物馆，大气严谨有档次。卖场全是他们独家生产的茶品和茶糕点，各有数十上百种。我们来到造型独特的公共厕所，陈先生说，总裁对这里卫生的要求是，抬进餐桌就可以办宴席，绝无一点异味！

4时，李瑞河总裁在会议室接见我们，1.75米的身高，浓眉大眼、方脸方口，那种见过大风浪的神态，气定神闲。几句寒暄之后，我指着4人说：“我们专程到南投县名间乡天仁头份工厂，同令尊李老先生的半身铜像合影。”我把洗好的照片放在他面前，他拿起一看，“啊，你们同我爸爸合影！”“他生养了一个好儿子！”我又送上在台湾天仁陆羽茶艺中心，蔡荣章主任带我们参观和分享无我茶会的照片。我打开一份“一会一节”简介，指着顾问栏说：“台湾天福茶博物院院长阮逸明先生是大会顾问。”

我递上一本2003年7月新版《回甘人生：世界茶王李瑞河传奇》。这是我在台湾买的，书里多有我阅读的勾勾画画和感叹心得，我请他题签相赠以作纪念。“在这个服务区看到您的语录，‘21世纪必将是中国茶的世纪’，您是当之无愧的世界茶王，是中国人的骄傲！我们有一些问题想请教您，不知道是否方便？”他用闽南话招呼陈胜治过去，交代几句，陈外出。我猜是安排晚餐。

“有什么问题请讲。”

“金融风暴，使台湾股市从12682点的高峰跌到2000多点，您的天仁证券公司一下亏损30多亿新台币，破产清算，为什么由您一个人独立承担了应由股东会承担的全部债务？”

“我花费30亿台币，买了一张进入大陆的门票。”

“您是凤凰涅槃，在大陆东山再起，现在已开了300多家天福茗茶店。您在台湾让天仁茗茶的店长拥有30%的股权。蔡荣章先生告诉我，您每开

在四川夹江天福茗茶服务区拜访茶王李瑞河
2004.7.31

在成都赠送茶王李瑞河熊猫漆盘

一家店就选配相宜的青年男女去工作，让他们自由恋爱、婚配，当店长，这些人一辈子忠心耿耿为天仁做生意。听说四川片区的负责人江总管十几个店，他是您初到福建漳浦县时的驾驶员，一个农家子弟，是这样吗？”话匣子打开，李总裁不紧不慢，细细道来，逐一解惑，大家的笔记本唰唰有声。

李总裁说，我带你们去看一个地方，然后吃饭。他在我书的扉页签上“孙前副市长指正，李瑞河，2004年7月31日”。他带我们到厕所，讲了可以办宴席的清洁要求，这是闻所未闻的管理水平。

席间，我递上请柬和礼物，诚恳地说：“李总裁，我们把展区第一黄金位的十字路口留给天福茗茶，需要多大我们给多大，不收一分钱摊位费，装修由天福负责。”总裁对陈胜治说：“此事你负责，要做出天福的形象。”

晚宴近两个小时，总裁余兴未减，带我们穿过高速公路的下穿隧道，讲解壁画的含义，再走到服务区的西区，讲他们怎么争取到加油站的项目，其重要性和盈利点。李总裁给每人一袋茶点礼品，相约“一会一节”见。

“魅力，魅力，从1个小时变成5个小时，70岁的大佬，还步行1千米做讲解，亲自送上车。”不知是谁的感叹：“这是茶的魅力！”

第十一篇

49天饿不死的陈建民

提　要

伦敦大卫挑战44天饥饿极限，得250万英镑，没人怀疑

碧峰峡引进陈建民挑战49天，创新纪录

24小时卫视监控，全世界网上直播

2004年3月20日，这是千年一战开始

陈建民三下战表，欢迎现场打假，无人应战

5月7日挑战49天收官，掉肉40斤

想不到的站台者：上海市委老领导亲临鼓励

《雅安日报》在65天之内，正反意见全登

2005年1月4日《北京科技报》把陈建民列“2004年中国十大科技骗局”之首

3月4日，陈建民向法院起诉

11月终审判决，报社败诉

谁是胜者？陈先生，中华中医养生功，“一会一节”举办方

1 大卫44天的世界纪录

2003年，一场挑战人类饥饿生存极限44天的活动，在英国泰晤士河上空进行，引发全球关注。

9月5日—10月19日，美国魔术师大卫·布莱恩在泰晤士河12米高的悬空处，一个2.1米见方的透明玻璃箱中，只饮水，不进食，不纳入任何营养物质，挑战44天的饥饿极限。无数人为他的壮举喝彩。

44天结束，他对观众举起乌黑的手掌，以证明他是在饥饿缺乏维生素情况下产生的色素沉积。他用这双黑手，接过合同预定的250万英镑的巨额支票。当时，中国没听到有任何质疑的声音。主持策划此活动的英国天空电视的收视率、广告量暴增，赚得盆满钵满。

一直对此心存疑惑的英国早安电视台在缜密调研之后，于2003年12月2日请布莱恩和女友参加电视专访，揭秘布莱恩欺骗全世界的行径。

20多岁的大卫·布莱恩是美国一家著名夜总会的魔术师。2001年圣诞夜认识了德国名模马依·格坎。他那点收入跟不上格坎的消费速度，痛苦难堪，2003年1月在采访中倾诉苦闷。英国天空电视台制片人罗拉决定与他合作制作一套名利双收的节目。大卫想起魔术师大卫·科伯菲尔早年表演过冰室内绝食的魔术，他移植仿效，另辟奇门。

对这次活动，他们定位为“科学实验”而不是魔术表演。在电视台帮助下，他们找到一位叫古达的男子，身材长相与大卫接近，稍加化妆，就可以以假乱真。利用每4天换一次水的机会，真假大卫变身，天衣无缝地度过44天，支票到手。

当时中国未见质疑叫板的人，众人认为，电视24小时监控，老外不会做假。世人都忽略了一个极简单的巨大漏洞，在 2.1 立方米的空间内，无论是站是蹲还是卧，44 天无异于酷刑。

早安电视台主持人伊蒙·霍姆斯在格坎的爱情倾诉中突然插话："如果你嘴里的男人是个骗子，你还会爱他吗？"格坎愣住了。伊蒙·霍姆斯拿出大量证据、事实和专家评判，布莱恩的脸色越来越难看，沉默片刻后，他故作轻松地耸耸肩坦然回答："我本身就是一个魔术师，我的任务是给人们带来刺激和快乐，你们为什么还要追究这 44 天是否真实……"电视机前的人们惊呆了。

这里必须强调的一个事实是，以布莱恩的年龄资历，他表演一天魔术会有 1 万英镑的收入吗？ 44 天，权当他收入 44 万，怎么会发 250 万英镑呢？这是他以生命一搏前无古人的饥饿吉尼斯纪录的代价，这是亘古未有的"科学实验"，劳酬匹配，无人责难。他写下了 44 天的辉煌，如果不是被戳穿以后的狡辩，谁怀疑过这是障目的魔术？

由碧峰峡而引起亿万人关注的"饥饿 49 天"的大论辩因此而拉开了帷幕。

2 四川泸州冒出的叫板者

2003 年 12 月 9 日，《泸州晚报》披露一则消息，泸州市纳溪区皮化厂有位个体中医陈建民语出惊人，"美国魔术师 44 天只喝水不进食算不了什么，只要有人与我合作，我将以中医博大精深的养生之道，一边工作一边绝食轻松度过 49 天以上，并随时可破大卫创下的人类饥饿极限纪录，因为我曾有绝食 81 天的最高纪录。"这是抛出橄榄枝，寻找合作伙伴。以当时的资讯水平和陈建民不懂外语的实情来看，他那时不可能知道早安电视台戳穿了大卫的骗局，中国也无任何相关报道，他要挑战的是轰动全球的

44天世界纪录，而不是魔术把戏。

12月10日，《华西都市报》转载了这条消息。通过他们搭桥，万贯集团联系上陈建民，以私访的方式，对陈建民的为人品行、功力口碑多方调查。

2004年2月，陈清华给我电话沟通此事，谈了一些自己的想法和顾虑。我通过泸州市政府和旅游局的关系，对陈建民的情况进行多角度了解，答案基本一致：此人从医、练武功数十年，为人谨慎不张扬，乐于助人，口碑好，医术也不错，有长期辟谷的体验和修持。

过去我对辟谷的认识很肤浅，有两件事加深了我的了解。一是到安岳县时，当地的旅游文史部门介绍陈抟（871—989）老祖“服气辟谷，历二十余年”，饮水数杯而已。在华山云台观，“每寝处，多百余日不起”，睡中辟谷，《宋史》对他有载。因其墓在安岳，本地人对他史料较熟。二是我北京的一位老朋友，是大型国企的总裁，每年有两次辟谷，在十天半月间，只喝水，照样上班，还劝我也“辟谷”，说是健身排毒的良方。

3月1日下午，陈清华和碧峰峡总经理康慨，约我和市旅游局李局长到碧峰峡见陈建民。交谈印象尚好，陈建民不是夸夸其谈之人，面目和善，我捏了捏他的胳膊，肌肉结实，四川话称“练家子”。

我说：“报纸揭露大卫是魔术游戏，你知道吗？”他说：“刚知道不久。”“那你中医武术中人同魔术师挑战，套路不对呀！”“我去年底向他挑战时，是针对天下皆知的科学实验44天饥饿世界纪录。他做假可耻，但44天已成为一个标杆，我要超越他！”“你怎么这样有把握？”“我有长期辟谷的修行和体验。1987年，我12天只喝白开水，不进食，无饥饿感。1994年，连续81天，只喝水，不进食，边工作，边辟谷。1999年，辟谷36天。还不算短期辟谷。所以我有绝对信心，挑战44天的大卫纪录。”李局长拿出一份陈建民致大卫·布莱恩的挑战书复印件：

尊敬的大卫先生；

您好！

……

我将绝食49天，表演的主要目的，一是为了挑战人类饥饿的更高极限，二是为了向全世界推广中国的中医养生理论，使更多人能得到中国中医的更好治疗，也为西方国家能更好地认识中国中医打下坚实的基础。届时希望您能亲临现场，我渴望能有与您接触和交流的机会。

中国四川泸州中医医师陈建民

3 雅安市政府怎么办

我让李局长拿着挑战信，把当天会面的情况，向市委、市政府的一把手当面汇报。我的态度是，经过多方考察，此事有可行性，在碧峰峡举办，对雅安有好处。

第二天李局长电话，市委领导表态，坚决支持在碧峰峡举行陈建民的挑战活动，请孙前同志全盘操持，注意安全。

3月4日10时，在成都市沙湾会展中心举行“弘扬中医养生之道 冲击大卫世界纪录：东方超人陈建民挑战人类饥饿极限49天新闻发布会”，陈建民、陈清华、孙前等在主席台就座，四川省、成都市、雅安市、泸州市等地新闻媒体数十家，中医、武术、道家爱好者100多人参加。当天晚上全国网络媒体转发。碧

在成都市举行挑战赛新闻发布会 2004.3.4
左起：康慨、陈建民、陈清华、孙前

峰峡在接待大厅下的一个停车场平台上修建挑战房，离地 10 米，4 根圆钢柱支撑一个八方形的透明玻璃房，四面可观。尖顶上有一个大遮阳板防暴晒。人顺着圆柱攀爬，也进不了玻璃房。人员进出，必须用10米高的升降车才行。

3 月 10 日上午 9 时，笔者在雅安市政府会议室，主持召开“弘扬中医养生之道，冲击大卫世界纪录”相关事宜会议，“一会一节”筹委办副主任曾英慧、毛嘉雄，市政府副秘书长郑万章、雨城区副区长吴爱平，市委宣传部副部长冯治安、市旅游局李局长、市卫生局局长张毅、文化局局长王家聪、市公安局副局长侯启明、市安监局副局长唐兴国、市工商局副局长李钟、市物价局副局长王学强、市交警支队副支队长李豫、雅安日报社副总编黄昆、雅安电视台副台长谢鸣、碧峰峡镇书记李政、雨城区旅游局局长李亚梅、区广电局局长李航捷、碧峰峡公司康慨等参加。会议确定 6 个事项：

成立雅安市“弘扬中医养生之道 冲击大卫世界纪录”成功举办的工作机构，由市旅游局全面协调，出席会议的相关部门负责人为工作机构成员。

市医院组成专家组帮助碧峰峡公司观察、检测陈建民的健康状况，保证生命安全。

市区相关部门加强交通、车辆、道路、卫生的安全检查。

宣传部门要正面引导和积极宣传，从关心支持的角度来引导，允许争论。

碧峰峡公司为媒体提供采访方便。

碧峰峡公司要采取一切有效措施，做好活动准备，制定切实可行的应急预案，确保活动成功举办。

我特别强调两条，绝对不允许做假，这涉及雅安全市党政机关和人民的公众信誉，市工商局、市司法局公证处要全程参与；绝对保证陈建民的生命安全，医疗专家组全程严密监控，尤其是最后几天，如果生命体征出现危险，就终止挑战，强行送医院抢救。会议形成市政府《议事纪要（17）》，

2004 年 3 月 10 日发市级四套班子领导，市纪委、市中级法院、检察院、雅安军分区。

3 月 19 日上午，我陪陈建民到雅安市医院做入玻璃房前的最后一次体检。姚院长、李先副院长、邱副院长陪同。姚院长指着几位医生说，我们是三级甲等医院，李先副院长是心血管专家、主任医师，罗毅主任是消化科专家、主任医师，高培惠是呼吸内科专家、主任医师，杜晓玉是检验科主任、主任医师，他们四人组成专家组，49 天监控、主持医疗救护，李先任组长。

陈建民提出："这次饥饿挑战是没有先例的实验，资料可贵，我愿意每 10 天抽一次饿血，供检验之用。"我说："人都极度饥饿了，再抽血还受得了吗？"陈建民说："我是医生，这没问题。"李先说："那就分三次抽吧，每次 10 毫升，这个数据太宝贵了。"

这一天的下午 4 时，雅安老大桥爆炸重建。大桥是 20 世纪 50 年代初苏联专家设计的，使用寿命 50 年。

陈建民的挑战，会引起新一波爆炸潮吗？

4 挑战开始，全球关注

3 月 20 日下午 2 时，在挑战赛主席台上，陈建民身着艳红唐装，披着摩梭姑娘献的哈达，双手举起 V 字，面带微笑，信心满满。笔者同陈清华、张必达（雨城区委书记）、市区相关部门领导出席启动仪式。

陈建民的致辞只有一句话："我要站在大卫肩上向世界纪录发起冲击！一定成功！"简短致辞后，坐上一辆挂着大红绸花写着"东方超人 49 天"的观光车，我们把陈建民送到玻璃房下，拥抱、握手、祝他挑战成功。

升降车每次只能送 2—3 人，首先把公证人员送上，然后是陈建民和医生，最后是媒体记者。《四川日报》23 日报道有 18 个社会团体和上百记者参加入关仪式，“中医声援团”“旅游同行考察团”“记者团”“奇人艺术团”等烘托场景。中央电视台、新华网、英国天空电视、韩国电视、凤凰卫视、东南卫视等数百名记者采访报道。

让大卫赚 250 万英镑的英国天空电视台专门派出 4 人摄制组到现场。他们对中国西部小城雅安能关注到万里之外他们的节目，并且做出大动作的回应感到高兴。他们说大卫的箱子只有 2.1 立方米，你们是 16 平方米，边工作边绝食，超乎想象。并友善地说，预祝成功。

在碧峰峡陈建民冲击饥饿极限 49 天的挑战开始　2004.3.20
升降机送进玻璃房，公证人员封门
笔者多次电话鼓励

央视科教频道《走近科学》栏目组派出 5 人摄制组，一组到泸州采访其家人和朋友，一组从体检开始就追踪拍摄。

《成都商报》3 月 21 日头版刊登了记者张睿的现场采访。14 时 20 分许，记者随同公证人员刘波、鲁健乘升降车来到 10 米高空，“公证人员对每样物品都仔细翻、搜、闻了一番，连桌子的小角落都伏下身查看了一遍”。“玻璃房完全就是个‘家’，左边是一排衣帽架，上面用衣架挂了 8 件全新的衣物，其中有两件唐装、两件外套、两件衬衣和两条裤子。”“玻璃房还挂着一张 2 米左右的字画，是泸州一名书法家赠陈建民的《庄子·逍遥游》，字幅旁是一张床垫，枕头、被子和毯子一应俱全。但东西最多的是入口右侧的桌子，除放了一部电话、一台收音机、一台电脑外，还有 27 本书，包括《黄帝内经》以及《新华字典》。”房子安排了空调，但是陈建民还是带了电风扇觉得方便。陈建民进玻璃房后，公证人员对他进行了搜身检查。14 时 44 分，记者随公证人员撤离玻璃房，关上房门，上链条锁，贴封条，“绝食计时开始”。

我来到平台上，这里同陈建民差不多高低的视觉，距离 30 米左右。我用手机给他打通了入关后的第一个电话，手机和座机都是四川移动通信雅安分公司无偿提供的“全球通”彩信手机和移动商务座机。我希望他以良好的心态、十足的信心挑战成功，雅安人民是他的粉丝和后盾。

在玻璃房的一侧，雅安市电信公司安排了两台设备先进的应急通信车、一辆国内领先的卫星传输车、两套摄像设备，一台固定机位，另一台随时现场采集，然后通过通信车传送到天府热线及国内知名网站，向全世界现场网上传送直播。整个活动 24 小时无间断受到监控。

3 月 20 日晚上，在四川农业大学体育馆举办“第八届国际茶文化研讨会暨首届蒙顶山国际茶文化旅游节”宣传月启动仪式，公布“一会一节”中标会徽。晚会是宋祖英首次雅安演出，活动由“一会一节”筹委办主办。

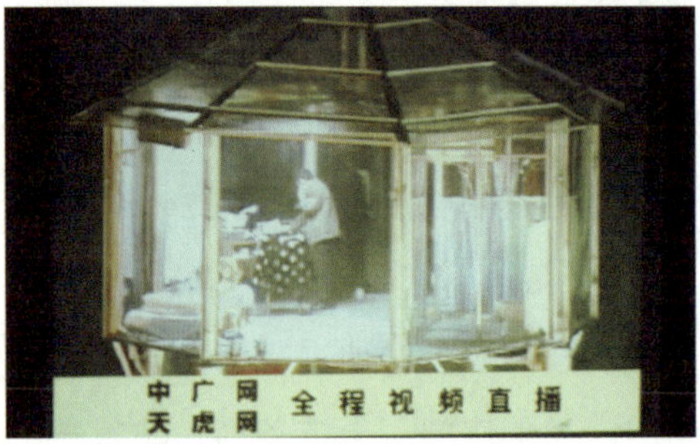

24小时电视转播车监控　2004.3.20—5.7

这一天，被雅安人民记住了。

开始7天是关键适应期，陈先生轻松走过来了，我打电话祝贺，他语调轻松，声音洪亮。他每天要打几十个电话为纳溪和泸州的病人开处方，还要回答媒体、游客的问题。

4月1日是挑战第12天，迎来第一次体检和抽血。刘波、鲁健和记者撕下封条，打开链锁，先进玻璃房。李先、罗毅、高培惠携带仪器进入。体重已降8千克的陈先生做完各项检测，李先握着他的手说：“祝贺你，一切正常，预祝挑战成功。”公证员再次搜寻每一个角落，没有任何疑问。大家退出。刘波依然贴封条上链锁。

英国电视台见证　2004.3.20

在同碧峰峡商量广告宣传用语时，采用了陈先生自己的说法“东方超人”，他说：“浩瀚苍穹奥妙无穷，大气中富含人体所需微量元素，可以通过人的口鼻和毛孔来采取，能否为我所用，关键看你有没有这个本事，这就是常人与超人的分别。”中国《科学日报》（2004年5月12日《挑战生命极限是真是假》）采用了他的说法。

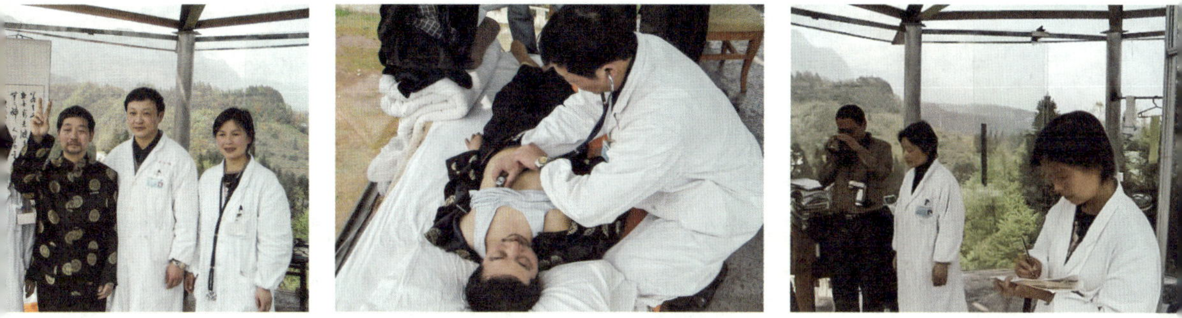

雅安市医院的医疗专家监控组检测、抽饿血

5 国内的质疑声起

3月26日晚11:40时，央视新闻频道播放了陈建民挑战饥饿极限一事。打假卫士司马南表示陈建民挑战魔术师是虚幻的，本身就是一场商业闹剧。

27日下午，陈先生做出回应：“假的真不了，真的假不了！我敢负责任地说，司马南这次找错了打假对象，希望他能来，彼此给对方一个说法，也给天下人一个说法。”

3月30日，陈建民通过《文汇报》记者周其俊的文章《绝食者：为让世界了解中医》，向司马南再下战表。

4月18日，《雅安日报》刊登《挑战？闹剧？陈建民与司马南过招》，陈先生三下战表，邀司马南现场打假，揭露真相。

正方反方各种观点，全国热闹沸扬。归结到两点：一是商业炒作闹剧，二是现场猫腻太多。

有网友说，市场经济已到了当下时代，还拿“商业炒作”说事，足见观念的落后迂腐，各种体育赛事、各种名牌名品、经营城市运作，哪一个缺得了商业炒作。一位媒体人评价，某些地方“大事小炒，小事不炒，不干事的热衷争吵”，何其深刻！

一次上山，站在玻璃房对面，我询问公证员刘波：“网上有议论，说管子输的矿泉水有猫腻，加了营养物；玻璃房晚上没人监督，有人送食品进房子，你怎么看？”

刘波笑了，指着现场说：“任何人到现场一看，就明白了。我先回答第二个问题，没有升降车，猴子也爬不进房子，它可以爬上 7 米多高的柱子，但是翻不上 2 米多高的光滑的玻璃房。每一次用链子锁门，我亲自贴两张封条，一张封门，一张封锁链眼，下次开门，由我亲自启封。没有我和康慨的现场通知，升降车不能进场，试问谁能送食物？那下边的两辆摄像车，24 小时对全球实况转播，耗子麻雀的影子都会录入，何况是人。

“第一个问题，饮用的女娲牌矿泉水，是在全国公开招标中胜出的。我们考察过它的泉眼和全部生产流程，是优质矿泉水。一周给陈先生换一次水，换水前，我们现场随机约请媒体和游客，到工厂的流水线上，由他们任意拎出 30 桶矿泉水，运到碧峰峡，由李先院长任取 3 桶检测，其余的送到专门保管室。那里有两道门，我管一把钥匙，康总保管一把，必须我们两人同时到场，才能把水运出来倒在那个高处的水箱内，靠管子输入玻璃房。入库前，每一桶水，由我贴上封条。任何人想在这些环节上做手脚

公证人员刘波，是每一次的贴封条和揭封条开锁者

都是不可能的。可以理解网民提出的问题，但是也太小儿科了一点，如果谁在水里加入营养物，主办方是承诺任何时候接受检查，查出问题就丑态天下了，谁愿意这样呢？”

从以上可知，常人能想到做假的地方，公证人员都想到了；常人不能想到防假的地方，雅安市政府都想到了。

4月17日，陈先生第二次体检和抽血，体重下降5.5千克。

4月29日，陈先生第三次体检和抽血，体重下降4.5千克。每次开门检查的程序都是第一次的重复，公证员、电视台记者启封开锁入室，然后三位医务专家带设备入室体检抽血，公证员、记者室内检查监督。

6 想不到的见证者

《雅安日报》公布了一条让雅安人民感动的消息。

碧峰峡挂起一条长长的横幅——“以实际行动支持陈建民先生壮举，以现实的疗效证明中华医学的博大精深”。横幅前的桌旁，一位中医正在为排队的游客诊病。他来自广东韶关，名叫黄戴杨，是当地政协委员、中华医学会会员、著名疼痛病治疗专家。他在网上知道陈先生的挑战活动后，4月25日约了广东科技报社的记者邓艺到场，从存疑观望到擂鼓助威，至今已为300多名游客免费诊疗疾病。得到消息，我赶上山去看望二位广东客人。他们说，自行上山，悄悄观察了两天，然后主动找康慨投帖，在山上拉横幅支持和义诊。邓艺说，实际情况与司马南的“裁判员、运动员、规则制定者，都是一家子”的论断完全不符。邓艺感慨地说，雅安市、雨城区的党政部门全力支持景区有争议的活动，十分难得。

他拿出采访本，请我为《广东科技报》和《南方经济报》题一句话，回去宣传要用。我写道：

《广东科技报》和《南方经济报》挂出长条幅，专门为陈建民助威　2004.4.25

如果科学不再需要探索，那就不叫科学。

陈建民先生探索人类饥饿和生理极限的壮举，是东方民族的骄傲。碧峰峡支持这次挑战活动，是有眼光的精明决策。

感谢《广东科技报》《南方经济报》支持这次前无古人的中医药科学探索活动。

孙前

2004年4月30日

出乎我的意料，一个多月后，我收到邓艺先生寄的《南方经济报》，2004年6月1日头版用了一个整版《陈建民——饿不死的“东方超人”》，复制了我的题词，7幅大照片。广东人的敏锐，他们实事求是的作风，他们不当经济发展的排头兵，谁当！

2004年5月2日下午，上海市委原副书记杨堤、北京某大型国企总裁南昌明、中国人民大学机关党委常务副书记张慧女士一行到碧峰峡考察。

晚餐后，我们坐在碧峰峡接待大厅的露天阳台品茶，百米之外就是陈建民挑战的八卦房。游客汹涌，都以玻璃房为背景照相，我和康慨、张国防（雅安日报社记者）陪着聊天，主题当然是挑战饥饿极限的陈先生。明天就是挑战大卫44天记录的到期日，陈先生忙着打电话回应各方，挑战成功绝对没问题啦。

南昌明说："这次那些打假卫士、反辟谷中医修炼者只有认栽了。我就是辟谷修炼者，深得其益。多次劝老孙加入，他不接招。按传统思维，人不吃不喝，5—7天就躺平，只喝水不进食，可以有10—15天的极限。但这只是传说而已，没有任何教科书的实证依据。我过去'三高'，听朋友之劝，50多岁开始练辟谷，有个逐步适应的过程。后来，每年上下半年各一次，10—15天只喝水不进食，工作照样进行，'三高'大缓。我每天关注陈建民，为他喝彩，这是有史以来第一次在亿万民众监督下的记录。""杨书记，我同老孙1979年就打交道，他给四川省委常务副书记兼纪委书记许梦侠同志当了八年秘书，我在中纪委给张策副书记当秘书，我们所受的教育和熏陶，叫我们做假是绝对不会干的。"

杨堤书记说："我也关注陈建民的挑战，百闻不如一见，现场说明了一切。要支持创新和探索精神，雅安干得好，会让很多人受启发和教育。"

我邀请杨书记出席明天的见证仪式，他说："好，我参加！"

张国防插进话来："请问老领导，怎么看待这次活动的现实意义？"

南总说："网上只在辩论所谓真假问题，忽略了它的现实和实战意义，它对战争、矿难、海难、旅游探险、迷路失援、临床医护等领域，有重大价值。如果人们接受的是过去7—15天极限的说法，到时就精神崩溃了，完全丧失求生欲望，很快就死了。现在接受了只要有水，可以坚持49天，对于井下矿难、船漂海难的人员，有精神支撑，坚持下去，何等重要！"杨堤书记说："我同意南昌明同志的观点。"

5月3日上午早餐后，避开游客高峰，陪杨堤书记一行看了熊猫园、摩梭女王园。10:30来到接待大厅外的平台，一个长长的鲜红横幅写着“热烈祝贺东方超人陈建民挑战44天世界纪录成功”。场地上下，人头攒动。杨堤、南昌明、张慧、康慨及笔者和市区负责人出席仪式。

杨书记打通陈建民的电话，称赞他是“探索生命科学奥秘的勇士”，祝愿他“本次探索圆满成功，在此基础上取得更辉煌的成就”！南昌明接过电话说：“陈勇士，我是你的粉丝和坚定支持者，我也是辟谷爱好者、受益者！相信你挑战49天圆满成功，欢迎到北京做客！”

5月4日，《雅安日报》登了张国防的文章，把杨堤书记的祝贺公之于众。杨书记是新四军老革命，先后任上海市副市长兼公安局局长、上海市委副书记，以他的经历，什么样的假冒伪劣没见过。他毅然为陈建民助威，是有真知灼见的老革命。

7　陈建民胜了吗

5月7日，这是一个值得记住的日子，陈建民由一个默默无闻的小人物掀起全球关注的波涛，创造了人类探索史上的一项空前纪录。

中午1:30，我和“一会一节”办的几位处长，在碧峰峡大厅会见陈建民的爱人赵家玉。终于熬过来了，她抹着眼泪，是难过是激动。我们感谢她的支持，也祝贺陈先生的成功。

2时，公证人员刘波第4次启封开锁，李先、罗毅、高培惠组成的医务专家组第4次进玻璃房体检，雅安电视台记录了全过程。

3时，陈建民在3位医护人员的搀扶下，离开玻璃房，艰难地跨进升降车，下到地面，被扶上观光车，开到接待大厅前的广场，坐在车上参加仪式。赵家玉和泸州医疗组组长张亮在第一时间给他喂下米汤加中药熬制的营养

8　2004年5月12日 星期三

科技之谜
KEJIZHIMI

科技日报

本期关注

挑战生命极限是真是假

七七四十九天不吃饭，靠什么来维持生命

我就是魔术师

中国社会

22

江西商报

司马南给老中医找茬

陈建民却希望反伪斗士“多多学习有关方面知识”

社会万象

披着婚纱进入答辩场
新人结婚答辩两不误

山羊奶，给您健康风采

《中国科技报》《江西商报》等媒体报道　2004.5

液。49天前他穿大红唐装，今天穿的是紫色唐装。

接待大厅外有一条红色横幅——“陈建民成功挑战饥饿极限49天庆祝仪式”，主办方：华西都市报社、万贯集团碧峰峡公司、雨城区旅游局。

折腾了49天，无数辩友不知道这次活动的主办方是谁，浪费了多少炮弹。

公证员刘波宣读了公证词：“陈建民先生自3月20日入住玻璃房至5月7日挑战饥饿极限期间的活动是真实的、有效的。”

医疗专家组组长李先在回答记者的采访时说：“陈建民此次挑战成功，不能不说是个奇迹，但这只是个别人在某个环境下创造的某个奇迹，只是个例，不带有广泛性。”专家组通过从3月19日到5月7日的5次体检和多次血液、尿液检查发现，他体重下降近20千克。“我们详细记录了人体在极度饥饿状态下，身体内电解质、酸碱平衡、代谢、身体免疫变化的情况，这些数据是以前没有任何记录的，非常珍贵。有了这些珍贵的数据，我们医护人员在以后抢救饥饿状态病人时，更清楚应该采取哪些救护方案、措施，这对病人得到准确及时的抢救将起到非常关键的作用。”

雅安移动分公司提供了一份报告《东方超人挑战饥饿极限：“全球通”立下汗马之功》，从陈先生入关之时，公司提供手机（13981609940、13981608899）各一部，到出关时统计，手机共打了5000多分钟电话，平均每天打100多分钟，按3分钟一个电话计算，他手机每天接听30多个电话。

高富华根据舆情统计，网民建议可以同时申报3项世界吉尼斯纪录：

打破44天世界纪录的49天“世界第一饿”纪录。

中广网全程不间断现场直播，创造了连续1176个小时直播的新纪录。

雅安市公证处主任宋绍华说，对同一事件进行24小时现场监督公证长达49天，这是我国公证史上第一起。（《雅安日报》2004年5月8日）

万贯碧峰峡集团的冯述成顾问和笔者发表了祝贺致辞。我说：“陈建民挑战饥饿极限的成功，让我们见证了中医理论的博大精深。从陈先生入玻璃房的那一刻起，就传来了不同的声音，他克服了很多令人难以想象的困难，最终取得了成功，书写了人类探索生命科学辉煌的篇章。陈先生在生态环境一流的雅安碧峰峡挑战饥饿极限，提高了雅安和碧峰峡景区的知名度。祝愿陈建民先生一路好走，为弘扬祖国传统中医，书写更加灿烂的篇章！”

下午3:50，陈建民坐在观光车上，接过医生递的话筒，缓缓地说：“感谢大家，感谢雅安市政府，感谢碧峰峡景区！”随后他被扶上一辆中巴车，在数万名游客的欢呼声中离开雅安，回泸州老家调养。

Wen Hui Bao

文匯

体育新闻

国内视窗

陈建民面色憔悴被搀出玻璃房

绝食49天 掉肉40斤

紫金山天文台解剖火星陨石

《文汇报》报道陈建民顺利出关了　2004.5.8

陈建民胜利了吗？没有，更大的舆论战等着他。

网友犀利之言说，“内战内行，外战外行”，不PK做假的大卫，专跟真格的陈建民过不去。这是什么心态品行？外省一些人不知道，四川有一句古语评价巴蜀人的品性才情，叫“巴将蜀相”，即蜀地出文才文吏如司马相如、扬雄、苏东坡、杨升庵，巴地出将帅如朱德、刘伯承、聂荣臻元帅。陈建民泸州一介草根，习武中医，敢挑战洋人的世界纪录，而且胜出，舆论战他会输吗？

《雅安日报》、雅安电视台按照市政府的要求，“宣传部门要正面引导和积极宣传，从关心支持的角度来引导，允许争论”，在报纸上开辟了《“超人挑战极限”陈建民饥饿49天追踪》专栏，派出最强记者团队张国防、高富华、杨明虎做系列报道，无论是支持还是质疑、反对意见，都在报上登出，相信雅安、四川人民的鉴别能力。对《49天绝食是一场商业闹剧》《挑战？闹剧？——陈建民与司马南过招》、陈建民给大卫·布莱恩和司马南的战书、司马南给中国科协党组书记张玉台的信，以及49天结束央视《新闻会客厅》

白岩松、《央视论坛》董倩等做的节目，几方矛盾观点、不同视野，全部予以报道。6月中旬，“一会一节”办用了半天时间，把这几家节目下载讨论，进行了一次什么叫实事求是的科学精神研讨。

中国的科技界、考古文史界有两个不成文而视为圭臬的原则：大胆假设，小心求证；孤证不立。

2004年3月29日，司马南在“49天绝食是一场商业闹剧”的TOM访谈中说，“当地的有钱人把买卖做大了，去租了一条山沟，要把这条山沟变成中国有知名度的旅游景区，但是奈何众人不知此地何地也。于是乎他们便想了一个办法，把老头不吃饭绝食这件事儿放到这条山沟去。”

点评：司马南职业打假，不知道旅游！从2000年1月到此时，长达5年，“碧峰峡模式”是引领中国旅游界创新的标杆，聂卫平围棋挑战赛、摩梭女王回故乡、全球最大的熊猫基地建成搬家，数十位北京的领导来此考察，高度肯定碧峰峡，为了改造10多千米的通景区路，中央拨款支持。这是无名山沟拿老头作秀吗？

6月12日《央视论坛》“绝食不是科学实验”，请了何院士、郭研究员、袁助理访谈。研究员说：“可是有人看见他偷吃牙膏，他说没偷吃。那牙膏，宇航员的食品也是牙膏状的，肥皂会不会是巧克力做的，没有人去检验。”

“上海电视台的记者是由那儿直接飞北京找的我，说他掉了20千克肉，他说出来欢蹦乱跳。”“蹦出来，人家给他庆功，他是大吃大喝，喝酒就跟喝水一样。”

主持人问：“他图什么？”“发财出名，参加绝食前去碧峰峡门票2块，自从摆上他以后，门票就改成了80块一张。”说得眉飞色舞的研究员，面对亿万观众，散布弥天大谎，同天下人都看到的现场视频转播是两回事，谁在骗人？

点评：这位言者，对碧峰峡一无所知！1999年12月28日碧峰峡开园，景区门票 30 元，参观野生动物园 68 元。2003 年 11 月熊猫基地建成后，票价调成景区 80 元，动物园 100 元。所有观看陈先生绝食的游客，由于没进入景区，不买门票。到 5 月 7 日结束，为观看、助威绝食挑战而到碧峰峡的有 30 万人次以上。

司马南 5 月 6 日凌晨给中国科协党组书记张玉台一封信，面对陈建民即将挑战成功，他强烈要求“中国科协似应抓住这个事例”，“在评比每年一度‘科教好新闻’时，加评‘科教坏新闻’，可考虑将在东方超人绝食事件进行集团式轰炸式宣传的报道列入”。

5 月 8 日，在《新浪聊天》栏目司马南说，八卦塔有缝隙有管子，24 小时，夜里看不清是否换人，“没有经过严格的检验，任何一个生活用品都可以变成一个道具，都可以变成一个放到肚子里面去维持正常生命活动的营养性的物质。”“在市长大人的亲自率领之下，目的就是要招惹世人注意。”

5 月 14 日，白岩松主持《新闻会客厅》节目电话采访陈建民（身体原因不能到场），现场采访张亮（泸州陈建民医疗组长）、司马南。《雅安日报》5 月 21 日全文刊载，标题是“司马南质疑陈建民绝食”。

司马南：陈先生宣布绝食 49 天的时候，我应《北京科技报》的邀请写过一个整版文章，认为这“是商业闹剧”。

陈建民：过去我非常崇拜司马南先生，他确实打了很多假，对于一些不良的东西起到拨乱反正的作用，但是司马南先生患上了职业病，在他眼里什么都假。

司马南：我从始至终都没有讲过陈先生在作假，雅安市人民医院它并不能够给出 49 天当中，老先生确实没有吃东西的证明。

张亮：49 天吃没有吃东西，可以从雅安市人民医院多次的血液样本、尿样的化验成分得到证实。李先院长证实，他的皮下脂肪消耗殆尽，瘦了 20 千克。

成都商报 2005年8月2日 星期二 权威发布·四川连线

说我禁食49天是骗局 告你

老中医状告北京科技报社，泸州纳溪区法院一审认定报社侵权，报社昨表示将上诉

禁食49天被指“科技骗局”

名誉权受侵害 老中医告报社

无证据证明 报社败诉

报社 已准备上诉

广元 妻起异心 毒死丈夫

《成都商报》2005年8月2日披露陈建民起诉《北京科技报》始末

白岩松：后来知道大卫是一个魔术师，你是否会感到绝食不太值？

陈建民：他假的，我真的，那就算是一次展示吧，向西方展示中国人的一种强健，向西方展示中国的一种文化，我身体就算有损，又有何妨呢？

白岩松：你对司马南先生有什么告别辞？

陈建民：我对司马南先生的尊敬还是像以往一样，但是，我希望他要加强马列主义哲学的学习，加强法制方面的学习。有一个很简单的问题，任何法律方面的办案都要经过一审，还要经过二审、三审，才能对一个事件或者一个案件下出结论，这是我对他的最真诚的告诫。

白岩松：司马南先生对陈大夫的告别辞是什么？

司马南：如若在严格实验室条件下，您确实能够49天不摄入任何营养性物质而健康地活着，我向您致敬，现在说还早。

泸州网民说，陈先生三下战表，司马南不敢去打真，现在陈先生胜出，司马南要陈先生再掉 40 斤肉，去满足他的虚荣心，滑天下之大稽！

筹委办的讨论并不热烈，因为事情一目了然，大家都是见证者。我们让几位记者做小结。归结起来是：陈建民多次发邀请，对方托词而不敢来，他们是大胆假设，不予求证；各个论坛的所谓“专家”之言，是没有一件证据的瞎说，有辱斯文。

谁是最大的赢家？

博大精深的中华中医养生之道和挑战者陈建民。

雅安人民举办的“一会一节”！在八卦房下方四面 8 米高的中英文双语介绍“9 月 19 日第八届国际茶文化研讨会暨首届蒙顶山国际茶文化旅游节开幕式　中国·四川·雅安”，配一幅深绿色蒙顶山图，下边写有唐白居易、宋黄庭坚、明王越盛赞蒙顶山的诗句，全球皆知。这就是筹委办工作方针中的“制造事件，吸引眼球”的闪亮一笔。

秘书处、宣传处、会展处的负责人说，他们接到无数参会代表的询问，八卦房不撤吧，他们要同这个创造历史的玻璃房照相。

6 月 20 日，陈建民在助理的陪同下来到雅安，我同曾英慧、张国防接待他，他的身体恢复尚好。21 日上午，他到市医院进行了挑战赛以来的第六次体检。李先说，这些资料太珍贵了，感谢陈先生，非常感谢！

2004 年 9 月 19 日—25 日，雅安市以前无古人、后难有来者的气势举办了“一会一节”。

2005 年 1 月 4 日，《北京科技报》公布“2004 年中国十大科技骗局”，陈建民绝食 49 天居首位并配以漫画。2005 年 3 月 4 日，陈建民在纳溪区法院起诉报社，要求公开赔礼道歉，撤销文章，赔付精神抚慰费 8 万元。报社无人到现场应诉，但不服判决，向泸州市中级人民法院上诉。

后经泸州中级人民法院 11 月终审判决，北京科技报社败诉，生效后 10 日内，报社删除文章、插图，公开赔礼道歉，赔付 1 万元精神抚慰金。四

陈建民（右2）到雅安做挑战以来的最后一次体检
2004.6.21

川五月花律师事务所刘律师说："一个小人物与一张大报纸的决斗。"

法律界人士分析，报社碍于情面，上了司马南的套。司马南3月为报社写了整版文章，5月给张玉台写信，建议把陈建民挑战纳入一年一度坏新闻。这样"十大骗局之首"就出来了。让人匪夷所思的是，当今法制日趋健全，报社不做任何调研就敢毁人信誉，输官司给全国人民买个教训吧。

20年过去，有谁举证过陈建民弄虚作假？

我作为挑战赛的参与者、组织者、指挥者，承受了巨大的压力，网上要弹劾这个"支持法轮功"的官员。承蒙司马南关注，"在市长大人亲自率领之下，目的就是要招惹世人注意"，这一点他说对了，我们要借"挑战赛"，让天下茶人到雅安参加"一会一节"。

这里可以很欣慰地告诉大家，四川省委、省政府领导坚定地支持雅安市委、市政府和碧峰峡，相信我们敢为天下先的智慧和能力。挑战前后三四个月，领导们没有批示一件网民信息给我们。雅安市委、市人大、市政府、市政协、市纪委和市级各部门，医卫、司法、媒体，大家协力同心支持陈建民。

司马南5月8日在《新浪聊天》说："真正的这个戏的主角是后面出钱的这家企业，还有中间跑龙套的个别媒体。"司马南晕打了50多天，不知道在同谁打，怎么会不输呢？

他打的是不算强大，但是坚强有力、代表雅安153万人民的雅安市委、市政府，这是一个真抓实干求真务实的集体。

司马南PK陈建民，谁胜？陈建民胜！

他在白岩松节目的告别辞可以让司马南受益终身。

2004年，我认识到陈建民先生科学壮举的意义，留下了详细的全套资料。可惜某些人的瞎折腾，把一些人引入误区，无人深研陈先生挑战的价值和意义。一位知天命之年的小民，挑战天下，为东方民族添豪气，早晚总会有人为他树碑立传，我只是引子。

中华上下五千年，这是第一位在亿万人注视下饿过49天的壮士，他的业绩，千年以后也会记在生命科学探索的史册里，历史不会忘记他！

著名人物、花鸟画家招炽挺绘《雅女采茶图》 2004春

上海市委原副书记杨堤（左3）、北京南昌明（右4）一行
坚决支持陈建民的挑战壮举（笔者中）　2004.5.3

南方经济

NANFANG JINGJI

托美尔装饰 与您相约6.1

TOMEL DECORATION

全城100套设计方案大赠送！

盛况空前的作品大联展，精品户型样板房观摩！

陈建民——饿不死的“东方超人”

《南方经济报》整版图文并茂的报道　2004.6.1

第十二篇

用文化析释蒙顶山

▶ 提　要

第一本系统梳理蒙山茶史的书——《蒙山茶话》

第一本辑录历代名人颂蒙山的诗词汇编——《历代名人咏蒙山》

第一本写当代吴理真的书——《蒙顶山：最后的知青部落》

第一本吴理真神话小说——《茶祖吴理真演义》

第一本雅安旅游导览——《雅安史迹名胜探实》

第一首茶马古道歌曲——《打茶歌》

第一次创作的《龙行十八式》词曲

张昌余撰书《蒙顶山茶赋》，司徒华雅篆

1　九本书画说什么

“一会一节”最后的《评估报告》对这次活动的文化成果，如下评述：

这一系列丛书九部，总字数达120余万字，这一文化成果出版，就茶文化研讨会而言，可谓前无先例的一项创举，在世界茶文化研究与推广方面，也可以说是一项首例，对于国际茶文化研讨事业具有特殊意义：丰富了“一会一节”的内涵，扩大了“一会一节”的外延；明显提升了“一会一节”的品位、层次与高度；确立了“蒙顶山——世界茶文化圣山”“吴理真——世界茶祖”无可争议的地位；提升了雅安城市文化经济形象……

这9本书，我给其中6本写了序言，是另3本的总策划和总编。

系列丛书的扉页都题写“谨以此书献给《第八届国际茶文化研讨会暨首届蒙顶山国际茶文化旅游节》”，我按出版时序排列各书。

董存荣著《蒙山茶话》（2004年中国三峡出版社版），作者是名山县土著，曾任名山县旅游局副局长兼蒙顶山管理处处长，从雅安电视台总编室主任调“一会一节”筹委办任秘书处副处长。这是雅安历史上第一本系列讲述蒙顶山茶历史文化的书。序目叫“让世界了解蒙顶山，让蒙顶山走向世界”。蒙顶山的地位，何以为证？本书有详细论述。

“一会一节”期间雅安出版的主要图书　2004.4—9月

高富华著《蒙顶山：最后的知青部落》（2004 年中国三峡出版社版）；张国防著《茶祖吴理真演义》（2004 年中国三峡出版社版）；曹宏著《雅安史迹名胜探实》（2004 年中国国际文化出版社版）。孙前、李国斌、董存荣编《历代名人咏蒙山》（2004 年中国国际文化出版社版），这本辑录 1800 余年历代名人吟诵蒙山的 120 余首诗词曲歌“以诗证史”的书，是在曹宏先生和著名辞赋家张昌余教授的指导下，由李国斌、董存荣二人“在临时机构酷暑难当的办公室，天天以汗洗面、昼夜兼程为蒙顶山献上”，“这是四川茶文化一件值得记述的事”。孙前序：“从诗词中不难看出，一些曾经辉煌的名茶今天已渺无音迹；一些名茶历经艰辛，现在又重新站起来；极少有历经千年而始终辉煌者，在这极少中，独秀者是蒙顶山茶。”

董存荣编著《蒙山茶文化读本》（侯雄飞题书名，2004 年 7 月），这是对全市人民进行蒙山茶文化普及教育的读本。与此读本配套，筹委办还编写了《“一会一节”应知应会知识问答》，要求每名礼仪人员、志愿者将其中重要内容牢记于心。

郭炳安《广东画家看雅安》（2004 年中英文版，雅安市政府刊）。郭炳安是深圳关山月美术馆常务副馆长、艺术总监，2003 年、2004 年两次带广东画家到雅安采风写生，被山川文物陶醉，被集全市之力办“一会一节”的激情所感染，主动提出编辑此画册。他的一句话打动了大家——“用沿海一流艺术家的眼光和作品，展现西部雅安，胜过千言万语”。《广东画家看雅安》一书内虽然只有 38 幅作品，但是隆重推出了雅安四张旅游牌。我们不会忘记这些艺术家。

马负诚主编《五湖四海歌雅韵》（2004 年，雅韵诗社刊）。

方苏雅（法）摄、殷晓俊供稿的《茶马古道百年老照片》（筹委办特刊，2004 年），选用了方苏雅摄的茶马古道第一张背夫照片、第一张泸定桥的照片。

大会组委会统一印制了《2004第八届国际茶文化研讨会论文集》，由程启坤主编，李国斌、董存荣编（2004年中国国际文化出版社版），共25万字。

除了雅安市筹委办的9本系列丛书120余万字以外，市委宣传部刊出了《走向世界的蒙顶山茶文化研讨会论文集（2004年）》；各区县热情高涨，都出了茶和旅游的书刊，如雨城区《茶歌集》《雨城茶文化集萃》，名山县《蒙山茶事通览》《茶道》《中国茶文化基础知识》《蒙山施食仪探源》，天全县《见证天全》《乡音话天全》《茶马古道线路图》《天全背夫行旅图》，宝兴县《文化宝兴》，芦山县《千秋无改汉河山》，荥经县《荥经风情》《丝路雄关话严道》《荥经旅游资源汇编》，汉源县《茶马古道》《草鞋坪到飞越岭》，石棉县《红军战胜大渡河》……总字数在110万以上，这是各区县借“一会一节”之力，整理发掘本区县的旅游文化资源，为以后的旅游开发做了文史资料储备。

2 《蒙顶山茶赋》

除以上书刊，筹委办请国内一流辞赋歌曲大家张昌余、阿金创作诗词歌赋，邀雅安名家创作《龙行十八式》词曲，皆受到高度赞誉，流行甚广。

《蒙顶山茶赋》的作者张昌余（1941年12月26日生，成都人），是著名辞赋家、书法家，四川师范大学教授、四川省科普作家协会副主席，著有《中华文史揽胜》《李清照诗考释》《张仲景传》等。其赋如下：

蒙顶山茶赋

九州方圆，此地早占“雅州”之雅号；千山锦绣，其县独享“名山”之名徽。雅州之雅，堪称大雅；名山之名，实副盛名。群峰依依拱卫，众水湛湛环流。前揽“三峨”之秀色，后拥“二郎”之英姿。远眺“贡嘎”

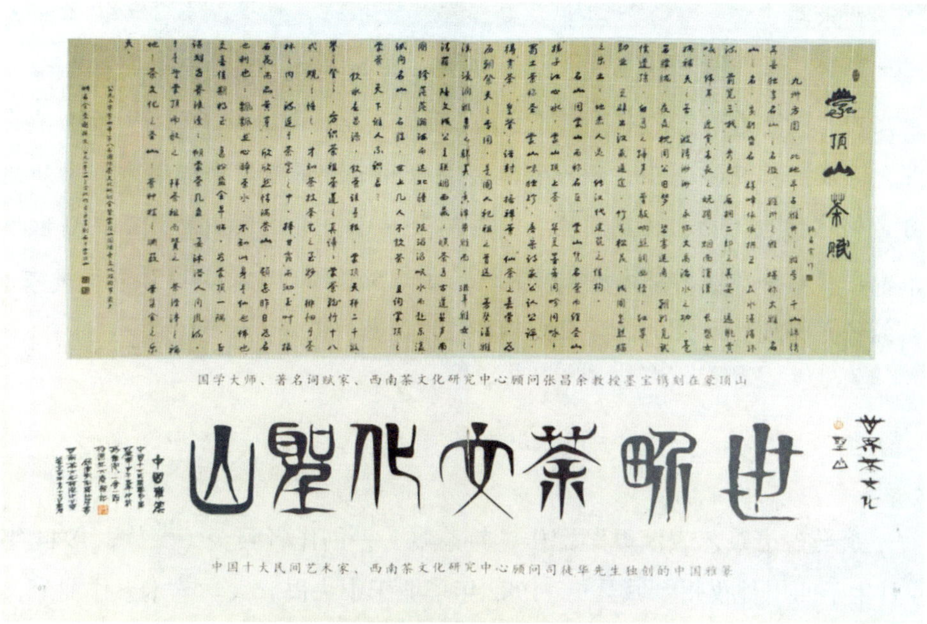

张昌余教授赋、司徒华先生雅篆　2004.8

之伟岸，近赏“青衣”之妩媚。烟雨潇潇，长想女娲补天之苦；波涛渺渺，永怀大禹治水之功。苍岩朦胧，夜夜枕周公旧梦；碧雾迷离，朝朝觅武侯遗踪。白马之蹄声，曾敲响丝绸幽径；红军之勋业，更辟出汉藏通途。竹青松茂，成国宝熊猫之乐土；地杰人灵，传汉代建筑之佳构。

名山因蒙山而谓名区，蒙山凭名茶而称圣山。“扬子江心水，蒙山顶上茶”，华夏墨客同吟同咏；“蜀土茶称圣，蒙山味独珍”，唐宋诗家公认公评。得“贡茶”“皇茶”之诰封；据“禅茶”“仙茶”之嘉誉。为历朝祭天之专用，是国人祀祖之首选。芳馨溢雅溪，浸润雅鱼之鲜美；香泽染雅雨，滋养雅女之清丽。陪文成公主联姻西藏，顺茶马古道蜚声南国。跨茫茫瀚海而达北疆，随滔滔岷水而赴东瀛。试问名山之茗树，世上几人不饮茶？且询蒙顶之蒙茶，天下谁人不识君？

饮水应思源，饮茶该寻根：蒙顶天梯二千级，攀之登之，方识茶祖茶道之真谛；蒙茶龙行十八式，观之悟之，才知茶技茶艺之至妙。徘徊于茶林之内，流连于茶室之中。捧“甘露”而沏“玉叶”，撮“石花”而品“黄芽”。欣欣然情满茶山，顿忘昨日为名也利也；飘飘然心醉茶水，不知此身是仙也佛也。更喜佳期将至，急盼盛会早临。看蒙顶一隅，正谋划世界浪漫；倾蒙茶几盏，要沐浴人间风流。于是望蒙顶而歌之，拜理真而赞之：茶经济之福地！茶文化之圣山！茶种植之渊薮！茶集会之乐天！

3 茶马古道第一首《打茶歌》

茶马古道茶艺表演舞蹈配乐《打茶歌》，创作者阿金（藏族，1944 年 4 月生于四川甘孜州乡城县），1982 年毕业于中央民族大学艺术系作曲班，国家一级作曲家，作品《一个妈妈的女儿》《新康定情歌》《打青稞》蜚声天下。现录如下：

著名藏族词曲作家阿金编导的舞蹈《打茶歌》 2003.11

打茶歌

领唱 合唱

1=D 或 1=$^\flat$E $\frac{2}{4}$

中速 热烈欢快地

阿 金 词曲

木 子 编合唱

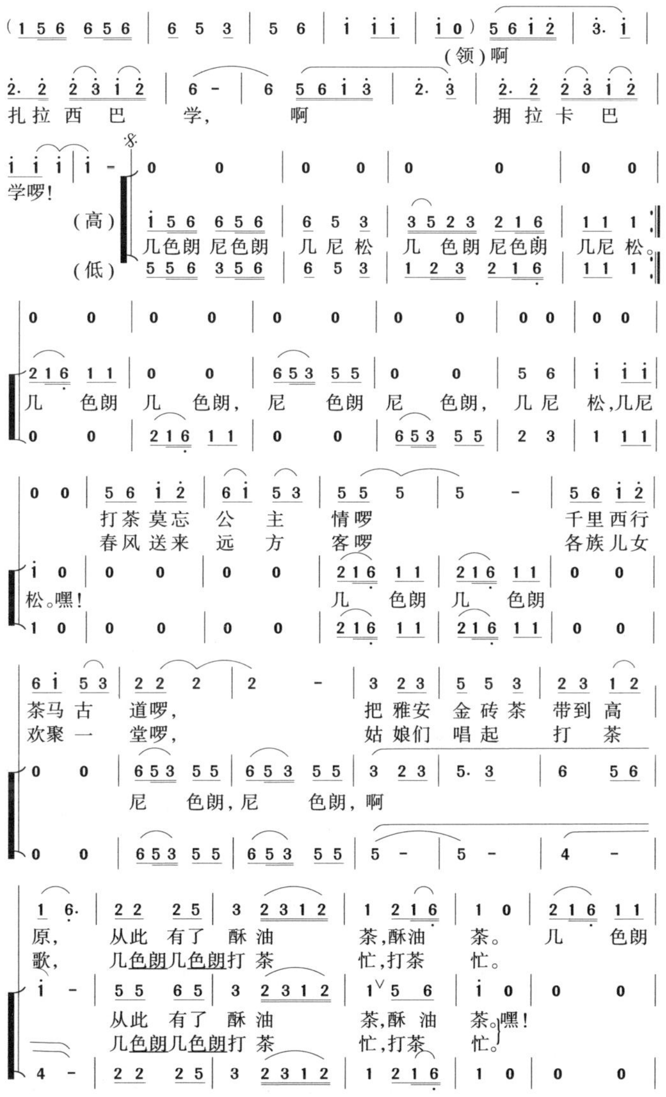

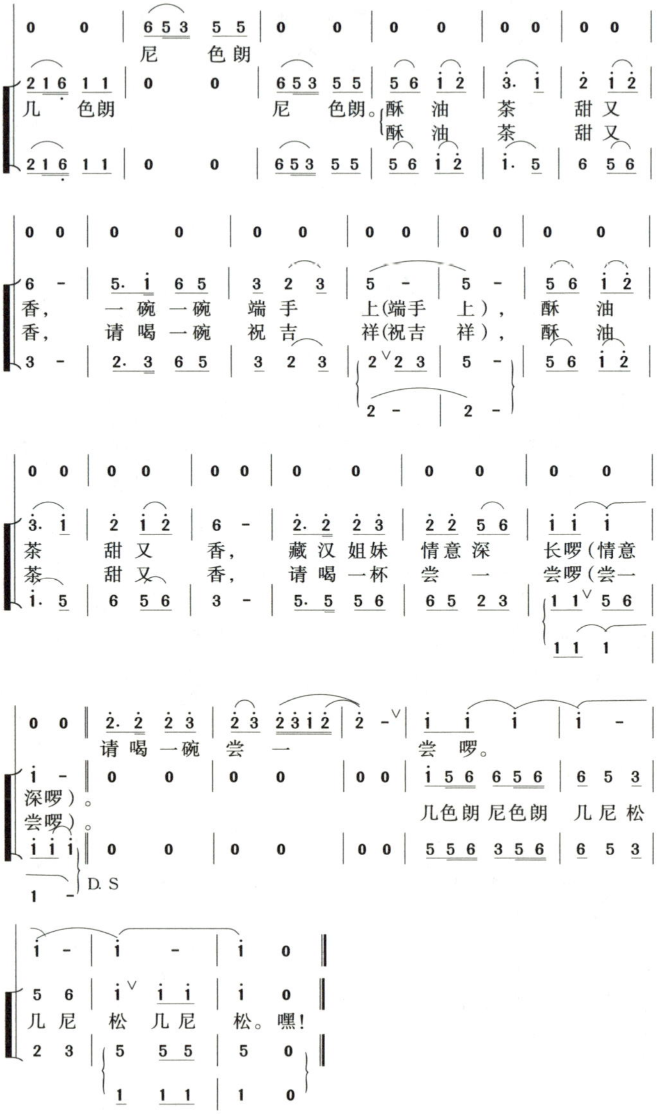
尼 色朗
几 色朗 尼 色朗。酥 油 茶 甜 又
酥 油 茶 甜 又
香， 一 碗 一 碗 端 手 上(端手 上)， 酥 油
香， 请 喝 一 碗 祝 吉 祥(祝吉 祥)， 酥 油
茶 甜 又 香， 藏 汉 姐 妹 情 意 深 长啰(情意
茶 甜 又 香， 请 喝 一 杯 尝 一 尝啰(尝一
请 喝 一 碗 尝 一 尝 啰。
深啰)。
尝啰)。
几色朗 尼色朗 几 尼 松
D. S
几 尼 松 几 尼 松。嘿！

4 名震天下的“龙行十八式”

“一会一节”开幕式表演主题音乐《龙行十八式》，由廖念钥、野梅作词，邓健生作曲。

龙行十八式

合唱

1=C 或 1=D $\frac{2}{4}$

中速　深情地

廖念钥　野　梅　词

邓健生　　　曲

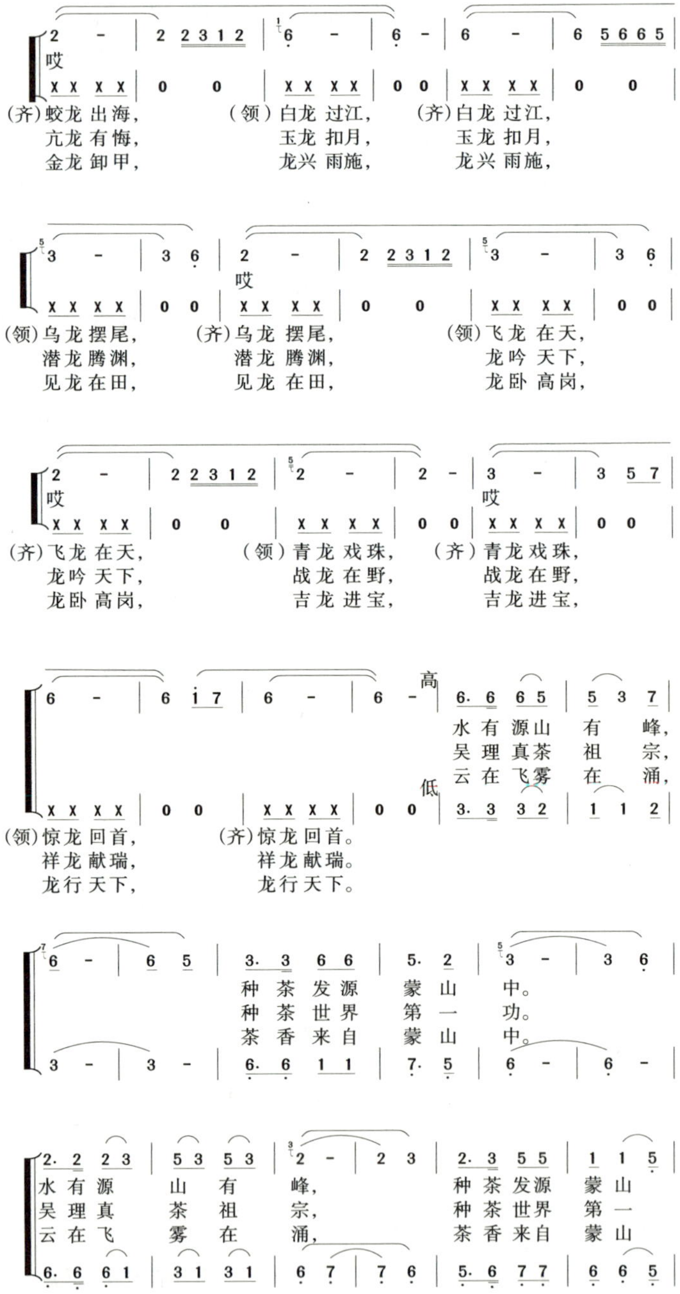
哎
(齐)蛟龙出海，(领)白龙过江，(齐)白龙过江，
亢龙有悔，玉龙扣月，玉龙扣月，
金龙卸甲，龙兴雨施，龙兴雨施，
哎
(领)乌龙摆尾，(齐)乌龙摆尾，(领)飞龙在天，
潜龙腾渊，潜龙腾渊，龙吟天下，
见龙在田，见龙在田，龙卧高岗，
哎
哎
(齐)飞龙在天，(领)青龙戏珠，(齐)青龙戏珠，
龙吟天下，战龙在野，战龙在野，
龙卧高岗，吉龙进宝，吉龙进宝，
高
低
水有源山有峰，
吴理真茶祖宗，
云在飞雾在涌，
(领)惊龙回首，(齐)惊龙回首。
祥龙献瑞，祥龙献瑞。
龙行天下，龙行天下。
种茶发源蒙山中。
种茶世界第一功。
茶香来自蒙山中。
水有源山有峰，种茶发源蒙山
吴理真茶祖宗，种茶世界第一
云在飞雾在涌，茶香来自蒙山

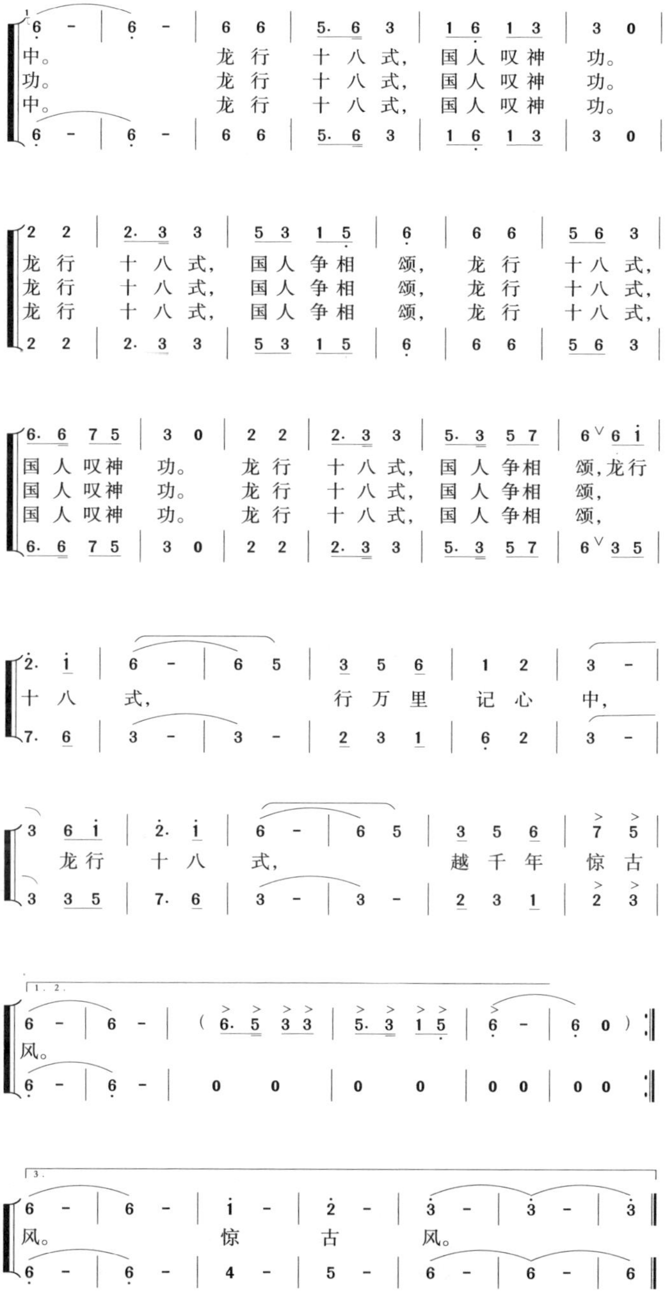
中。 龙行 十八式, 国人叹神 功。
功。 龙行 十八式, 国人叹神 功。
中。 龙行 十八式, 国人叹神 功。
龙行 十八式, 国人争相 颂, 龙行 十八式,
龙行 十八式, 国人争相 颂, 龙行 十八式,
龙行 十八式, 国人争相 颂, 龙行 十八式,
国人叹神 功。 龙行 十八式, 国人争相 颂,龙行
国人叹神 功。 龙行 十八式, 国人争相 颂,
国人叹神 功。 龙行 十八式, 国人争相 颂,
十八 式, 行万里 记心 中,
龙行 十八 式, 越千年 惊古
风。
风。 惊 古 风。

【作者】
廖念钥：雅安市作协理事。
野梅：四川省作协会员。
邓健生：雅安市群艺馆艺术辅导员，四川省作协会员，雅安市音协会员。

【注释】
龙行十八式：蒙顶山派茶技之一，是中华茶文化的瑰宝。宋代高僧禅惠大师在蒙顶山永兴寺首创，清代流入民间。2001年，由孙前和名山县旅游局发掘整理，向学校、企业推广，并取得专利权。
2004年，“一会一节”筹委办邀廖念钥、野梅、邓健生等创作歌曲《龙行十八式》，组织600人合唱队，培训四川省贸易学校108名男女表演者，加上乐队共800人，于2004年9月19日“一会一节”开幕式上进行“龙行十八式”表演，传遍五洲四海。蒙顶山派茶技表演还有“凤舞十八式”“禅茶技”等。

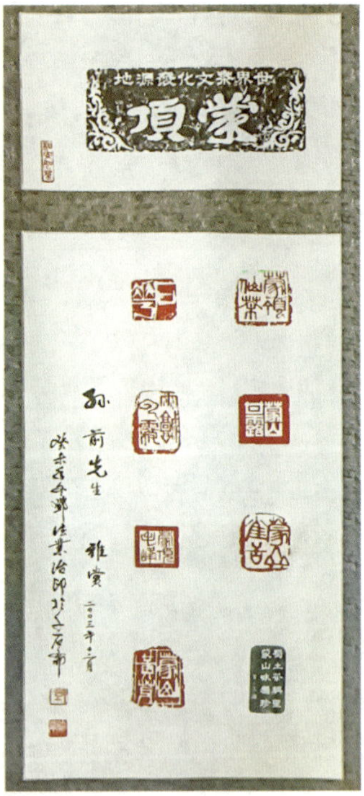

中国著名金石篆刻家邓德业治蒙山名茶印拓，作为“一会一节”礼物

第十三篇

历代名人咏蒙山

提　要

诗史互证是考证史实的不二法门

历代名人吟诵蒙山的诗词，是中华咏茶山之冠

吴觉农题文同诗证蒙山

（唐）刘禹锡诗讲四川是炒青茶发源地

（宋）梅尧臣赞雷简夫对蒙茶的再造之功

（宋）王庠《雅州蒙顶茶记》是少见的颂赞文

（明）杨梦衮的《烹雪头陀传》是首次刊布的茶奇文

（清）名山县令诗词，把 2000 年的茶祖、古树、贡茶详细道来

（当代）马识途、何郝炬、李半黎、欧阳崇正的赞颂

据朱自振教授论证，历代咏颂与茶相关的诗词歌赋有 18000 余首，其中论及蒙顶山和雅州的茶诗，在 2000 首左右。

西晋杜育的《荈赋》是文学史上第一篇以茶为题材的散文。唐以前与茶有关的诗赋寥寥可数，计有孙楚（约 218—293）《出歌》、张载（280—289 年到蜀）《登成都白菟楼》、左思（约 250—305）《娇女诗》、王微（约 415—443）《杂诗》。

郭孟良《中国茶史》（2003 年山西古籍出版社版）说："中国茶史的起源和茶文化的萌芽又都是在巴蜀地区。这里最早开始饮茶、种茶，最早出现茶叶市场，最早以蒙顶名品驰誉全国，在唐宋以前，在我国茶史中，一直独享盛誉，占尽风流。"

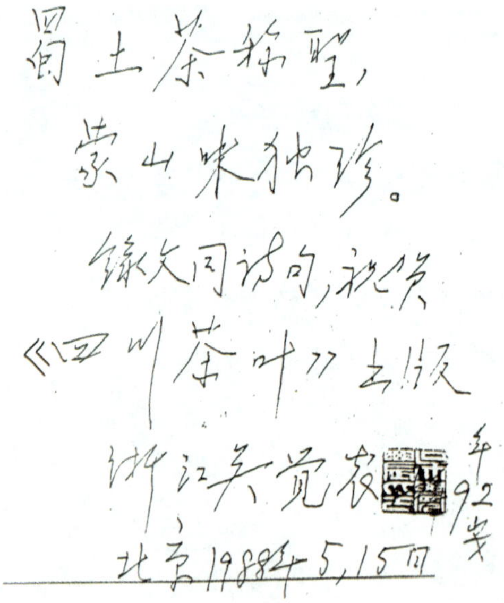

茶圣吴觉农为四川杜长煜主编的《四川茶叶》题词

"一会一节"期间，筹委办出版了《历代名人咏蒙山》一书，从"诗史互证"的角度，让嘉宾了解蒙顶山。

国学大师陈寅恪教授的治学主旨是在"史中求识"，运用"诗史互证"方法，既扩展了史料范围，又创新了考据方法。在此，我们精选唐以来 40 余位名家咏颂蒙山的诗词原文，以佐对蒙顶山历史地位的认识。

1 唐代：孟郊、刘禹锡、韦处厚、白居易、施肩吾、郑谷

凭周况[①]先辈于朝贤乞茶[②]

孟郊[③]

道意勿乏味，心绪病无悰。
蒙茗玉花尽，越瓯荷叶空[④]。
锦水有鲜色，蜀山绕芳丛。
云根才翦绿，印缝已霏红[⑤]。
曾向贵人得，最将诗叟同。
幸为乞寄来，救此病劣躬[⑥]。

（《全唐诗》卷三八〇）

① 周况：韩愈侄婿，官四门博士。

② 乞茶：讨茶，唐宋文士交流的雅习。

③ 孟郊（751—841）：字东野，湖州武康（今浙江湖州德清县）人。与贾岛齐名，有“郊寒岛瘦”之称。

④ 蒙茗二句：碗里没有蜀茶，越地上等茶瓯中更看不到蒙顶茶的泡沫了。

⑤ 云根二句：高山的茶树才露绿，封口盖红印的催贡文书就下来了。

⑥ 幸为二句：用上等越窑茶碗泡乞得的蒙顶茶，是为了救治我羸弱的身体。

西山[①]兰若试茶歌

刘禹锡[②]

山僧后檐茶数丛，春来映竹抽新茸。
宛然为客振衣起，自傍芳丛摘鹰嘴[③]。
斯须炒成满室香[④]，便酌砌下金沙水。
骤雨松声入鼎来，白云满碗花徘徊。
悠扬喷鼻宿酲散，清峭彻骨烦襟开。
阳崖阴岭各殊气，未若竹下莓苔地。
炎帝虽尝未解煎，桐君[⑤]有箓那知味。
新芽连拳半未舒，自摘至煎俄顷余。
木兰沾露香微似，瑶草临波色不如。
僧言灵味宜幽寂，采采翘英为嘉客。
不辞缄封寄郡斋，砖井铜炉损标格。
何况蒙山顾渚春，白泥赤印走风尘[⑥]。
欲知花乳清泠味，须是眠云跂石人。

（《全唐诗》卷三五六）

① 西山：朱自振考证为连州西山，而非常德西山，刘遗诗《连州腊日观莫徭猎西山》可证。

② 刘禹锡（772—842）：字梦得，洛阳人，有“诗豪”之称。历任监察御史、检校礼部尚书等职，曾被贬连州、夔州、和州等地任刺史。此诗作于连州（今四川宜宾筠连县）刺史任上。

③ 鹰嘴：细芽尖。

④ 斯须句：朱自振认为，此句为我国最早的炒青茶记载，说明炒青产生于巴蜀之地。

⑤ 桐君：采药治病的药学始祖，相传为黄帝的大臣。

⑥ 何况二句：蒙山、顾渚的贡茶，打上封泥盖上红印，速速送京城。

唐代著名诗人刘禹锡

茶 岭

韦处厚[①]

顾渚[②]吴商绝，蒙山蜀信稀。

千丛因此始，含露紫英肥。

（《全唐诗》卷四七九）

---

① 韦处厚（773—828）：字德载，京兆万年（今陕西西安）人，政治家、文学家、藏书家。此诗作于开州（今重庆市开州区）知府任上。

② 顾渚：浙江省湖州市长兴县水口乡顾渚山一带。顾渚紫笋是历史名茶之一，早在唐代便被茶圣陆羽论为“茶中第一”。

琴茶

白居易[①]

兀兀寄形群动内，陶陶任性一生间。
自抛官后春多醉，不读书来老更闲。
琴里知闻惟渌水，茶中故旧是蒙山[②]。
穷通行止长相伴，谁道吾今无往还。

（《全唐诗》卷四四八）

蜀茗

施肩吾[③]

越碗[④]初盛蜀茗新，
薄烟轻处搅来匀。
山僧问我将何比，
欲道琼浆却畏嗔。

（《全唐诗》卷四九四）

---

① 白居易（772—846）：字乐天，号香山居士，下邽（今陕西渭南）人。现实主义诗人，与李白、杜甫并称唐代三大诗人。白居易与元稹共同倡导新乐府运动，世称“元白”。有《白氏长庆集》传世。一生共写过50多首茶诗，此诗为晚年辞刑部侍郎后作。

② 琴里二句：听曲最喜欢的是《渌水》，喝茶最爱的还是老朋友蒙山茶。相传西汉年间吴理真亲手在蒙顶上清峰甘露寺植仙茶7株，饮之可成地仙。

③ 施肩吾（780—861）：字希圣，洪州（今江西南昌）人，元和年间状元。为诗绮丽，有《西山集》十卷。

④ 越碗：越窑（今浙江宁波、绍兴地区）青瓷，也称“秘色窑”，产自东汉至宋，唐朝是其工艺最精湛的时期，居全国之冠。陆羽《茶经》载：“邢瓷类银，越瓷类玉；邢瓷类雪，越瓷类冰。”越窑青瓷瓷质深受饮茶者的喜爱，而饮茶风尚又深刻影响了越窑青瓷的形制。

蜀中三首之二

郑谷[①]

夜无多雨晓生尘，草色岚光日日新。
蒙顶茶畦千点露，浣花笺纸一溪春。
扬雄宅在唯乔木，杜甫台荒绝旧邻。
却共海棠花有约，数年留滞不归人。

（《全唐诗》卷六七六）

2 宋代：梅尧臣、文彦博、欧阳修、吴中复、文同、苏轼、苏辙、王庠、黄庭坚、孙渐、刘跂、陆游

得雷太简[②]自制蒙顶茶

梅尧臣[③]

陆羽旧茶经，一意重蒙顶。
比来唯建溪[④]，团片[⑤]敌金饼[⑥]。
顾渚及阳羡[⑦]，又复下越茗。

---

① 郑谷（约851—约910）：字守愚，袁州宜春（今江西宜春县）人，晚唐诗人。唐僖宗光启三年（887）进士及第，官至都官郎中，故人称“郑都官”。因有《鹧鸪诗》，又人称“郑鹧鸪”。有《云台编》三卷传世。

② 雷太简（1001—1067）：即雷简夫，字太简，陕西合阳人，任雅州知府。他恢复蒙顶茶生产，得梅尧臣赞许。

③ 梅尧臣（1002—1060）：字圣俞，宣州宣城（今安徽宣州）人。曾致力于北宋诗文革新运动，反对宋初的浮艳诗风，被后人称为宋诗的“开山祖师”。著有《宛陵集》。

④ 建溪：今福建建溪县。宋代福建茶名气大，有龙团凤饼。

⑤ 团片：珠茶，亦称圆茶，原产浙江省平水茶区。茶形条索细圆、紧结重实，是中国最早出口的商品之一。

⑥ 金饼：砖茶。

⑦ 阳羡：唐代县名，在今江苏宜兴，与浙江顾诸山均以产茶著名。

近来江国人，鹰爪夸双井[①]。
凡今天下品，非此不览省。
蜀荈久无味，声名谩驰骋。
因雷与改造，带露摘芽颖。
自煮至揉焙，入碾只俄顷。
汤嫩乳花浮，香新舌甘永。
初分翰林公，岂数博士冷。
醉来不知惜，悔许已向醒。
重思朋友义，果决在勇猛。
倏然乃以赠，蜡囊收细梗。
吁嗟茗与鞭，二物诚不幸。
我贫事事无，得之似赘瘿。

（《全宋诗》卷二五〇）

蒙顶茶

文彦博[②]

旧谱最称蒙顶味，露芽云液胜醍醐[③]。
公家药笼虽多品，略采甘滋助道腴[④]。

（《文潞公文集》卷四）

---

① 双井：江西修水县西南有双井，土人汲水以种茶，美胜它处，称双井茶。

② 文彦博（1006—1097）：字宽夫，汾州介休（今山西介休）人。历仕四帝，任事达50年。著有《文潞公文集》。此诗是作者因饮到梅尧臣分享的雷简夫所寄蒙顶茶而吟唱。

③ 醍醐：精制的奶酪。

④ 公家二句：公家的药品虽多，不如喝茶有利健康。文彦博寿92岁，养生有法，多喝茶少吃药。

和原父[①]扬州时会堂诗

欧阳修[②]

积雪犹封蒙顶树，惊雷未发建溪春。
中州地暖萌芽早，入贡宜先百物新。

（《文忠集》卷十三）

谢惠茶

吴中复[③]

我闻蒙山之巅多秀岭，烟岩抱合五峰[④]顶。
岷峨气象压西垂，恶草不生生荻茗。

（《全宋诗》卷四二一）

谢人寄蒙顶新茶

文同[⑤]

蜀土茶称圣，蒙山味独珍。

---

① 原父：刘敞（1019—1068），北宋进士，学问渊博，欧阳修常向他请教。《宋史》有传。刘敞有《时会堂二首·其二》："江涌岷山万里来，地蟠昆岭百寻开。故移蒙顶延年味，共献无穷甘露杯。"

② 欧阳修（1007—1072）：字永叔，号醉翁、六一居士，庐陵（今江西吉安）人。"唐宋八大家"之一，倡导北宋古文革新运动，是北宋文坛领袖。曾任参知政事（宰相），主修《新唐书》《新五代史》。他是苏轼、苏辙的恩师。

③ 吴中复（约1011—1078）：字仲庶，兴国永兴（今湖北阳新）人，宋代诗人。曾任峨眉知县。

④ 五峰：蒙顶山有五峰，曰上清、灵泉、甘露、玉女、菱角峰。历代蒙顶山皇茶祭天贡品，产于此处皇茶园。

⑤ 文同（1018—1079）：字与可，梓州梓潼郡永泰县（今四川绵阳市盐亭县）人，宋代著名诗书画家，苏轼表兄。历官邛州知州、洋州知州，元丰初出任湖州，未到任而死，人称"文湖州"。善画竹及山水，主张画竹必先"胸有成竹"，与苏轼并称为文人画"湖州画派"创始人。有《丹渊集》。

灵根托高顶，胜地发先春。
几树初惊暖，群篮竞摘新。
苍条寻暗粒，紫萼落轻鳞。
的皪香琼碎，鬔鬙绿虿匀。
慢烘防炽炭，重碾敌轻尘。
无锡泉来蜀，乾崤盏自秦。
十分调雪粉，一啜咽云津。
沃睡迷无鬼，清吟健有神。
冰霜疑入骨，羽翼要腾身。
磊磊真贤宰，堂堂作主人。
玉川[①]喉吻涩，莫惜寄来频。

（《全宋诗》卷四一一）

寄蔡子华

苏轼[②]

故人送我东来时，手栽荔子待我归。
荔子已丹吾发白，犹作江南未归客。
江南春尽水如天，肠断西湖春水船。

① 玉川：井名，在河南济源县。唐代诗人卢仝喜饮茶，尝汲井泉煮茶，故自号“玉川子”。后世以“玉川”代称茶或比嗜茶客。陆游《昼卧闻碾茶》即有 “玉川七碗何须尔，铜碾声中睡已无”句。

② 苏轼（1037—1101）：字子瞻，号东坡居士，眉州眉山（今四川眉山）人。北宋杰出文学家、诗人、书画家，与父苏洵、弟苏辙号称“三苏”，同为“唐宋八大家”之一。东坡堪称千古才子第一人，诗与黄庭坚诗并称“苏黄”，词与辛弃疾连称“苏辛”，书与蔡襄、米芾、黄庭坚并称“宋四家”。21岁时随父苏洵、弟苏辙到雅州拜谒知州雷太简，得举荐。雅安曾有三苏遗迹。

想见青衣江畔路，白鱼紫笋不论钱[①]。
霜鬓三老如霜桧，旧交零落今谁辈。
莫从唐举问封侯，但遣麻姑更爬背。

（《全宋诗》卷三四五）

宋代文豪苏东坡眉山三苏祠雕像

次韵子瞻道中见寄

苏辙[②]

兄诗有味剡隽永，和者仅同如画影。
短篇泉冽不容挹，长韵风吹忽千顷。
经年淮海定成集，走书道路未遑请。

---

① 白鱼：雅鱼。杜甫有诗“鱼知丙穴由来美”，即此鱼。紫笋：蒙顶名茶之一。

② 苏辙（1039—1112）：字子由，眉州眉山（今四川眉山）人，北宋文学家，与父苏洵、兄苏轼同为“唐宋八大家”之一。著有《栾城集》《龙川略志》。因其兄苏东坡字子瞻给他寄了蒙山茶，写此诗以谢。

相思半夜发清唱，醉墨平明照东省。
南来应带蜀冈泉[1]，西信近得蒙山茗。
出郊一饭欢有余，去岁此时初到颍。

（《栾城集·后集》卷一）

雅州蒙顶茶记

王庠[2]

自古茶出巴蜀，晋孙参军楚作《歌》，尝言之矣。唐陆羽著《茶经》，言当时出茶之郡四十有三，剑南则称彭、绵、蜀、邛、雅、眉、汉。及验于《唐志》，贡茶之郡止十有六，剑南道惟雅安一郡而已。以天下奉一人，固必献其尤者，雅茶之冠蜀，固可知矣。

然鸿渐不推高雅品，何哉？切有所疑而质之他书。如范蜀公《东斋记》言雅安蒙顶绝异于他茶谱，李公内翰《图经》、雷史君太简《茶轩录》皆言蒙顶上清峰不特冠蜀中，自最天下。以寡敌众，则众者足，鸿渐之论非矣。然又尝思之，鸿渐之鉴非昧于茶也，其失盖亦有自。按鸿渐生于开元二十一年，幼育于竟陵积禅师，天宝中游沧浪邑，后负书火门山，至德初过江，上元初结庐于苕溪之湄。上元辛丑岁，时年二十有九，自作传云有《茶经》三卷，则知《茶经》之作在江、湖间矣。江、湖之上，福建非远，尚言未详而往往得之，况蒙山僻在西蜀之隅，则上清绝品，想鸿渐未尝得之也。

雅安自肃宗乾元罢贡，而《沔城纪异记》云，代宗大历初，鸿渐自吴兴召至宫中，与积禅师烹茶，是时宫中已无蒙顶矣。然当时岂独鸿渐不得

---

① 蜀冈泉：《大明一统志》卷十二载："在（扬州）府城西，绵亘四十余里，接仪真界。旧传地脉通蜀，故冈上又有蜀井，或云产茶，味如蒙顶，故名。"瘦西湖即止于此冈之下。

② 王庠（1074—？）：四川荣州（今荣县）人，苏辙女婿。

之，如李谪仙、杜子美，困游流落，为剑南羁客，无片章只句略誉蒙茶之美，岂非时人以天子委弃之物，不精其制造耶？鸿渐之后四十余年，长庆、大和间，韦齐休佐使云南，过蒙山下，《行记》云“蜀茶尽出于此”。李丞相德裕入蜀，得蒙茶沃于汤研之上，移时尽化，以验其真。白乐天复有《琴茶》诗云：“琴里知闻惟渌水，茶中故旧是蒙山。穷通行止常相伴，谁道吾今无往还。”天下茶品多矣，乐天特言蒙山，是后人叹幽振滞，稍稍开赏得为天下最，决无疑也。

鸿渐《茶经》云“生烂石沃土者上”“紫者上”“笋者上”“叶卷而若薇始抽者上”，第七篇复具言久服得仙之事，今上清所出，皆备有四上之美，又其始在春冬之交，密云霏雪蔽覆，若有神物护持，故紫笋之英，岁得甚少，此亦秀气所钟，天自珍惜。既末之，不特味甘色白，又其性温暖，久服不令人患冷，非他茶之比。《茶谱》说蒙山遗事，昔有病僧遇一老人，教服上清茶，后得道青城山，此正与鸿渐载《神异记》、陶洪景《杂录》言丹丘子事相类，亦与李太白言荆州玉泉真公服仙人掌事同。但恨鸿渐非蜀人，既不得见其初生四上之美，又不详知病僧得仙之事耳。

自乾元罢贡之后，蒙山不得入禁中，于今三百余年，本朝蔡君谟叹鸿渐不第建安之品，遂以建茶作龙凤团以进。欧公永叔称建团，宫嫔多缕金花于其上，虽宸恩殊锡亦所希得，日建茶擅贵，而蜀茶益不振。君谟闽人，未尝游剑外，故亦不知蒙顶紫笋本天下第一。嗟乎！蜀本西伯道化、文翁德教之国，惟其邈在西南数千里之外，故风物不能自达而显于时，韬光晦迹，岂止蒙山茶而已哉！是可叹也。

（《国朝三百家名贤文粹》卷一四六）

西江月·茶

黄庭坚①

龙焙②头纲春早，谷帘③第一泉香。已醺浮蚁④嫩鹅黄，想见翻成雪浪。兔褐金丝宝碗⑤，松风蟹眼新汤。无因更发次公狂，甘露⑥来从仙掌。

（《山谷集》）

智炬寺留题

孙渐⑦

郊行半舍近，炎曦正敧午。
涉浅水粼粼，陟高峰伍伍。
寺藏翠霭深，门映苍松古。
明暗双泯时，榜名标智炬。
入憩望远亭，好风声清暑。

---

① 黄庭坚（1045—1105）：字鲁直，号山谷道人，洪州分宁（今江西修水）人。北宋文学家、书法家，开创“江西诗派”，书法自成一家，与秦观等同为“苏门四学士”。著有《山谷集》。

② 龙焙：指建州为皇帝焙制的龙团。

③ 谷帘：谷帘泉，瀑布名。在江西庐山康王谷中，其水如帘，布岩而下，共三十余派。陆羽品其水，为天下第一。

④ 浮蚁：浮于酒面或茶面的泡沫。

⑤ 兔褐金丝宝碗：应指建窑兔毫盏，亦称“建盏”，以其如丝似兔毫的金色窑变流纹命名。黑釉，胎体厚实，敞口，深腹，浅圈足。宋代黑釉瓷器极为流行，这与当时的饮茶风气有关，宋茶是制成半发酵的膏饼，饮用之前先把膏饼碾成细末放入茶碗内，再冲入沸水，水面便沸起一层白色的沫，以此品评茶叶质量好坏，称为“斗茶”。

⑥ 甘露：指蒙顶甘露茶。

⑦ 孙渐：四川眉州人，北宋绍圣年间温江县令。后以雅州上幕行按之职各县巡视。应学生名山知县张刚中之邀，到蒙山二日游，写此诗，学生刻碑存，光绪《名山县志》详记。乾隆、光绪二府县志记此诗文字有差异。

素曳瓦屋烟，虹挂峨眉雨。
千里豁人怀，万象纷指顾。
步庑阅刓碑，开龛礼遗塑。
香火肃僧仪，堂皇凉客屐。
继登凌霄阁，倚栏眺茶圃。
昔有汉道人，薙草初为祖[①]。
分来建溪芽[②]，寸寸培新土。
至今满蒙顶，品倍毛家谱[③]。
紫笋与枪旗[④]，食之绿眉宇。
雷动转蜀车，云屯富秦庾。
我贪事幽寻，更值忘形侣。
鼎抽竹叶烧，瓶汲龙泉煮。
暂啜破积昏，飘飘腋生羽。
相对话夜阑，萤点流星度。
金鸡鸣一声，回首关头路。
会约摘春山，十咏龟蒙[⑤]具。

张刚中《碑跋》云：都转孙公，眉阳之名士也。德行纯固，文章妙绝。曩以雅安上幕行按诸邑，每探幽寻胜，莫不寓意风骚，皆雕玉镂冰，尽一

---

① 昔有二句：三国时，把吴理真休息的结庐处改建为道观，称天盖寺，奉吴理真为祖师。周围的五处山峰亦均以道教名命之：上清、甘露、灵泉、玉女、菱角，所以是“昔有汉道人”。同时，吴理真除去野草种茶，故被奉为“茶祖”。

② 建溪：今福建建溪县。宋代福建茶名气大，此误识移栽之。

③ 毛家谱：五代蜀毛文锡著有《茶谱》，盛赞蒙山茶。此句是说现在蒙山茶的规模已远超毛氏记录。

④ 枪旗：《茶录》记“茶芽如鹰爪，雀舌为上，一旗一枪次之”。

⑤ 龟蒙：指晚唐诗人陆龟蒙。他曾作《奉和袭美茶具十咏》，描写茶人、茶舍、茶灶、煮茶等十茶事。

时之美。倾朝廷以治行优嘉，诏除河东路保甲兼提刑。当是时，刚中蒙公置之门生之末，今领兹邑，幸睹云云。阙门生通直郎知县事，管句学，劝农公事同监茶场，赐绯鱼袋张刚中上石。

舍弟寄茶

刘跂[①]

吾弟饷人真不恶，建芽来自禁烟[②]前。
一杯未易阳侯厄[③]，四两应为蒙顶仙[④]。
病子头风如得药，酒家中圣殆忘眠。
平头奴子堪瓶椀，可带樵青竹叶煎。

（《学易集》卷三）

睡起试茶

陆游[⑤]

笛材细织含风漪，蝉翼新裁云碧帷。
端溪砚璞斫作枕，素屏画出月堕空。

---

① 刘跂（？—1117）：字斯立，郓州须城（今山东东平县）人，北宋文学家、金石学家。著有《学易集》。

② 禁烟：寒食节，清明节前一两日。

③ 阳侯厄：水厄，水灾。阳侯为古代传说中的波涛之神。《世说新语》载："王濛好饮茶，人至辄命饮之，士大夫患之，每欲往候，必云：'今日有水厄。'"

④ 四两句：五代人毛文锡《茶谱》，是最早记述喝蒙顶茶成仙的著作，"四两，即为地仙矣"。

⑤ 陆游（1125—1210）：字务观，号放翁，越州山阴（今浙江绍兴）人。南宋杰出诗人，诗风雅浑豪放，自成一家，数量众多，现存诗9000多首。曾任夔州通判，入四川宣抚使幕，入巴蜀多年。著有《渭南集》《剑南诗稿》《老学庵笔记》等。据黄杰《两宋诗词与茶道》（浙江大学出版社2021年版）统计，在242人次的两宋咏茶诗词作者中，排前3位的是：陆游354首，黄庭坚96首，苏轼78首。陆、黄都曾在巴蜀为官多年。

朱栏碧甃玉色井，自候银瓶试蒙顶。
门前剥啄不嫌渠，但恨此味无人领。

（《剑南诗稿》卷五）

效蜀人煎茶戏作长句

陆游

午枕初回梦蝶[①]床，红丝小硙破旗枪。
正须山石龙头鼎，一试风炉蟹眼汤。
岩电已能开倦眼，春雷不许殷枯肠。
饭囊酒瓮纷纷是，谁赏蒙山紫笋[②]香。

（《剑南诗稿》卷五〇）

卜居

陆游

南浮七泽吊沉湘，西泝三巴掠夜郎。
自信前缘与人薄，每求宽地寄吾狂。
雪山水作中泠味，蒙顶茶如正焙香。
傥有把茅端可老，不须辛苦念还乡。

（《剑南诗稿》卷七）

① 梦蝶：《庄子·齐物论》："昔者庄周梦为胡蝶，栩栩然胡蝶也。自喻适志与！"
② 蒙山紫笋：蒙顶山著名贡茶紫笋茶。

3 元代、明代：耶律楚材、李德载、王越、陈绛、王世贞、杨梦衮

西域从王君玉乞茶其韵之四

耶律楚材①

酒仙飘逸不知茶，可笑流涎见曲车。
玉杵和云舂素月，金刀带雨剪黄芽②。
试将绮语求茶饮，特胜春衫把酒赊。
啜罢神清淡无寐，尘嚣身世便云霞。

（《湛然居士文集》卷五）

赠茶肆

［中吕］阳春曲③

李德载④

茶烟一缕轻轻飏，搅动兰膏四座香，烹煎妙手赛维扬。
非是谎，下马试来尝。
黄金碾畔香尘细，碧玉瓯中白雪飞，扫醒破闷和脾胃。

---

① 耶律楚材（1190—1244）：字晋卿，号湛然居士、玉泉老人。契丹族，辽国皇族之后，蒙古开国功臣，曾随成吉思汗西征，官至中书令。定蒙古国君臣之礼，立课税制，印儒家书，为蒙古国和元朝的建立做出卓著贡献。有《湛然居士文集》。

② 黄芽：蒙顶山名茶。

③ 中吕：十二律阴、阳各六，阴律第六为吕。阳春曲：古曲调名，合白雪曲而称“阳春白雪曲”。

④ 李德载：元代词曲家。《赠茶肆》共10首，均以卖茶人口气吟唱。

风韵美，唤醒睡希夷[①]。

蒙山顶上春光早，扬子江心水味高[②]，陶家学士更风骚。

应笑倒，销金帐饮羊羔[③]。

龙团香满三江水，石鼎诗成七步才，襄王无梦到阳台。

归去来，随处是蓬莱。

一瓯佳味侵诗梦，七碗清香胜碧筒，竹炉汤沸火初红。

两腋风，人在广寒宫。

木瓜香带千林杏，金橘寒生万壑冰，一瓯甘露更驰名。

恰二更，梦断酒初醒。

兔毫盏内新尝罢，留得余香在齿牙，一瓶雪水最清佳。

风韵煞，到底属陶家。

龙须喷雪浮瓯面，凤髓和云泛盏弦，劝君休惜杖头钱。

学玉川，平地便升仙。

金樽满劝羊羔酒，不似灵芽泛玉瓯，声名喧满岳阳楼。

夸妙手，博士便风流。

金芽嫩采枝头露，雪乳香浮塞上酥，我家奇品世间无。

君听取，声价彻皇都。

（《金元散曲》下册）

---

① 希夷（871—989）：陈抟，字希夷，宋代著名道学家，其墓在四川安岳县。著《无极图》《先天图》，描绘宇宙生成及六十四卦，倡导长睡辟谷之法养生，相传活118岁。

② 蒙山二句：这是中国著名茶联“扬子江心水，蒙山顶上茶”的最早版本。

③ 销金帐：用金线装饰的帐子。此句谑笑在豪华金帐中饮羊羔美酒的人，不懂好茶的魅力。

蒙顶石花茶

王越[①]

闻道蒙山风味嘉，洞天深处饱烟霞。

冰绡碎剪先春叶，石髓[②]香粘绝品花。

蟹眼[③]不须煎活水，酪奴[④]何敢斗新芽。

若教陆羽持公论，当是人间第一茶。

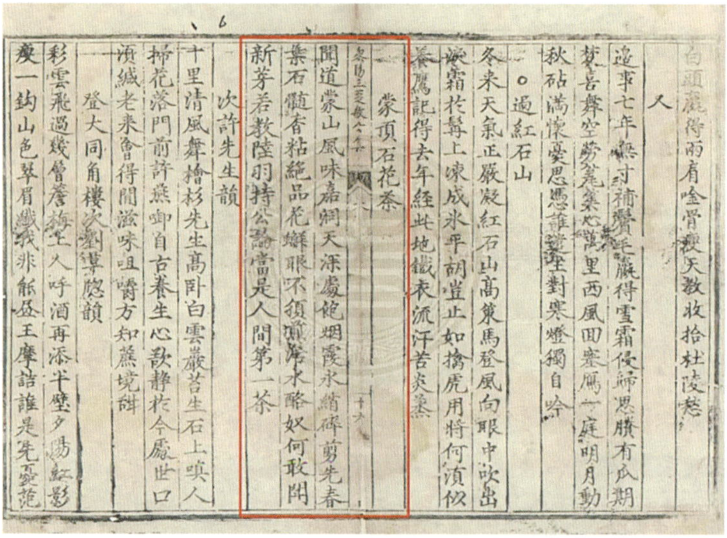
白頭贏得兩肩高骨瘦天教收拾杜陵愁
人
邊事七年懸寸補鬢毛贏得雪霜侵歸思憑有凡期
夢吾舞空勞堯棄心萬里西風回塞鴈一庭明月動
秋砧滿懷憂思憑誰遣坐對寒燈獨自吟
○過紅石山
冬來天氣正嚴凝紅石山高策馬登風向眼中吹出
淚霜於鬢上凍成冰平胡豈止如擒虎用將何須似
養鷹記得去年經此地鐵衣流汗苦炎蒸
蒙頂石花茶
聞道蒙山風味嘉洞天深處飽烟霞冰綃碎剪先春
葉石髓香粘絕品花蟹眼不須煎活水酪奴何敢鬥
新芽若教陸羽持公論當是人間第一茶
次許先生韻
十里清風舞檜杉先生高卧白雲巖苔生石上嗔人
掃花落門前許燕啣自古養生心欲靜於今處世口
須緘老來會得閒滋味咀嚼方知蔗境甜
登大同角樓次劉導憲韻
彩雲飛過幾層簷梅上人呼酒再添半壁夕陽紅影
瘦一鉤山色翠眉纖我非能畫王摩詰誰是先生

万历版《黎阳王襄敏公案》，国家图书馆藏

---

① 王越（1426—1499）：初名王悦，字世昌，大名府浚县（今河南浚县，汉代黎阳县）人，明成化、弘治时西北军事统帅，官至兵部尚书。27岁时巡按四川，逝后葬浚县，谥号襄敏。有万历版《黎阳王襄敏公案》传世，收此诗与《名山县志》有异。

② 石髓：蒙顶石花名茶的别名。

③ 蟹眼：水开时就像螃蟹眼一样。

④ 酪奴：代指茶。南北朝时，北魏人不习惯饮茶而好奶酪，戏称茶为酪浆的奴婢，即酪奴。

辨物小志

陈绛[①]

蒙山顶上茶，扬子江心水。

（《辨物小志》）

赵承旨为恭阇黎[②]写经毕以诗乞茶真迹在余所戏代恭答

王世贞[③]

玉堂[④]润笔元无价，珍重吴兴[⑤]只换茶。

但使毫端吐舍利，一蒙山顶属君家。

（《弇州山人四部稿》卷五一）

烹雪头陀传

杨梦衮[⑥]

烹雪头陀者，姓汤，名点，字瀹之，蒙山人也。其先有雀舌氏者，受知于神农，神农为食经，雀舌氏列名其中。

雀舌氏之孙曰点，性情冷，不好为烦腻，箪食瓢饮，晏如也。所至士

---

① 陈绛：浙江上虞（今浙江绍兴上虞区）人，字用言。明嘉靖二十三年（1544）进士，官至太常寺卿。仿《论衡》著《山堂随钞》。

② 阇（shé）黎：高僧，泛指和尚、僧人。

③ 王世贞（1526—1590）：字元美，号凤洲，又号弇州山人，太仓州（今江苏太仓）人，明代文学家。著《弇州山人四部稿》《弇山堂别集》《艺苑卮言》等。

④ 玉堂：本宫殿别称。唐代以后，翰林院亦称玉堂。

⑤ 吴兴：古湖州，亦产好茶。

⑥ 杨梦衮（约1577—1632）：生于山东淄博青城县（今高青县），自幼聪敏好学。公元1602年，协助县令王仪倡修《青城县志》。万历四十七年（1619）中二甲进士，入翰林院庶吉士。后因修复失火的宫廷三大殿之功，升至工部尚书、太子太保，一品衔。后因被诬陷，返乡著述，为大隐。逝后崇祯帝为其昭雪，葬今高青县城西二里处。

明代大学者杨梦衮

大夫渴慕之。

晋王濛绝好点，客至必使点出见客。点不论客食未，辄与之纵谭，一往一复，一吞一吐，颇有流唐漂虞、涤殷荡周之意。士大夫患之，曰："今日乃为瀹之所苦，此吾辈一厄也。"点于是舍去，而与唐之诸公游。

玉川先生卢仝者，最好点，点一日谒仝七进而七纳之，欢然恨相得晚也。旁观者皆私疑点数数，且怪仝僻，不近人情，仝方且习习两腋风生，曰：诸君愦愦。乃作长歌赠点，而点之名日彰矣。

点最相知者则有陆羽。羽字鸿渐，吴人，自少耽嗜点，凡点之性情风韵，及生平所寄迹之地，一一为之谱而传之。

点好游佳山水，如扬子中泠、惠山、虎丘、丹阳、大明、淞江，以及庐山之康王谷、新安之九龙潭、西湖之龙井、武夷之珠帘、历下之趵突、蒋山之八功德、摄山之珍珠泉，点无一处不到，到之处羽无一处不与之盘桓。扬清挹润，竞爽争奇，言之津津有味，不啻金兰之契，针芥之投，胶漆之固也。好事者于是家弓旌而人杖履，日奉点周旋矣。

点清甚，非俗人所知，点亦不求其知。客爱点者，唯是磐石丛篁之下，棋枰酒斝之旁，拥竹炉对坐，烟袅袅起松梢间，令人意致自远。又或澄湖一镜，携点夷犹于中流，船头使童子对灶吹火，点滚滚口若悬河，良久松风涧雨，洒然逼人矣。

蔡君谟尝以点进于朝，点之名遂无翼而飞，不胫而走。至今缙绅学士相遇坐，定必首及之。

野史氏曰：点以清名重，乃说者疑其臞而瘠，近之不甚宜人，今世之垂膝过腹之夫，腥膻逆鼻，彼皆宜人者哉？鹓雏鸑鷟，实非琅玕不食，渊非清冷不饮，童子牵牛而出，则蹄涔亦可以胀其腹，宜其不知点也。

（《岱宗小稿·十九友传》）

4 清代：爱新觉罗·弘历、赵怡、赵懿、高鹗、吴闻世、曹抡彬、何绍基、黄云鹄、王闿运、骆成骧、吴之英、徐元禧、莫瑞堂、王宝华、胡寿昌

烹雪叠旧作韵

爱新觉罗·弘历[①]

通红兽炭室酿春，积素龙墀云遗屑。
石铛聊复煮蒙山，清兴未与当年别[②]。
圆瓮贮满镜光明，玉壶一片冰心裂。
须臾鱼眼沸宜磁，生花犀液繁于缬。
软饱何妨滥越瓯，大烹讵称公鬻列。
挑灯即景试吟评，檐间冰柱攒阶坼。
我亦因之悟色空，赵州公案犹饶舌。
忽忆江南灾馑馀，抚字心劳荒政拙。
九重岂宜耽晏安，大君原为斯民设。
安能比户免饥寒，三代高风真邈绝。

（《御制诗初集》卷二）

---

① 爱新觉罗·弘历（1711—1799）：清代乾隆皇帝，1735—1795年在位。历十年编成《四库全书》，撰有《御制诗集》等。

② 石铛二句：用石铛烹茶煮蒙顶名茶，味道与当年贡品一样。

蒙顶仙茶

赵怡[1]

嵬峨大蒙顶，秀出五芙蓉。
沆瀣一气连，远与元圃通。
地灵草木异，碧树纷珑璁。
香茗擅奇淑，冠绝西南封。
仙人何狡狯，数株种其中。
吐纳万日月，元气含鸿濛。
百灵为守护，役使虎与龙。
昆儿不敢采，包贡九天重。
神产夙所念，西来得灵踪。
金篋[2]三百叶，想像郊坛供。

（光绪《名山县志》）

恭拣贡茶

赵懿[3]

昨读香山贡桔诗，今当蒙顶贡茶时。
露芽三百题封遍，云路千重传骑驰。
五载浮沉在西蜀，一般疏贱远丹墀。
柏梁台上诸陪从，病渴相如有所思。

（光绪《名山县志》）

---

① 赵怡：贵州遵义人，进士，名山县令赵懿之兄。光绪十八年（1892）赵懿请其撰修《名山县志》，功利后世。

② 篋：装贡茶的瓶子。

③ 赵懿（1854—1896）：字渊叔，贵州遵义人，举人。光绪十六年（1890）起任名山县知县。先后两任，声望颇高。

蒙山采茶歌

赵懿

昆仑气脉分江河，枝干漫衍为岷嶓。
岷山东走势欲尽，青城玉垒兼三峨。
其间一峰截然立，禹平水土曾经过。
奔泉流沫数百道，鸿蒙云气相荡磨。
昔有吴僧号甘露，结茅挂锡山之阿。
偶然游戏植佳茗，岂意千载留枝柯。
五峰攒簇似莲萼，炎旸雨露相调和。
灵根不枯亦不长，蒙茸香叶如轻罗。
自唐包贡入天府，荐诸郊庙非其他[①]。
火前摘取三百叶，诸僧膜拜官委蛇。
银瓶缣箱慎包裹，奔驰驿传经陵坡。
愈远愈奇极珍重，日铸顾渚安足多[②]。
古今好事有传说，服之得仙无乃讹[③]。
玉杯灵液结香雾，唯此已足超同科。
一物芳菲不可閟，自宜宠眷邀天家。
葡萄天马随汉使，邛竹蒟酱逾牂牁[④]。
人生要自有绝特，泥涂碌碌知谓何。
偶思屈子颂嘉橘，濡毫为作蒙茶歌。

（光绪《名山县志》）

---

① 自唐二句：自唐开始，蒙顶茶作朝廷庙祭专用贡茶。
② 愈远二句：蒙顶茶极珍贵，日铸、顾渚名茶再多也不能比。
③ 古今二句：喝蒙顶茶成仙的故事，时代久远，不是讹传。
④ 蒟酱：亦作“枸酱”，产于蜀，可佐食。牂牁：古代郡名，西汉置，在今贵州境内。

新茶

高鹗[①]

蒙顶惊雷春已分[②]，炉边风雨绕烟云。
莫愁酒阵千重困，七碗新添生力军。

（《高兰墅集》）

答竹君惠锅焙茶[③]

吴闻世[④]

我闻蜀州多产茶，槚蔎茗荈[⑤]名齐夸。
涪陵丹棱种数十，中顶上清[⑥]为最嘉。
临邛早春出锅焙，仿佛蒙山露芽翠。
压膏[⑦]入臼筑万杵，紫饼[⑧]月团留古意。
火井槽边万树丛，马驮车载千城通。
性醇味厚解毒疠，此茶一出凡品空。
竹君怜我病渴久，一鞭双笼长须走。
清风故人与俱来，不思更贳当垆酒。

---

① 高鹗（约1738—1815）：字兰墅，别号红楼外史，汉军镶黄旗人。清代文学家，著有《高兰墅集》《月小山房遗稿》。

② 蒙顶一句：《图经》云："雅州山曰中顶，有僧病冷，遇老者曰：'仙家有雷鸣茶，候雷发声于中顶，摘两服。'未竟病瘥。"意为当听到第一声春雷时，就可以采摘蒙顶新茶了。

③ 锅焙茶：临邛古名茶，清代为四川贡茶之一，故宫至今有藏品。

④ 吴闻世：字就日，号秋农，钱塘（今浙江杭州）人。清代乾隆时期诗人。

⑤ 槚蔎茗荈：陆羽《茶经》："其名一曰茶，二曰槚（jiǎ），三曰蔎（shè），四曰茗，五曰荈（chuǎn）。"

⑥ 中顶上清：为蒙顶山五峰之一，以产贡茶闻名。

⑦ 压膏：砖茶。

⑧ 紫饼：茶名。

涤枪洗碾屑桂姜，活火烹试第二汤。
绿尘碧乳泻百盏，苏我病骨津枯肠。
庭前一叶秋容浅，天末怀人情辗转。
何时薛井汲新泉，共听羊肠看蟹眼。

（《清诗纪事》）

乾隆《雅州府志》
（清）曹抡彬纂修

光绪《名山县志》
（清）赵懿、赵怡纂修

蒙顶石茶[1]

曹抡彬[2]

香酩馥馥产蒙巅，雾涌云封植自仙。
老树[3]未长三二尺，新芽只摘两三编。
灵根夏永金茎茂，仙叶秋收古干恹。
直待来年频发育，殷勤又献圣人前。

---

① 石茶：即石花，是蒙顶极品。《茶经》论茶生烂石沃土为好茶。
② 曹抡彬：贵州黄平人，康熙年间进士。雍正二年（1724）任湖州知府，乾隆四年（1739）任雅州知府，纂修《雅州府志》十六卷。
③ 老树：指皇茶园吴理真所植的茶树。

名山蒙顶贡茶赋示陈新盘明府

何绍基[1]

蜀茶蒙顶最珍重，三百六十瓣充贡[2]。
银瓶价领布政司，礼事虔将郊庙用[3]。
旗枪初报谷雨前，县官洁祀当春仲。
正茶七株副者三，旋摘轻烘速驰送[4]。
仙人手植东京前，后来化身入蒙泉。
古风古雨饱嘘吮，高三尺寿二千年[5]。
朱阑环之锁纽贯，县官来时一开看。
我于茶品太疏略，喜陟高山到天半。
夹江昨读酒官碑，名山今谒甘露师[6]。
敢云饮啜事琐琐，民生国典相纲纬。
榷酤源流有通塞，当官桑孔[7]要深思。

（《清诗纪事·乾隆朝卷》）

---

① 何绍基（1799—1873）：字子贞，号东洲居士，湖南道州（今湖南永州道县）人，清代文学家、诗人、书法家。道光年间进士，四川学政，著有《惜道味斋经说》等。其书法自成一家，草书尤为一代之冠。何氏在四川工作多年，对吴理真历史颇有研究，以诗证之。

② 充贡：指采吴理真植的茶作贡品，只采360片。

③ 银瓶二句：封装的银瓶是布政司出钱，用作朝廷祭祀之用。

④ 正茶二句：从吴理真植的七株茶树和旁边三株茶树上采茶制作后，即驰送京城。

⑤ 明确指出茶祖种在皇茶园内的茶树已有两千年。

⑥ 甘露师：吴理真在宋孝宗时被敕赐“灵应甘露普慧妙济菩萨”。

⑦ 桑孔：汉代著名理财家桑弘羊与孔仅的并称。他们主张盐铁专卖，形成榷政。

蒙顶留题

黄云鹄[①]

天遣我西来，汉嘉节两驻。
五载望蒙山[②]，客冬始登顾。
山灵勿相笑，游非政先务。
边静岁丰和，重游补前误。
解渴咽仙茶，涤烦沃甘露。
更喜四山青，云芽千万树。
利泽资山氓，辛勤助王赋[③]。
寄声管领人，随时好培护。

（《名山县志》）

① 黄云鹄（1819—1898）：字翔云，湖北蕲春人，宋黄庭坚第18世孙，诗书画皆优。咸丰三年（1853）进士，同治时出任雅州知府（1868）、建昌兵备道、成都府知府。在雅州留有大量诗作、墨迹。

② 五载一句：指因忙于政务，到任五年后即公元1873年，得闲才登蒙顶山。

③ 利泽二句：指蒙山茶佳，有利民生，赋税助国。

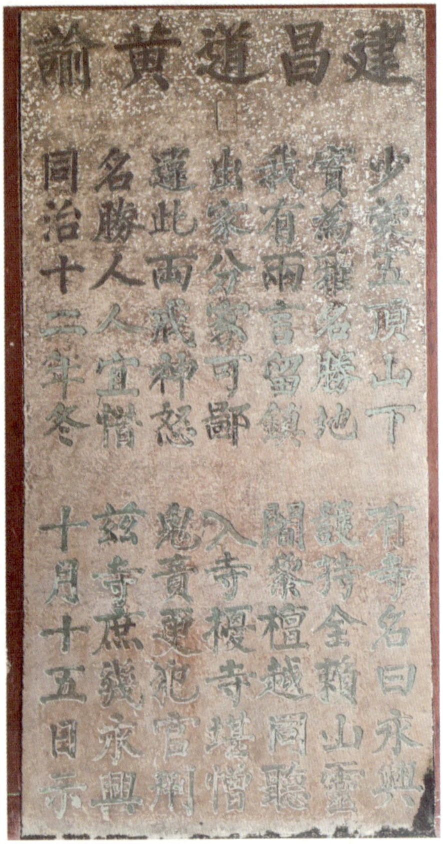

清黄云鹄任雅州知州时为蒙顶山永兴寺书石刻

蒙顶上清茶歌

王闿运[①]

酌泉试茗平生好，惟有蒙茶远难到。

---

① 王闿运（1833—1916）：清代著名文学家、经学家、诗人，字壬秋，湖南湘潭人，咸丰年间举人，光绪戊申（1908）赐翰林院检讨，曾为曾国藩幕僚。民国初，任清史馆馆长，1880年应四川总督丁宝桢之邀，任成都尊经书院首任山长，骆成骧、杨锐、刘光第、宋育仁、齐白石、吴之英均是他的学生。著有《湘绮楼全集》。

名高地僻少愈珍，梦想灵芽但西笑。
春动岷嶓花药香，故山新茗渴未尝。
石华[①]露叶今始见，开缄已觉炎风凉。
闻道仙根汉时活，七株常应雷鸣发。
王褒[②]遣僮不敢担，长卿识字名空撮。
贡登天府二千年，龙衮亲擎飨帝筵。
从此人间不敢识，台栏十里围云烟。
年年叶共周天转，银泥小盒盛三片。
至尊晨御偶一煎，王公那得分余羡[③]。
吴越江湖名品多，只供嫔女泼云涡。
含霜焙火争春早，散雪流芳付驿驮。
一闻蜀使当秋进，始觉后时天所吝。
闻名乍见已足夸，川纲长价开中引。
达赖熬茶静远荒，红茶航海动西洋[④]。
从来盐铁一时利，谁言此物关兴亡。
肸蠁馨香原有自，百草纤微岂堪比。
对此沉吟不忍煎，如睹法物郊坛里。
山人掉首百不知，松风一榻轻烟迟。
园茶采采共葵菽，迎凉且咏豳公诗。
世间远物徒为累，宁知跂石眠云味。

① 石华：即蒙顶山石花名茶。
② 王褒：汉宣帝时蜀郡资中人，任谏议大夫，善诗赋。其作《僮约》，是最早记述茶入家庭、专用茶具和茶市场的文章。
③ 余羡：皇帝食后剩余的贡茶，王公大臣也不得分享。
④ 红茶一句：红茶适欧洲俗食，因而大量销往欧洲。之后英国人在印度种茶，产量超中国。

一啜余甘复几时，支颐坐看西山翠。
忽忆君山北渚濒，乱余枯蘖杂樵薪。
五峰深处寻真隐，傥遇披云旧种人。

（《湘绮楼全集》）

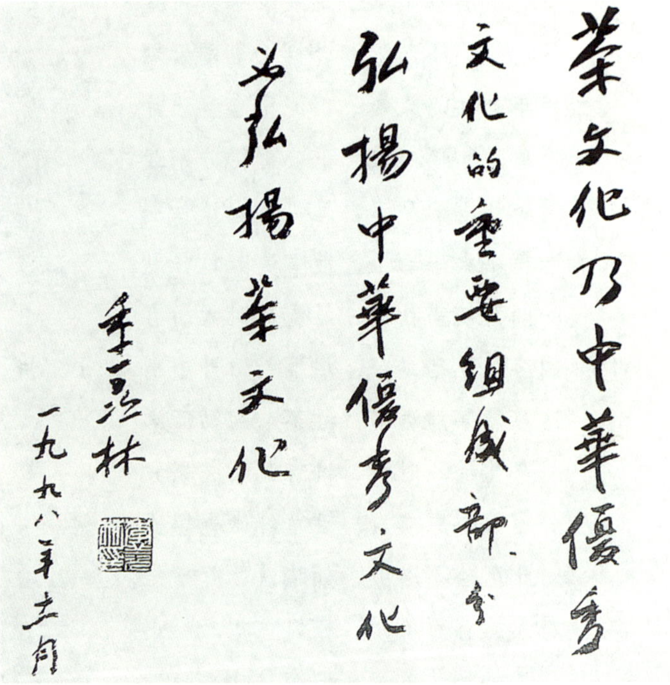

季羡林先生为陈香白著《中国茶文化》题词

登蒙山饮茶

骆成骧[①]

丙寅四月，西康屯垦使刘禹九约主文官考试，蒲江知事刘琼、名山知事杨利宾为襄校员，名山胡礼之为提调。试毕，刘公饯行于（蒙山之麓）金凤寺。因登游于永兴寺至天盖寺观蒙茶，遂由名山、蒲江归成都。

谁将海底珊瑚树，种向蒙山老烟雾。
五峰撮指擎向天，七株正在掌心处。
我生好古兼好奇，壮观每尽通天路。
五岳归来已倦游，峦峦乡山心所慕。
少壮遍陟岷峨峰，东望蓬莱小邱墓。
南岭北塞两如发，昆仑几缕来东注。
正思返驾穷西荒，莽莽万重山回互。
划然双崖相对开，控蕃抑诏键縢固。
乘兴曾逾飞越关，嘉招又抵平羌渡。
蔡蒙两过不一登，咫尺无缘愁攀附。
欣逢三子刘杨胡，校士同心游同趣。
扃门八日百不通，窥人四面山难锢。
忽然展卷生云烟，崔巍万丈起毫素。
左盘右踞龙虎蹲，后轾前轩凤鸾翥。

① 骆成骧（1865—1926）：字公骕，四川资州（今四川资中）人，清朝末年学者、教育家。14岁应州试，旋以岁试第一名调成都尊经书院深造。因刻苦勤奋，学业大进，为书院山长王闿运所器重。光绪二十一年（1895）中会试，参加殿试光绪帝亲自策问，骆成骧在策对中提出整军练兵、惩治贪官、厉行节俭、兴修水利之策，光绪帝激赏，钦点为状元，授翰林院修撰，是清代四川唯一状元。辛亥革命后，任四川省临时议会议长，积极参加讨袁运动。1912—1916年任四川高等学校校长。1917后为筹建四川大学而奔走筹划。有诗文集《清漪楼遗稿》《左传五十凡例》等行世。1926年，骆应西康屯垦使刘成勋之邀到雅安、康定主持文官考试，后游蒙顶山写此诗。

上摩参井光动摇，下缠江汉声号怒。
三子大呼我微笑，得毋山之精灵来相遇。
翻怪此间奇峭何太多，拔十得五已充数。
报语刘公吾力竭，非张天网焉能聚。
明朝相送金凤巅，辞公又被山招去。
樗材诗力一藤杖，蒲宰政声双草屦。
赖有杨胡作地主，穿林越涧狎鸥鹭。
三休亭[①]上未为劳，九折坂[②]前焉足惧。
不惮崎岖探禹功，敢辞薄劣追足步。
日光足力同尽时，极地穷天身不悟。
但觉身外元气青茫茫，斥挥八极空无据。
再有奇峰不敢登，倒身一寝百无虑。
半夜雷雨洗崖腹，起来万壑开清曙。
纵横邪正争雄尊，谁能一一问陶铸。
天边一片婵娟影，翠扫峨眉俨如故。
登峰又是四月九，四十二年犹旦暮。
人间何事不可求，浪窥天奥天应妒。
一生能踏几山云，何人解饮九霄露。
试汲蒙泉煮蒙茶，爱是升庵旧题署。
文采风流四百年，后生更比前生误。
矫首空蒙日月私，挥毫聊借江山助。

---

① 三休亭：唐代司空图晚年在中条山王官谷筑亭曰三休，意为量才、揣分、耄聩三件事都该退休。

② 九折坂：在今荥经、汉源县大相岭。《汉书》记王阳任益州刺史，过此怕出意外，父母无人尽孝，故托病辞官。后称此为蜀道难之艰险处。

仙耶佛耶种茶人，锡杖飘然渺难驻。
从来大名擅八区[①]，不朽定烦神呵护。
郊天礼废无用期，至今憔悴困阴沍[②]。
片叶勺水臣先尝，云中望断飞龙驭。
且随猿鹤归去来，时时引领东南顾。

（《清漪楼遗稿》）

蒙茶歌（节选）

吴之英[③]

古茶秀出蒙山巅，尔雅释木爰名槚。
闻说灵栽始吁茶，再经移植色香孤。
嘉树十年成美荫，但识主人旧姓吴。
后植两株陪左右，因善攀援通声臭。
更增四株作环卫，络绎蔚起后来秀。

---

① 八区：八方。此句指吴理真名扬天下。

② 郊天二句：沍（hù），冻结。清亡贡祭之礼废，不知何时恢复。皇茶园无人看护，憔悴衰败。

③ 吴之英（1857—1918）：字伯朅，四川名山县人，著名学者、教育家、书法家、诗人。光绪初，入成都尊经书院，为王闿运弟子，与杨锐、宋育仁、廖平并称“尊经四杰”，后任尊经书院副院长。在成都组织蜀学会，推动维新运动。为纪念四川保路运动，书“辛亥秋保路死事纪念碑”10个大字，纪念碑位于成都人民公园内。著有《寿栎庐丛书》《中国通史》。

蒙山二首（其一）

徐元禧[①]

五顶参差比，真成一朵莲。
茶香开净土，苔厚闷甘泉。
石屋能藏月，云梯可到天。
禹功谁记取，书载旅平年。

再上蒙顶咏

莫瑞堂[②]

茶已称仙，三百茶中香最盛。
师亦成佛，二千年后我才来。

蒙山采茶诗三首（其三）[③]

王宝华[④]

振锡来游海国赊，老僧到处便为家。
万山秀气归蒙顶，千载奇闻说汉嘉。
草木有灵传不朽，蓬莱欲访怅无涯。
莫嫌宦味清如水，迟挂秋帆为采茶。

---

① 徐元禧：浙江湖州人，康熙年间进士。康熙六十一年（1722）任名山县令，主修《名山志》三十六卷，散佚无存。

② 莫瑞堂：字书龙，安定（海南安定县）人。道光十一年（1831）任名山县令，“为人教博笃雅，以诚化民，民服爱之”。

③ 王宝华《蒙山采茶诗（其二）》中有“菱角有缘陪汉树，桃源何处为秦人”一句，对认识吴理真很有帮助。

④ 王宝华：字瑞甫，浙江钱塘人，嘉庆二十四（1819）年进士。道光十二年（1832）任名山县令。著有《天女散花词》《百丈竹枝词》《秋菊吟》《杂咏》等。

三登蒙山采茶序（节选）

胡寿昌[1]

仙茶植于中心，蟠根石上，每岁采仙茶七株为正贡，分贮银瓶。每盒不过五片，宝如奇珍，收藏数载，苍翠如故，其见重如此！

清代徐元禧、莫瑞堂、王宝华、胡寿昌、赵懿前后5任县令，皆不是四川人，在近150年的时间内，对五峰植仙茶、汉代银杏相伴的咏唱，前后相续。说政府打造蒙顶山，从吴理真起，古已有之，这就是证据。

2002年4月26日，我陪国务院参事室主任徐志坚一行26位参事在天盖寺品茶，他们都是大名人和科学家。看着环伺拱卫的12株参天银杏，有科学家说，在四川有两处遗迹不可仿造和复制，一是剑阁县翠云廊的汉柏树，二是蒙顶山的汉代银杏群。伟哉！

5　当代：李半黎、欧阳崇正、何郝炬、马识途

沁园春·蒙顶山

李半黎[2]

雅水蒙天，曲路难攀，雾绕峰巅。
似深藏奥秘，茫茫渺渺，
翠屏上下，诗画篇篇。
飞鸟情转，流泉潺潺，疑有歌声赞杜鹃。

---

① 胡寿昌：字雪琴，顺天府（今北京）大兴人。咸丰十年（1860）任名山县令。

② 李半黎（1913—2004）：河北高阳县人，著名书法家。1938年入延安鲁迅文学艺术学院。1951年后历任川东报社、四川农民报社总编辑，四川日报社党委书记、社长、总编辑。此词成于1984年6月，省书法家协会蒙顶山雅聚。

登高处，进濛沫胜景，巧遇茶仙。
痴心无语详观，忆入贡淑茗引味甘。
羡唐人陆羽，亲尝细品，琼浆润腹，举世称鲜。
百代清芬，千载云津，古寺禅僧默谢天。
杯杯举，愿神茶圣地，香遍人间。

踏莎行·开发蒙山感怀

欧阳崇正

雾障茶畦，云迷石径，五峰仙迹知何处？
可堪荆棘破衣裳，丛林日漏光如柱。
抚膺长叹，引项无语，既为攀险何须顾。
众山环绕倍胸宽，滔滔江水东流去。

思佳客·登蒙顶品茶

何郝炬[①]

片语只词茶半杯，枯肠苦索笔难挥。
万春银叶沐甘露，忍让黄翁醉饮归。
登险盖，上天台，金风丽日云中开。
蒙泉幽径穿修竹，几见采茶仙子来。

---

① 何郝炬（1922—2023）：成都人，革命家、诗人、书法家。1937年，15岁时只身奔赴延安参加革命。先后任四川省副省长、省委副书记、四川省人大常委会主任，享年101岁。著有《澄愚集：郝炬诗词选》《霜天晓月》《故人故事》《行者春秋》。此词作于1984年10月。

七律二首·览蒙顶山

马识途[①]

其一

驱车高速到蒙顶，蒙顶品茶了夙缘。
晨雾濛濛笼绿野，朝阳赫赫挂蓝天。
逶迤古道依悬障，浪荡缆车上极巅。
小憩危亭放眼看，秋光烂漫乐开颜。

其二

品茶蒙顶我来迟，已是秋光绚丽时。
古道盘旋登丛岭，缆车浪荡似天梯。
仙宫隐隐云端现，银杏萧萧黄叶飞。
古庙品茶闻摆古，原来茶祖此山栖。[②]

题记：2004 年秋，孙前同志约登蒙顶品茶，始知此山乃茶祖栖息之地，作七律二首。2008 年 4 月书以赠，时年 94 岁。

---

① 马识途（1915—2024）：重庆忠县人，著名作家、诗人、书法家，与巴金、张秀熟、艾芜、沙汀并称“蜀中五老”。1939年入党，曾任川康特委副书记，后任中国社会科学院四川分院书记、省建委主任、省人大常委会副主任、四川作家协会名誉会长、中华诗词学会副会长。出版《马识途文集》《清江壮歌》《夜谭十记》《巴蜀女杰》《沧桑十年》《马识途讽刺小说集》等，108岁时出版《马识途西南联大甲骨文笔记》。

② 笔者同马老有乡情之谊，忠县、万县毗邻，在成都多有拜谒讨教。得知马老未上过蒙顶，2004年10月30日（周六），专门接游蒙顶。回成都后他寄诗稿二笺作念。2008年4月，笔者持稿笺登门求墨宝，留此奇珍。

联　句

马识途

千山都看霜叶红；独有蒙顶一片金①。

陪马识途先生登蒙顶山　2004.10.3

著名演艺家成龙，在420芦山地震后为蒙顶山做公益宣传　2013.4.28

① 2009年8月，95岁马老书赠笔者。此写每年深秋季节，蒙顶天盖寺古银杏之美。

6 烹雪头陀猜想

从汉代至今，吴理真有三个形象进入人们的视野：杭州中国茶叶博物馆内茶农吴理真汉白玉雕像；名山吴理真广场6.5米高的茶祖青石雕像；南宋蒙顶山《宋甘露祖师像行状》拓片像。后者是当时无名工匠，按僧正的要求所刻，从其水平可见。前两者，出自当代四川著名雕塑艺术家韩德雅之手。

汉代以来，这位茶祖还没有一个众人公认的形象，虽然文字记录不少。

从书海中，我打捞出明代以来湮灭无闻的烹雪头陀。

《烹雪头陀传》实际上是拟人化的蒙山茶事。文学作品中的人物采用化名，包含隐喻、深藏内涵是惯常手法。司马相如《子虚赋》中的子虚先生、乌有先生、亡是公诸名即是。

就文字描述中国历来茶人而论，《烹雪头陀传》当是顶级高手之作。能否以此设局，邀天下艺术豪雄，为这位烹雪头陀绘一永恒之作，有人敢接招吗？

1986年10月，我们在泸定县“红军飞夺泸定桥纪念碑公园”建有一座“四歌亭”，它更为响亮的另一个名称是“中国音乐界的哥德巴赫猜想”，至今30多年过去，芸芸声乐牛人，无人染指。

北宋李公麟绘《东坡笠屐图》因东坡盛名，而他也因画出名，同步为后人所记住。

现在，一个众所期盼的、流传千年的“烹雪头陀”茶祖吴理真的艺术形象，在蒙顶山翘首以盼。当你的作品从无数竞争者中被选中，被刻于蒙顶石岩之上时，你就是“烹雪头陀猜想”的胜者，这是茶圣山一局，敢试试吗？他将与蒙顶山同在，千万年永恒！

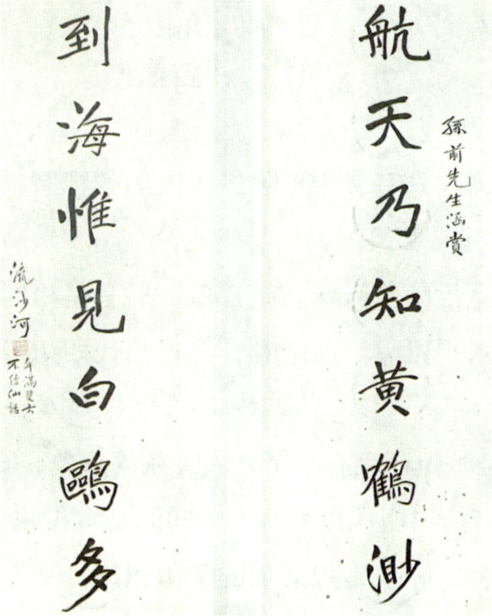

著名诗人流沙河 20 世纪 90 年代对笔者的勉励期许

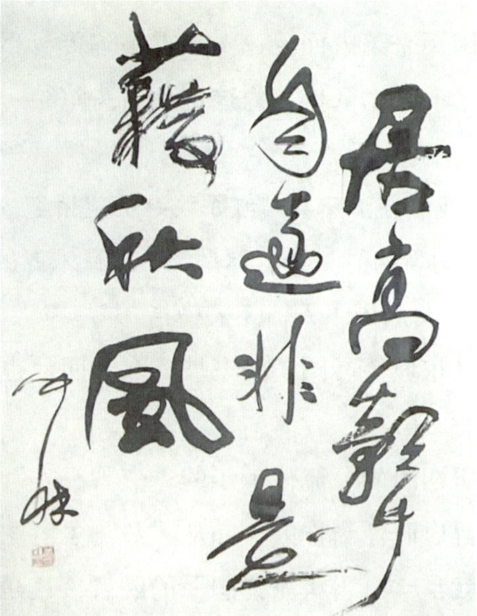

“居高声自远，非是借秋风”　天津书画家向中林书

第十四篇

一支神秘队伍——龙行十八式

▶ 提　要

关于“龙行十八式”起源，唯一真实准确的说法在这里

2001 年 5 月申报，招式名称由来，2002 年 5 月获版权证书

为什么选四川省贸易学校操演“龙行十八式”？

骄阳下的魔鬼训练，每天有学生中暑倒下，仍不下战场

108 人表演，600 人的伴唱团，36 人乐队，64 名志愿者旗手

800 多人的“龙行之师”，只有一名音乐科班生

城市氛围营造，摇身一变，国际化城市

每个志愿者服装，杭州杨招棣题词

1　“龙行十八式”缘起

此前我上过很多次蒙顶山，那是作为一般游客或陪客人，走马观花。2000 年 11 月被安排分管旅游后，我考虑必须出一本中英日文的《雅安旅游画册》和中英文的《雅安旅游地图》。同林强反复商讨后，委托他到蒙顶山、硗碛古镇、望鱼古镇拍片。2001 年 4 月 15 日，他到蒙顶山拍高凌峰的耍长壶掺水，当时也有法国人入镜头。

4 月 29 日，我在蒙顶山主持召开“蒙山派茶文化研讨会”，请了雨城区文管所所长赵彤、市旅游局吴天昊、市电视台荣罕、北师大教授罗军、名山县旅游局局长，以及刘永贵、唐林、郭友雯、李亚军等人参加。

景区安排最出彩的高凌峰表演长嘴壶茶技，动作的高难精彩程度出乎意料。我问：“这套动作叫什么名称？”负责茶馆茶艺工作的刘永贵，是全省有名的短壶表演高手，几年前就上过央视节目，他说：“没有名称，就叫耍长嘴壶或花式长壶。”

中途到永兴寺看《蒙山施食仪轨》，普明师傅告诉我，宋代西域高僧不动禅师在此主持时，他集密宗、瑜伽诸部而创“蒙山施食仪轨”，流传天下寺庙。她展示台湾高雄版精装的《蒙山施食仪轨》。为了锻炼和弘扬蒙山茶文化，大师研创了长壶技艺，融武术、舞蹈、瑜伽各门功夫，之后走出蒙山在巴蜀地区传播，被称为“蒙山派茶技”。寺僧习此练武健身，保护寺院，曾经有蟊贼骚扰，被寺僧痛击。局长指着宋代黄庭坚的第 18 代孙黄云鹄的书法碑《建昌道黄谕》，写着“入寺扰寺堪憎”以作证明，这引起我的极大兴趣。我问：“茶技表演申请了专利注册吗？”他说：“名山没有，但不知道外地有没有注册的。”

刘永贵说："申请专利注册要有名称，现在这个叫法不行。"我说："金庸的《天龙八部》名震天下，我看你们的招式中有'猛龙过江''龙行天下'，但是招式不多，就叫'龙行十八式'吧！你同高凌峰商讨，把长、短壶的长处融为一体，整理出 18 个招式，表演时更吸引人。"我们是龙的传人，"龙行十八式"显出恢宏磅礴的气势，大家赞同。

第二天麻局长电话说，还没有注册长壶技艺的，更没有"龙行十八式"之说，这是一个新名词。专利部门说，如果申报，要有专门的图片资料做说明。我即电告林强，请他把前段时间拍摄的照片精选一下，如果不够，再来补拍。5 月 3 日，我们再上蒙顶山，足足用了一天工夫，把高凌峰、刘永贵他们几天编排的 18 个动作，照了 200 多张照片，刘永贵在一边出新招做补充，局长把草拟的报告送我审改。

过完五一黄金周，我们拿到林强的照片，配上图解说明，报送四川省版权局审批。不久给退了回来，说这种专利，不能以机构的名义，要以个人名义申报，我说那就以麻局长名义报吧。他说："不行，县上搁不平，以孙市长的名义报，你办事公允大家信得过。"我说："不行，我是市政府负责人，怎么能申注县上的文化版权呢？"几经协商，以我和麻局长的名义，也就是代表市、县两方申报，互相监督，群众不会有意见，这一拖就是几个月。这种申报，职能部门要公示，征求意见也需要时间，眨眨眼到了 2002 年 4 月，我们把"龙行十八式"表演带去南京，得到好评。一次聚餐，江苏的茶友问我："你们申报了品牌专利吗？"我说当然申报了。这个询问提醒了我，我立即给麻局长打电话，请他催办。

回到雅安没多久，麻局长喜滋滋地来到办公室，出示了四川省版权局局长李正培签字盖公章的证书，登记号：21-2002-D-（0763）-0090。

名称：蒙顶山派茶技"龙行十八式"

作品类型：杂技作品

著作权人：四川省名山县旅游管理局

作品完成日期：2001 年 5 月

四川省版权局局长：李正培

批准日期：2002 年 5 月 13 日

“龙行十八式”申报名称：

第一式	蛟龙出海	第十式	潜龙腾渊
第二式	白龙过江	第十一式	龙吟天外
第三式	乌龙摆尾	第十二式	战龙在野
第四式	飞龙在天	第十三式	金龙卸甲
第五式	青龙戏珠	第十四式	龙兴雨施
第六式	惊龙回首	第十五式	见龙在田
第七式	亢龙有悔	第十六式	龙卧高岗
第八式	玉龙扣月	第十七式	吉龙进宝
第九式	祥龙献瑞	第十八式	龙行天下

麻局长解释说，省局开会研究，觉得署两个单位领导的名字不便以后工作，就把申报手续存档备查，按县局的名义做了审批。从 2001 年五一开始，我们的所有表演和对外宣传就把“龙行十八式”打出去了。我说：“咱俩这样超脱，挟蒙顶山声威，你们要把这张名片用好哟！”

龙行十八式茶技表演　2001.4.15
林强摄

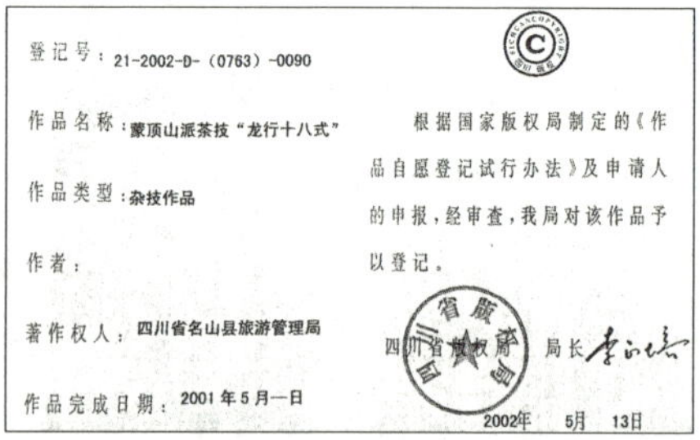

登记号：21-2002-D-（0763）-0090

作品名称：蒙顶山派茶技“龙行十八式”

作品类型：杂技作品

作者：

著作权人：四川省名山县旅游管理局

作品完成日期：2001 年 5 月一日

根据国家版权局制定的《作品自愿登记试行办法》及申请人的申报，经审查，我局对该作品予以登记。

四川省版权局　局长

2002年　5月　13日

四川省版权局颁发“龙行十八式”
版权证书　2002.5.13

2 四川省贸易学校接招

国际盛会必须通过多角度、多层次来体现。2004 年 6 月 8 日，市委研究决定办一台“千秋蒙顶”的歌舞晚会，由市委副书记张锦明、宣传部部长向华全负责，请四川省歌舞剧团马东风团长执导，专业队伍演出。从 7 月 29 日开始，《雅安日报》系列登出《一会一节“千秋蒙顶”主题晚会广告招商办法》，由于两年来“一会一节”已形成全市上下的共识，集腋成裘，多少都出点力，所以效果不错。

从我们在全国各地参会所见，开幕式或闭幕式，都是请国家级专业团队展示。从 2003 年开始，筹委办先后接触过央视艺术中心、成都军区战旗歌舞团，皆因费用或内容不理想而搁置。

2004 年 6 月 11 日下午，我同曾英慧、毛嘉雄、董存荣、王云康、蒲航到新津县拜访徐金华先生，商讨请他组织茶艺表演队伍的事情，晚餐他请大家品青城道家茶。大家受启发，我们的开幕式就把四川茶文化的特色做足。大家一致同意推出“龙行十八式”表演。

6 月 15 日，我到四川省贸易学校同王洪琴校长、周淑琼副校长商量，组织一支 120 人左右的茶技表演队，在开幕式亮相，姑娘小伙的形象、身高要注意。学校老师学过长壶表演，有基础。王校长表示有困难，马上要放假了，留在学校的多数是家庭条件困难的学生，高矮胖瘦

著名艺术家姜昆手书蒙顶山茶诗句 2006.9

不一。“学校经费紧张，办培训要给伙食补助，表演要有统一的服装吧，这都要钱，政府能给我们补贴多少？”我说：“筹委办经费极紧张，要给你们多少钱，这不现实。你到南昌女子职业学校去学习了，她们就是通过不断的活动，提高技艺创出品牌，你们再研究一下吧。”

离开学校，我即到雅安职业技术学院找书记何平商量。14 号，我刚在学院给 300 名师生讲过旅游战略和“一会一节”。我询问他能否出 60 名学生参加培训，一切费用学院负责。他说没问题。

第二天，我给王校长讲，他们出 60 位学员合练，减轻学校压力。她略一停顿后说：“学员全部由我们组织，两校学生难得协调，费用学校想办法。一个条件，演出时每张桌布要印上四川省贸易学校的名字。最后筹委办如果经费宽裕，给我们补贴多少算多少。”我一口答应。

3　魔鬼训练

王校长去组织学生，6 月份是课余演练，7 月至 9 月封闭式强化训练。她组织了学校领导班子抓此事，总指挥王洪琴，副总指挥周淑琼，后勤服务副校长吴小蓉、工会主席陈文玉。周淑琼、吴小蓉副校长天天到校具体抓。旅游系梅萍任副队长训练女生，何华柳任副队长训练男生。宣传处蒲航、王云康随时盯着，天天通报情况。

两周后，王校长请我们到校检查，我和曾英慧、毛嘉雄、王云康、蒲航下午到校，炎炎烈日之下，学校的水泥操场，放了 60 多张折叠小圆桌，每桌男女生各一人，手执 90 厘米的长嘴铜壶，一招一式慢慢熟悉动作。体育老师何华柳是总教头，他去年跟成先勤和成波老师学过“龙行十八式”表演，选了何碧华、姚铭、陈秀琼（女）、高菲（女）、黄港 5 个学生做茶技小队长，他们也上过成波老师的课。

骄阳下，魔鬼训练中的四川省贸易学校“龙行十八式”表演队　2004.7.9

良好的开端是成功的一半。我们鼓励学生们勤学苦练，为学校争光。我叮嘱校长，要注意补充学生的营养。第二天，《雅安日报》登出四川省贸易学校演练茶技“龙行十八式”，要在开幕式表演的消息，并配上训练图片。经过连续几天的报道，很多市民到学校广场看热闹。得知此情况，我们通知学校闭门谢客训练。宣传处提出，这是我们开幕式的“龙行之师”，现在要保密，只待一鸣惊人，一飞冲天。有道理！

8 月 10 日，我同曾英慧、王先忠、王云康、蒲航再次到校检查。学校没有室内体育场馆，训练都在赤日之下冒烟的水泥广场进行。小伙子们赤裸上身，姑娘们衣如水淋。

场边的梧桐树下坐着一个女生，衣背湿透，左手举起，树上挂着一个药瓶，一根针管连着手背。我问怎么回事，旁边的护士说，她中暑昏倒了，现在输液。

“为什么不进医务室？”

姑娘说：“我们训练节奏快，坐在这里听音乐，看训练，我才不会掉队！”

我的眼泪唰的一下就涌出来了，我侧过头抹去泪水。我对王校长说：“给同学们增加营养，增加饮料，多少钱，我都认！”

王校长说：“每天都有两三个同学中暑，校医 24 小时守护学生。我们选拔了 116 人训练，川农大场地只能容纳 108 人，多余人数是备选，若出现生病或怯场动作失调的学生，可替补。日本的松田博文‘魔鬼训练’排球队，我们也是‘魔鬼训练’，拼了！”有这样的校长，什么奇迹不能发生！

4　600人的伴唱队伍

6月底，筹委办征集的歌曲《龙行十八式》通过了，廖念钥、野梅词，邓健生曲，颇有气势，我们研究决定此歌作为神秘队伍表演的主题歌。在体育馆演出，必须要有合唱团助威才有气势。经过征求专业人士意见，组建600人合唱团，由雅安市政法系统、医院、银行系统的职工，以及雅安职业技术学院、市老干部合唱团、市老科协合唱团、市群艺馆合唱团、珠峰艺术团、甘孜州驻雅安老年协会成员等组成。

国际盛会，有三分之一是老年业余团来演唱，行吗？我们意见高度统一，大家铆足劲，一定练好。

另有一支36人组成的管弦乐队，是雨城区文化馆馆长吕志健组织的。这是一支636人的演唱队伍，只有一人是科班出身，即雅安中学音乐老师李宣康，毕业于四川音乐学院，负责指挥乐队。领唱母海泉是川西厂团委书记。合唱指挥是民办珠峰艺术团团长黄启国。

无论是从当时还是今天的眼光来看，这都是一支匪夷所思的杂牌之师，他们能干什么？

5　专业指导的“龙行之师”

8月25日，筹委办再次到学校检查，同学们个个皮肤黑里透红，动作龙飞凤舞，很有气势和节奏。何老师反映有一个困难，100多人的队伍从两侧出场，手执长壶，远看不成一条线，偏歪不齐，步伐的节奏感也不理想。

我说，这好办，可以请专业人员指导排练。3 天后王校长电话说大有进步，队伍动作整齐划一、铿锵勇武，真是“龙行十八式”。这时服装也订制好了，男式全套白绸，前胸绣腾龙，女生黄绸，双凤飞舞，清一色中式布鞋。

9 月 4 日，在川农大室内体育馆第一次合练。所有服装、乐器全部到位。曾英慧、毛嘉雄、曾林、侯启明、董存荣、王云康、蒲航、赵迎鸿等筹委办负责人，王洪琴、周淑琼等贸易学校领导，文心田校长和川农大校领导观摩彩排。

54 张茶桌，每桌 13 个盖碗，4 个玻璃杯，每壶都盛有三分之一壶凉水。我们站在主席台上，对面的观礼台坐着 600 人的演唱队和 36 人管弦乐队。队员由红黄两色服装组成 8 个 V 形图案，衣服左胸是熊猫和茶叶构成的会徽，背上是杨招棣副会长的书法“茶林盛会　浪漫雅安”。场地铺着红地毯。

李宣康老师指挥棒向下一挥，乐器响起，龙凤队伍呼啸发声，从左右两侧疾步入场。母海泉高亢的领唱，黄启国双手急促的节拍，600 人的歌喉，“龙行十八式”飞舞……12 分钟，戛然而止。主席台上，我们这二三十人的观摩队，使劲地拍巴掌。

文校长说：“精彩！太精彩了！”王校长说：“108 把壶，没有一滴水溅到杯外。”我拿起话筒高声说：“雅安人民感谢你们，中国所有茶人感谢你们，你们是中华茶文化的‘龙行之师’！还有两个星期开幕，不能松劲，练出最高水平！”

我指着场地对专业指导说：“有一个问题，提前把 54 张茶桌摆在场地，缺了隐秘感。若表演时再抬进茶桌，又浪费时间。我们先摆上茶桌，用三块巨大的喷绘绸罩上。每张由 16 人牵引，绸下分点布人蹲着，每人举一张 90 厘米 ×90 厘米的层板托住，免得绸布下坠碰翻玻璃杯。开幕式进场前，这一切要布置好，任何人进会场，都不知道在耍什么把戏。乐队一响，20 秒之内绸布退开，也就是说，差不多 3 个小时，纹丝不动，不能上厕所。看来，

筹委办领导看望“龙行之师”　2004.7.9

这个任务只有请专业人员帮忙啰，怎么样？”

9 月 13 日下午 3 时，在川农大举行第二次合练。三大块喷绘布，中间一块是黄色加天盖寺山门的红色图案，两边是绿色，各有一个巨大的“茶”字。志愿者着圆领 T 恤，背上是“茶林盛会　浪漫雅安”，戴白色会徽旅游帽，英武潇洒。每张圆桌罩着淡绿色绒布，两边印着“四川省贸易学校”，在任何角度都能看到。当时的合练，把每个人的精气神提到了高点，为自己参与其中深感自豪。

9 月 16 日下午 5 时，在川农大进行第三次合练，灯光、音响、摄制组、场地布局全部到位。108 人表演、600 人合唱、36 人乐队、64 位志愿者，领唱 1 人，指挥 2 人，这支 811 人的开幕式表演是史无前例的。他们会受到什么评价，我们有足够的自信。王校长面有难色地告诉我：“有七八个一直训练的学生最后不能上场，失声痛哭。”我指着场地说：“54 张桌子是最大容量，一张都不能多放了。学校多做工作，他们也算表演队成员，最后统一表彰。”

玉在椟中求善价，剑在匣中待时飞。雅安“龙行十八式”能否腾飞，拭目以待。

6 城市氛围营造

作为一个地级市，雅安的人口数2004年排全省倒数第3位，仅153万人，经济总量排全省倒数第4位，从未举办过国际会议。几个月前，保质期到点的老大桥炸掉重建，市区没有红绿灯，公共厕所都没有几个。大型国际盛会，除亮出雅安特色外，“小丫头也要靓打扮”，筹委办经数次研究和实地踏勘，决定来一次现代化的城市氛围营造。

信息发布出去，经过筛选，确定省内4家公司报创意方案，再经过比选，成都的四川元鼎广告有限公司中标。筹委办研究，让赵迎鸿副处长负责。他大学读工业与民用建筑专业，有多年企业操作经验，既有开拓意识，又有实战经验。他还要负责茶马古道老照片展和秘书处其他工作，同时承担我的秘书工作，白天黑夜地加班，34岁了，婚期也一推再推，可见压力之大，牺牲不小。每一位处级领导都是在成堆的任务山峰中穿梭，有位女处长是他同学，开玩笑说，好好干，新娘跑不了，到时候戴大红花时，一并举办婚礼。“一会一节”成功举办后的国庆节，我出席了赵迎鸿的婚礼并致辞，这也是我在雅安工作期间出席的第一个婚礼。

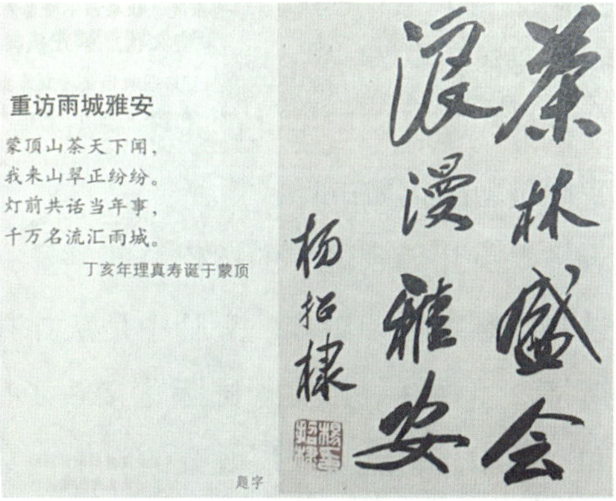

杭州杨招棣副会长书“茶林盛会 浪漫雅安”

雅安城区就两条与青衣江并行的主街，市内的叫东大街、中大街、西大街，在朝阳街和人民路形成十字街口；河对边的叫康藏路，邻江的辅道叫青衣江路。

由于主街及十字街道要安置展场，我们城市氛围营造的重点

中国百茶宴活动在蒙顶山举行

是从出雅安高速路口到嘉宾下榻酒店、川农大体育馆主会场。在沿途工地、交通节点设立 3.6 米高的巨幅喷绘，十字道口全部有鲜花坛，每根灯杆挂起双面广告，建筑物和树上挂满彩灯，各个会场立起升空气球，全城都布起“一会一节”会标、中英文会议名称、参会国家的国旗，还有中国元素的中国结、红灯笼、大熊猫、蒙顶山、鲜花墙……花样百出，主题突出，扬长避短。对中英文横幅字斟句酌，确保万无一失。

距开幕还有 7 天，城市氛围营造全面铺开，这是掐着时间点来的，一幅幅巨大的喷绘画立起来，参会国家旗帜猎猎飘扬，交通节点的鲜花坛五彩斑斓，红灯笼、中国结迎风摇曳，数十个巨大的升空气球挂着中英文会标在一二十米的高空醒目耀眼……到处都是浓厚的国际氛围，都是欢庆热闹的海洋。

最先享受国际范儿的是雅安市民，饭后扶老携幼到处照相，哈哈……我们是国际化城市！

提前几天到雅安的杭州总部领导一进雅安，两眼发光。他们这两年来过几次雅安指导工作，头脑中是灰扑扑、毫无亮点的城区，这一下翘起大拇指：“好好好！实现国际化接轨了！”9 月中下旬的雅安，雨季远去，和煦的阳光，远处层层叠叠的青山，穿城而过的湛蓝色青衣江，宛若水墨画卷……一个美丽的城市，迎接盛会的到来。

第十五篇

终于开幕了

▶ 提　要

2004 年 9 月 19 日上午，四川农业大学体育馆开幕

主会场内三面神秘大旗，让人不解其谜

四川省委书记、省长贺信，刘枫、陈文光、侯雄飞致词，“龙行十八式”精彩表演

吴理真广场茶祖像揭幕，“千秋蒙顶”歌舞晚会迎嘉宾

9 月 20 日，四川农业大学逸夫楼，宣读《蒙顶山宣言》

茶祖、圣山定位，一致通过

11 个国际研讨会轮番举行、座无虚席

茶马古道新老照片展、生态熊猫摄影展、集邮展成了热门观览购物点

茶、美食、名优特新商品展区，是几天持续亮点

女王、熊猫、陈建民挑战的玻璃房是大家打卡点

雨城区和名山县两场烟火晚会，犒谢所有支持者、服务者

筹委办智炬寺开总结会，这是“一会一节”的起始地，来此谢幕

1　被永远记住的开幕式

2004 年 9 月 19 日，“2004 第八届中国国际茶文化研讨会暨首届蒙顶山国际茶文化旅游节”，在雅安的四川农业大学体育馆终于开幕了。

上午 9 时，从雨城区、名山县、碧峰峡、周公山温泉 16 家酒店出发的会务大巴车陆续进入校园停车场。升空的大气球挂着中英文标语，花坛处处，统一着装的男女志愿者面带笑容、精神抖擞地欢迎嘉宾。

漂亮的体育馆，最高处一幅红底白字的中英文横幅抓人眼球——“2004 第八届国际茶文化研讨会暨首届蒙顶山国际茶文化旅游节”。

四川农业大学“一会一节”主会场　2004.9.19

笔者同马来西亚参会嘉宾留下珍贵的纪念　2004.9.19

横幅下，30 余个参会国家和地区的旗帜五彩斑斓地迎风摇曳，两个大红灯笼挂在下方，两道宽宽的红地毯铺在阶梯上，两侧是绿茵花圃，国际化和中国元素融为一体，明快高雅，不同凡响。我专门请马来西亚的陈松青、萧慧娟、林福南三位在大门口照相。2002 年 9 月 11 日，他们把国际研讨会会旗传给我们，今天接旗者在此欢迎他们，是很有意趣的纪念。

神秘莫测的开幕式主会场　2004.9.19

进到体育馆内，主席台的设置，全国一样。场地铺着红地毯，三面巨大的彩绸旗贯通南北，左右两面绿旗，各有一个大大的“茶”字，中间一面淡黄旗的下半部是蒙顶山天盖寺红色的山门。每面旗由 12 位志愿者用暗劲绷着，免得下坠。这给嘉宾的感觉是，为避免场地空旷，做的布景配置吧。

9:30 时，大会开始。省委领导受在京开会的省委书记张学忠、省长张中伟的委托宣读贺信：

致第八届国际茶文化研讨会暨首届蒙顶山国际茶文化旅游节贺信

第八届国际茶文化研讨会暨首届蒙顶山国际茶文化旅游节组委会：

今悉第八届国际茶文化研讨会暨首届蒙顶山国际茶文化旅游节，在有着两千年茶叶种植历史的雅安隆重举行，我们代表中共四川省委、四川省人民政府表示热烈的祝贺！

雅安蒙顶山是著名的茶文化发源地，其深厚的茶文化底蕴在我国乃至

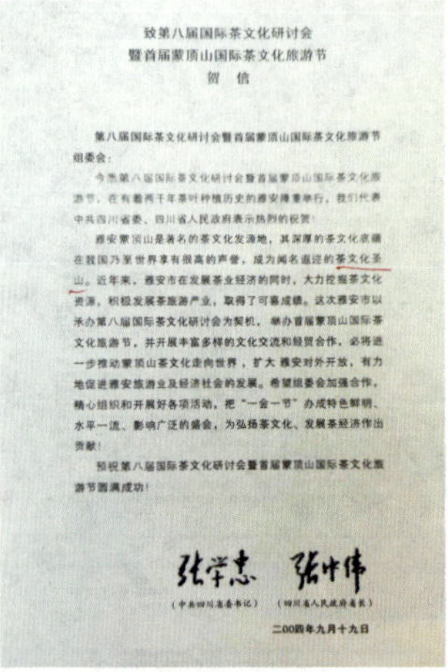
致第八届国际茶文化研讨会
暨首届蒙顶山国际茶文化旅游节
贺信

第八届国际茶文化研讨会暨首届蒙顶山国际茶文化旅游节组委会：

今逢第八届国际茶文化研讨会暨首届蒙顶山国际茶文化旅游节，在有着两千年茶叶种植历史的雅安隆重举行，我们代表中共四川省委、四川省人民政府表示热烈的祝贺！

雅安蒙顶山是著名的茶文化发源地，其深厚的茶文化底蕴在我国乃至世界享有很高的声誉，成为闻名遐迩的茶文化圣山。近年来，雅安市在发展茶业经济的同时，大力挖掘茶文化资源，积极发展茶旅游产业，取得了可喜成绩。这次雅安市以承办第八届国际茶文化研讨会为契机，举办首届蒙顶山国际茶文化旅游节，并开展丰富多样的文化交流和经贸合作，必将进一步推动蒙顶山茶文化走向世界，扩大雅安对外开放，有力地促进雅安旅游业及经济社会的发展。希望组委会加强合作，精心组织和开展好各项活动，把“一会一节”办成特色鲜明、水平一流、影响广泛的盛会，为弘扬茶文化、发展茶经济作出贡献！

预祝第八届国际茶文化研讨会暨首届蒙顶山国际茶文化旅游节圆满成功！

张学忠 张中伟
（中共四川省委书记）（四川省人民政府省长）
二00四年九月十九日

四川省委书记张学忠、省长张中伟 贺信

世界享有很高的声誉，成为闻名遐迩的茶文化圣山。近年来，雅安市在发展茶业经济的同时，大力挖掘茶文化资源，积极发展茶旅游产业，取得了可喜成绩。这次雅安市以承办第八届国际茶文化研讨会为契机，举办首届蒙顶山国际茶文化旅游节，并开展丰富多样的文化交流和经贸合作，必将进一步推动蒙顶山茶文化走向世界，扩大雅安对外开放，有力地促进雅安旅游业及经济社会的发展。希望组委会加强合作，精心组织和开展好各项活动，把“一会一节”办成特色鲜明、水平一流、影响广泛的盛会，为弘扬茶文化、发展茶经济做出贡献！

预祝第八届国际茶文化研讨会暨首届蒙顶山国际茶文化旅游节圆满成功！

张学忠　　张中伟

（中共四川省委书记）（四川省人民政府省长）

二〇〇四年九月十九日

研究会副会长邬梦兆宣读刘枫会长献词。刘会长两个月前新疆考察车祸受伤，请常务副会长宋少祥代劳。宋会长自知浓浓的宁波腔读的听的都费劲，就请普通话标准的邬会长帮忙。贺信全文如下：

第八届国际茶文化研讨会暨首届蒙顶山国际茶文化旅游节，在中国西部的茶文化古城——四川雅安市隆重举行，这是新世纪中国国际茶文化研究会进军西部的一次重要茶事活动，也是世界茶文化领域的一件大事。

茶，诞生在中国西南部，茶的发现和利用，已有四五千年历史。唐时，茶在中国四川一带已成为“比屋皆饮”之物。自唐至今，历经1200余年，茶已成为中华民族的举国之饮，成为人民物质生活和精神生活不可或缺的一部分，它为华夏文明的发展做出了贡献。如今，茶已成为世界三大饮料（茶、咖啡和可可）之首，成为全球最大众化、最受欢迎、最有益于身心健康的一种天然、营养、保健饮料。有关专家预测，21世纪茶将风靡全球，主导饮料世界。所以，茶亦是中国人民向世界做出的物质和精神的双重奉献！

当前，中国及世界许多地方，茶文化活动如火如荼，茶文化研究不断深入，茶文化旅游深受欢迎，茶产业经济蓬勃发展。纵观全球茶文化发展，形势喜人，前景广阔。随着茶文化的大力弘扬，中国“茶为国饮”的提倡，世界茶文化活动的兴盛，在新的世纪里，茶文化、茶旅游、茶经济必将有一个更大的发展，并在人类社会物质文明和精神文明建设中，发挥越来越大的作用。

四川人杰地灵，号称“天府之国”。雅安是一个古老美丽而令人向往的城市，不仅有悠久的历史，灿烂的文化，秀丽的山川，优美的环境，更有着雅女、雅雨、雅鱼为精气神“三绝”、集天地灵气的茶文化圣山。“蜀土茶称圣，蒙山味独珍。”“扬子江心水，蒙山顶上茶。”雅安是茶文化的最早发祥地之一，是有史记载最早人工植茶的地方，有千年的茶马古道，有蜚声中外的蒙顶山茶。深厚的茶文化沉积，独特的旅游资源，闻名的熊猫故乡，为进一步弘扬茶文化，谱写茶文章，开发茶旅游，发展茶经济，奠定了厚实的基础。这次茶文化研讨会和茶文化旅游节的举办，不仅将为促进茶文化的发展做出贡献，而且对繁荣四川及雅安的茶文化，提升城市品位，扩大雅安影响，发展旅游经济，都具有重要的积极意义。相信通过与会者的共同努力，这次研讨会和旅游节一定能够取得圆满成功，让千年蒙顶山茶香飘五洲，使熊猫故乡雅安扬名中外。

这次研讨会，诸多海内外茶文化专家、学者，以及爱茶人士聚集雅安，交流研究体会，探讨前进问题，共商发展大计，同谋推进举措，这是世界

开幕式主席台上的海内外嘉宾　2004.9.19

茶界的一件幸事。这本论文集汇综了茶界的一部分精湛篇章，是茶文化研究的重大成果，也是世界茶文化专家、学者的心血结晶，其中不少文章，观点新颖，论据充分，创意独特，对推动茶文化的深入研究，对促进茶文化、茶旅游、茶经济的有机结合、共同发展，都有着积极的启发和借鉴作用。

刘枫（全国政协文史资料委员会副主任、中国国际茶文化研究会会长）

2004 年 9 月 19 日

（美国）世界文化联盟主席杰夫贺信　2004.9.19

大会组委会主任、四川省副省长陈文光致开幕词。

（美国）世界文化联盟主席杰夫发来贺信，全文如下：

2004 第八届国际茶文化研讨会暨首届蒙顶山国际茶文化旅游节组委会：

值“茶产业界之奥林匹克盛会”的“2004 第八届国际茶文化研讨会暨首届蒙顶山国际茶文化旅游节”在“世界茶文化的发源地”中国

四川雅安隆重召开之际，谨代表“世界文化联盟”和“世界茶文化协会”向大会表示祝贺，并预祝大会圆满成功！

（美国）世界文化联盟主席　杰夫

2004 年 9 月 19 日

雅安市委书记侯雄飞致辞。

韩国茶人联合会理事长朴权钦向组委会献贺礼。他的颜体书法作品“茶文化世界化”，被裱成立轴，孙前代表接受。

大会开幕后，一声嘉宾不明白的暗哨响起，志愿者疾速退步，20 秒钟，三面大旗退场卷走，红地毯上露出 54 张一米高的圆桌，绿绒铺坠，绣“四川省贸易学校”，每桌放 13 个盖碗、4 只白玻璃杯。嘉宾们脑筋急转弯，谁也猜不出要变什么把戏。

20 秒静场。随着管弦乐队指挥李宣康双手一挥，乐声响起，108 位手持金光闪闪长壶的男女生从东西两侧以凤鸣龙啸、九霄翱翔之势出现。男生白绸龙服，女生黄绸凤服，龙凤遨游在茶天地间。

主席台对面 600 人 V 形排列的合唱团，在领唱母海泉高亢放声的引领下，在黄启国指挥下，《龙行十八式》主题歌响起：

“水有源，山有峰。茶树遍天下，发源蒙山中。

四季云雾绕，千年古风同。龙行十八式，国人争相颂……”

摩梭女王等在主席台　2004.9.19

坐在主席台对面贵宾席的专家学者、著名企业家回首望去，才发

名震天下的“龙行十八式”在开幕式登场，让天下茶友记住了雅安！ 2004.9.19 刘鲁军摄

现 636 人的合唱管弦乐队就在他们身后，人人神采飞扬，引吭高歌，充满无限的自豪自信。那些白发老人的歌声，让人顿生敬仰之情。

每壶盛半壶水，在龙飞凤舞的高速运行中，滴水不漏地注入杯中。一些高难度动作，如双手执双壶，给盘坐地上者头顶的盖碗杯注水，看得人心惊肉跳，目瞪口呆。

12 分钟，表演戛然而止，表演队向四方嘉宾躬身致执壶礼。

会场响起暴风雨般的掌声，主席台的贵宾全部起立报以掌声。场内有人高喊：“再来一遍，再来一遍！”

在开幕式 4000 人的观众中，除川农大文校长几个班子成员，筹委办曾英慧、毛嘉雄、曾林、侯启明、肖建林、董存荣、王云康、蒲航、赵迎鸿和我等几人看过彩排外，其他人皆第一次看“龙行十八式”表演。开幕式时间总共一个小时。

侯雄飞在主席台拉着我的手说：“老孙，好！太好啦！”班子其他成员，大家击掌致贺，一切都在不言中。

我预先告诉王洪琴校长，请全体表演者在大门口台阶上合影。我匆匆出来，与这些晒得黑里透亮的孩子们合影。今天是他们人生的精彩华章，这是中华茶文化的“龙行之师”！

来到馆外广场,新老朋友交流问候。有人给我肩头一掌,转身一看:“啊！韩国朋友好！”

姜育发伸出大拇指说：“棒！太棒啦！不可想象，国际盛会一个小时的开幕式，让人留下终生不忘的记忆！”

“再给您说一遍，我是台湾人，中国人，在韩国工作而已！”从去年我们相识，就为此事斗嘴趣。“还记得您给我说的话吗？”

“君子一言，怎么能忘！去年你带39人到蒙顶山朝圣，这是打圣山牌以来的第一批外国朋友祭圣山，我答应把你们名字的中韩文刻在蒙顶山千佛寺的汉白玉石壁上。”

“他们好多人委托我照相，但是绝大多数不相信会刻字。”

“他们不知道说话的是谁！”

“另一件事，39人中今年来参加‘一会一节’的，我个人送每人一瓶熊猫王子酒，你们来了几位？我把酒亲自送到你手上，代表茶祖吴理真致谢！”

“不敢，不敢，我们要致谢茶祖，感恩！”

研究会两位部长杨楠、张莉颖照完相，提出一个问题：“市长，那样大三面旗一下子就退开了，一个杯子也没碰翻，是怎么弄的！”

“智慧，问到命门处了！”

开幕式现场盛况

世界茶王李瑞河、台湾学者蔡荣章、阮逸民，浙江学者阮浩耕、重庆刘勤晋教授参会　2004.9.19

李瑞河在天福茗茶展场　2004.9.19

日本学者仓泽行洋、姉崎有峰、山口纪子，江西余悦、北京滕军、香港冯子民、杭州张莉颖参会　2004.9.19

李瑞河与宜兴工艺大师茶文化专家王爱民、施小马、江建翔、孙本朴、何建等合影　2004.9.19

“都是玩茶的，大家都在猜，不得要领。”

“你们看到每旗 12 人牵领，旗下还有 12 人练过蛤蟆功的，举着 90 厘米 ×90 厘米的层板，分点托旗，使其不坠。一旦听撤出暗号，同步移动，绝不碰翻杯子。”

“他们蹲了多久？”

“8:30 时开始，在第一批代表进场以前，到 10:30 时结束！排练过很多次，确保万无一失。”

张莉颖指着所有志愿者说，每人背上都印的杨招棣会长的书法“茶林盛会　浪漫雅安”，要他来了现场，可是疯掉了，不知要拍几百张照片，可惜身体不好，没来。

全体嘉宾在礼仪人员和志愿者的引领下，步行前往几百米外的“国际茶叶博览会展区”。我的任务是全程陪同世界茶王李瑞河以及阮逸民、蔡荣章等人，旅游局长肖建林同行，以便传达各处情况。

展区设在中大街和朝阳街，这相当于成都天府广场或春熙路的位置。在两街交汇的黄金十字路口，就是李瑞河先生设的全场最大的展示区和卖场，数十款天福茗茶，上百款茶食品糕点，让人惊讶，茶可以做这样多花样呀！我们径直来此，坐下品茶。游客围得水泄不通，要一睹茶王风采，记者的采访麦克风都递不过来。

这两年，筹委办团队考察了 17 处国际、国内茶会，扬长避短，结合雅安实际决定把三大展场（国际茶叶博览会场、名优特新商品展、大西南美食节展）摆到街上。从 2000 年五一黄金周“名优特新商品展销会”以来，雅安已办过多次这类展，包括到南京、广州、成都办展，培训了工商、城建、质监、卫生队伍，也培训了各区县的领导班子。只要拿出好的规划，确定亮点，我们可以驾轻就熟地实施。

休息一会儿，我建议茶王到江苏宜兴的紫砂器展馆，这是仅次于天福茗茶的第二大亮点。由宜兴市茶文化研究会会长王爱民，组织了施小马、江健翔、孙本朴、何健等一批艺术家参展，馆楣写着“中国陶都著名陶艺家首次亮相蜀国”。茶王到馆内看后说道，东西不错。合影留念。步行途中，茶王看到韩国、日本、菲律宾等外国展位生意火爆，他笑眯眯地说，你们可真是国际茶博会啊！

2 吴理真雕像揭幕

下午 1:30，名山县吴理真广场的吴理真石雕像揭幕。这是迄今为止最高大的吴理真像，高 6.5 米。今人对古贤的尊重景仰，感天动地，下起了细雨。朴权钦会长的茶艺队伍 12 人，把茶艺毯铺地上，安放好火炉、几案、香炉、茶壶、盏，静候揭幕。

名山县吴理真广场茶祖像揭幕　2004.9.19

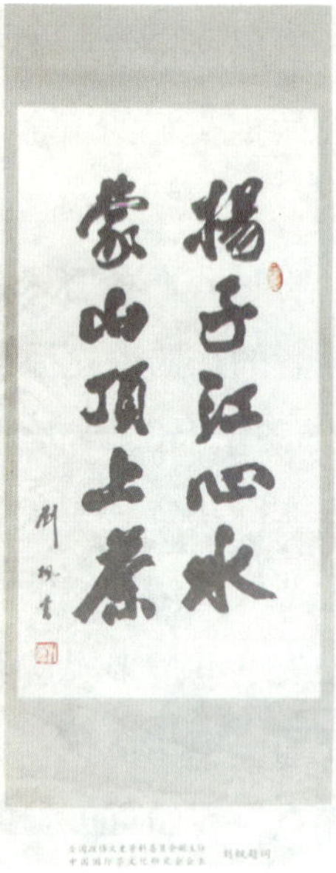

刘枫题词

名山县县委书记李毅主持，我和朴权钦先生致辞。在世界茶文化圣山，300位外宾、500位国内嘉宾汇于此，祭拜茶祖，感恩他施惠人间，中、韩、日、马来西亚的专家学者20余人，分站雕像两侧，缓缓拉下披的红布，鞭炮齐鸣，鸽飞冲天。右手持工具的吴理真慈祥而坚毅地望着大家，似乎在说："你们要多种茶，让更多人喝上好茶。"从此以后，每年的3月27日吴理真生日这一天，都要在广场举行明前春茶交易会，让更多的人喝上健康美味的好茶。

韩国茶艺队的领祭献上韩国好茶，然后12人全部匍匐在地，以首叩地而拜，让大家感动不已。红妆礼仪准备了香烛，大家轮流祭香。

茶王休息好了，我陪他们一行上蒙顶山。他们都是第二次来，在天盖寺红色山门，我指着"扬子江心水，蒙山顶上茶"的楹联对他们说："我们的大山门'蒙顶山'和楹联书法，都是请杭州刘枫会长题写的，有人建议我找四川的官员写，我拒绝了，除了感恩之心外，要让天下茶友看到，蒙顶山是中国的，是世界的，这就是我们的胸怀。"茶王点头说"有胸襟"。

在茶祖殿给吴理真祭高香以后，我带他们看茶祖殿后号称千年的古茶树。当时树没有围栏，我带茶王走到树边，同时我刨开树根土，让他看根兜大小，这是典型的蒙顶山野生灌丛小叶种，叶呈柳叶状，它处皆无。我让茶王判断此树年铃，他抚着树说："800年是没问题的，你们要做个围栏，游人不能来抠来晃动。"节后，立即把围栏做好了，任何人都不能进去。

3 千秋蒙顶晚会

晚8时，川农大体育馆举行"千秋蒙顶"大型歌舞晚会。此节目是四川省歌舞剧院院长、著名青年舞蹈家、全国精神文明"五个一工程"奖获得者马东风，应雅安市委宣传部之邀主创导演的。总撰稿是著名词作家、

大型歌舞晚会“千秋蒙顶” 2004.9.19 晚

国家一级编导、省歌舞剧院原院长刘光弟先生。省歌舞剧院和省舞蹈学校200 余人参加演出。

晚会 90 分钟，集歌、舞、乐、诗为一体，全剧分为序幕“茶之源”；第一幕“贡之茗”，讲从大唐盛世开始的蒙茶入贡；第二幕“汉之茶”，讲茶马古道故事；第三幕“茶之风”，尽展“三雅”文化。场次紧凑，表演精彩，高潮迭起，充分显示了蒙顶茶文化的博大精深，获得掌声不断。这一天，给所有参会嘉宾留下永恒的蒙山印象。

4 一致通过《蒙顶山宣言》

9 月 20 日，是一天多场次的高峰论坛会，全部集中在四川农业大学逸夫楼，这是检验大会组织水平、文化科技高度的一天。

为了迎接这次盛会，川农大组织了最强的领导班子，校党委书记、校长文心田任组长，党委副书记秦自强、副校长张强为领导，相关学院处室一把手参加。

当天的 10 个论坛同步举行，就分给 5 个学院各负责两场，大家铆着劲，都想办得最好，投影、音像、茶歇及卫生……人人争先。我们在杭州汇报时，程启坤会长说，办国际会，必须双语，最好三语同声传译。

雅安市没有国际会议经验，但是各学院都有小型国际学术会的经历。文校长说，各会议室，中、英、日、韩 4 语同声传译。我们大喜，先不给杭州汇报。

当天要召开的论坛和研讨会计有：

（1）第八届国际茶文化研讨会（国际茶文化高峰论坛）；（2）"蒙顶山杯"国际名茶 / "茶马古道杯"全国边销茶评选颁奖仪式；（3）茶文化促进社会经济访谈会；（4）WTO 与中国茶叶出口研讨会；（5）世界 500 强企业与雅安经贸合作恳谈会；（6）茶马古道历史文化国际研讨会；（7）国际茶道茶艺茶技表演晚会；（8）雅安招商引资推介会；（9）雅安人居环境居住推介会；（10）西部（雅安）旅游高峰论坛；（11）全国茶馆座谈会。这些活动，全部集中在川农大逸夫楼一楼小礼堂、二楼报告厅、第 10 教学楼 1—2 楼学术报告厅。

国际茶文化高峰论坛是今天的第一重头戏，嘉宾逾 500 人，有来自 28 个国家地区的 200 余位外宾和国内 34 个省、直辖市、自治区及特别行政区的 300 多位嘉宾出席。其中有欧盟茶叶委员会秘书长芭芭拉女士，法国茶业协会会长北歌女士，俄罗斯外交部新闻中心主任马尔科夫团长，荷兰中国茶叶协会会长李满全，日本茶道学会仓泽行洋（会长）、工滕佳治，日本茶乡博物馆小泊重洋（馆长）、姉崎有峰、山口纪子，韩国茶人联合会朴权钦（会长）、郑仁悟、崔锡焕、姜育发，韩国文化交流财团总裁李施英，马来西亚茶文化协会萧慧娟（理事长）、陈松青、林福南、释继程，以及中国台湾天福集团总裁李瑞河，台湾著名茶文化专家范增平、蔡荣章、阮逸民、区少梅、林仁港，中国香港世界茶文化交流协会王曼源、白水清、张潜、叶惠民，中国澳门茶艺协会曾佐威（会长）。

第三届国际茶文化高峰论坛在川农大逸夫楼举行　2004.9.20

中国国际茶文化研究会常务副会长宋少祥，副会长程启坤、邬梦兆，全国茶叶流通协会会长梅峰、王庆，上海国际茶文化研究会会长陈铭华，上海茶叶学会黄汉庆、刘启贵、任少南，北京茶叶协会会长段葆兰，北京华侨茶叶基金会关博文、刘崇礼，福建省茶叶协会会长詹立铰，山东省茶文化研究会会长王裕晏，云南省茶叶协会会长邹家驹，昆明民族茶文化研究会会长张顺高，太原茶业协会会长杨力、丁文，河北省茶文化学会会长舒曼，湖北陆羽茶文化研究会欧阳勋，河南郑州茶叶批发市场姬霞敏，浙江湖州茶叶协会会长徐明生，四川省茶文化协会会长谢运全；宁波市政府副市长陈炳术、湖北天门市委副书记王宪龙，江西婺源县副县长詹显华，江苏溧阳市副市长彭留双、霍益民总裁；重庆永川市委书记刘强，四川甘孜州副州长陈加林，遂宁市委副书记刘十庆；等等。

著名茶历史文化、茶学专家朱自振、吴甲选、韩金科、施兆鹏、刘祖生、梁月荣、杨亚军、骆少君、李家光、施嘉璠、任新建、刘勤晋、姚国坤、阮浩耕、余悦、沈冬梅、尹智君、孙状云、李茂荣、吴胜天、江万绪、王亚雷、滕军、赵大川、李新玲、林治、甘良华、石爱发、鲁鸣皋、丁以寿、程光茜、高英姿、王爱民、尹钟……（无法一一罗列，致歉！）会议采用中、英、日、韩 4 种语言同声传译。

会议分三个阶段：

第一阶段，首先由雅安市委书记侯雄飞向全世界茶人宣读了《世界茶文化蒙顶山宣言》（简称“《蒙顶山宣言》”），四语同声，谁都能听明白，大会全体中外代表一致通过，致以热烈掌声。

第二阶段，采访广州、杭州、青岛、安溪、安吉、信阳、思茅、长沙、雅安 9 地区代表，进行“茶文化促进茶产业发展”经验交流，由雅安电视台直播。

第三阶段，由程启坤对本次会议 58 篇论文做简要评析，并对会议简要总结。

中途，我看到姚国坤秘书长挂着相机溜出会场，我知道他是去查哨，看看会议室坐满没有，是不是主办方应付差事。16 号我到机场去接他和程启坤会长，见面他就对我说：“我在杭州上飞机前，又帮你通知了一些茶企，告诉他们不来要后悔。”“啊，您又通知人参会呀？”“是啊，以往的会从来没坐满过，所以我帮你多通知点！”“天哪，为了逐一抠出床位，我们脑壳皮都弄来立起了，床位不够呀！”“好吧，您既然通知了，来的都是客，虽然条件不好，也让他们有住的地方。”

一会儿姚秘书长回来了，我问他怎么样，他说：“全坐得满满的，身着正装，像开国际会的样子，很多人还在做笔记。你们做的四语同声传译呀？”“按总部要求，我们自加压力！”“好！”

晚上 7:30—9:30，在逸夫楼 1 楼小礼堂举行国际茶道茶艺茶技表演交流会。快开始了，四川省对外友协会长秦琳急匆匆地来找我：“孙市长，两支韩国队闹内讧，互不相让，都要第一个上台表演，只有你去做工作。”

釜山韩国文化交流财团总裁一周前通过秦琳告诉我，李施英对中国很友善，极爱茶文化，他这次带了一整套韩国茶道表演的器具、服装，表演完，全部捐赠蒙顶山。他们的航班17号因釜山暴雨取消，延到19号晚才到雅安。他们带的器具很多，好多人布置了一个下午，现在不让他们先表演，绝不能接受。

情况清楚了。我找到仍气呼呼的朴权钦会长，我同他在国内多次会上相见，早就是好朋友了。我轻声说：“朴会长，昨天下午您的表演队趴在地上冒雨祭吴理真茶祖，媒体一转播，中国人都知道了，为你们点赞。茶祖像开光呀，那是最高荣誉！李总裁航班误点，他带的几十个人怨天不作美，生闷气。今晚就让他们先表演吧，他要捐赠，是提前十多天就同我们联系过的，怎么样？”朴先生是当过韩国文化部部长的，看了他那书法礼品，功力了得。朴会长说：“好吧，他们先上。”

李施英捐赠54件韩国茶艺表演器具　2004.9.20

深夜拜访看望香港代表团　2004.9.20

表演活动开始，第一项议程，就是李施英先生的捐赠仪式。他们布置了一个韩国茶道表演的室居环境，八折叠的韩式屏风作背景，地上铺满韩式草垫，镜台、镜桌、茶桌、朝鲜火炉、石锅、香炉、花瓶、茶碗、茶具，男女老少韩服。我数了一下，有33种，计54件礼品，全是韩国名窑名师金允泰、申贤哲、金玉顺作品，以人民币计价，应在30万元左右。

我们分别致辞，他只有

一个条件，待明年蒙顶山“世界茶文化博物馆”建好后，要为他辟一个韩国馆，专门安置这些器物。他以后每年都要来，都要捐赠新礼品，这不是有钱无钱的问题，他只是一句话，“我感恩茶祖吴理真，我爱蒙顶山！”

9:30 活动结束，我听到很多志愿者在转告，到大西南美食节展区，到啤酒一条街的第几号别墅楼，烧烤，不见不散。

这次的 16 家酒店全部落实雅安市委、人大、政府、政协、军分区各一位领导，驻点服务，再配几位局级干部当联络员，他们都有丰富的接待经验。

这是下午就预约的，我赶到酒店看望萧慧娟、陈松青、林福南时，已是晚上 11:45。我向他们表示歉意，这样晚登门打扰，也感谢他们莅会指导。萧慧娟讲出了她那段著名评论：“你们做出了大国美城雅安的独特风范，多亏我是办的第七届，要是你们先办，我们就不敢办了！”

拜访王曼源时，已是夜里 12:35。他把呼呼大睡的年轻人喊起来，我们在会议室见。他的世界茶文化交流协会就来了 20 多人，太平绅士张潜是顾问，白水清、刘正庆、林修源、王曼龙同行。我说：“此时打扰，我深表歉意。”白水清说：“这个会有多大，您这个总指挥有多忙，我们都看在眼里。您这个时候专程跑到山上来，这是看得起我们，铭记不忘。”王曼源送了一个特制祝贺牌，我回赠立轴印拓。

此后 20 年，我同王曼源会长见过 20 余次，他逢人必讲这次见面，“你们不知道那个会规模有多大，至今全世界的茶会无人超越。他是总指挥，半夜快 1 点了，开了 20 多公里山路，专门跑来看望我们，这份情缘，永不忘怀！”

21 号晚上，我到天府温泉酒店拜望朱自振教授，他说：“你们把一届国际茶文化活动办到这个程度，这是见所未见的。以后有什么查资料、抄抄写写的事要我效力，尽管安排。”我说不敢不敢，以后要多聆听教诲。

我到隔壁看望吴甲选、张素娟夫妇。接待组给我反映，他们订从汉源乌斯河车站上车的票，觉得奇怪。我询问甲老是怎么回事，他说不给大会添麻烦，他们在那里坐昆明去北京的火车，这样方便。我说：“万万不可！从雅安到乌斯河要翻泥巴山（大相岭），《汉书·王阳传》记的九折坂就在这路上，就算最顺利也要坐3个多小时的车，如遇堵车，误到何时就不知道了。我请接待组订成都飞北京机票，费用我们出。”他说：“那不行，我自己出。”“您是吴觉农研究会的创始人，吴老是当代茶圣，您在整理他的著述，这算雅安的一点心意吧！”

已是晚12时，我看望了日本姊崎有峰、山口纪子两位著名茶人。

5　碧峰峡和展销会

前两天主要是会议和到蒙顶山祭拜茶祖，从今天开始，转入欣赏雅安美景了。

第一重点，就是碧峰峡。两年来，我们遍发英雄帖，有90%以上的接帖者出席了“一会一节”。我们制造事件，吸引关注，也收到意想不到的效果。很多嘉宾说：“全中国办茶会，我们参加多啦，千篇一律，难见亮点，你们的亮点，天下唯一。”

到碧峰峡看“熊猫搬家”，这是全世界最大的半野生熊猫保护基地，只要捐一点“熊猫保护费”，可以抱熊猫照相。

“摩梭女王回故乡”，泸沽湖的肖淑明，是中华五千年唯一健在的“和亲大使”，被称为“人类社会的最后一朵玫瑰化石”。嘉宾们都想同她照相，买她签字的书。开幕式上，她一身摩梭服装坐在主席台，就引起极大关注。老外尤其好奇她的传奇经历，礼仪人员滚瓜烂熟，一一道来。

五一黄金周收官的“陈建民挑战大卫44天饥饿世界纪录”，引起全球关注。他以49天的记录，为中国人，为东方人，增添豪气。中央电视台几个频道的“打真”“打假”激辩，为主办方碧峰峡极大地增加了关注度。现在挑战虽然结束了，人去楼空，但是很多人都与八卦玻璃房合影，这是人生难得的纪念，世界唯一。

碧峰峡基地看熊猫

“一会一节”的三块展场，是整个活动的另一大亮点。获得全国各省市及国外参展商的一致好评，深受雅安人民和各地参观者的喜爱。这项工作，交曾林、陈书谦负责，配上彭学松、黄春铁、郎红为助手，抽调邱康金、史小丽、辜红兵等得力干将。根据雅安实际，不搞假大空，努力而行，做出成效。

展销会现场之一

第一块：国际茶叶博览交易会展区。面积3600平方米，分特装展区和标准展区，设展位260个，中外茶商、茶机械企业、茶食品、茶保健、茶具、茶家具、茶书籍、茶工艺品、茶衍生品等企业应有尽有，展位被认购一空。成都大西南茶叶市场总裁覃中显，一下就带了几十家茶企入场。他很豪气地说：“雅安办国际茶会，为四川增光，我们必须来扎起。”宜宾最大的茶企叙府茶业董事长颜泽文来时，一个展位都没有了，他很诚恳地说："孙市长，你无论如何要给我一片场地。"经同陈书谦商量，把出主会场十字路口的给他，那是所有嘉宾必看的第一家。他喜出望外，起个晚床，抢个头宝。至今他感谢雅安，说了20年。

第二块：中国西部（雅安）名优特新商品展销区。面积5500平方米，展位220个，以四川产品为主，还有来自重庆、内蒙古、甘肃、贵州的厂家，此展销会的目的，是让来宾认识"雅安造"，增强外在合作、交流。与此配套的还有成都来的"千骑走巴蜀汽车巡展"，那时想买车的人不多，看热闹的不少。

第三块：大西南美食文化节展区。以雅安美食、烧烤为主，同时引进成都美食等100多种西南名优美食、小吃。280个展位被称为"一位难求"。

其实还有不可忽略的第四块，是丰富多彩的群众性文化活动，以雨城区、名山县为主，在青衣江广场、音乐广场、协和广场、朝阳街展场、吴理真广场，各区县的队伍轮番进场施展。很典型的有汉源县组织了两支舞龙队，一共96人上阵，堪称巨龙；芦山花灯和高跷队；宝兴藏乡的踢踏舞；石棉彝族牵手舞……无尽的欢乐，让嘉宾感受到地方特色，扮靓了国际盛会。

6　茶马古道老照片展

从汉以来，雅安是为时最早、延时最长的中国以茶易马和茶马古道的重镇，这是我们在"一会一节"时必须奏响的重要乐章。云南的茶马古道牌已经打得很响了，雅安也要借此发力，响亮发声。

筹委办研究决定，要办一个有特色、有影响的"茶马古道老照片展览"。我找到朋友胡奉宪，他是百事可乐的四川总经销，这种饮料当时销路很好，请他资助此活动，他爽快地答应了。此次活动的谋划与执行，交给杨路先生（成都赛狮公司）。1998 年至 1999 年，云南文化名人殷晓俊先生在昆明、北京、重庆、成都、西安、郑州举办法国方苏雅总领事摄的“世纪回首”老照片展，轰动一时。1999 年 1 月 23 日，在成都四川省博物馆，展出 365 张照片，为期一个月，门票难求。成都展时，杨路是殷先生的合作者。杨路提出，他找殷晓俊做雅安合作伙伴，提供当年拍的茶马古道老照片，我们来一次“百年老照片回顾展”，组织摄影高手，沿方苏雅当年线路，拍出百年对比，这种茶马古道百年回顾展，全国是首家，肯定轰动。这真是好主意。

我们选共同的好友、摄影高手林强当领队，摄影家程明明、安卓，雅安电视台摄制组和雅安日报社 3 人，为了翻译核查法文资料，还请了法国留学生刘虹佑、摄影师林袁，再加后勤保障人员，3 台越野车。2004 年 8 月 10 日上午在雅安高速路入口举行“百事可乐茶马古道摄影之旅出征仪式暨新闻发布会”，我和筹委办负责人及 10 多家媒体朋友出席，鸣枪出发。

林强带着队伍，以天全、二郎山、泸定、康定为重点，再走雅江、理塘、乡城、稻城到西藏边界，返雅安。林强是藏族聚居区通，提前做好功课，节约了时间，收获很大。16 日回到雅州宾馆，与专程从昆明来的殷晓俊、杨路见面会商展览和舆论宣传工作。这项工作交秘书处副处长赵迎鸿落实。

林强一行，从 2000 多张照片中精选出 200 余张，再加上殷晓俊提供的 100 多幅老照片，9 月 4 日，以成都市委宣传部、雅安市政府联办的名义，在成都画院（后子门）举办“茶马古道百年老照片展”，殷晓俊、车辐、章玉均、黎本初、田旭中、杨路、林强、程明明、安卓、刘虹佑等百余位文化名流、茶马古道发烧友和各路媒体参加。

成都市委宣传部常务副部长周孟棋和我致辞。他说，这是成都首次举办的茶马古道专题展，珍贵的百年老照片新旧对比，选题新颖，这是难得一见的特展。我借此机会发请帖，邀请大家参加“一会一节”。展览持续 5 天，

站者（左起）：甘玉祥、殷晓俊、沈浩

程启坤、姚国坤（左）　2004.9.20

（法）方苏雅摄第一张背夫图　1904 年泸定

观者连呼过瘾。

我们精选了 8 幅方苏雅 1904 年拍的老照片，有茶马古道的第一张背夫图、第一张泸定桥照片、打箭炉城门、沿线村落客栈、小道边饭店、吊桥，有中法文说明，制作成活页式纪念册作为礼品，也可以购买，每套 20 元。

林强、杨路、赵迎鸿通力合作，在雅安市大桥头的协和广场，通宵达旦地布展。为了让外地人更多了解茶马古道，从各县借调老竹篾条包茶、康定外运的方包茶，背夹子、木拐子、汗刮子、老竹斗笠、旧蓑衣，还搬了几大块密布拐子窝的石头，以及孙明经先生 1939 年西康行的老照片。广场三层楼，还布置了生态熊猫展、红色集邮展、汉代文物展，这是浓缩的雅安文化宝贝展。

9 月 18 日，殷晓俊、沈浩二位骑两辆大摩托从昆明出发抵达雅安。他们带着云南吉人茶庄的特制大普洱茶饼，千里走双骑，沿途还在雅安“一会一节”纪念封上盖邮戳。

大摩托有多大？法国总统卫队的开道礼宾摩托，只在央视新闻中见过。记不清是曾英慧还是毛嘉雄的主意，或是二人合谋，搞了一个隆重的入城仪式。入城仪式参与成员统一服装，二位远客居中，在雅安主街区转了几圈，雅安电视台全程转播。

“一会一节”期间，百年茶马古道老照片展，成了所有来宾的打卡地，很多人买相片纪念册，一下手就是10套、20套，带回去送朋友。雅安市民倾城出动，必到此展场转一圈。全国媒体现场一看，服气了，雅安才是真资格的茶马古道。

一些记者采访现场流泪的七八十岁的老人，他们就是老背夫，“当年给我们的工钱，雇不了一匹骡马，人不如畜牲。从雅安背茶到康定，每条茶工钱8升至1斗米，每年有10多万人当背夫，把上千万斤茶背到康定。最多的可背300多斤，儿童背几十斤。我们要让家人、娃娃都来看，今天的幸福不容易。”

7 “梦在雅安”和“龙腾虎跃蒙顶山”烟火收关

9月22日早8时，我们到雨都饭店送宋少祥、程启坤、沈才土、姚国坤一行，向他们表示深深的歉意。“你们来雅安指挥大会时，先住在这里，然后搬到条件比较差的市邮电宾馆，客人走了又才搬回来，往返折腾，真不好意思！”

宋会长说：“搬家让床位是我向你们提出来的，我们是主办方，先安排客人是应该的。这次活动办到这个规模和水平，是我们预先没想到的。总部应该感谢你们才对，我们也很有光彩呀！”“总部满意，我们就高兴！”

23日晚8时，在协和广场举行盛大的闭幕烟火晚会，这是由市供销社主任杨天禄募集，“一会一节”筹委办共同举办的“梦在雅安”烟火晚会，是雅安市委、市政府代表全市153万人民对前来参加“一会一节”的中外嘉宾、参展商、中外游客，以及支持参与“一会一节”的各级领导、工作人员、志愿者的真诚答谢。

45分钟的烟火分为四大乐章：第一乐章：激情雅安·热情似火迎盛会；第二乐章：绿色雅安·蒙山茶香飘万里；第三乐章：梦在雅安·浪漫城万象更新；第四乐章：奋进雅安·与时俱进创辉煌。“一会一节”在充满欢乐、祥和、美好、收获的金秋季节闭幕，雅安将迎来更美好的明天——天下雅安！

9月25日晚8时，在名山县吴理真广场举行“龙腾虎跃蒙顶山旅游节闭幕式”即“一会一节”闭幕式。

笔者主持大会，侯雄飞致闭幕词。在谈到本次活动的成效时，侯雄飞指出：一是确立了蒙顶山是世界茶文化圣山的地位，提升了雅安知名度；二是拉动了雅安经济社会的发展；三是锻炼了干部队伍；四是积累了成功办会经验。要借“一会一节”成功举办的强劲东风，把明年7月份在雅安举行的四川省第三届旅游发展大会办成特色鲜明、个性突出的大会。

“梦在雅安”烟火晚会　2004.9.23

“现在我宣布：第八届国际茶文化研讨会暨首届蒙顶山国际茶文化旅游节胜利闭幕！”侯雄飞拉上帷幕，结束了7天神采飞扬的“一会一节”。中国茶人、世界茶人会记住蒙顶山的“一会一节”。舞龙节目、烟火晚会，在吴理真的注视下欢腾跳跃。

记者给我开玩笑说，孙市长撕开了蒙顶山的雾障，侯书记拉下了精彩的帷幕，吴理真见证！

同一天下午，我同曾英慧、毛嘉雄、王云康、蒲航到贸易学校开总结表彰会。116 位参加培训和表演的同学，身着表演服，手持长壶坐在前面，校领导在主席台，全校同学参加。

轮到我致辞，我对后边的同学说："你们知道吗？表演队的同学基本被全国的茶友抢走了，杭州 20 多人，深圳、珠海 10 多人，北京、福建……各地都需要。参会嘉宾要买长嘴壶作纪念，雅安没卖的，请他们留下通讯地址，我们成都帮买代寄，一统计，要买 360 多把，历史上成都就没有一次卖过这样多把长壶。

"我们筹委办代表雅安四套领导班子，代表 153 万人民，首先感谢校领导王洪琴校长和校领导班子。她们正确决策，克服一切困难，接受了这项艰巨的任务，每天陪着同学们训练。感谢所有参加训练的同学，你们在魔鬼教官的督导下，只有一个信念——'为学校争光！练好！'。

"9 月 19 日在开幕式上的表演，我们在座的筹委办领导，人人热泪盈眶，我们是'龙行十八式'表演从始到终的参与者、见证者。这一天，也是你们人生的精彩华章！我们今天来总结，给训练队的每位同学、每位老师赠送一套大会赠外宾的礼品：'一会一节'纪念册、两本书（《蒙山茶话》《历代名人咏蒙山》）。你们的表演，让天下茶友记住了茶祖吴理真的蒙顶山，记住了四川省贸易学校！再次感谢你们！"

9 月 24 日下午，在三大展场撤展的头一天，筹委办在雅州宾馆开总结大会，感谢三大展场的负责人和各区县的工作人员。"这两年，在曾林、陈书谦、彭学松、黄春铁、郎红的带领下，所有工作人员满中国跑，三大展场爆满，成了'一会一节'最大亮点之一。嘉宾满意，了解了雅安；老百姓满意，天天看热闹。谢谢大家！"

9 月 27 日（农历八月十四）下午，筹委办全体工作人员约请 100 位礼仪人员以及志愿者（500 人）组长、各区县带队组长聚会于天府温泉酒店，每人一套纪念册、两本书、一个雅安光盘。

我说："以雅安目前的条件而论，这是最好的温泉酒店。之所以选今天，是辛苦几个月的同志们，明天中秋可以回家团圆了。谁说小城雅安办不了国际会，你们证明了，雅安可以办大型国际盛会。明年的第三届旅发会，大家还要再聚首。"

9月底，我拍着李宣康老师说："一个科班生带了636名业余爱好者，打了一场国际盛会，有记者建议申报吉尼斯纪录，您觉得呢？"他浅浅一笑："这倒是史无前例的。"

10月22日下午，在川农大逸夫楼举行"一会一节"志愿者、合唱团表彰会，这些业余歌者让世界认识雅安，志愿者的优良服务展示了优秀优美的雅安。

酬谢之情，该走到的我们都走到了。

10月28日，我提议在蒙顶山智炬寺举行"一会一节"筹委办总结表彰会，只缺出国的曾英慧。还邀请了欧阳崇正、李家光、施嘉璠、蒋昭义、徐金华、陈吉勋、刘松龄诸先生。我请杨奇先生坐在上八位，他拒不接受。我说："你不坐，这个会就不开了。"他说："那我坐边上，要跑厨房。"

2002年4月22日，智炬寺皇茶苑开张，请我参加，从刘松龄先生处得到信息要开第八届国际茶文化研讨会，由此而衍生了波澜壮阔的"一会一节"茶祖吴理真的茶圣山故事。

杨奇拿出当年我在红色签到簿上拜不得客的钢笔字展示，"让蒙山派茶文化名震天下！"两年过去，期许变成现实，不同的是，格局大了很多。

大家热闹发言。杨奇说："我是道地蒙山人，千百年来，我们说蒙山茶好，我们说种茶老祖宗吴理真。但是，'一会一节'让我们知道了，这是'世界茶文明发祥地，茶文化发源地，世界茶文化圣山'，'植茶始祖——吴理真'得到全世界公认。我不会说话，感谢筹委办的同志们，感谢雅安市和名山县的各级领导，感谢所有主办单位。现在我们走遍天下，胸口都挺得高一些。刚才陈处长找我说，筹委办买单。我再说一遍，我的山庄我做主，杨奇代表所有蒙山人，感谢大家！”

从 2003 年 8 月筹委办成立时，我们给自己定的目标是“办成一届前无古人，后难有来者的盛会”，我们做到了吗？

一切都结束了！一切才刚刚开始！

100 位礼仪人员和志愿者负责人在天府温泉合影　2004.9.27

《龙行十八式》创作者和指挥者、领唱人合影　2004.9.28

日本著名茶文化学者仓泽行洋写文章介绍“一会一节”，
并发表于《茶道杂志》，寄孙前纪念

蒙顶山世界茶文化宣言暨“一会一节”20周年纪念活动，《世界茶文化圣山笔记》发布，
名山区人民政府授孙前“名山区荣誉市民”称号　2024.9.19 于蒙顶山

第十六篇

永不落幕的茶圣山

提　要

全市“一会一节”总结表彰会

展会的真金白银有多少　　“第三届省旅发会”誓师会

创建雅安优秀旅游城市动员会

2005 年 7 月，调省旅游局工作。再干两月，拿回“马踏飞燕”再走

陪刘枫会长游蒙顶山、碧峰峡

离雅安后，送两件礼物：法国宜必思酒店和熊猫自然电影周

迹行天下的吴理真像，把吴理真像从四川天府送至杭州天堂

西南茶文化研究中心在成都成立，顾问、专家团队、中心十年作为如何？

马老 108 茶寿，这是中华名人的唯一“茶寿”纪录

马老赠的两幅墨宝　　两项唯一的茶人纪录是什么

受聘为四川省旅游学校川茶研究中心主任

1　总结表彰会

2004年10月19日下午，在川农大体育馆召开“一会一节”表彰暨第三届四川旅游发展大会启动仪式。

侯雄飞书记总结说，“一会一节”7天，来了2800名中外嘉宾，其中涉及28个国家和地区，外宾代表520人；国内34个省、直辖市、自治区及特别行政区一个不缺；有300多位茶专家学者、100多家新闻媒体的200多位记者。三片展区、国际茶展销5天现场销售400万元，签约2750吨、4200万元购销合同，茶设备购销1150万元；名优特新商品展销会5天和大西南美食节7天，直接销售465万元，这是真金白银的成交额，同大城市会展经济的大型博览会所说的销售额相比，我们这不算什么，但是，这是让所有嘉宾铭记不忘的国际盛会。这是一次开雅安历史先河的盛会，总结“一会一节”的经验，就是要让人们记住历史，让历史告诉未来。

大会宣读了10月15日印发的市委、市政府《关于表彰“一会一节”筹办工作先进集体和先进个人的决定》（雅委发〔2004〕27号），共表彰71个先进集体、164名先进个人，其中先进集体特等奖8个，他们是：四川农业大学、“一会一节”筹委办、雨城区政府、名山县政府、市建设局、市交通局、市公安局、十里长街整治拆迁办；先进集体一等奖27个、二等奖36个；先进个人每单位最多不超过8名（不含川农大）。

筹委办：曾英慧、毛嘉雄、陈书谦、赵迎鸿、陈远芳、谢松青、董存荣、蒲航；

单位推选：彭学松、侯启明、赵良冶、杨天禄、黄春铁、郎红、高富华、邓萍、共青团余云峰（负责志愿者）、市妇联王菊（负责礼仪人员）。

筹委办获特等奖，表彰的先进个人中筹委办最多，占 10%。这是对筹委办工作的充分肯定，大家轮流上台领奖。

我收到一个会办朋友微信发的诗：

辛辛苦苦干两年，评个先进一百元 (奖金)。

胸前戴朵大红花，仿佛回到幼儿园。

会毕我拍着他说：“一位诺贝尔奖得主问邓稼先，原子弹上天，得了多少奖金，回答说十元。”“啊，知足了，知足了。”

侯书记宣布了第三届旅发大会启动仪式，市区县及市级部门领导签订责任书。挟“一会一节”东风，大家信心满满，也要把旅发会办成“前无古人、后难有来者的盛会”。

2 创中国优秀旅游城市，举办第三届四川旅发大会

筹委办各处归理文件，了结账务，现在更名为“创优办”（创建中国优秀旅游城市办公室），办公地点不变，但是人员裁减了一大半，因为现在的任务很单一了，就是把“马踏飞燕”的旅游城市标志拿回来。可别小看了这项任务的艰巨性和复杂性。

四川已有十余个优秀旅游城市，要开旅发大会，连旅游城市的资格都没有，情何以堪。第一届旅发会在峨眉山市，第二届在九寨沟，这都是世界遗产地。要申报优秀旅游城市，首先必须给省旅游产业领导小组（设省旅游局）呈文报告，其申办准备期起码两年，要改善各种条件，然后省旅游局组织专家多次验收评审，通过了再报国家旅游局的验收组由全国专家评审，最后国家旅游局发文认可，才算通过。

而雅安市 2001 年地改市，之后忙于“一会一节”，2004 年申办第三届旅发会，谁也没关注到“马踏飞燕”的事，申报都来不及了，怎么办？

国家旅游局创优专家验收组在碧峰峡

国家优秀旅游城市标志落户雅安　2005.8.2—7

我们打了一个擦边球，小雅安市2000年就行文申报过，大市、小市都是“雅安市”，我们跑省旅游局多次汇报，得到认可。

创优办排出计划，提出整改方案，要各区县及市级相关部门逐一落实。相对说来，我们现在的工作比“一会一节”前轻松多了。国际茶林盛会，无论来多少嘉宾，他们只是过客，最多点个赞，留下良好难忘的印象而已。当然我们达到了《蒙顶山宣言》确立“茶祖吴理真”“世界茶文化圣山”的目的，这是一般人没想到的。

而第三届旅发会，全省的二十多个市州、省级部门同行都看着呢，全省人口倒数第三的小市，几板斧能耍出什么花样，谁瞒得了谁？更重要的是，大家都在盯着。全市上下，要钱，有！要物，有！要人，有！就怕时间不够。

侯雄飞抓亚洲第一大廊桥和蒙顶山上“世界茶文化博物馆”，省委书记张学忠为博物馆题写馆名。

2005年6月1日—3日，省旅游局张谷副局长带队，王绍麟、陈文、罗自春、赵灏、张茂几位干将，经过3天实测实检，以852分的高分通过省一级创优检查。

8月2日—7日，国家旅游局创优验收组在唐洪广组长、刘毅副组长的带领下，张浩、德宝林、郑旭一行，在省旅游局专家陪同下对雅安进行了地毯式的检查，攀枝花市费麒，德阳市王维、洪池（广汉）是为下一步创优来观摩的。

6号下午，在市国税局召开的总结会上，唐组长宣布雅安验收通过，就只待他们回京汇报。他说："看到你们全市上下争分夺秒，大干快上，我们也深受感染，祝第三届旅发会圆满成功。"

3 告别雅安赠送两件礼物

7月初，因为年龄的原因，省委组织部决定调我去省旅游局，任巡视员，待省政协换届时再进政协，征求我的意见。

侯雄飞找我说："老孙，现在正是创优和旅发会筹备的关键时刻，不能闪火，你能否推迟两个月再走？"我说："没问题，请你给省委组织部和省旅游局帮我请假。""好！谢谢老兄。"8月4日，省委组织部送新市长到任。

8月23日，安排我给旅发会的250名礼仪人员培训，除"一会一节"的100人又增加了150人。至此，大廊桥、老桥建好了，蒙顶山世界茶文化博物馆装修布展结束。新建了一个楠水阁温泉会议中心，一个能坐几百人的透明圆顶玻纤屋，梦温泉酒店也投入使用。还有城市整治、亮化、美化工程，应该说这是举全市之力。

8月29日上午，在楠水阁温泉会议中心"第三届四川旅游发展大会"开幕，张学忠、张中伟，邵琪伟（国家旅游局局长），各市州领导、省级机关领导，全国特邀旅游局、旅行社数百人参加。当晚，在川农大举行"千秋蒙顶"演出。

30日下午，省市领导在中峰茶场采茶唱歌。总结会就在名山怡湖苑，张学忠做总结，他的一句话在雅安广为传扬：奇迹是可以发生的，一个偏

四川省第三届旅发大会在雅安召开　2005.8.29

僻落后的雅安，就是抓旅游，一年时间天翻地覆慨而慷。

我是双重身份参加旅发会，安排住天府温泉，全方位审视了两年来雅安办会的水平。

9 月 12 日下午，在市政府底楼，我约请 6 年来分管部门及部分老同志告别座谈，感谢大家的帮助和信任。我说："6 年来，我做没做事，怎么做事，效果如何，不作为今天聊天的内容，我信奉千百年来评价官员的一句话，'三年而成后颂'，待三年以后再来评价吧。我有一个请求，任何部门不准给我举行告别宴，我也不宴别老同志，祝大家努力工作，健康愉快，就此握别。"

9 月 13 日，我参加了市政府第 66 次常务会，这是雅安市政府成立以来我参加的最后一次政府会，由新市长主持，会后照相留念。

15 日，浙江刘枫会长夫妇、秘书毛应民到蒙顶山，我专门跑去陪他们，我们在天盖寺刘会长的楹联前合影。我对他说："山下牌坊大门'蒙顶山'三个大字是您的书法。""我看到了！""这一处是游客必照相的地方，天盖寺'茶祖殿'题字，也是您的书法，这表达了巴蜀人民的感恩之心。你们是天堂，巴蜀是天府，天地一体，不可分割！""谢谢你们！"至此，就打造茶文化圣山而言，我没有缺憾了。

陪刘枫会长到蒙顶山、碧峰峡 2005.9.15

21 日上午，市委党校的全市宣传干部培训班，让我讲“怎样做好旅游宣传”，我第一次系统讲解：

敢“吹”——科学 × 艺术 = 旅游宣传，即 1+1=6

会“吹”——艺术 =“吹”的水平，即 1+1=3

经得起“吹”——科学 = 不胡编乱造，即 1+1=2

“三吹”不是我的发明，我只是结合雅安实际演绎开来而已。

10 月 23 日，星期天，我交出雅安市政府南 313 办公室钥匙，我亲吻办公桌三下，谢谢它陪伴了我 6 年。

10 月 24 日，我正式到省旅游局上班，当时在人民南路二段 65 号，与岷山饭店一墙之隔，刘捷局长主持周一上午的例会，安排我下午带队到泸州市检查他们申报创优的准备工作。我摇手说：“不行不行，我先熟悉几天情况了再说吧！”“啥子不行哟，你都是专家了，下午出发，泸州四大班子等到的。”“那要派熟手指导我哟！”

12 时，泸州市旅游局局长李恭德的中巴接我出行。上车一看，全是去年到雅安检查的熟人，他们鼓起巴巴掌调侃我，一路欢歌笑语。紧张的工作开始了，我想起欧阳崇正的临别诗——“锦里芙蓉迎贵客，未名山水待君诗”。

12 月 14 日，刘捷安排我陪一批特殊的客人，欧洲排名第一的酒店集团“雅高集团”在四川选址，要建 20 家“宜必思”级的酒店。这是张学忠在北京拜访集团总裁保罗·杜布吕时提出来的，帮助四川旅游走向国际化。总裁答应了，派人来落实。

省旅游局提出了一个布局建议名单，派我和苗玉砚陪同。一见面雅高领队张尚稚是熟人，而决定权在迪狄寇手中。雅高在全球有 4000 多家酒店，90% 以上是他选址决定的。带着客人，我们在宜宾、绵阳、德阳跑了一圈，因为地价或游客量问题，迪狄寇一处都没看中。

我明白了他们的套路。张尚稚专门给我带来一本总裁保罗·杜布吕写的《参议员——单骑跨欧亚》的中文签字本送给我。迪狄寇颇为疑惑地看着我们：总裁怎么会认识孙先生？

我问张尚稚：“总裁当年说的话还算不算数？”“当然算数！”“怎么说的？”“总裁在送给你的书《雅高 ACCR——一个银河系的诞生》中文版扉页题签：‘如果雅高集团要在成都建酒店，首先会在雅安建酒店，以纪念中法友谊！’”我佩服张先生的记忆，这要回述故事的起源。

2001 年 10 月 14 日（星期日）下午 4:30，我在从成都返雅安的高速路上接到赵迎鸿电话，他刚刚看到《成都商报》刊载了一条有重要价值的消息，法国雅高集团总裁保罗·杜布吕偕夫人、高管乘私人商务飞机到成都，随行带 24 挡变速自行车，要环游府南河，骑车看大熊猫。雅高集团是世界顶级国际酒店企业，保罗·杜布吕是法国人，要骑车去看大熊猫，就凭这两条，我有足够的信心让雅安吸引他。

我即给省旅游局局长钟勉电话，我们是多年的同事和邻居，请他给我安排 20 分钟拜访总裁。我赶到雅安，换上西装，把张国防、赵迎鸿约起，疾赴锦江宾馆莱茵厅，从钟局长口中得知，雅高集团在全世界同行中排位前三，对中国很友好。

雅安市新建的法国雅高集团宜必思酒店　2006.12

同亚丁、素娃在第九届雅安大熊猫与自然电影周留念　2023.11.11

5 分钟后，总裁一行落座。席间，钟局长隆重推出我和雅安，讲我是从 128 千米以外专门赶来拜访的，雅安是中国野生熊猫最多的地方，是法国人最早把熊猫介绍给世界的地方。

良好的铺垫引起总裁的重视，我送上一对精致的宝兴汉白玉熊猫，简要介绍了戴维在雅安的神奇经历。我最后说："雅安，优雅安逸；雅高，雅致高尚。有戴维神父作桥梁，雅安和雅高一定会走到一起。"总裁说，他十分喜欢大熊猫，这次来不及了，以后一定会到穆坪拜谒先贤。他拿出一本书，题签赠我，合影留念。

迪狄寇表示不相信："我在总裁手下工作 30 多年，任何酒店选址，没有集团专业团队考察论证，绝不可能确定一处酒店。"张尚稚说我讲的都是真的。迪狄寇满头雾水，总裁怎么会做出有悖惯例的事情？为解开这个谜，他说春节前要再来成都。我许诺，他可以抱熊猫照相。

我把此事通报给侯雄飞和新市长，希望他们重视这个引进国际酒店的机会。2006 年 1 月 26 日，春节前 3 天，我陪迪狄寇夫妇、儿子两口子和张尚稚到了蒙顶山。晚餐后侯雄飞和市长陪着客人沿青衣江散步，此时的灯光秀美轮美奂，走过流光溢彩的青衣江廊桥，我指着江水说，这就是从穆坪教堂流过来的。迪狄寇目光炯炯地扫视着周围，突然问："我能在这里建酒店吗？""当然能，你看中什么地方，我们就提供什么地方。"市长回答说。迪狄寇在廊桥走了一个来回，确定在廊楼大榕树的旁边建酒店。

“一会一节”5周年纪念　顾问李家光、欧阳崇正等摄于雅安　2009.9.19

他对大家说，在全世界他敲定过数千家酒店，这是用时最短的一次，只用了半小时！慧眼识雅安，大家报以掌声。

第二天上午，我陪他们一家子到碧峰峡看熊猫，拥着、搂着，难分难舍，照了上百张照片。迪狄寇神秘而调皮地问我：“你猜，我怎么会在这样短的时间内敲定这家酒店？”“当然无法猜。”“我一生有两大愿望，一是同海豚游泳，这早已实现了；二是抱熊猫照相，这次你帮助我实现了。本来在成都我也可以抱熊猫照相，但是戴维的情结，作为对雅安人民的回报，也实现总裁的诺言，我以创纪录的时间敲定这家酒店。”他是在地中海有别墅的法国客人，他对熊猫痴迷的程度，让人惊讶。

后来张尚稚告诉我，雅安宜必思是雅高集团在四川最早建成的酒店，多年来，一直是营业额全省第一。

要知道，雅高集团入驻雅安，意味着雅安将进入法国国家旅游指南并被推介，欧美国家游客到中国旅行首选指南推荐的酒店，因为国际酒店标准是统一的。同时，雅安拥有了第一家国际酒店和涉外酒店，为雅安旅游打开了通往世界的一扇窗户。这算我给雅安赠的第一件礼物吧。

12月3日，我到成都假日皇冠酒店，看相熟而从未谋面的法国朋友亚丁，他是在法国有名气的作家和影视制作人，在北京有公司，我请他到龙抄手晚餐。其间谈到雅安的优势与法国的关系，那当然是大熊猫的故事。他与法国梅尼古特动物电影节的创始人是好朋友，在中国还没有动物电影节或自然电影节，拍这种片子要比拍人文电影难很多倍，因为动植物不是听人摆布的。

我们俩一下就碰出了火花，争取在雅安办大熊猫与自然电影周。

12 月 11 日，利用到北京出差的机会，我到亚丁的伊迪传媒公司考察，总经理素娃、副总经理巴燕接待了我。我看了，聊了，觉得有可信度。回到成都后，我给侯雄飞、市长谈熊猫电影周的事，并把伊迪业绩资料和梅尼古特电影节资料转他们。我建议说，以大熊猫文化和茶圣山文化两张牌，再把自然电影周长期做下去，雅安旅游的人气是难以想象的。

侯雄飞批示了同意在雅安举办国际动物电影节的文件。

12 月 29 日，在雅安倍特星月山庄，雅安四套班子为我举行告别晚餐并赠送一个纪念杯。感谢同事们的厚爱。

2007 年 7 月 12 日，“中国雅安首届国际熊猫与自然电影周”举办，亚丁先生、傅红星馆长（中国电影资料馆）、雅安市委书记主持了开幕式。第二届，梅尼古特创始人夫妇莅会。2023 年 11 月 11 日，雅安举办了 9 届“雅安大熊猫与自然电影周”，我和亚丁、素娃合影留念。这可以算是第二件礼物吧！

4　迹行天下的茶祖吴理真

2005 年 9 月 28 日上午，在杭州中国茶叶博物馆一片优美的草坡上，一边是玻璃钢的茶圣陆羽，一边是汉白玉的茶祖吴理真，这是中华和世界茶人感恩的两位茶圣人，他们相依为伴，结庐天堂。

为迎接这一时刻，两年来，我们先后同吴胜天、江万绪、王建荣馆长商量，取得一致意见，又通过刘枫、宋少祥、程启坤、姚国坤诸先生通报杭州市委、市政府，也取得一致意见，借杭州举办世界茶叶大会之机，我们用一辆东风大车，把 2 米多高的汉白玉茶祖像和一块大理石长方刻字底座运到杭州。

吴理真汉白玉雕像入驻杭州中国茶叶博物馆　2005.9.28

参加揭幕的有：杭州市委副书记叶明和宋少祥、程启坤、江万绪、王建荣；雅安何大清副书记、孙前、杜义（县长）、曾英慧、肖建林、陈书谦、杨力、高富华、赵迎鸿等

北京老舍茶馆的吴理真像　2006.4

第九届崂山国际茶文化研讨会上雅安赠吴理真像，进行茶马古道表演　2006.5.26
李亚军摄

在台湾明新科技大学演讲后合影
左范增平、孙前　2009.12.29

成都金牛区茶文化广场塑吴理真像
2022.5.21

川陕根据地南江县云顶广场吴理真雕像
2022.4.10

头天一切就绪。

11 时，杭州市委副书记叶明以及宋少祥、程启坤、姚国坤、江万绪、王建荣等，雅安市委副书记何大清以及笔者、曾英慧、杜义、杨天禄、肖建林、陈书谦、杨力、王洪琴、董存荣、高富华、赵迎鸿等参加，市委冯副秘书长主持。

叶明副书记做了热情动人的讲话，他说：“只有茶祖、茶圣汇聚于此，我们的中国茶叶博物馆才是充实的、完整的。”程启坤会长讲：“去年雅安的‘一会一节’，海内外公认确立了茶祖和茶圣山的地位，今天吴理真入‘天堂’，这是茶文化史上一件值得记述的故事。”何大清致答辞。

此前，雅安市先后给陕西黄帝陵、法门寺赠汉白玉雕像。

2006年3月27日至5月26日，中国茶界的一件轰动大事，是名山县政府和四川省蒙顶皇茶公司组织了一次蒙顶皇茶万里祭孔活动，公司董事长韩东、总经理龚开钦全盘操持。这一年的5月26日，在山东青岛崂山举办第九届国际茶文化研讨会，“万里祭孔”邀请李家光先生做总顾问，罗光泽等专家全程参与。韩东是山东人，靠多年做酒生意致富，现在管理蒙顶山。他说：“东蒙山在山东，现在山东人把西蒙山也管理了，这可是有史以来第一次。”他的队伍有三辆大货车、三辆轿车，装满蒙顶好茶、藏茶、熊猫王子酒。还有坐火车、飞机到集结点的。韩东一路风光走完全程。

在蒙顶山祭茶祖吴理真后出发，先后在成都、重庆、北京、济南第一泉、孔庙宣传茶祖和蒙山好茶。

沿途皆有“龙行十八式”、背夫表演。在北京给老舍茶馆尹智君总裁也赠茶祖像，她参加过“一会一节”，对茶祖的感情不一样。进入山东境，王裕晏会长全程陪同。到济南天下第一泉赠汉白玉吴理真像，表示好茶好水结合。到孔府祭奠，老夫子时代没喝到茶，今把好茶祭上，赠雕像一尊。

到崂山会场，雅安市长给大会捐赠了茶祖雕像，十多人的茶马古道背夫表演和二十多人的“龙行十八式”表演，通过电视的转播，反响强烈。山东人首次看到背夫在风雪高原的艰辛，“龙行十八式”的神采飞扬。我和陈书谦、肖建林、董存荣、高富华等都参加了会。

翌日，沈才土与笔者主持了茶马古道研讨会，陈书谦做了专题报告。

山东人民同四川人民有一种特殊感情，原冀鲁豫根根地的山东子弟兵很多是刘邓大军的主力，南下解放四川，定居四川，子孙留在四川。我和谢运全、陈书谦一行专门赴崂山开会，见证了万里祭孔的最佳亮点。

成都金牛区茶文化广场专门供了一尊4米高的汉白玉吴理真雕像。

川陕革命根据地南江县云顶牌坊广场，专门有2米高的吴理真、陆羽、苏东坡石刻雕像。天下茶人爱茶祖吴理真。

5 出彩的“龙行十八式”传人

2003年11月到福建武夷山开茶会，结识武夷山市六如茶文化研究所所长林治，此先生行笔如云，口舌机辩，出口成章，是茶界的一位人物。之后他在各处看到了雅安的茶马古道《打茶歌》、“龙行十八式”表演等，给我和杨奇打电话，希提供相关资料，他要出茶艺书。林先生快手，2004年6月他出版了《中国茶艺集锦》（中国人口出版社），收录了“酥油茶茶艺”（茶马古道茶艺，孙前先生主创）、“蒙顶山智炬寺禅茶”（龙行十八式和双人禅茶技艺八式两种，杨奇、欧阳崇正主创）。说实在话，这是让茶人认识“一会一节”的礼物，我们深怀感激。

“一会一节”毕，林先生多待几天深入采访，我们约谈半天。他对出席会议人数之多及“龙行十八式”的震撼，多有赞誉。然后提出让我推荐一二优秀生，他带到福建传授“龙行十八式”。我推荐“魔鬼训练队”教官之一的陈秀琼，她是即将毕业的在校生，曾自费在蒙顶山学过“蒙山派茶技”，功底扎实。我代她向王校长请假，林先生带她去武夷山。此后她对外艺名称“秀秀”，随林先生转战福建、山东，2008年落户西安。

秀秀是雅安市雨城区北郊乡斗胆村一组的农家女，高挑秀丽、端庄内敛，与“龙行十八式”龙凤腾跃、疾如雷电的风格判若两人。走南闯北的历练，秀美的她，深深吸引了司马迁的韩城老乡薛佩生，小伙子是西安财经

秀秀书院（西安市雁塔区电子一路紫薇大厦）

大学高材生，在西安有不错的职业和收入，倾心于雅女秀秀，经常找借口到秀秀茶室“斗茶”，这一来二去，就斗成一家人了。2008年底办起了“秀秀书院”，薛先生放弃工作，投身书屋，小两口全方位办起了培训书院。

秀秀是第一个在外省办起培训机构的雅女，以“龙行十八式”“天凤十二品”茶技为主，有茶道（煎茶、点茶、瀹茶）、古琴，后来增加了书画、围棋、香道。这是琴棋书画诗曲茶的全方位培训，得力于多才多艺的薛先生和聪慧勤奋的秀秀17年来的构建营造，是古都西安的厚重历史文化与蜀地圣山茶文化的雅致飘逸的结合。她先后培训了来自日本、新加坡、美国、马来西亚、德国等国的学员，也培训了国内24个省市的数千学员，桃李满天下。“秀秀书院”是在国内知名度颇高的茶技培训机构和打卡地。

我每次到西安，必到秀秀书院做客，为雅女点赞！

现在四川名气不小的“国际霏”茶技艺形象大使王霏，是“一会一节”龙行十八式表演队的队员。

王霏是雅安市雨城区草坝镇新城村八组的农家女，2003年至2005年在四川省贸易学校学旅游导游专业学习，2004年夏参加“龙行十八式”魔鬼训练，在“一会一节”开幕式大展风采，走入人生第一高光时刻。

王霏、王盼攀姐弟在瑞典斯德哥尔摩表演“龙行十八式”　2023.5

2005年毕业后，首份工作是在蒙顶山当了半年导游，这影响了她以后的茶文化之路。然后到碧峰峡景区当了几年导游，尤其是在人气火爆的碧峰峡，练就了伶牙俐齿、察言观色、应对自如的本事。

万贯集团的陈清华总裁把总部的骨干叶相放到碧峰峡锻

炼，成就了两人“旅游”缘分。叶相是山西朔州人，四川大学历史文化学院研究生。在叶相眼中，王霏是一位玲珑、娇巧、可人的雅女。

2012 年初，这一对恋人恳请我当他们的证婚人。十八式也好、碧峰峡也好，都同我有深深的情愫，我同意了。在雅安至今，除赵迎鸿外，这是我第二次做证婚人。4 月 9 日，在成都老房子餐厅宴请宾朋。我同陈清华都参加了，叶是陈的爱将，王霏是因我而起的“龙行十八式”龙女。我致了情意深长的证婚词，溯历史我的祖宗 400 年前从山西洪洞大槐树迁到洛阳，给叶相和雅女证婚，也是躲不脱的山西缘份。

此后，王霏回贸校当茶技茶艺老师，因与外出表演有冲突，她就辞职自筑门庭了，从 2015 年开始带弟子，取名“王霏茶艺大师工作室”。

在成都各处表演，她都要带一个“小拖斗”——比她小 17 岁的弟弟王盼攀。耳濡目染，弟弟从 8 岁开始学“龙行十八式”茶技，到 11 岁时获得四川茶艺大赛冠军，现在是成都中医药大学在校生，四川省茶艺形象大使。与娇小的王霏不同，他是高大帅。姐弟经常国内外表演，获得阵阵掌声。

在四川省外办、省友协、成都市对外交流中心的帮助下，王霏已出访了法、德、英、俄、意大利、日、韩、巴基斯坦、卡塔尔、摩洛哥、毛里求斯等 39 个国家，表演了 300 多场次。她手持金光闪闪的长嘴壶，一袭汉装，满行李箱的蒙顶甘露、黄芽及各色西南名茶，把长嘴壶茶技茶艺、中华茶文化和微笑带到天涯海角，是当之无愧的“国际霏”。

王霏现在是 2013 年成立的成都花茶协会会长，她收弟子 60 多人，授课听众涉及四川、重庆、北京、浙江、河南、陕西、甘肃、内蒙古、山西、河北、山东、黑龙江、广东、贵州、湖北等省市自治区数千上万人。

秀秀和王霏都有一儿一女两个爱情结晶。忆往昔，她们共同的体会是，2004 年的“魔鬼训练”使她们在体质、心智上受到特殊锻炼；“一会一节”表演成功的殊誉，使她们看到苦尽甘来的尊重和荣誉。她们的共同心愿要让

“龙行十八式”响遍五洲四海，她们为当代年轻人树起了人生的励志标杆！

6 西南茶文化研究中心成立

中国国际茶文化研究会总部，为了调动各省区市的茶文化研究力量，鼓励按行政大区设立研究中心。几位会长先后给我谈过，巴蜀是茶文化摇篮，是最早植茶、饮茶的地方，建议四川牵头，成立西南茶文化研究中心。经与几个协会、专家、学者和企业商量，报总部批准。

刘枫同志题词，成立“西南茶文化研究中心”，总部于2013年10月31日，以中茶文化〔2013〕5号批准成立，中心办公地点设在成都龙和国际茶城。

2014年4月12日，在龙和国际茶城广场，300多茶人汇聚，总部梁朝清、沈立江副会长专程前来参加，给主任授印。这使我深感责任重大，决心一定团结好西南片区的茶人，为茶文化的发掘、发展做出贡献。

我们制作了一本通讯册，摘要于下：

顾　问：

朱自振（江苏）程启坤（浙江）姚国坤（浙江）李斌城（北京）余悦（江西）
王建荣（浙江）沈冬梅（北京）王曼源（香港）白水清（香港）
钟渭基（重庆茶科所）张顺高（云南）次仁顿典（西藏）李树人（四川）
任新建（四川省社科院）张昌余（四川师范大学）谭继和（四川历史学会）
祁和晖（西南民族大学）司徒华（十大民间艺术家）张世民（四川）
徐金华（四川碧潭飘雪创始人）刘以湟（四川）王天成（四川）

主　任：

孙　前（中国国际茶文化研究会副会长兼）

副主任：

王　云（四川茶科所）张　京（四川，女）林修源（香港）
陈书谦（副主任兼秘书长）覃中显（四川）沈前贵（四川）
温儒杰（成都旅游协会）韩　东（蒙顶山）邵宛芳（云南，女）
王　敏（乐山市）龙明树（贵州）次　多（西藏）图　呷（西藏昌都）

陈昌辉（川农大）杜　晓（川农大）郭昌平（四川）
亮炯·朗萨（四川甘孜，女）刘昌明（四川）麦建玲（四川，女）
赵艳斌（军队，女）廖茂林（四川）胡焕平（四川）
李　清（四川）李晓毅（重庆）丁云国（云南）张明春（云南）
颜泽文（四川）喻长根（四川）甘玉祥（四川）辜甲红（西藏）加央罗点（西藏）

副秘书长：

叶瑞贤（龙和茶城）刘松龄（四川大学）何德伟（老顺兴茶馆）
廖大松（长壶茶艺）杨健（天下茶友网）

办公室主任：

张雅琪（女）

副主任：

缪国平　谢晓华（女）

常务理事、理事（从简）：

李春华（女）　陈乾康　郭建勋　孙光俊　何修武　彭从凯　赵先明　张跃华　杨奇　王先忠　王龙　王挺　龚开钦　张波　高富华　董存荣　李国斌　杨文学　陈蓉（女）　张大富　张强　施友权　彭启　姚清国　何建华　周小芳（女）　周淑琼（女）　曾小龙　廖南飞（女）　郭朝林　周安勇　李亚军　李锡东等

这个机构能做点什么事吗？拭目以待。

2024年中心成立10周年，出版书籍（独著、合著、主编）：

彭从凯：《红楼茶事》（32万字），中国文史出版社，2014年。

董存荣：《蒙山茶事茗情》（20万字），四川民族出版社，2018年。

杜晓、陈书谦：《蒙顶山茶品鉴》（32万字），中国文史出版社，2014年。

窦存芳、陈书谦、张勇：《茶马古道与藏茶文化探源》（35万字），中国农业出版社，2018年。

西南茶文化研究中心成立授牌、总部梁朝清副会长给笔者授印　2014.4.12

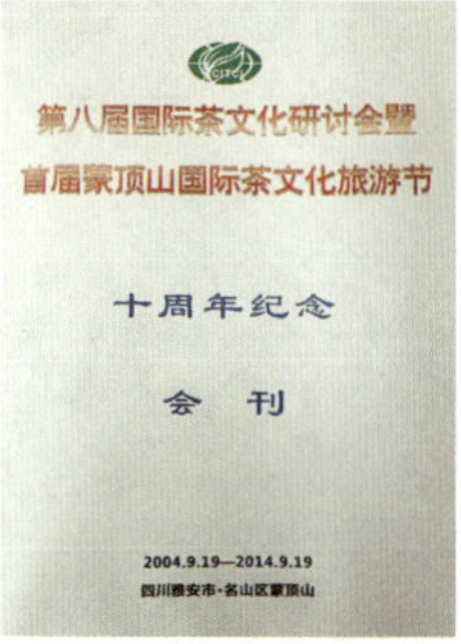

“一会一节”十周年纪念册
2014.9.19 于名山区

孙前中英茶文化考察的著述
2021.12

陈书谦、窦存芳、郭磊：《蒙顶山茶文化口述史》（21 万字），中国农业出版社，2019 年。

陈书谦、窦存芳、郭磊：《中国藏茶文化口述史》（45 万字），中国农业出版社，2023 年。

刘昌明、史国余、廖曼华:《中国茶文化基础教程》(25 万字),西南财经大学出版社，2017 年。

刘昌明：《僮约校注》（13 万字），三秦出版社，2021 年。

刘昌明：《茶谱辑佚述评》（15 万字），四川辞书出版社，2024 年。

孙前:《英茶行日记: 中英交流 400 年——茶 瓷器 丝绸 漆器 园林 贸易撷英》(63 万字），新华出版社，2021 年。

孙前：《世界茶文化圣山笔记》（55 万字），巴蜀书社，2024 年。

举行以下活动：

2016 年 4 月 12 日—25 日，中心组织 17 人到英国考察 25 个点的茶文化。

2023 年 10 月 4 日—9 日，组织“四川蒙顶山—韩国智异山考察”，祭拜许黄玉，参加禅茶论坛。

7　为马识途贺 108 岁茶寿

在中国，为人贺茶寿，难！活到 108 岁者罕见。

为名人贺茶寿更难！少之更少。

为马识途老贺茶寿，难上加难！——新冠疫情间。

据我所知中国只给两位名人做过茶寿。

福建的张天福老，是深受中外茶界爱戴的著名茶人。2017 年 3 月 9 日下午，中国国际茶文化研究会常务副会长孙忠焕（杭州市原市长）、秘书长王小玲、办公室主任戴学林、助理梁婷玉，以及福建茶界杨祖基、詹立锬、潘发斌前往贺寿。可惜张老病重，昏迷在床输液，由其夫人张晓红代为接受了《茶祖印象奖杯》和证书，“寿”书法立轴，“寿”字檀香折扇。2017 年 6 月 4 日上午 9:22，张老在福州仙逝。

马识途老是我极敬重的老领导，在巴蜀他几乎是家喻户晓的人物。中华人民共和国成立前，他是川康（四川省、西康省）地下党特委副书记，是一位老革命。他是作家、诗人、书法家，著述等身。他的英语能力，1949 年前可以在大学授课。

我同马老有乡情之谊，他是四川万县地区忠县人（现在重庆忠县），我在万县成长（现重庆万州区），两地毗邻。粉碎“四人帮”后我们即结识。听说他没有上过蒙顶山，2004 年 10 月 30 日，我接 90 岁的马老，马老的哥哥马仕弘、女儿马美眉和几位忠县老乡到蒙顶山。我陪马老坐缆车晃荡上山，缓缓而行，慢慢道来。在山上铺开宣纸侍候，马老留下多幅墨宝。我俩在天盖寺山门合影。马老步履稳健，不急不喘。

下山的缆车中他说：“蒙顶山大名鼎鼎，吴理真天下闻名。因种种原因，直到今天，我才第一次上山，要是早 20 年上山，我在很多书中就会写蒙顶山和吴理真的故事啦！谢谢你！这是终生不忘的记忆！”“荣幸至极，陪马老首登蒙顶山！”

我在蒙顶山用特色茶餐宴请马老，然后高速路送别。

不几天，收到马老的信，附二纸笺，用钢笔写游蒙顶山律诗二首，我喜出望外，珍藏。

2005 年 10 月，我调省旅游局上班，这里离成都指挥街马老住的省级干部宿舍仅500米。年底我先去看望马老，说我换岗了。他说好啊，回家了，经常来摆龙门阵。每次拜访马老都有墨宝相赠。

直到2008年3月中旬，我带上《览蒙顶山》诗笺登门求墨宝。我说："马老，这两首诗，对蒙顶山、对吴理真而言意义非同一般，求您的墨宝！"他说："好啊！阳春三月，惊蛰刚过，正好动笔，你过两周来拿吧！"

此事不能急，直到4月中旬，我给马老电话说去看望他，"正好，你来吧！"到马老客厅，我展开4尺宣纸的墨宝，吓我一跳，230余字，字字珠玑，我看过马老很多书法集和书法展，实事求是地讲，此为绝顶。我对马老说："叩首！再叩首！神品矣！"

他笑笑说："是下了点功夫！你拿去补壁吧。"墨宝落款是"2008年4月书以赠孙前同志，94叟马识途"。

马老满107岁以后，我就盘算着给马老过茶寿的事，我用尽心思，务求必成。此时是新冠疫情期间，他的女儿守得严，天大的事，一律不见。

我找到省委老书记、省人大常委会主任谢世杰同志，说明给马老做茶寿，他非常赞成。我讲准备了什么样的礼物，他说："大红包我出！"我说："您和熊大姐到时出席就好。有一件事提醒一下，去之前5天，天天做新冠检测哈。"

我给马老的女儿马美眉电话，说明谢书记要去，提前天天检测，她就不好推了。

《茶经·一之源》："茶者，南方之嘉木也……其巴山峡川有两人合抱者，伐而掇之……"

谢书记是万县地区梁平人。我们三人，都是茶树核心区的巴人。从20多岁以后，3人皆到了蜀地。谢世杰同志在雅安地区工作十多年，当地委书记多年，1982年提拔到四川省委工作；马老在西南局、省级机关工作多年；我在雅安市政府工作6年，守候蒙顶山，任中国国际茶文化研究会副会长、西南茶文化研究中心主任。3人皆成了蜀人。从《茶经》记载的茶之源、茶之造、茶之饮、茶之事看，我们见证了当代茶文化的各方面，在巴蜀地区，无人有此经历。此茶寿活动将名留后世，无人超越。

为马识途先生贺108岁茶寿　谢世杰（原四川省委书记）夫妇、孙前、杨健　2022.1.5下午

马老过生日有两个鲜为人知的习惯：一是只记农历，年年的阳历不同；二是他有一个极小的生日圈，除亲属外有三五挚友，或在家或在外撮一顿，打平伙，从不破例。

2022年1月5日下午3时，马老习惯休息到这个点儿，谢世杰同志和夫人熊慧玲，我与杨健，以及省人大老干处的几位处长在客厅等待。我把礼品分别安置好，以便杨健做节目。

马老走出卧室，不用搀扶，不用手杖，先同谢世杰同志握手，“还麻烦你们来看我！”“那是应该的，茶寿大喜呀！我们也来沾沾光！”

马老坐在客厅大案后他专用的皮靠椅上，熊大姐献上一大束鲜花，谢世杰同志双手奉上一个红包。我们知道，马老明天就会把钱捐给母校四川大学的帮扶贫困学生基金。

我拿过特制的“中华茶祖宝鼎”，在一边铸有“马识途108诞辰宝鼎”，鼎内铸字为马识途简历，做了一张拓片，方便欣赏。这是西南研究中心副主任、青铜器制作专家胡焕平的作品。可以说，马老有无数得奖证书，有无数纪念品，但得此宝鼎，一定是第一次。我把宝鼎放马老面前，他说：“太珍贵了吧！”他拿过放大镜细看拓片，反复摩挲宝鼎，爱不释手。

我又送上雅安兄弟友谊茶厂董事长甘玉祥的“马老108茶寿特制纪念藏茶饼”，背面是熊猫，寓意马老就是国宝，限量108枚。

马老欣赏贺寿特制“中华茶祖鼎”

抚着 108 岁的茶寿手，什么感觉　2022.1.5

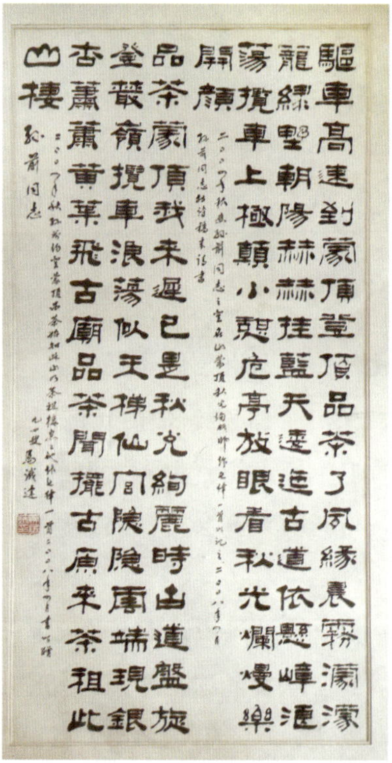

马老赠孙前蒙顶山律诗和联句

司徒华先生书“茶寿”书法，镜框以贺。

高文先生以钟渭基、谭继和、祁和晖、徐金华、司徒华及笔者 6 人名义，书“茶和天下”墨宝贺 108 茶寿。

经验老到的杨健，分秒必争，多视角、全方位摄拍贺寿场面。

半小时了，世杰同志说："马老，您休息了，我们代表天下茶人给您贺茶寿！"

我同杨健火速回到曼韵茶学堂打开电脑和摄像机，剪辑配文字做专题节目。杨健说，外省的非文学青年可能对马老不熟，但是加一段故事他们就明白了，电影《让子弹飞》取自马老作品《夜谭十记》中的《盗官记》，电影在中国火爆了很长时间。好主意。

2022 年 1 月 5 日 18∶37，天下茶友网向天下发出马老 108 茶寿报道，廖曼华、刘昌明、张花氏是第一批观众。张先生说，肯定要火！

我们在学堂涮火锅，为马老干杯！之后杨健说，他做了十几年的网上转播，马老 108 茶寿的点击率，至今遥遥领先。

几天后，我做了一个彩色大开本专辑《中国两位名人享 108 茶寿》的新闻通稿，这成了中华茶寿的唯一见证。

8　两项唯一的茶人纪录

2023 年 11 月 28 日，世界茶文化交流协会"第十一届董事会就职典礼"在上海举行，创会会长王曼源、新任会长王曼龙兄弟拉着我的手说："孙市长，2004 年 7 月 26 日，我们在香港见面，您刚从台湾考察过来，我们协会 2002 年刚成立，牌子大名气小，我邀请您作名誉会长，增加一点胆气，您爽快地答应了。现在我们的影响越来越大，尤其是在云南、福建、广东、香港、台湾、四川，我们的每一次换届活动您都准时参加，并发表热情洋溢的致辞，您是唯一 11 届连任的名誉会长，感恩！"

2024 年 3 月 27 日，在蒙顶山举行"第二十届蒙顶山茶文化旅游节"，实际上，2003 年 3 月 27 日名山就举行了第一届，之后是按"2004 第八届国际茶文化研讨会暨首届蒙顶山茶文化旅游节”举行计算的。至今 20 届，我是唯一一个一次不缺的参加者。爱蒙顶山，敬茶祖吴理真！

世界茶文化交流协会“第十一届董事会就职典礼”在上海举行，同王曼源、王曼龙会长合影　2023.11.28

第二十届蒙顶山茶文化旅游节合影　［美］奥斯汀（后中）、朱萍伉俪　2024.3.27

印度百人研学团到蒙顶山　李亚军摄

澳门茶协会曾佐威会长率团访蒙顶山　2009.4.11

中华茶人赴英国考察交流团，为马克思奉蒙顶好茶　2016.4.23

四川省旅游学校校长赵晓鸿，聘孙前、吴志坚为“川茶研究中心主任”　2024.6.13

第十七篇

巴蜀茶界不可忘怀的三位人物

▶ 提　要

朱自振——茶文化史泰斗是怎么炼成的　　首倡“巴蜀摇篮论”

“一会一节”后朱先生寄来的茶祖、蒙顶圣山一锤定音的宝札

到蒙顶山为茶祖祭高香　　荥经鉴定战国墓

2015 年 3 月 13 日，蒙顶山为朱先生贺 80 大寿，蒙顶山首例

2015 年 4 月 22 日在南京朱先生家赠墨宝“蒙顶山世界茶文化圣山”
——是期许，也是重托

2021 年 9 月 13 日，朱先生新西兰仙逝，享年 87 岁

广汉人欧阳崇正的蒙山情结　　从 1982 年开始，主持打造蒙山风景区

李半黎为他书座右铭：宁为铺路石，不屑画葫芦

在笔者的谢师宴后，写下一首传世好诗　　为英国乌邦寺公爵庄园书写蒙山茶联

钟大爷名渭基，1956 年浙江大学农学院茶专业毕业来川工作

十年行遍全川，考察搜集资源：四川枇杷茶是本地原生种

1996 年退休前，他主持育成 11 个国家级、1 个省级的茶树新品种

1　中国茶文化史泰斗：朱自振

在中国、韩国、日本及欧美许多国家，凡是喜欢茶文化史的，大多知道朱先生的大名，受惠于他数十年研究的润泽。

怎么评价朱先生的学术品行？没什么人敢评！但从范增平、程启坤、姚国坤、沈冬梅、陶德臣诸位的文章，以及我陪先生的几次四川行，略可管中窥豹。

2007 年 3 月 14 日，范增平先生在香港城市大学对朱先生的采访《朱自振，默默钻研茶叶历史资料的茶人——谈走上茶叶史治学历程》（《中华茶人采访录·大陆卷（四）》，2008 年台湾万卷楼图书公司版，第 35 页）中评价是为精论：

朱自振先生讲义气、重操守，为人耿介，提拔后进，重视人才，是现今社会仍然保有中国传统儒者风范的学者茶人，正因为他具有中国传统知识分子的气节，也有不学无术之徒假借他的名义行招摇之事，在今天传播媒体透明度很高时代，此类人等是瞒不了人的。

南京陶德臣（中国人民解放军理工大学教授）于 2008 年 6 月 18 日在《中华合作时报·茶周刊》撰文《朱自振：茶叶历史文化研究权威》，在国内外很有影响，我综合二文，描述于下：

朱自振，1934 年 12 月生于江苏省常州市武进县三井乡长沟村，父亲是东吴大学毕业的，认为儿子搞文史比较好，从小让他背书，逼得很紧。1959 年南京大学历史系毕业后，分配到中国农业科学院南京农学院所属农业遗产研究室，主任是国宝级教授万国鼎，当时 60 多岁，是小老乡。在数次长谈之后，认为后学可期，引导他下功夫研究茶史，并把自己的研究成果和资料提供他参阅。

1962 年，万先生交代茶类研究专家陈祖椝和朱先生选编《中国茶叶历史资料选辑》，分上下两编，上编由陈、朱主持，下编由朱、陈主持编辑。陈先生比朱大很多，如此安排是信任和重托，当时朱才 25 岁。

此年，陈、朱二人到北京图书馆查询资料，纯粹的目筛手录摘抄，为了节约中午两小时继续工作，向馆方申请反锁在书库，带上干粮和水，馆方特许。“锁”了一个多月，“胃炎发作，头昏眼花，不时还会恶心呕吐”，“双腿双脚浮肿得很厉害”，但是“取得了意外收获”。接着辗转天津、上海、杭州、宁波等地，在地方志中查抄。到 1963 年 5 月前后，茶史资料的检索和补抄工作大体就绪，工作迅速进行。不幸的是，此年万国鼎先生突发脑出血逝世。

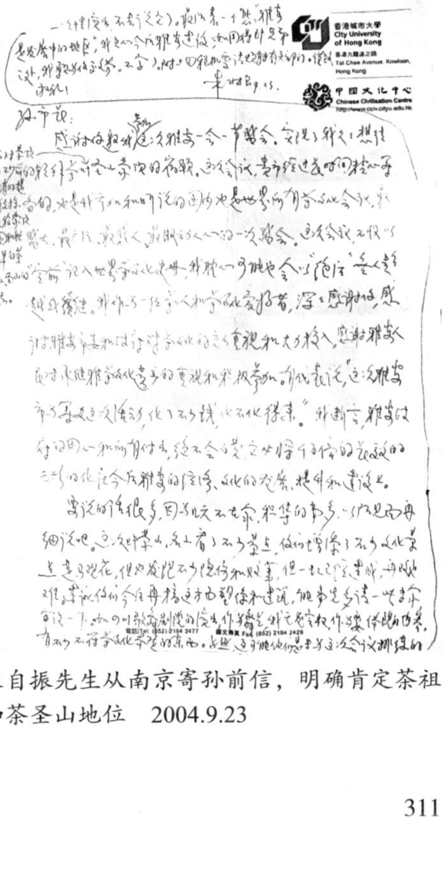
香港城市大學
City University of Hong Kong
香港九龍達之路
Tat Chee Avenue, Kowloon, Hong Kong
中国文化中心
Chinese Civilization Centre

朱自振先生从南京寄孙前信，明确肯定茶祖和茶圣山地位　2004.9.23

1964 年春，朱先生被抽调去搞农村社会主义教育运动（简称“四清运动”）。1965 年底，朱先生加班加点编成《中国茶叶历史资料选辑》的上、下编初稿，送中国农业科学院茶叶研究所审查，因“文化大革命”而终止。1976 年，陈祖椝先生逝世。此后两书的重新校核和增补工作，全落在朱先生肩上。

1981 年 11 月，农业出版社出版了《中国茶叶历史资料选辑》上编，全书 634 页，限于当时的印刷水平，手写体影印本，封面“陈

2010 年花楸茶业封坛发布会　2010.4.15
朱自振、范增平、江用文、孙前、王云、段镇民、喻长根、王艳桃

祖㮚、朱自振编”。那时，在中国没几人知道陈祖㮚，朱先生耿介为人，不忘先师，让中国茶人记住默默无闻的陈祖㮚。1991 年，东南大学出版社出版下编，历经 30 年，了却三代茶史研究者的心愿，“在社会上引起广泛的关注”，堪称大德。

陶德臣教授文章评价先生三大突出贡献：

一是“朱先生一生著述颇丰，除上述 4 种资料书集数十年功力居功至伟外，还有《太湖地区农业史稿》、《中国茶酒文化史》(合著)、《茶史初探》、《中华茶叶五千年》(参编)、《中国茶经》(参编)、《中国茶叶大辞典》(参编)、《中国历代茶书汇编校注本》(郑培凯、朱自振主编)、《中国古代茶书集成》（主编朱自振、沈冬梅、增勤）等，发表论文 100 多篇”。

二是“最突出的主张则是巴蜀是中国饮茶文化的摇篮”，这廓清了竞古争先、各炫其是、乱麻一团的中华茶史。

三是精心培育茶文化研究的后继人才，他的弟子王利华博导、张传政博士、刘馨秋博士以及关门弟子冯卫英博士，皆是学业有成、执着奉献之辈。（至于“编外学生”陶德臣、孙前、陈书谦、董存荣、高富华、郭友雯等，那就不计其数了。）

朱先生是人见人爱的大学者。我受先生提携，有着难以忘怀的情谊。

在 2004 年 9 月“一会一节”之前，我同先生只有在外省茶会上的简单交流，但是先生给我寄来了为蒙顶圣山定位的一封价值千万金的宝帖，由此终生执弟子礼（详见第一篇）。

2005 年上半年，蒙顶山要修建“世界茶文化博物馆”，我举荐于观亭（组长）、朱自振（副组长）、陆尧、吴锡瑞、徐永成（上海市茶叶学会副理事长）、韩金科、丁以寿、王云、陈书谦为专家组成员，北京圣唐古驿设计事务所执行。大家献计献策，打造成了至今公认国内一流水平的茶文化博物馆，时任四川省委书记张学忠题写馆名。

2010 年 4 月 15 日，成都花楸茶叶公司董事长喻长根在邛崃“天下第

朱先生在蒙顶山给茶祖奉高香　2010.4.16

朱先生同夫人、孙前、弟子冯卫英在蒙顶山皇茶园　2010.4.16

甘孜州政协副主席郭昌平、蒋秀英（藏族）、孙光俊（泸定县政协主席）陪览康定　2010.4.18

王永模（泸定县人大主任、红军史专家）、孙前陪览泸定桥　2010.4.18

一圃”举办“王者之香祭坛”活动，特邀朱自振、范增平、江用文、段镇民（九段烧）、王云、司徒华、张晶等数十人参加。

我陪同朱先生、何菊芬（朱先生夫人）、冯卫英（博士弟子）到蒙顶山，同李家光先生游览茶博馆。晚餐在西康大酒店，“一会一节”时干将曾英慧、彭学松、陈书谦等前来拜会。

我安排了一辆商务车，全程陪同朱先生三人川西行考察，先后到了二郎山、泸定桥、康定、磨西古镇眺望海螺沟（因心脏不好，不能上高海拔的冰川）、天全县、荥经县。当时，荥经县正在掘一处战国古墓，我请先生看看，然后到严道古镇遗址。

他提出一个问题："荥经出土古墓这样多，出过什么与茶相关的东西吗？"我不知道，县上陪同的一位领导和县文管所高俊刚所长说："有呀！曾挖出过窖藏的藏茶。"

我问："经办的同志还在吗？"

"在，李晓鸥，之后是县文管所所长。"

我说："那请他来一下，给朱教授讲一讲。"一会儿，李晓鸥骑车过来，把我们带到现场。朱先生问："出土时是什么状况？你怎么知道是茶叶？有图片或实物吗？为什么会在城外窖藏？"

李晓鸥说："这是原来的老城区内，应是汉代后期，用白膏泥封的一个堆堆，挖开青泥，一看是淡黄色的茶叶，就像现在的藏茶，我们是茶区，大家都认识茶，于是通知我来看看有什么价值，我带了一部海鸥相机，过来一看是茶叶，大家关注的是青铜器、金银珠宝，对茶没兴趣，更没有意识到发现茶的历史价值。我照了两张相片，之后不知弄到哪里去了。取了一点茶样带回文管所，过两天成了粉末状，就倒了。膏泥打开，茶见了空气，很快变成黑色，没两天成粉末状。"

春秋战国时期，楚人用盐、茶、布等同民族地区交易麸金运回楚国提炼，于是在严道建城（注：四川大学徐中舒教授《论巴蜀茶文化》详述），作为藏滇区雅砻江（古称"丽水"）、金沙江采金运金的中转站，此茶可能是楚后裔在汉末老城搬迁时留下的。

朱先生细致地问了几个问题，觉得有可信度，就说："此事很有价值，你们写一篇文章，我来推荐发表。"后来李晓鸥、高俊刚联名写了《严道古镇窖藏茶》，发给我征求意见，又转发朱先生，他推荐给《茶博览》登在2010年第10期。以朱先生的眼光，他认为与汉、藏、彝、羌古道贸易有关，是一个很重要的信息。此后多书引证此事。

后来我们又去了雨城区兄弟友谊茶厂看乔木型老茶树、乐山大佛、郭

荥经战国古墓考察，馆长高俊刚讲解　2010.4.19

沫若故居、夹江天福茶博物馆、三星堆、金沙遗址，4月23日下午飞南京。陪朱先生8天讨教甚多。他也说：“此行更坚定我早年提出的巴蜀是中华茶文化摇篮的信念。”

不久收到朱先生邀请函，让我5月14日飞宜兴参加“江苏省茶文化学会成立大会”，浙江的徐鸿运、程启坤、姚国坤先生也应邀参加。

朱先生拿出一本沧桑破旧的书递给我，书脊上下的破损处全贴的透明不干胶修补，这是1981年第一版《中国茶叶历史资料选辑》（陈祖槼、朱自振编）。因我曾询问先生：“网上淘不到此书，您有存货吗？”他摇摇头，早就没有了。

我翻开书，634页，手写体影印本，我第一次看到这种书。扉页上端有朱先生的自题语：“此书2001年12月11日在香港收叶祥桐寄来的拾遗！弥足珍贵也！”下端，朱先生题签：“孙前先生指正，朱自振，2010清明于阳羡。”朱先生把自己的珍藏版托付于我，感恩！

2015年3月12日，雅安市政府举行“第十一届四川蒙顶山国际茶文化旅游节开幕式”，同步举行米兰世博会火炬传递仪式。

朱自振、于观亭、王建荣、陈书谦与笔者第一棒，由朱交雅安市徐旭副市长第二棒。

下午在红珠宾馆二楼大会议室举行“中国茶产业发展圆桌会议”，由笔者主持，市委常委徐其斌、副市长孙久国和180位中外嘉宾参加，提交

22 篇论文，计 6 人发言。参加人员有吴建平、中村修、程启坤、于观亭、朱自振、姚国坤、姜育发、王云、陆尧、傅尚文、关剑平、舒曼、任新建、朱仲海、周重林、徐凤龙等。

从报到的身份证上，我们发现了 3 月 13 日是朱先生 80 大寿，这可是天赐蒙顶良缘。我们秘密运作，要给先生庆贺一下，但又怕他拒绝。

茶歇时，我给他开玩笑说：“朱教授大喜呀！”他疑惑地看着我。

“您从巴蜀摇篮，摇呀摇，摇到 80 岁了，还不喜吗？”他笑着问：“你们怎么知道的？”“酒店登记身份证呀。您的这些弟子和仰慕者商量，明天上午在蒙顶山聚一下，就这样哈，搞定！”他说：“太麻烦你们了！”

晚餐后，我邀程启坤、姚国坤先生，请他们主持朱教授寿庆。程先生说：“值得庆贺！我们这些人的茶历史文化知识，都是从他的书里学到的。太遗憾了，我们是明早的飞机，老姚马上拟一封贺信，以国际茶研究会名义发给你，请你明天在会上宣读，拜托了。”于观亭和助手孟晓妍第二天一早到成都。

3 月 13 日早上从红珠酒店出发，参会的国内外知名专家得知此喜事，纷纷上山庆贺。

10 时，在蒙顶山世界茶文化博物馆旁的“蒙山书院”，布置了 100 人会议室，长长的红色横幅写着“朱自振教授八十寿辰暨巴蜀茶文化研讨座谈会”，长方形布局的会议室，绿丝绒覆面，非常大气。对蒙顶山而言，这是值得珍视的历史时刻。每人座前放了一份陶德臣教授写的《朱自振：茶叶历史文化研究权威》和“主要著作、学术论文目录”，这是我请朱先生的博士弟子刘馨秋昨天提供的。

会议的主办方是中国国际茶文化研究会、西南茶文化研究中心（朱先生是位列第一的顾问），名山区委、区政府、人大、政协，名山蒙顶山旅游开发公司（董事长韩东、总经理袁呈军），蒙顶山皇茶公司（总经理龚

中外茶人在蒙顶山为朱先生贺 80 大寿　2015.3.13

朱老墨宝赠蒙顶山景区　董事长韩东（右二）、任新建、张成军、总经理袁呈军、龚开钦

开钦）。名山区政协副主席、统战部长张成军代表四大班子出席。

外地嘉宾有姜育发（韩国）、舒曼、薛咏梅（河北）、徐凤龙（吉林）以及重庆的白鹭苑、周筱文、马达等。

四川有任新建、徐金华、谭继和、祁和晖、司徒华、谭楷、张晶、刘昌明、胡焕平、何德伟、杨健、王龙、王艳桃、丛林中、缪国平、段逸丹等。

雅安市和名山区有曾英慧、陈书谦、蒋昭义、熊万和、韩东、袁呈军、董存荣、高富华、李国斌、陈宣杰、杨雅江、郭友雯、李亚军、牟波、姚山等。

雅茶企业家有甘玉祥、杨奇、张波、龚开钦、郭承义、张强等。蒙顶山的全体中层管理人员、导游和闻讯而来的茶企老总，全场满满，要一睹大师风采。

程启坤、姚国坤、于观亭、傅尚文、陆尧、关剑平、周重林发来贺电。李家光、欧阳崇正先生因有病未到场，专门电话祝贺。

笔者作为中国国际茶文化研究会副会长、西南茶文化研究中心主任主持会议，桌上摆放了朱先生的主要著作。

我说："据我所知，蒙顶山从未给任何人做过80寿庆，而首次80寿庆，迎来的是中华、世界顶级茶文化史专家，大家见证这次寿诞，是福气也是缘分。"

我宣读了程启坤、姚国坤先生代表杭州总部的贺电：

尊敬的朱自振先生：

您是中华茶文化史研究的泰斗，所有海内外茶人受惠于您数十年的默默耕耘和勤奋钻研！

您为人品德高尚、学术研究的客观公允得到学界的认同。在您80大寿之际，祝您健康快乐长寿！

张成军副主席代表名山四大班子致辞。

朱先生致答谢辞：

今天的安排实在是意外的惊喜，感谢孙市长和名山，以及朋友们的关爱。我这一辈子实在没做什么，就是受恩师万国鼎之托，也受陈祖椝老师的引导，躺在茶书堆和茶园里做了我喜欢的事。

我将以有生之年，为巴蜀茶文化摇篮和蒙顶山尽量做一些事情，感谢大家！

天下茶友网杨健、缪国平现场实况转播，举国茶友的祝贺，一浪高过一浪，铺天盖地。

宜兴的著名茶人王爱民给我发信息说："孙大哥，我们江苏的会长，怎么让你们抢去做生日啦？"

"先生生日在蒙顶，是老天安排给我们的！""也是！"

参会者踊跃发言，由衷地赞美和祝贺。

司徒华奉上"茶之寿"墨宝。著名书画家和茶人徐凤龙要来最好的宣纸，当场写下"寿"字。企业献上最好的明前蒙顶甘露、黄芽、石花。所有礼物，由郭友雯快递寄出。

朱先生现场提笔挥毫，写下"蒙顶山世界茶文化之圣山　朱自振 2015 年 3 月 13 日于蒙顶"。

在室外的梯阶上，参会者牵着"朱自振先生八十寿辰暨巴蜀茶文化研讨座谈会"横幅，合影。

还有比这更完美的吗？

巴蜀茶文化摇篮论的创始人在"摇篮里"贺 80 寿，天无再美！

2015 年 4 月 16 日接朱先生电话，说他们夫妇 5 月飞新西兰女儿处，希能同我见面一谈"巴蜀茶文化走向中华"的出书问题，介绍一些机构人员和资料，方便我们以后联系。

4 月 20 日中午，我同董存荣飞南京，南京熊猫集团的宋江宁诸老友做好安排。我晚上拜访朱先生，高英姿、王为副会长共商几天活动安排。董

朱先生在南京家中赠墨宝“蒙顶山世界茶文化圣山”
这是期许和重托 2015.4.22 刘馨秋摄

朱先生在雅安碧峰峡熊猫基地 2010.4.16

郎把在蒙顶山题词未及盖章的墨宝带来，请先生补章。

4 月 21 日早，同陶德臣教授、刘馨秋博士见面，后到南京农大同朱先生、何菊芬老师见面，大门前合影。朱先生带我们到主楼拜访中华农业文明研究院院长王思明教授，他是刘馨秋的博士后导师。王院长爽朗地说：“朱教授信任的，我们全开绿灯。”参观了藏品资料室、大学博物馆，没想到墙上挂了一张《拴马饲水》拓片，我问来自何处，皆不知，我告知是荥经汉代石棺的刻图，刘馨秋说终于知道出处了。人文社会科学院党委书记朱世桂教授专门来看望，她在网上查了我资料，希望我给学院即将开始的读书月上第一堂课，我同意了。

第二天下午 4—6 时，我在南京农大图书馆会议室给 300 位学动物、旅游专业的学生讲“大熊猫历史文化旅游研究”。读书月的主题是“腹有诗书气自华”，朱书记主持。我先设了三问，答对的有奖，答对者 70%，我的奖品是中英文版的《大熊猫文化笔记》一书，学生水平不错，馨秋记下快递地址，我回成都签名寄赠，两人要英文版。有关熊猫文化的知识点是他们的弱项。朱书记客气地说："两个小时，给我补了一堂专业课。"

晚 7 时，刘馨秋陪我、董郎到朱先生家拜访。朱先生说："'一会一节'以后，蒙顶山和茶祖吴理真的影响越来越大，这本来是好事，可是这几年有人跳出来瞎折腾，我看过几篇，那个文笔是很差的。所谓'茶人'，那不是种茶、喝茶，写几篇涉茶文字就可以自称为'茶人'的，这里有相当高的道德艺术标准，《茶经》讲'最宜精行俭德之人'就是这个意思。所以约你们来深谈，把写巴蜀茶文化、茶祖吴理真的事托付给你们，馨秋、冯卫英会全力服务，王思明院长也会大力帮助。"

在刘馨秋、董存荣的见证下，朱先生写"赠孙前先生存　蒙顶山世界茶文化圣山　朱自振 2015 年 4 月 22 日"墨宝，合影存念。

这是肯定，是期许，是重托！

昨天我送他两只又干又瘦的成都名菜樟茶鸭子，今天师母送我两只又大又胖的南京盐水鸭。

我们住的酒店，就在南京农大对门，朱先生一早来电说要送送我们，我只有善意地谎言，说已外出。他慈祥地嘱托，一路平安，回成都来个电话。没想到，这成了我们的一揖永诀。5 月，朱先生伉俪飞新西兰女儿家。

2021 年 9 月 14 日，接到冯卫英信息，告知朱先生 2021 年 9 月 13 日下午 3:50，在新西兰北帕默斯顿市女儿何一兵、婿袁国栋家逝，终年 87 岁。我同陈书谦等商议，以西南茶文化研究中心的名义，给师母何菊芬、师妹何一兵发一封长长的唁函，表示我们深深的哀悼和缅怀之情。先生承允为本书作序，只有来世了。

由于全球疫情肆虐，丧事从简，原定 2022 年在常州举办追思会，也无法进行。

朱先生的大功德，本文不足万一，但是表达了巴蜀茶人，表达后学孙前的赤诚敬重之心，我愿来生拜入师门，终生执弟子礼。

中国诗词万千首，我选此句献先生：

不要人夸好颜色，只留清气满乾坤。（元王冕《题墨梅》）

祈先生天堂安好！

2 蒙山茶旅游的拓荒者：欧阳崇正

我询问过很多参与蒙顶山开发建设的名山人，以 2000 年为界，对蒙山开发贡献最大者是谁，众口一词——欧伯（本地人对欧阳崇正的尊称）！

从我到雅安工作，至欧伯 2024 年 2 月 21 日 93 岁仙逝，我们有 20 多年亦师亦友的情谊，蒙顶山能有今天，应该记住他。

欧阳崇正，1931 年 5 月 8 日生，四川广汉五区南中兴乡龙兴村人，父亲是小有文化的风水先生。1939 年至 1944 年在中兴中心小学读书，后父亲把他送到彭县濛阳镇族祖父欧阳次年家读私塾，教师是前清秀才罗仲泉，精理学、善书画，主要传授古文、诗词和书画，由此培养起诗词书画的兴趣和童子功，以后还有其他老师教数学、应用文写作。

1949 年后，他在家乡村农民协会工作。1951 年 7 月至 1952 年 4 月，在西南革大广汉、成都分校学习，结业后分到当时属眉山专区的名山县县委工作。1956 年 12 月入党，先后在永兴、茅河、廖场镇和县财贸部、农工部、县多种经营办公室，转的岗位不少，增长了阅历，积累了经验。在 1978 年至 1982 年任县农业局局长期间，以水稻杂交优势利用取得大面积增产的成果，获得地区科技成果集体一等奖。以这些阅历和成果，县上 1982 年 3 月任命他为县文化局局长，主持推进蒙顶山风景名胜区的早期开发。

1982 年 8 月 8 日—23 日，他带领韩德雅（负责绘画记录）、杨忠涛（摄影）、邓黎明（文字记录）、韩德云等到蒙顶山考察文物遗存、遗址，对所有寺院、碑刻、牌坊及甘露井进行全方位摸底调查。这些地方遍山杂草，荆棘丛生，毒蛇、蚂蟥横行，天盖寺内长满竹笋，五峰是杂草山。半个月风餐露宿下来，他心生喜悦，这是一座宝山呀！

8 月 29 日，欧伯动手写《关于保护利用蒙山文物的调查报告》，在介绍蒙山历史文物之后，提出把整个蒙山划为蒙山保护区，封山育林，禁止开山采石，在那个不知旅游为何物的时代，提出这些构想和举措无疑是时代的前驱者。

这份报告分送到了县、地区和省上。欧伯还借省委副书记刘西尧、何郝炬视察蒙山的机会，大声疾呼。

1983 年 5 月 3 日—5 日，在蒙顶山第一次召开蒙山诗会，《星星诗刊》总编白航请诗人上山，流沙河先生主讲现代诗歌，很是热闹。

1984 年 1 月，名山县政府颁发《关于保护蒙山区自然资源及文物古迹的布告》。同月，县委、县政府成立“开发蒙山领导小组”，由顾问季世福（原县委书记）具体负责，率领骨干到峨眉山、青城山取经学习。4 月 20 日，著名编导黄宗英的《小木屋》在蒙顶山开镜，蒙山茶上了银幕，这对全地区来说是一大新闻。

1984 年欧阳崇正局长在开发蒙山动员会上激情讲话

6 月底，前山公路开通。8 月，举办蒙山书会，省书协主席李半黎（四川日报社原社长）、秘书长刘云泉（书法家）、画家岑学恭等十余人到蒙顶采风，留下墨宝。

1985 年 1 月，在季世福、欧阳崇正的倡导下，县政协发出《“爱我蒙山，修我蒙山”

社会赞助倡议书》，要把捐助者在蒙山刻石留名，到年底计有 83 个单位、27800 多人捐助，其中捐款 5 元以上者 2186 人，共捐 54000 余元，水泥 20 吨，木材 40 立方米。当时在干活的民工中推出一句民间善语，“半积阴工半找钱”，他们愿拿不高的报酬干活。这种民间保护行为感动了省文化厅，厅长杜天文、副厅长王幼龄、文物处处长高文多次上山指导，并先后拨 28 万元文物保护经费，这使欧伯成了手持“巨款”的豪富。他和韩德雅负责，高质高效地把天盖寺、皇茶园、古蒙泉、盘龙亭、禹王宫、汉白玉雕蒙茶仙姑、红军纪念馆、远望亭、天梯、八仙宫等逐一推出。到 1986 年 11 月 20 日，被省政府定为“第一批省级风景名胜区”（共 10 个）。

当时雅安市的碧峰峡就作为蒙山景区的后山部分列入其中。

经过几年的努力，广泛查证募集资料，1986 年 8 月，省政府编委批准其建立“蒙山茶史博物馆”，人员编制 15 名，设在天梯下的禹王宫。1987 年，“蒙山茶史博物馆”建成开馆。4 月，新华社刊发《蒙山为我国建成第一家茶史博物馆》。

欧阳崇正查阅《四川通志》《舆地纪胜》等书，与任蒙山茶场场长的好友李家光经常切磋交流对吴理真的考证，写出《种茶最早是蒙山》《非僧非道一茶农——中国蒙山植茶始祖吴理真考》（此文收入“一会一节”论文集）。1985 年，写出《蒙山导游词》，作律诗绝句辞赋甚多。

1982 年后，欧阳崇正兼任名山县方志办主任，1991 年 3 月享受副县级待遇，11 月 8 日退休。欧阳崇正退而不休的日子，是在享受品鉴蒙山茶文化中度过的。

我与欧阳崇正先生的蒙山情结也在这之后结下。

1985 年 2 月 7 日，作为秘书，我陪省委老书记许梦侠同志到雅安检查工作。地委书记秦长胜、县委书记季世福、县文化局局长欧阳崇正陪同。个高貌帅的欧阳崇正用一口浓浓的广汉口音做讲解，我始知此山吴理真是首位植茶人。临别，季书记送两本小册子《蒙山茶史考》，作者李家光。

2000年1月2日，我到雅安行署任副专员，到11月，接手全地区的旅游开发管理，逐步深入了解蒙山茶历史文化。

下半年，请董存荣带我到家里拜访欧伯。在底层显窄的老宿舍里，挂有一副对联，“宁为铺路石；不屑画葫芦”，这是他的自勉联，请李半黎先生书法，作为人生座右铭。我注视良久，这种铺路石的开拓者太少了，“公事公办”依样画葫芦的人太多了。

此后打造“一会一节”，他是特聘专家组顾问，参加多次会议并献计献策，从2003年恢复皇茶祭天祀祖，到陕西黄帝陵、法门寺的献祭文，皆出自他手。

2005年10月，我即将结束在雅安的6年任期。我辞谢了十多个分管单位和众多部门、企业、友人的送别宴，9月25日6时在雅州茶府自费办了一桌谢师宴，感谢6年来良师益友对我的帮助，临别之际薄酒淡茶以谢。

出席的师友是曹宏、欧阳崇正、陈登才、蒋昭义、杨奇、甘玉祥、郑万章、陈书谦、董存荣、赵迎鸿，道不尽的致谢惜别之情。

想不到，两天后收到欧伯律诗手札一笺，深为感动。我祈他书法墨宝纪念。隔日，赵迎鸿取来宣纸书法：

送孙前同志奉调回省

曾因茗事初相识，茶宴依依话别离。
六载雅州勤运作，千秋蒙顶费奔驰。
丰功不计位尊显，交友全凭心信知。
锦里芙蓉迎贵客，未名山水待君诗。

2005年9月28日

送别宴后偶成一律，今遵嘱书赠

丁亥夏　欧阳崇正

我请优秀的装裱师封框以存，挂在书斋蜂巢书屋。这既是友情之别，也是对后途的期许。

2013 年 7 月 1 日，我从省旅游局退休。2016 年 4 月 12 日—25 日，我组织了一个 17 人的赴英国茶文化专题考察团，全称叫“中华茶文化赴英国考察交流团”，做了一面很大的中英文团旗，中间是“世界茶文化圣山蒙顶山”的徽标，代表团有沈冬梅、刘昌明、丁云国、吴乌米、邓存琚、白小梅、张雅琪、冯斯正、甘甜、冷建强、方玲、何阿坚（彝族）、杨景然、高士杰等。顾问是英国的简·佩蒂格鲁（茶叶历史学家、记者）、美国的奥斯汀·霍吉（国际名优茶协会会长、美国七碗茶公司董事长）。

我们考察的第一重点对象，是乌邦寺庄园的第 15 世贝德福特·罗素公爵。他是英国现在最显赫的公爵家族代表，英国下午茶就是 7 世公爵夫人在这里推广开的，所以此地被称为“下午茶圣殿”。1900 年在中国灭绝的麋鹿（四不像），也是此家族保护繁衍。1985 年 8 月 24 日捐赠北京北海子 22 头麋鹿，至今在中国已发展到 6000 余头，而麋鹿和熊猫的模式标本发现者，都是法国博物学家戴维。所以我考虑到要给公爵送一份有特殊意义的礼物。

我到欧伯家拜访，请他书法“扬子江心水，蒙山顶上茶”对联。为什么求他，因他的常用署签是“蒙山茶人”，再加上他的贡献，这是不二人选。他说好久不题笔了，怕写不好。我说以您的功力练几天就恢复了。过了一周，残剑飞雪董事长高永川送来两幅，让我比选。

上款是“赠乌邦寺十五世贝特福德公爵”，下款是“中国茶文化赴英国考察团团长孙前　2016 年 4 月 15 日蒙山茶人欧阳崇正”。

我送到成都最好的装裱店，配上锦缎盒，内附红纸中英文说明，带到乌邦寺。

公爵目不转睛地看我变戏法一样打开锦盒，4 位团友展开两轴，我告

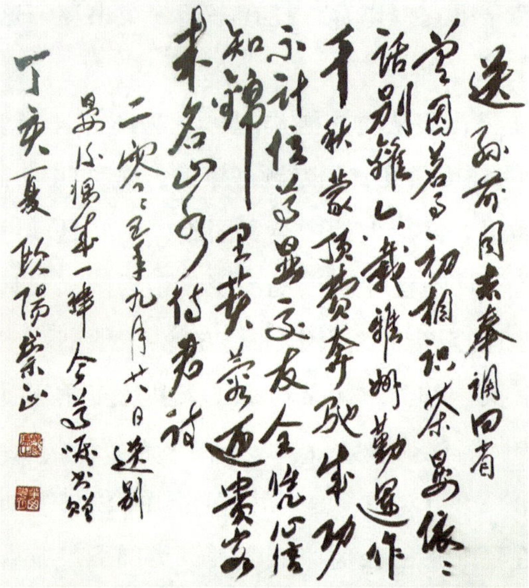

欧阳崇正先生握别时赠诗　2005.9.28

诉他世界茶文化圣山同英国下午茶文化圣殿牵手的意义非同一般，他高兴地说，太珍贵、太有意义了。备份的对联，是我为蒙顶山世界茶文化博物馆准备的。

从英国回来，我整整笔耕 5 年，每天工作 14 个小时，写出一本 63 万字的《英茶行日记》，请陈宗懋院士题书名。有学者评价，此书最重要的价值体现在副标题“中英交流 400 年——茶 瓷器 丝绸 漆器 园林 贸易撷英”的提示。

我拿了几册新书，同刘昌明、司徒华、张雅琪、高殿懋一起送到欧伯家，我翻开给公爵送对联的照片，他笑了：“没想到我的东西，会收藏在有 500 年传承史的公爵家族。”

2024 年 2 月 22 日下午，接高殿懋老师电，欧伯 21 日仙逝，寿 93 岁，于 23 日早火化，只是家人相送，不惊扰友邻，拒收礼仪。我请她以西南茶

欧阳先生墨宝长存于英国乌邦寺　2016.4.15

欧伯家赠书　2022.3.26

文化研究中心和川农大教授等 10 人的名字敬献花篮以悼念。

23 日中午，我赶到雨城区医养中心看望欧伯的老伴刘德华，高殿懋陪着我。这是一个条件不错的老年康养中心，他们夫妇在此住了一年多。儿子欧阳小波是雅安有名的消化道医疗专家，与我一起安慰母亲。奔走百公里送逝者，是我的首次。

伯母坦然应对，她说人老了，谁都有这一天，他对自己的一生很满足了。

我给小波说，好好照顾妈妈，这是第一位的，你也退休了，应该花时间好好整理欧伯的文稿、诗稿、图片，这是名山、雅安、四川茶文化的珍贵财富，以后再捐给图书馆或档案馆保存吧！

欧伯，您的品德为人，您对蒙顶山茶文化的贡献，我们永志不忘！天堂有茶，好好品鉴！

3 巴蜀茶科研的巨擘：钟渭基

钟先生的标牌打扮是一年四季都戴一顶博士帽，从未见他摘下过，巴蜀茶人都尊称他钟大爷，不是因为年龄 90 岁，而是因他在巴蜀茶学界的大师地位。

钟渭基，1934 年生于浙江诸暨市新壁乡湖外坂村。1951 年 9 月就读于杭州农业技术学校，1954 年 9 月至 1956 年 8 月浙江农学院（现浙江大学农业与生物技术学院）毕业，10 月分配到四川省农业厅灌县茶叶试验站当技术员，1959 年 1 月入党。1962 年 10 月搬到江津地区永川县，把原来的劳改单位新胜茶场划给他们 4500 亩，其中茶园 800 亩。1965 年 5 月 20 日，四川省农业厅茶叶试验站更名为四川省农科院茶叶试验站，1973 年 8 月 31 日，更名为四川省农科院茶叶研究所。1975 年 10 月任所科研室主任兼办

钟先生带弟子们考察崇庆枇杷茶　2016.12

公室副主任，《茶叶科技》主编（1975—1994），1978年后任副所长、学术委员会副主任，1987年10月后，研究员、副所长、学术委员会主任，1996年5月在研究所退休。

这是一份从一而终的单调履历，但是他为巴山蜀水的茶科研、茶产业写下了辉煌篇章。他是省人大代表，省委、省政府科学技术顾问，科研成果获国家科技进步二等奖和多项省部级奖，是我国首批享受国务院特殊津贴的著名茶学专家，是四川省唯一入编中国科学技术协会《中国科学技术专家传略》的茶学专家。

由于战乱的影响，久负盛名的四川茶区衰败不振。1949年后，四川每年从浙江等地调进大量杂种茶籽用于生产，无暇顾及茶树品种。钟先生认为，茶树品种研究是茶叶生产中带根本性和起长远作用的战略性措施，他主动请求从事这项耗时长、见效缓的工作。经批准，从1958年开始，由他任组长的“品种研究组”成立了，并实施“十年走遍四川茶区”计划。历经9个春秋，在54万平方千米的蜀道难土地上，摸清了家底，于1965年发表了《四川省茶树地方品种资源初步整理》一文。这使四川成为我国最早系统整理茶树地方资源的省区，为以后的选育、杂交打下基础。

他是系统研究茶树育种的先驱者。整理发掘种质资源的目的在于利用，他十分重视地方品种就地鉴定评价、就地繁殖推广工作。经他考察、鉴定、评价，经相关部门审定，属于国家级传统茶树良种的有早白尖，认定为省级茶树良种的有牛皮茶、崇庆枇杷茶、南江大叶茶等3个品种。早白尖工夫红茶早春抢新上市，条形秀丽、金毫披身，1985年在葡萄牙首都里斯本的第22届世界食品博览会上获金奖。有关地方品种调查整理的科技成果，获1978年四川省科学大会成果奖。

钟先生等从来自不同省（区）的大量材料中，评选出28个优异种质，包括无性系早白尖1号和南江1号，这些成果，1993年获农业部科技进步二等奖；1996 年获国家科技进步二等奖。他从 1962 年开始茶树人工杂交育种研究，是我国系统研究茶树育种的先驱者之一，他采用远缘茶树优势亲本群人工杂交法，克服重重困难，经 20 余年攻关努力，在他的主持下，育成 11 个国家级、1 个省级茶树新品种。

1982 年，我国第一个人工杂交的茶树新品种蜀永 1 号育成，填补了四川无性系茶树良种的空白，翌年获省重大科技成果三等奖。1984 年又育成蜀永 2 号、3 号，1985 年蜀永 2 号获省科技进步二等奖。

1987 年是喜获科技丰收的一年，蜀永 1 号、2 号，被全国农作物品种审定委员会审定为国家级茶树新品种；蜀永 3 号和后来育成的蜀永 307、401、703、808、906 等 6 个新品种，经全国统一区试，1994 年被审定为国家级茶树新品种。系统选种育成早白尖 5 号、南江 2 号，于 2002 年审定为国家级茶树新品种，崇枇 71–1 为省级良种。2010 年，南江 1 号被审定为国家级茶树新品种。

1991 年 7 月，钟先生参与写作出版《四川茶叶》一书。同年，被列为有突出贡献专家，享受国务院特殊津贴。

四川茶种质资源与云南茶树原产地中心是什么关系，历来学界说法不一，从钟大爷这里可以探询很多第一手故事。

2017 年 8 月 19 日，我们在蒙顶山参加新雕刻的茶祖吴理真卧像入驻蒙山顶汉代石屋的活动，原像“文化大革命”中被毁。我们住在天盖寺山门侧的客房。早餐后钟大爷、王天成先生到我房间，钟递给我三册牛皮纸发黄的文件夹，封面印着“四川省农业科学院茶叶研究所”。

第一册，“关于四川茶叶历史的研究”，编印机构填吴觉农，内存《我国西南地区是世界茶树的原产地》，作者吴觉农、吕允福、张承春，1979 年 2 月，注明是 1978 年太原中国农学年会论文。还存有《四川野生大茶树调查研究》，钟渭基撰，1979 年，江西九江，中国茶叶学会茶树品种资源学术讨论会宣读，单位：四川省农科院茶叶研究所，日期：1979 年 12 月。

第二册，是浙江中国农业科学院茶叶研究所虞富莲先生写的《论茶树原产地和起源中心》，发表在《茶叶科学》1986 年 6 期，虞先生题签“钟渭基先生指正，87.1.9”，内有钟先生阅读的红笔标注。

第三册，《南川大叶茶树野生植被初探》，张承春撰，1979 年。

我对钟所长说，好好拜读。他说：“送给你了，我的孩子不是搞茶的，我现在也用不上，你拿去，可能有参考价值。”“那不行，太珍贵了，承受不起！”王先生说：“你就收下吧，你是我们西南茶文化研究中心主任，有用得着的时候，万一大爷需用，再找你借嘛！”叩首！叩首！定当不负所托。

对茶树原产地的议论，近百年来，书刊文章百千万计，非地质、茶专业人员就是看了，也不懂、也记不住。我所得数文，乃大专家之论，不揣浅陋，辑述于此。

最初的茶树原种可能类似现在的云南大叶种。后来喜马拉雅运动开始，我国西南地区发生了渐进的而又是重大的改变，形成了川滇纵谷和云贵高原。特别是近百万年以来，云贵高原上升了 2000 米，西藏高原上升了 4500—6000 米，河谷则下切了 500 米，分割成了许许多多的小地貌区和小气候区，原来生长在这里的茶树原种不知不觉地被分别安置在寒带、温带、亚热带和热带的气候之中，各自向着与环境相适应的方向演化。位置在河谷下游，多雨炎热地带的，演化成为拌部茶；适应河谷中游亚热带气候的，演化成云南—川黔大叶种；处于河谷斜坡，温带气候的，则逐步筛选出耐寒、耐旱、耐阴的中小叶种。这种变异代代遗传，并由本地水系、人为原因传播各处安家落户。

自第四纪以来，全球经历数次冰河期，对所有植物造成巨大伤害，而我国西南地区灾害不大，所以云南、四川川南和川西、黔北保存茶树较多，并经自然筛选，向着灌木化、小型化、抗寒抗旱方向发展，再加上人工抚育，形成极广大的中小叶群落，在四川、贵州形成中小叶种、大叶种茶树同时存在的状态。

茶树的种内变异，热带型的大叶种为一个极端，温带型的小叶种为另一个极端，其他各种的适生状态，介于两者之间，它们都是一个共同祖先的后代。

钟大爷说，1957 年 3 月，他到崇庆县怀远区西山乡晴霞村看到大叶枇杷茶树，听农民傅庆安说，180 多年前，一个在云南当官的本地人带种子回来种的，本地这种树很多。钟先生说：

当时我没在其他地方发现此树，后来写成文章发表在 1959 年的《茶叶》杂志上，这是浙大出的当时全国唯一的茶刊物，说四川的崇庆枇杷茶是从云南引进的，影响不小。

随着跑的地方多了，发现大凉山雷波、涪陵南川县以及宜宾的几个县都有这种树，那时的条件不可能从崇庆引种过去。经过所里广泛搜集资料，进行生化分析，我写了一篇《四川野生大茶树的调查研究》文章，指出四川野生大茶树幼苗出土，几乎全部为紫红色，树型高大、分枝稀疏、树姿直立、木质致密，抗寒能力强，病虫害较少，是四川自成体系的原生大茶树，否定了我原来的云南移栽说，并在 1979 年江西九江开的“中国茶叶学会茶树品种资源学术讨论会”上宣读交流，明确提出四川也是茶树原产地。当时陈椽先生没去，是他的助手陈震古代表他宣谈了一篇论文，认为茶树原产地是云南西双版纳。我的观点与他不同。陈震古给他汇报后，他发脾气说：“那个娃娃懂什么。”我同

虞富莲先生到雅安荥经考察枇杷茶　2017.3.29

陈先生多有接触，对他很尊重，但我保留自己的学术观点，在任何场合不与先生论辩，让时间来检验。

1961 年 5 月，我到云南西双版纳考察大叶茶，找到云南茶叶研究所的张木兰，她陪我到勐海南糯山去看云南已广为流传的 800 年野生茶树王，我的校友丁渭然也一起走路去，很辛苦。距树还有 20 米，我说这是栽培型茶树，他二人不开腔了。我认为它不具野生茶树的典型条件，对此，以后他们不再用野生茶树的概念了。

我走遍全川调研发现 20 余个县有野生大茶树，我以眼见为实作根据，但是在与四川交界的神农架以及巫山、巫溪、云阳、奉节等地没有看到过，虽说传说很多，我没看见，不采信，这与《茶经》所述，有区别。

2018 年 3 月 19 日—21 日邛崃市举行茶马古道和枇杷茶研讨会，我和钟大爷、王天成、刘贵民、廖曼华、杨健、缪国平、张雅琪等应邀参加。我们专门去看了高大的枇杷茶，这就是钟大爷失街亭和占荆州的地方。在此误信农民传说，相隔 20 年又彻底更正。他说，获得省级良种的是“崇庆枇杷茶”，这是种质资源的科学名称，后来因行政区划变更，把“崇庆枇杷茶”改为“崇州枇杷茶”不妥。大家围着大茶树合影。

云南大叶种北移四川盆地，大面积推广，这是钟大爷很得意的一件事情。为了提高我国出口红茶品质，20 世纪 50 年代，国家有关部门曾在长江流域各产茶省试种云南大叶种，但结果不尽如人意。钟大爷在收集大量资料认真分析后认为，四川盆地的特殊地形与气候条件，成功的可能性较大。于是他精心设计，选择不同纬度、不同海拔高度的有代表性茶区，多点试种观察。从 1958 至 1964 年，7 年的不懈努力，终于摸清楚在四川盆地内部，北纬 30 度以南，海拔 1000 米以下，以及北纬 30°~32°，海拔 800 米以下的茶区，可以直接从云南凤庆及其附近茶区引种云南大叶茶作生产栽培。他于 1965 年发表《云南大叶茶在四川的适应性和栽培技术》一文，推动了

钟渭基、虞富莲、范增平在雅安兄弟友谊茶庄　2017.3

相关茶区有计划地引种云南大叶茶。到 20 世纪 80 年代，全川引种云南大叶茶达 2 万公顷，仅南川县就有 3000 公顷，占全县茶园面积 80%，显著提高了四川红茶特别是红碎茶的品质，促进了四川外销红茶的发展。南川的红碎茶曾获国际金奖，一度成为中茶公司上海口岸的拳头产品。该项目成果 1987 年获农牧渔业部科技进步三等奖。

2017 年 3 月 25 日—4 月 2 日，应西南茶文化研究中心钟渭基和我之邀，虞富莲教授到邛崃花秋、蒙顶山、兄弟友谊大茶树、荥经太阳村大枇杷茶树、峨眉山茶园进行全方位考察，我和张雅琪全程陪同。钟、虞先生是浙江大学茶专业校友、同乡，且二人是中国茶树育种一流专家。在成都他们交流甚欢，共同推进了对川西大茶树价值的认识。

只要蒙顶山有茶祖吴理真活动，钟先生必定在第一排正中就座，他挂在嘴里的一句话：茶人奉茶祖，理所当然！

2017 年 7 月 12 日，钟大爷带我、张雅琪去马边金星茶业开发公司考察他们的茶山，雅安施刘刚是他们的技术合作者，生产一种金星黑茶。我们在骄阳下登茶山考察，大家一背汗湿，钟大爷大步疾走，帽子都不摘一下，这种身体功夫的 80 多岁老人，罕见。

1963 年 4 月 3 日，朱老总到江津地区视察工作，专门来到茶叶试验站。当时条件很差，刚从劳改农场转成试验站，用原来管教干部的一幢 3 层小办公楼接待了总司令，钟渭基回答了他感兴趣的问题，并沏了新茶奉上。除了少数深交者，钟大爷从来不摆这个龙门阵。

一次在曼韵茶堂聚，钟大爷拿一个不锈钢保温杯喝茶，我习惯性问：“大爷喝的什么茶？”

“凤求凰茶。”“哪儿生产的？”

“你问他嘛。”他指着刘贵民。刘答：“此茶寓意卓文君和司马相如‘凤求凰’之典故。”

“这有什么关系？”

“红茶似红颜，绿茶似君子。”“钟大爷将红茶绿茶拼配冲泡而饮，恰不正和凤求凰之典故吗？”“钟大爷真乃神仙茶客！”

我补充了范增平先生采访陈宗懋院士的饮茶生活（《中华茶人采访录·大陆卷（四）》），院士说：“我一天要泡三四次茶，早上起来泡一次，上午十一点多一次，下午三点多一次，晚上回家再泡一次。另外我还吃茶多酚片，因为喝茶的茶多酚量是不够的。我春天、夏天主要喝绿茶，秋天和冬天喝乌龙茶，我不太喜欢喝普洱茶。”院士比钟大爷大一岁，浙江海盐人。

看了两位神仙的茶生活，不知道营养师、医生、茶艺师、营销员怎么教人喝茶，喝什么茶，喝多少茶。

钟大爷同我红过一次脸。2018 年 3 月 27 日，蒙顶山第 14 届祭茶祖活动，浙大茶学院童启庆教授以 83 岁高龄，在天盖寺参天银杏的注视下，一套红装，满头银发，展示“原叶茶水丹青创新技艺”。那气定神闲、高雅端庄震撼了所有人，一些茶友不由自主地说：“蒙山师太！”她第一次上蒙顶，我动员她到皇茶园，好几个弟子劝她不去。我说到了这里不去皇茶园悔之终生。她同意跟我上去。

我说：“童教授，您知道刚才大家怎么称呼您吗？”“喊我什么？”“蒙山师太！太牛啦！”“不敢，我师兄还在这里。”我晃晃悠悠，聊一些蒙顶特有的话题，走走看看。到了皇茶园，她非常高兴地说，学茶之人

钟渭基、童启庆、孙前在蒙顶山 2018.3.27

必到此处。合影后慢慢回到天盖寺，她对弟子说，太值得了！

钟大爷满坝子找童教授，一看我牵她回来了，大声道："孙市长，你把她弄到哪儿去了？""皇茶园呀！""你敢弄她上去，她有严重的心脏病，到天盖寺都是冒险的。"我可真是不知道，给钟大爷说了一句："好关心女同学哟！"这可是惺惺相惜的师兄妹呀！

钟大爷打电话，说他声如洪钟，也夸张不多，身板笔挺，耳聪目明。问他大学的同班同学，他朗朗有声地从第一位说到最后一位，连姓名带职业职务，他可以连珠炮般地告诉你。询问老茶树，何年何月，何县何乡何村何组何户，大茶树多高多粗，不打顿号，他一口气说来，不信可以试试。

每天自制面包一次，配"凤求凰"茶。我给钟大爷说："悠着点，我们给您做 108 茶寿，沾点寿气！"

加上李家光先生，两位江苏人，一位浙江人，一位四川人，为蒙顶圣山、为四川茶文化、茶产业立下不朽功业。

蒙顶山和茶祖是中华的，是世界的，需要大家共同扶持。

第十八篇

蒙顶山和韩国智异山

▶ 提　要

中华茶文化最早外传的是什么地方？韩国

第一个祭拜茶圣山的韩国团——39 人

“一会一节”最大的海外组团，130 位韩国茶人雨中跪祭开光的茶祖像

两年间，河东郡郡守、副郡守、议员三到雅安，签订友城协议

韩国釜山财团在蒙顶山建韩国馆，2005 年 9 月开张

韩国学者金秉模考证：从印度公主到安岳许氏的故事

安岳作家写中韩文《普州太后许黄玉传奇》

四川组团参加韩国长水郡茶文化节

到智异山用蒙顶茶祭拜普州太后许黄玉，这是有史以来第一次

崔锡焕组韩国团回访蒙顶山、安岳许黄玉故里

中国茶最早何时传到何国？方健先生在《中国茶书全集校证》导言中有详述，摘录于此。

“中国茶最早外传所到之处，应是韩国。据金宣轼《三国史记·新罗本纪》载，善德王（公元632—646年在位）时已有茶。”

诸多资料可证，“说公元7世纪中叶东邻三国王朝已有茶，当非凿空臆说”。在韩国庆州雁鸭池出土的8世纪新罗土器杯上，有“贞言茶”字样，当可判定为茶杯。《三国史记·新罗本纪》兴德王三年（828）十二月载，入唐使大廉带回了茶种，植于地理山上。

最能体现高丽茶文化创始期水准的，当首选于唐光启二年（886）正月的高丽入唐学者崔致远《谢新茶状》……此谢表，显示了作者深厚的汉文功力和茶文化道诣极深。“远较300年后始问世的日本名僧荣西的《吃茶养生记》为胜，荣西更多地论述了茶的药理和养生作用。而崔致远则已具备了晚唐时期的茶素养，此可充分证明茶在韩国的传入更早于日本，茶文化的水准也更高。”

朴权钦理事长开幕式赠墨宝　2004.9.19

方先生讲的是历史，我补充现代版的韩国故事。

1　韩国团祭拜茶祖

从蒙顶山确定打圣山牌以来，最早来祭拜的是姜育发教授率的39人朝

雅安市政府陪同韩国郑仁梧会长、姜育发教授率领的代表团首次朝拜 2003.8.25

山团，他们的名字镌刻在蒙顶山。

参加“一会一节”的韩国团是海外团中人数最多的，达130人，由朴权钦、李施英、释慧星、崔锡焕、姜育发等率领。

2004年9月19日下午，名山吴理真广场给茶祖揭幕，天下小雨，韩国团12人茶艺队，全部在雨中祭祀，感动所有中外嘉宾。

9月20日晚，李施英赠54套茶器具、服装给蒙顶山。

2 河东郡三访蒙顶山

9月20日，雅安雨都酒店6楼会议室，笔者会见河东郡议员金荣教，他受郡守委托同我草签雅安市与河东郡建立友好城市协议，释慧星、池鲤宇、李种国等参加。

2004年11月1日，韩国河东郡副郡守金焕泳一行6人，到雅安市政府二楼拜访，并与市政府签订了建立友好城市的正式协议。我陪同他们两天，到蒙顶山祭茶祖，在天盖寺银杏叶遍地流金的地方合影，看“龙行十八式”、

2004 年 9 月至 2005 年 12 月期间，韩国庆尚南道河东郡郡守曹守幸、副郡守金焕泳、议员金荣教先生三次到蒙顶山祭祖，并签订友好城市协议

品茶，到兄弟友谊茶厂和合江茶场，专门到碧峰峡抱熊猫照相。他们说，韩国没有熊猫，这些照片要迷倒多少人呀！

2005 年 12 月 5 日，韩国庆尚南道河东郡郡守曹守幸一行十多人到成都，金荣教议员、李种国先生是第二次来。省外办通知我，他们点名要拜访我。晚 6 时，在锦江宾馆，以省旅游局名义接待，韩国驻成都领事黄海彻、权大石等参加。欢歌笑语，尽叙友情。

6 日，雅安市外办主任何平生陪同，我们前往雅安，市委副书记李清源导览，到每一处参观点，都有中韩文大红横幅欢迎。到蒙顶山给茶祖敬高香，永兴寺题词。到工厂、茶场、碧峰峡熊猫基地。

“我现在知道了，韩国人为什么喜欢雅安。”曹郡守指着金荣教说，“他告诉我，你不到雅安，不到蒙顶山，要后悔一辈子！”雅安给每位客人赠送一套“一会一节”礼物，给曹郡守单独赠一轴邓德业先生的茶印拓。郡守赠我一盒高丽参膏、一个木匣装的道心茶。

我专门请资阳市旅游局局长甘忠前来，给郡守一行介绍韩国 2000 年前金首露王王妃许黄玉的故乡安岳县的情况。他们另外安排时间专访。

3 蒙顶山上的韩国馆

李施英总裁给“一会一节”捐赠了54套高档茶艺表演的器具、服装，以后还会陆续捐赠。他提出一个条件：在蒙顶山的新茶博馆中，要布置一个韩国馆。我和名山区政府、蒙顶皇茶公司都答应了。为迎接第三届旅发会，侯雄飞亲自抓蒙顶山的改扩建。“世界茶文化博物馆”是把一个烂尾楼改建的，只能巧中取胜。雅安专门请于观亭、朱自振专家团队和北京一家设计公司操作，构思奇巧，以后多年一直有好评。

李施英的蒙山茶缘难以想象，在开馆之前，他上山三次，每次都有秦琳和省外办的领导陪同，在雅安都是我接待，主要就谈茶博馆的事。我暗想，也太不相信我们办事能力了，我们知道“一诺千金”。

2005年8月20日左右，秦琳给我电话：“老孙，我和李先生都在茶博馆等你，请你无论如何来一下。”

在馆外的小坝子上，李先生一脸不悦。秦琳说：“雅安硬是在开国际玩笑吗？”我莫名其妙。“你上去看看嘛！”郭友雯带我来到二楼的国际厅，原来韩国馆的部分特别小，李先生捐的茶具根本放不下。我临时调整出两

“蒙顶山韩国馆”开馆，李施英先生主持　2005.9

个房间，还加上楼道部分。“够不够？”我问李先生，他笑了，连连对我拱手：“谢谢！谢谢！”秦琳一巴掌拍在我背上：“孙大哥，好样的！”我对她说：“已捐的礼品，不够摆满两间屋，你看着办哈！”“李先生有实力，讲信用，你放心，我会催他。”

一周后，秦琳电话：“老孙，上山看稀奇！”我赶到山上，两个航空快件的大箱，贴满了小心易碎的标识。

郭友雯指挥工人小心翼翼地打开，一件比一件精美，李先生到二楼指挥陈列，他说：“这是我今年的首批捐赠，以后年年都有。”

2005年9月。韩国馆隆重开馆，李先生特意带来“百济金铜龙凤香炉”，50多厘米高，他剪彩开馆，这成了人人照相的镇馆之宝。

第三届旅发会开幕，此博物馆热闹非凡，韩国馆更是让人流连忘返。在中国任何地方，看不到如此多、如此精美的韩国茶器具。

4 金首露国老祖宗——安岳许黄玉

“一会一节”期间，崔锡焕先生问我：“去安岳县怎么走，有多远？”我以为他要去看安岳石刻，那是很有名的，其中的紫竹观音被称为“东方维纳斯”。

“你知道安岳的许黄玉吗？韩国炒得很热，我找时间去看看。去年8月20日，韩国金海市市长宋银复专门带团来寻根。”

我不知道许黄玉。会议结束，我给资阳市甘忠局长电话。他说过去从不知许黄玉其人其事，是韩国学者金秉模（韩国汉阳大学博物馆史学教授）来考察后确认此处是许黄玉故里。他寄我一套资料，故事是这样的：

大约东汉光武帝时期，韩国史料记载是公元48年，一只大帆船漂到朝鲜半岛南端金首露国海域（今庆尚南道河东郡），船上有二三十人，一位

16 岁貌若天仙的女子下船来，说她是印度阿约提亚的公主，因风暴迷航，漂流到此，寻求帮助。

伽倻国是一个不大的国家，国王好吃好喝相待，他就是开国始祖金首露王。国王娶仙女为王后，生下 10 个儿子、2 个女儿，一半姓金，一半姓许。后来 7 个儿子跟舅舅出家念佛，最后成佛升天，在智异山就有七佛寺。

相传许黄玉活到 157 岁，在金海市的墓陵前当年立了一块石碑，汉字书写“驾洛国首露王妃普州太后许黄玉”，碑额刻有双鱼对视的图腾符号。这个传说最早出现在 13 世纪韩国的编年体史书中。

现在，韩国金、许二姓 600 万人，都公认她是老祖宗，二姓是本家，互不通婚。石碑应是许黄玉留给后世的身世密码，期待有缘人破解。

不知道什么时候开始，朝鲜人就到印度寻根，多少年来，没有结果，印度人说，那个时代我们没有这么一个国家，也从来没听说过公主失踪的事，无论是地名或人名，都没有“普州”“许黄玉”的记载。“祖宗”来路不明，困扰了韩国人多少年。

2001 年 3 月，精通汉语的韩国学者金秉模到北京开会，在同中国学者聊天时得知汉光武帝时代四川有个地名“普州”，会毕他独行安岳县石羊镇园门村，获得意外的惊喜。

此地有许家坝（今安岳瑞云乡），为世居原住民，已传 72 代。尤其神奇的是，当地发掘的汉代崖墓有双鱼对视图案，与许氏王陵图案基本一致。回到韩国他写文章发表，引起轩然大波，来考察祭祀者不绝于途。2010 年 5 月 29 日，韩国连续剧《金首露》更是引起热议。安岳同这门远亲搭上了。

四川也有一批许黄玉热友，经过讨论切磋，故事日趋完善。汉光武帝年间（公元 25—57 年），蜀郡将军兵变，光武帝派兵平叛，将 7000 多“乱民”迁往南郡（荆州市）。其中一船主要是许氏家族，有弟弟许宝玉，族人赵匡、申辅等 20 余人，在出宜昌后造反杀了官兵，随波漂出长江到黄海。因害怕当地把他们当乱民遣返，于是就编出了流传 2000 年的印度公主经历，以后的故事就在金首露国衍生发展了。

因为是“迁居乱民”，就要带上桑树、蚕种、茶树茶籽。河东郡的官员告诉我，智异山在韩国的地位就相当于蒙顶山在中国的地位，那里最早种下的茶，就是许黄玉带去的，但是过去都以为是印度茶。

5　到智异山奉蒙顶甘露

20余年来，为研究中外茶文化交流，我先后到过日本、马来西亚、菲律宾、新加坡、印度、斯里兰卡、美国、法国、英国等地，但最想去而没有去成的是韩国。

当我这本书写到三分之二时，天遂人愿，机会来了。

2023 年 6 月 6 日中午，老朋友权龙哲（朝鲜族），给我发来信息，崔锡焕先生在韩国全罗北道举行“韩国长水郡伽倻茶文化节”，邀请我演讲《四川蒙顶山和许皇后伽倻茶传来说》，时间在 10 月上旬，他提供机票、住宿费用。我立即答应下来，但提出一个条件，我组织一个 10 人团，增加两位教授演讲，带两位女士长壶表演，一位男士禅茶表演。他爽快答应，所有演讲、表演者免会务费。

有 2016 年英国考察的经验，这次照样做了一面大团旗，中韩文“中国蒙顶山：韩国智异山茶文化交流团”，中间是“世界茶文化圣山蒙顶山”的徽标，下署“四川成都 · 西南茶文化研究中心 2023 年 10 月 4 日—9 日”。

代表团的分工是：

团　长：孙　前（西南茶文化研究中心主任）

副团长：刘昌明教授、廖曼华校长、窦存芳教授

秘书长：张雅琪

“中国蒙顶山：韩国智异山茶文化交流团”出访韩国
2023.10.4—10.9

成　员：余远学（茶企业家）、伍仲斌（茶企业家）、史秀荣（茶艺师）、舒山芹（茶艺师）、蒋丹（茶学教师）

我同刘昌明、张雅琪赶紧到安岳许黄玉家乡补课。我这是第三次来了，收集素材有新收获，孟基林主席、许家坝村支书许平陪我们转了一天。

我专门请杨奇帮忙买两个小银罐装蒙顶甘露、黄芽到智异山祭许黄玉。故宫蒙顶贡茶，历来皆是银瓶封装，我想让许皇后享受同样待遇。杨奇无奈地告诉我，跑了一个星期，滚龙刀的本事都要尽了，没有卖的，时间也来不及了，只有买了两个精致的小锡罐，王妃不会怪罪的吧！

2023 年 10 月 4 日，成都天府国际机场全团合影，8:30 起飞。11:30 到韩国首尔仁川机场，权龙哲先生接机，乘 15 座旅游车，去 298 千米外的全罗北道长河郡。下午 5:30 到长河郡长溪村韩屋度假区，是一处比较大的韩式四合院，类似中国较大的农家乐，全木质结构，有地暖，条件不错。晚餐同崔锡焕和 30 多位韩国会议代表见面。吃韩牛火锅，这是韩国的名餐，要用剪刀把煮熟的牛肉剪断，否则太长。

5 日会议，要求男士西服正装。7:30，车接外出早餐，然后散步到会场。黑色的人参大棚，一片连着一片，韩牛饲养大棚也连绵不绝，水稻密植高产，鲜红的苹果压弯树枝。

来到长河郡艺术村文化教育中心，主任李熙河欢迎我们，她是学陶瓷

孙前、刘昌明、窦存芳演讲　2023.10.5

专业的博士，还介绍了金相熺、孙兴徹两位懂中文的教授。一个30余亩地的草坪，有10余处棚架，卖韩国工艺品、茶食品。一询茶价，每斤1万元人民币左右，这是预先不知的茶价。

在会场后的小坡上，有一座200余年的小庙，长河郡郡守、曹洞宗本大区负责人和我给许黄玉祭茶。小雅给布茶师递上两个锡罐，分取蒙顶黄芽、甘露于陶瓷盏献祭，也赠一包杨奇特制的智炬寺甘露。

仪毕，郡守主持高端座谈，我同三位副团长、秘书长、崔先生以及两位高僧参加。我们展开团旗合影，电视台一直采访。

稍事休息，在大厅举行研讨会。有数十人参加，有高僧、韩国教授。笔者与刘昌明、窦存芳用PPT演讲，韩方译员同步翻译。我的标题是“许黄玉和蒙顶山、智异山的情结”。两位韩国教授很后悔地说：“早知这样，我们用中文做PPT多好呀！”

中途小雅、小史表演长壶茶技，韩国教授曹圭春是一位有名的艺术家，跑到后台向二人学艺，还别出心裁地半跪地下长壶沏茶，有创意，引来哈哈大笑。一位美丽的韩国舞蹈家飘飘似仙的表演，赢得热烈掌声。余远学、舒山芹表演了禅茶茶艺。

附近村里的表演队也来了，前面是舞龙旗大纛，然后是腰扎黄红绸带的鼓舞，帽子甩长绸旋头舞，还有专家的器乐表演，会场内外充满了欢乐。大家围着鲜艳的团旗照相。

互赠礼物让人感动，我们带了很多四川好茶，尤其是蜀茶公司特制的变色三星堆盖碗茶具，那可是绝无仅有的。送我的礼物中，有一个木制神龟韩式茶案，寓意高寿高福，案面长 60 厘米、高 20 厘米，很奇特。“我怎么带得走呢？”“放心吧，给你安全寄到家。”窦教授看后，托他们帮买一件寄回，作为妈妈的生日礼物。

曹溪宗总堂真宽法师赠送了他所绘《达摩面壁》，很有味道。

10 月 6 日，车行 2 小时到智异山。这是我们期盼多年的一天，这是必须记住的一天，虽然国人有曾到此者，但从无祭拜活动。

智异山七佛寺，是许黄玉的弟弟许宝玉带着她的 7 个儿子修炼的地方。寺庙高大巍然，大殿“七佛升天”铜制壁画足有 6 米高、4 米宽，金碧辉煌，这是祭奠许黄玉必到之地。寺院汉字书“东国第一禅院”，让人心存敬畏之心。

寺下 100 米有一个大小 600 平方米的圆形水池“升仙湖”，七子在此修炼时，食用此池水。后要升仙时，许黄玉目送他们冉冉而去。湖旁一块大青石，我们把锡罐茶和茶具布好。李熙河夫妇把他们特制的韩式茶罐放中间，她先生是留学德国的陶瓷高手。

智异山主持、崔锡焕先生和我们展开团旗，在祭台合影。主持说，祭团围湖转 7 圈，那将功德无量。大家双手合十，绕湖而行。突然，一位身穿白色韩式祭舞装、头扎白带的人，在我们队伍忽前忽后起舞，或引导、或随行，我以为是寺院的仪规。7 圈转完，身有微汗。

舞者走到我们面前一鞠躬，“见笑！”哈哈，是大学教授曹圭春，他

在韩国智异山、七佛寺、升仙湖祭奠许黄玉　2023.10.6

韩国洞庭湖岳阳楼 2023.10.6

韩国绿茶研究所所长在团旗上签名 2023.10.6

崔致远修持处、金大廉植茶处合影 2023.10.6

满头是汗，崔先生说，他是韩国有名的舞者、艺术大师级人物，这是他特殊的献祭，配合我们，表示对我们的尊重。

我们把两罐蒙顶茶、一本中韩文版的《普州太后许黄玉传奇》书赠主持，这本书是安岳作家王平中、何辉先生合撰，2009 年 8 月出版，留给他们，意义不同。

李熙河夫妇抱着祭祀用的韩式茶罐对我说："开幕式时，也是用它献祭，今天再用它祭，功德圆满，送给孙先生做个纪念。""那可不敢当，太珍贵了！"

崔锡焕先生说："他们夫妇是韩国有名的陶艺家，一点心意，你就收下吧！就中韩茶文化的交谊而言，你当之无愧！""好吧，我先收下这份特殊的礼物，我会择时捐给蒙顶山世界茶文化博物馆的。”

离开智异山，崔先生带我们到洞庭湖岳阳楼。不大的水面，取了一个在中国人尽皆知的名字。湖边精致的“岳阳楼”，亭间一无所有，把我们的茶具布上，管理人员送来开水，曹圭春把团旗安好，小雅二人表演长壶技艺，可别说，蒙山团的中国味，真好。

7 日，我们专访双溪寺。寺名是唐代遣唐学生崔致远所书，他在这里建有青鹤楼，养鹤读书，我们一一看来。崔致远是韩国人在中国最早、当官最大者。试想，李白、杜甫考进士名落孙山，而一个韩国人在唐代考中进士，可见其水平。

途中碰见广玄法师，热情地带我们去看唐代金大廉从中国引种茶籽植茶地，在韩史中这是有据可证的最早植茶处。几个硕大的石碑，汉字书“茶始培地”“金大廉植茶处”。我们给法师一份厚礼以致感谢。

8 日，到首尔。我们分别活动，购物的结伴行，我同昌明、存芳、小雅、蒋丹看首尔国立博物馆，建筑不错。

晚上转小商品市场一条街，倒是很有味道。见一家“茶空间”茶庄，专卖普洱茶。店长看了我的名片马上说，馆主就在附近的一个大店铺，愿意去坐坐吗？他打了电话，马上带我们到 100 米外的一处楼上见老板金容培，里面全是普洱茶和宜兴茶具。金先生 60 岁左右，始终笑眯眯的。他在云南投资 100 亿韩元（折人民币 6000 万）办有企业，回报不错。

朴权钦、李施英、释慧星在各处，都希望我去聚聚。但是我 9 日必须回到成都，参加雅安宝兴与法国艾斯佩莱特市建立友好城市 20 周年活动，艾市一位副省长带队，20 多人已达北京，10 日中午成都机场见。我是主角，得赶回去。

晚上住仁川机场，9 日登机前，全体团员在团旗上最后签名，这面签得满满的团旗，极有意义，非同凡响，我会把它挂在蒙顶山韩国馆。

6 回访许家坝

12 月上旬，接权龙哲先生电，崔先生要组织 14 人到四川几处办禅茶会，祭奠许黄玉，拜谒蒙顶山、茶祖，问我能否参加。我挤出时间，同刘昌明、小雅、王玲惠一行，19 日上午开车到安岳许黄玉故里许家坝，安岳旅行社的代琼英总经理是我多年好友，她同许平村长联手操办此活动，约了 30 多位许氏宗亲出席。

本次活动仍然是崔先生牵头，金炳梅（韩国红茶协会会长）是赞助者，没想到胖胖的李熙河和美丽的舞蹈家也来了。

在许氏故居，布好茶桌，韩国茶艺师长毯铺地，盛装准备祭茶。我和许平村长（72 代许氏后裔）、崔先生在门口接受献祭，再转放室内供桌上，韩国人逐一进室，行祭礼。

韩国寻宗团参谒安岳县许家坝 2023.12.19

崔锡焕会长率团到安岳许黄玉故里祭拜　2023.12.19

舞蹈家换一身白色舞装，手持一盏，在故居门口独舞。她赤足表演，这样冷的天，让人感动。

互赠礼物后，许平村长举行许氏家宴欢迎大家，老实说，这是最得体的祖宗饭。崔先生不远万里把大龟案给我带来了。餐后他们到资中文庙，然后去蒙顶山。

我给郭友雯说，重点是茶博馆的韩国馆，天盖寺龙行十八式品茶，祭茶祖，看皇茶园。崔先生是蒙顶山的老朋友，这是第 5 次上山。2004 年参加过“一会一节”，对推动中韩茶文化友谊，功不可没。他在中国，有无数茶友，深受大家尊重。

这仅是我个人的记录，印证了开篇方先生之言，韩国同中国的茶文化交谊久远！

2024 年 9 月 19 日，在纪念“一会一节”20 周年之际，我们将把签满中韩专家学者名字的团旗和韩式陶土茶器捐赠给蒙顶山。这是吴理真的期盼，也是我们对韩国茶界朋友的敬意。

愿蒙顶山—智异山的茶之谊，世代相传！

下 编

第十九篇

茶祖吴理真辩证

提 要

15年来，个别人叫板茶祖和圣山，该出答案了

谁确认的茶祖和茶圣山，这是有史以来规模最大的国际茶界盛会，一致认可！

陈椽《茶业通史》、庄晚芳《中国名茶》宣传吴理真开植茶先河，定论蒙顶山历史地位

四川人不知道吴理真是宋代的神僧，谁给他戴此帽？

宋孝宗敕封吴理真为“普惠大师”

2012年3月25日，“蒙山论剑”研讨会，规模大，规格高，客观公允，天下折服

用文献证明历史，天下茶区蒙山第一：从唐宋元明清道来！

1　谁认定的茶祖吴理真

如果读者没看本书的前部分，单看此篇，会感突兀，在此做一概述。

如篇一所述，雅安市承办的“一会一节”，主办方是四川省人民政府、中国国际茶文化研究会（杭州）、中国茶叶流通协会（北京）；雅安市人民政府和四川省文化厅、农业厅、旅游局、供销社，四川农业大学、四川省茶文化协会 7 家作为承办单位。

中国 34 个省、直辖市、自治区和特别行政区全部到会，全世界 28 个国家地区的专家学者 520 人出席，参会嘉宾 2800 人。

大会一致通过了《世界茶文化蒙顶山宣言》。

《宣言》经四川省政府办公会讨论，经程启坤、梅峰、姚国坤等专家字斟句酌，广泛征求专家学者意见后，报中国国际茶文化研究会刘枫会长、宋少祥常务副会长主持办公会讨论通过，作为《2004 年第八届国际茶文化研究会论文集》的第一篇文章，中英文双语刊布，代表报到的第一天人手

茶祖吴理真像揭幕

中外嘉宾祭拜茶祖　朴权钦（韩国，左 2）2004.9.19

一册。9 月 20 日的研讨会上，程启坤、梅峰主持，雅安市委书记侯雄飞宣读（同声英、日、韩语传译），与会代表一致通过，大会公认吴理真是中华植茶始祖，蒙顶山是世界茶文化圣山。从朱自振、吴甲选、范增平、程启坤、钱时霖诸先生的信和文中，可以看到《宣言》的向心力和凝聚力。

2 质疑从何而来

直到 2009 年，杭州周先生在《茶叶》（2009 年第 4 期）登出一篇《蒙顶植茶人物演变与社会文化背景》的文章，认为吴理真不是西汉人，是南宋的一位僧人。周先生同我和诸茶友谈起，文章发表后，无任何反响。过了两三年，有两位先生向他索要资料，表示支持其观点。

2011 年 7 月，《茶博览》登出《宋僧吴理真是如何演变为西汉茶祖的》（以下简称“《宋僧》文”），后第 11 期又登出《吴理真及蒙山茶史辨正》（以下简称“《辨正》文”）。二文互为呼应又相互矛盾，《宋僧》文认为吴理真是南宋僧人，《辨正》文认为“吴理真是宋代以后蒙山地区民间虚构出来的一个水神，是一个中国历史上并不存在的子虚乌有人物”。《宋僧》文作者在以后的文章认可“水神”之说。四川文史界和茶友笑谈此论，天府之国水旱从人，是靠李冰父子之功，从未听说蒙山水神。山东茶友说，他们的蒙山倒是有雨神庙。雅安蒙山被全球自然科学界称为“华西雨屏”，要水神干啥?

《辨正》文引唐代《膳夫经手录》一段文字后定性“名茶造假，不独今天，唐时蒙顶茶已开先河”。这顶帽子既大又重，不可不辩。

名山的茶文化专家翻出原著两相对比，《膳夫经手录·茶》记载：“始蜀茶得名蒙顶，于元和之前，束帛不能易一斤先春蒙顶。是以蒙顶前后之人竞栽茶以规厚利，不数十年间，遂新安草市，岁出千万斤。虽非蒙顶，

吴理真卧像历经劫难终于回驻　2017.9.19

亦希颜之徒。今真蒙顶有鹰嘴牙白茶，供堂亦未尝得其上者，其难得也如此。”“蒙顶之列茶间，展陆之论，又不足论也。”

而《辨正》文是：“不数十年间，遂斯安草市，岁出千万斤。”该文错有三：其一，不知道什么是新安茶。“新安茶，今蜀茶也，与蒙顶不远”，这里是唐时芦山县新安乡，也属蒙山范围，出好茶。（现属芦山县飞仙关镇，旧地名新安铺。）其二，抄文有错，变成“遂斯安草市，岁出千万斤”，让人误以为大量假茶充市。其三，不知“虽非蒙顶，亦希颜之徒”之典故。“希颜之徒”意思指仰慕颜回的人，也是颜回一类的人。此处指新安茶学习蒙顶制茶技艺做茶，也是好茶。自从新安茶出现，位居前列，“犹可以首冠诸茶”。至今新安之茶，皆是巴蜀名茶。

3　李家光先生何人

《宋僧》文章登出后，名山县的徐书记、杨副书记找我和陈书谦商量，不能让人诋毁茶祖，否定茶圣山。大家一致同意，请李家光先生出山。我们到李先生家中拜访说明原委，并把该文复印件附上。

李先生不会用电脑，请陈书谦协助。很快，李教授拿出一篇6000字的文章《茶祖吴理真是西汉人》（以下简称“李文”），我们看后都击掌喝彩。文章论据充分翔实，说理明白晓畅。他点名写《宋僧》文的作者“对德高望重、著名的茶学家陈椽先生等专家、学者……断章取义，误读历史，误导读者，极不严谨”。认为作者文笔尖刻、重拳击人，有炒作之嫌。《茶博览》2011年第10期登出此文，茶界一片叫好之声。

随后，周先生以“公刘子茶道、胡旭英”之名写一文《吴理真是宋僧——读“茶祖吴理真是西汉人，不是宋僧”等有感》，《宋僧》文作者写下1.1万字的长文《宋僧吴理真〈行状〉考述——“吴理真是西汉茶祖”之说违背诸多文史常识》（《上海茶业》2013年第3期），拉开论战序幕。二人在此后多篇文章中强调“四川农业大学退休副教授”，谁都明白暗含讥讽：退休了都没评上教授，是什么水平？

李家光先生是江苏镇江人，其父师范专业毕业后当教员，家学严谨。他1954年8月毕业于华中农业大学茶学专业，在校受庄晚芳、冯绍裘诸多茶界大师口传心授，与刘祖生先生为同校好友。李先生说，1954年7月，武汉遭百年不遇的长江洪水，万民空巷上堤抗洪。他们是毕业待分配的大学生，积极申请上第一线，可是湖北省政府把这些大学生全部送到武汉大学所在的珞珈山休息待命，一个多月的抗洪抢险不让他们下山。当时政府对知识分子的挚爱，让他义无反顾地申请到当时极为偏僻的西康省雅安天全县二郎山下的茶技站，

李家光陪朱自振先生到蒙顶山朝拜
2010.4.16

“公是扬子江心水，滋润蒙山顶上茶”
四川农业大学李家光先生

从事栽培、制茶、管理工作。两年多后，调荥经县筹建雅安地区茶场（现塔子山茶场），从事栽培、制茶和管理，这一干就是16年。李先生凡是下乡必带煤油灯和书，挑灯夜读，勤奋不辍，是有名的“书虫”。

1974年，李先生调名山县蒙山茶场工作，潜心钻研蒙山茶的历史文化。数年时间，他穿山林、寻庙墟、研碑文、琢造像、访民俗，又到省图书馆、川大图书馆查询资料，积累了大量四川和蒙顶山的茶史资料。

1978年冬，茶学大师陈椽先生携王镇恒等十余人到蒙顶山考察，为写全国《茶业通史》搜集资料。李家光、施嘉璠、彭天贵、欧阳崇正等全程导览。1980年8月，陈先生再次率多所大学到蒙顶山考察，仍然是李、欧阳先生陪同。1984年5月，在陈椽先生出版的《茶业通史》中写道：“据蒙山茶场李家光考证，蒙山茶就是本地茶，吴理真是本地人，不是外来的和尚。”“蒙山植茶为我国最早的文字纪要，该山原任僧正祖崇于雍正六年（1728）立碑记其植茶史略，石碑至今尚在，是我国植茶最早的证据。”

1979年，李先生调四川农学院（现四川农业大学）教授茶树育种学、茶树香花学和茶史知识，全校公认他是茶史文化的活字典。先生治学严谨，为人正直，性格直爽，不趋官场，不媚世俗，潜心学术和教育，是公认的优秀教师。

庄晚芳先生在《中国茶史散论》（1988年9月，科学出版社）和《中国名茶》（庄晚芳、唐庆忠、唐力新、陈文怀、王家斌编著，1979年浙江人民出版社版）中，除引用《四川通志》《名山县志》对吴理真功绩的肯定外，对弟子李家光的研究深为嘉许："后人多把吴理真祖师误解为佛教的僧侣，这是错误的。据李家光考证，所谓甘露祖师，是严道先师之意，吴理真并非佛教徒，也不是禅师。可解释为是教导当地人民发展农作物种植的先师。因而，吴理真特别会种茶，他在蒙山手植茶树特别好，这是可信的。"

"据李家光研究，吴理真手植的茶苗，很可能是本地或者是从峨眉山等地移来的。经李考察得知，蒙山森林繁茂，野生茶很多，在柴山岗娄子岩，半天内就发现了 4 株野生茶树，其叶形为披针形，与古代县志所记'蒙山茶其叶细长，味甘而清，色黄而碧'是相吻合的。"

杭州中国茶叶博物馆陈珲、吕国利出版《中国茶文化寻踪》中说："1979 年元月，在蒙山柴山岗娄子岩发现了 4 株树龄达百年的古茶树，树干最长者达 2.6 米，主干出土处直径 28 厘米，一级分枝 9 根，叶长 8.23 厘米，叶宽 2.92 厘米，属'披针柳叶型'，这几株古茶树生长在稍有表土的山岩石上，蒙山茶场人员曾采其芽叶制茶，据称茶汤有一般园植茶没有的仙馥之气。"名山县志办沈世林引用资料，4 株古茶树是 1979 年 1 月 29 日李家光带着职工在蒙山披荆斩棘搜寻几天后，在海拔 1400 米的娄子岩发现的，这与吴理真驯化野生茶的史实前后对应，一脉相承。

《茶叶通讯》1983 年第 2 期刊出李先生写的《古蜀茶史初考》长文，以后为国内众多大学、科研单位写中国茶文化的必引资料。1985 年 2 月 7 日，我随四川省领导第一次到蒙顶山考察，得一本小册子《蒙山茶史考》（作者李家光，1983 年 4 月撰），所列资料部分的索引有 53 种文献，以我当时的功力，只知道三五种，即使以今日的眼界，大部分文献也未曾涉猎。之后我到雅安工作，得到先生的其他著述文章，核对小册子内容，除新发掘资料的小有补注外，文脉贯通，没有变化，可见先生治史的严谨。他退休之前，先后在《中国茶叶》《浙江茶叶》《福建茶叶》《安徽茶叶》《湖南茶叶》《云南茶叶》《四川茶叶》《农业考古》《大自然探索》等刊物发表茶树栽培、育种、茶史、茶文化有关研究文章100余篇，很多被译成英文、日文在国外发表。

2002年底，雅安市政府要聘李家光等一批专家为“一会一节”顾问，我专门找到四川农业大学校长文心田教授说：“以李先生的学养、资历、贡献，怎么到退休时还是一位副教授？”

文校长心怀敬意地说：“李先生的为人师表堪为楷模。当时茶学系在川农是一个小系，要分配正高的职称很不容易，在他退休前不到一年，专门分配一个教授指标，实际上就是定位给他的，没有人的资历可与他比。组织上找他谈话，想不到的是，他淡定地拒绝了。他说：‘我明年就退休了，占用这个指标是一种浪费，茶学系能分到这个指标很不容易，感谢组织的关心，就分给在岗挑担子的施教授吧。’经李先生的坚持，他以副教授退休，这种不计个人名利、一心为事业着想的人是我们川农的骄傲。”

朱自振教授每次来雅安，我们都约请李先生。二人相见互致拱手礼，以学兄相称，他们都是江苏人，用家乡话讨论蒙顶山的发展。陈椽、庄晚芳先生著述中对家光先生的定评，不是浪得虚名者所能企求的。

经川农大、雅安市政府和名山区政府、雅安市茶业协会的合议，把李先生的重要观点著述编辑成《蒙山茶文化说史话典》一书，陈书谦全力相助，以李、陈二人合辑出版。书谦让我写序，在同李先生数次交流之后，写3000字，序名“公是扬子江心水，滋润蒙山顶上茶”。朱自振先生题写了书名。在当代，李先生是对蒙山历史文化下功夫最深的发掘、整理者。他把智慧、勤奋和中华文人的道德风范及子孙都献给了蒙顶山。

4 吴理真非宋代神僧

《宋僧》文作者另一篇文《子虚乌有吴理真——关于“吴理真虚构说”

的四点特征和相关考述》（《中国茶叶》2014 年第 3 期）中说，帝王敕赐表彰的人事，都是当地大事，但是“雅州府志、名山县志均无记载，如何解释”？“凡帝王敕赐的僧人必定是高僧、名僧无疑，但《佛教大辞典》《佛学大词典》《中国佛教人名大辞典》等各种佛教典籍，至今均无发现相关记载，如何解释”？

《宋会要辑稿·道释》（1957 年中华书局版）明确记载：“淳熙十三年五月八日，诏雅州名山县蒙顶山智炬院甘露大师，特赐普惠大师，以祈感应，从本州请也。”

多本佛教典籍查不到“宋僧吴理真”，不就证明宋代无此僧，此人非高僧大德吗！李家光、陈椽、庄晚芳、朱自振都认可吴理真是汉代本地茶农，“一会一节”论文集的第二篇文章《茶祖吴理真僧俗辨》，是名山县欧阳崇正、董存荣撰，认为茶祖吴理真是汉代严道本地普通的种茶人。

翦伯赞先生在《秦汉史十五讲》（2012 年中华书局版）中说得明白，“终两汉之世，中国人始终没有出家的允许”，“中国人之正式出家做和尚，大概始于晋初”。中国第一个出家的和尚是朱士行，《历代三宝记》卷三《年表》“魏甘露五年（260）”条下注：“朱士行出家，汉地沙门之始。”把吴理真当成和尚，比史认的第一个和尚早了 300 多年。

5 葛玄是植茶老祖宗吗

2012 年底，我到杭州出差，老茶友邀聚。一位朋友翻开《上海茶业》第 4 期某先生（《宋僧》作者）的文章《葛玄——史籍记载最早的植茶人》对我说：“否定吴理真是植茶始祖，就是要证明他发现了三国时葛玄是始祖。他的根据是南宋嘉定十六年（1223）的台州《嘉定赤城志》载‘有仙翁茶园，旧传葛玄植茗于此’。一本南宋县志‘旧传葛玄植茗于此’，民

考察天台山葛玄植茶处　2012.11

间传说的故事，当成第一铁证？这能用西周贡茶，西汉王褒《僮约》相比吗？我们看到‘一会一节’的规模、气势，浙江的领导坐在席台，我们深感自豪。”

我说：“你们是天堂，我们是天府，天地和谐一体。请放心，你们老市长苏东坡的豁达大度，也是今天川人的性格，当然，凡事也有个度，否则老市长也会‘西北望，射天狼’。”“好，但愿没有‘东南望，射天狼’的那一天。”

会毕，我专门到了天台山“葛仙茗圃”考察。1999 年，天台县人民政府设纪念碑，我照相纪念，喟然一叹：葛仙呀葛仙，你为什么不投梦，令宋元明清政府早点刻碑呀？毛文锡《茶谱》记录蒙顶山喝茶成仙之事，是这里碑之仿品。

过了几年，名山茶友拿了一份《农业考古》（2017 年第 2 期）复印件《葛玄植茶事文献可采信——当代各地宣传的六位汉晋真假茶祖、茶神考辨》给我看，吴理真依然是第一批判对象。然后引台州宁海诗人胡融《葛仙茗园》诗，最后一句是“幽梦堕蒙顶”，诗人喝此处茶，如同梦里品蒙顶仙茶。另一则是南宋道家白玉蟾的《天台山赋》讲到仙翁在此种茶。某先生举此三证，认为超过吴理真《行状碑》孤证。

茶友笑着说，中国人，小学文化程度的知道白居易、刘禹锡，中学程度的知道欧阳修、梅尧臣、苏东坡、陆游、乾隆皇帝。历代文人骚客 2000 多首咏颂蒙顶山的诗词不能作证，这几句诗成了文献证据，说得通吗？

6 由《金石苑》引出的漫天神话

清代刘喜海（1793—1852），山东诸城人，别号“三巴子”。曾任四川按察使、浙江布政使、巡抚等职，酷爱金石，精于考证。在四川期间，收集了巴蜀历代碑刻拓片 5000 余种，拟辑一部几百卷的《金石苑三巴汉石纪存》，因卷帙浩繁，只把一小部分编成《金石苑》，保存了四川汉、唐、宋、明、清时期的部分碑刻拓片。书中的碑刻、器物多绘出缩小的图形，标文按原来的款式、书体摹写，这是著录古代石刻文字的通例。

四川大学图书馆藏《金石苑》，20 世纪 80 年代后期被名山县寻访影印，在宋代卷中详细记载了《甘露祖师像并行状》碑文，编者在《金石苑》卷六首页对宋碑描述如下：

宋（代）甘露祖师像并行状（碑），石高七尺八寸，广三尺六寸，像高五尺三寸余，行状十六行，行十一二三四字不等，字径八九分，正书。对联字径三寸余，行书。竖排对联：行归露井灵光灿；手植仙茶瑞叶芬。

碑体正面为甘露祖师像，上方有龙形图案，正中是方形印“广运之宝”。右侧竖排注明：（碑）文列于后。

《金石苑》卷六第二页载《甘露祖师行状》：

甘露祖师行状

师由西汉出，现吴氏之子，法名理真。自岭表来，住锡蒙山。植茶七株，以济饥渴。元代京师旱，敕张、秦枢密二相，诏求雨济时。师入定救旱，少倾沛泽大通。一日，峰顶持锡（窠）井，忽隐化井中，侍者觅之，爰得石像，遂负井右，建以石屋奉祀。

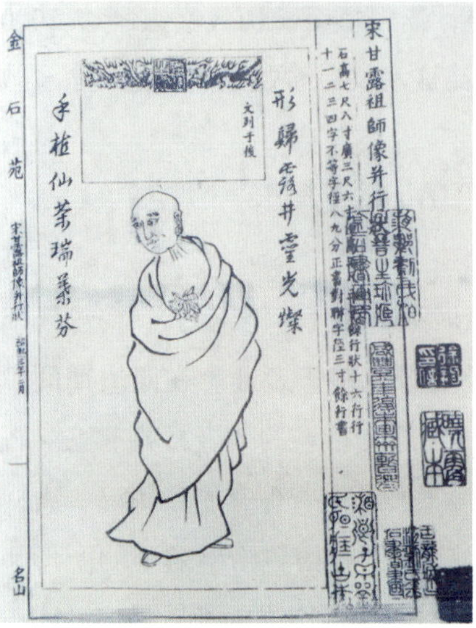

《金石苑·甘露祖师像并行状》影印

时值旱魃，取井水霖雨即应，以至功名嗣续，疾疫灾祥之事，神水无不灵感，是师功德有遗之也。故邑进士喻大中，奏师功行及民，宋孝宗敕赐灵应甘露普慧妙济菩萨遗像旹。

时绍熙三年（1192）二月二十六日勒石于名山县蒙顶山房。

碑文正中竖排两行：淳熙戊申敕赐普慧妙济菩萨

《金石苑》卷六第三页记载：

右碑在名山县蒙山顶上，有蒙泉一，名甘露井。后汉神僧理真化身入井，其徒追求之，至井底，得石像，与僧肖，即山所奉甘露大师也。井水清甘，井面终年覆石，揭去即大雨。

此碑未知何人所勒，但书年月日而不书姓名。

用白话文译大意是：吴理真，西汉出生，是显露吴氏家族的有德之人，从山岭那边找来 7 株茶树种植。前代京师大旱，张、秦二相要求祈雨度旱。京城法师立祖师法像，祈显灵布雨，雨至解旱。显灵后，大师隐于井中，侍者从井中寻得石像，在井附近建石屋奉祀。只要有旱情灾疫，包括功名续嗣、疾疫灾祥之事，祈像必灵验。名山进士喻大中报朝廷言师的功德，宋孝宗笃信佛教，赐灵应甘露普慧妙济菩萨。

受封时间是淳熙戊申（1188）年，时隔 4 年，到绍熙三年（1192）勒石于名山县蒙顶山，可能是皇位更替而延宕。

对碑文的解读各取所是。因祈雨而受皇帝敕封，这与宋代定制有关。

农业社会风调雨顺是首要条件，从殷商时代就有被称为“雩礼”的祈雨活动，至汉代雩礼纳入国家仪式。宋代旱灾时有发生，中央颁发了统一的祈雨法。

欧阳修编撰的《太常因革礼》对祈雨的日期、礼仪有详细规定。如遇朝廷祈雨，皇帝要素服、简膳、独居、露坐听政等自罚措施配合祈雨，同时派遣官吏到各大寺庙乞龙王下雨。地方长官主持辖区祈雨，《苏轼文集》收录祈雨为题的祝文有 20 多篇。祈雨分两类，即祭祀祈雨仪式和巫术祈雨仪式。前者有燎祭祈雨、献祭祈雨、雩礼。后者有土龙祈雨、画龙祈雨、舞龙祈雨、施法显灵祈雨等。

也有以罗汉或大师僧人像祈雨的，这亦是宋代成例。如郭若虚所记，唐末贯休绘罗汉像祈雨灵验，“禅月大师贯休，婺州南溪人，道行文章外，尤工小笔，尝睹所画水墨罗汉，云是休公入定，观罗汉真容后写之，故悉是梵象，形骨古怪。其真本在豫章西山云堂院供养，于今郡将祈雨无不应验”（（宋）郭若虚《图画见闻志》卷二，1975 年台湾世界书局版）。苏东坡知徐州时有《祭风伯雨师祝文》，知颍州时有《祈雨迎张龙公祝文》（曾枣庄主编《三苏文化大辞典》，2020 年巴蜀书社版），等等。

某先生辨析神僧吴理真在蒙顶施法，解数千里外京师之旱，所以皇帝敕封。这个道行超过了观音菩萨，不知先生此证依据何在。还有一解，蒙山祭起祖师画像或石刻，京城法师祈祷理真显灵，使京城大雨，此说较靠谱，与宋代祈雨习俗相通。

《宋会要辑稿·道释》记录了宋孝宗的 26 次赐封师号，皆因“祈祷有应”，有前代受封者，如吴理真、“太平禅师院唐僧正觉慈应禅师”。孝宗是南宋有作为的皇帝，为岳飞平反，锐意进取，笃信佛教，名山官员或山上僧众随皇帝之好，4 年后把祖师刻成和尚模样，情理之中。

从《行状》正文看，与佛教无涉，但封号是“灵应甘露普慧妙济菩萨”，那当然就把茶农刻成和尚（菩萨）像了，可是不要忽略，他双手捧的是茶苗，对联是“行归露井灵光灿；手植仙茶瑞叶芬”，这可不是在描述水神或施法的神僧。

7　争吵十几年，所为何来

成都有各式茶圈子，我们有一伙上至90岁的钟渭基先生，小至20出头的小马哥，中间有年龄不等的文史哲学者、教授、茶学茶艺茶文化专家，茶企业家和经销商，文物鉴赏家、收藏家、诗人、出版商……多年来不离不弃，和而不同，靠的是茶。

4年前，在成都曼韵茶学堂聚，平时爱迟到的戴先生赶了个早，给每人一份20页图文并茂的文稿，是他对某先生的回应文章，大家颇有兴趣。

戴先生在茶友圈是一朵奇葩，部队转业，沉迷收藏、鉴赏，痴于川派茶具搜罗，办了一座四川茶具博物馆，出书多部，钻研书法。文章标题是《茶祖吴理真植茶蒙顶，宋汉之争是一起因误读引发的乌龙事件》，曼华校长给每人沏的蒙顶甘露，绿雾轻岚，大家急切想听戴先生的龙门阵。

戴先生说：“某先生文引的《金石苑・宋甘露祖师像并行状》说吴理真是宋代蒙山的僧人，为慎重起见，我花近2000元买了彩色大开本《金石苑》，刘喜海按汉唐宋元明各代分录，宋是指宋代碑刻记载的吴理真事，不是讲吴是宋代人。李家光先生文章早有披露，某先生视而不见。”

戴先生还指着“橐”字说：“此字生僻，仅《康熙字典》载，读tuó，即口袋之意，辩方误识为‘窠’，理解为巢穴，文意相去甚远。辩方不识‘元’为宋朝本朝，误以为‘元朝’。”

刚巧余悦先生在成都，戴先生、刘昌明和我一起把文章送余先生请教，他看后点头说：“好文章，未登出之前，网上暂勿外传。”我补充一例说，2000年初，雅安地区政协副主席、书法家协会会长马负诚复印几张册页相赠，这是苏州人叶昌炽1909年出版的金石著作《语石》十卷，他积20年功夫集碑拓8000余通，在《石·十五》刊“四川名山之甘露祖师像，绍熙三年刻”。此款他书未见，虽稍晚于《金石苑》，但亦成互证之史料。这尊祖师像的去向，史有明证：1930年新修《名山县新志·士女四·方技》载，甘露井旁立的“绍熙三年刻”祖师像，“民国十五年修毗罗楼误为工人碎毁”。

2022年3月26日，第十八届吴理真诞辰暨蒙顶山国际茶文化旅游节在蒙顶山举行，雅安市、川农大和名山区诸茶友邀我天盖寺喝茶，成都茶友同行。名山一茶友说：“孙市长（他们仍习惯这样称呼），您写蒙顶山的茶书明年要出版，绝对不能把那两三个泼吴理真污水的人的名字写进去！”“怎么啦？”他递过《新华每日电讯》2012年5月4日文章复印件，是作家关山远写的《古今中外那些不可救药的“出名狂”》。文章中提到公元前356年7月21日古希腊一个年轻人，放火焚毁了一座世界七大建筑奇迹之一的神庙。面对法官，纵火犯坦然承认他就是想名留千古，做好事留名太难，那就干一桩坏事传名吧。法官们一致同意判他死刑，并决定在任何书刊纪念物中绝不留下他的名字。史学家泰奥彭波斯记录了此事，让他作为坏家伙千古留名。“所以不能让那几个人的名字与茶祖一样留存。”“有道理，我考虑下。”

陈开义、钟国林给每人补发一册《蒙顶山茶：18届特刊》，第一篇长文就是程启坤教授写的《对西汉甘露年间吴理真在蒙顶山种茶的理解》，是报到时发给大家，连夜拜读。大家共同的评价是，这是位深钻吴理真的大家，此文足以正视听。

雅安的一位记者朋友递给我们几篇打印稿，是2009年以来三先生论辩的文章。这些资料我比较熟悉，但他举的两个例子让人瞠目结舌，其中一篇《吴理真——糅合多种人物元素之南宋虚构神僧》（《农业考古》2019年第5期），文中使用了16处“虚构”，10处“伪说”，诘责雅安方的造假活动。另一篇《茶祖另有晋代梓潼神君张亚子之说》（《农业考古》2023 年第 2 期），用“虚构”一词 9 处，“伪说”一词 7 次。川农大教授说，学术期刊出现如此诘责之语罕见。

陈书谦秘书长补充说：“2011 年李家光先生发表文章后，某先生同我有多次网上对话，我告诉他，李先生德高望重、学识渊博，不同观点可以心平气和地沟通，火气不要那样大，不要乱骂。”

为了乱骂对方，不惜恶意窜改、断章取义，蒙骗茶人。仅举一例，北宋仁宗至徽宗年间，名山县令张刚中请老师孙渐（后详）到蒙山游览两天，先生留下《智炬寺留题》诗，这是目前所见写汉代茶祖诗最早的，怎么判读，与认识茶祖史实关系密切。

摘部分原诗：

步庑阅刓碑，开龛礼遗塑。
香火肃僧仪，堂皇凉客屦。
继登凌云阁，倚栏眺茶圃。
昔有汉道人，薙草初为祖。

历来的释读是：艳阳天下，步行在智炬寺庙堂周围的廊道，细读欣赏历代碑刻。打开神龛，对吴理真的遗塑作揖、磕头行礼。这里香火旺盛，僧人仪式严肃，庙堂整洁辉煌，香客很多。吴理真拓荒除草种下茶树，被后世尊为茶祖。

某先生在《吴理真——糅合多种人物元素之南宋虚构神僧》中解读成：“孙渐看到的是‘刓碑’即残碑，‘汉道人’无法名、俗称、籍贯等基本资料，可能未记载或残缺不全，包括残碑年代均未说明，只是根据诗人主观所想即兴而咏。作为孤证，谁也不知此残碑记载了什么，诗人看错、记错文字亦有可能。”

“刓”有镂刻凿刻之义。“刓碑”是讲孙渐看到碑刻，某先生要强解成看到字迹不全的残碑。诗人明明是礼拜遗塑吴理真后写汉道人，某先生要说“谁也不知此残碑记载了什么”。

蒙顶山景区的金牌导览郭总接过话说：“某先生多次讲朱自振教授的一段话，说《茶史初探》中讲吴理真之事是子虚乌有，某先生的一篇文章，还以此为题，这在读者中引起误解。2015 年 3 月 13 日，雅安和名山区在蒙顶山为朱教授庆 80 寿诞时，我和孙市长向他请教此事。他说：‘那是我 1996 年 5 月出版的《茶史初探》（1996 年 5 月中国农业出版社版，第 38 页）在论及三国两晋佛道对茶饮传播的作用时，我有两段话。’‘有人可能会引西汉僧人甘露师植茶蒙山，来说明佛教与蒙山关系比道教更早。’‘所以关于蒙顶山茶系西汉甘露大师（不管此大师是佛是道）手植的传说，纯属是子虚乌有的事情。’‘这个表述很明白，吴理真不是佛道人物，是药农、茶农。刚才应韩总之请，我写下“蒙顶山，世界茶文化圣山”书法给你们茶博馆做纪念，如果不是认可吴理真的茶祖地位，蒙顶怎么能称圣山呢？从参加“一会一节”，我给孙市长写信，以后多次来雅安和蒙顶山，吴理真是植茶始祖，蒙顶山是世界茶文化圣山的观点一直不变。’”大家为郭总的补充解惑和朱教授的评价鼓起了掌。

如我之前所引，庄晚芳先生在《中国茶史散论》中说：“后人多把吴理真祖师误解为佛教的僧侣，这是错误的。据李家光考证，所谓甘露祖师是严道（郡）先师之意，吴理真并非佛教徒，也不是禅师。可解释当地人民发展农作物种植的先师。因为是吴理真特别会种茶，他在蒙山手植茶树特别好，这是可信的。”庄、朱二先生的观点，声气相同，一脉而承。

某先生的《南朝前巴蜀茶史溯源》（《农业考古》2019 年第 5 期）一文，要同顾炎武商榷“自秦人取蜀而后，始有茗饮之事”，认为《僮约》是王褒不经意所提茶事。其文小结：“综上所述，南朝前关于巴蜀地区茶史的 8 种文献 14 条记载。”“南朝前，今江、浙地区茶事 22 件，最近又发现 4

件，合计为 26 件，远比巴蜀同时期茶事要多，内容也更丰富。”某先生是想以数据说明巴蜀茶史地位比不上江浙么？王褒《僮约》讲茶 12 字，万千文章也不可撼动。

8　蒙山论剑

陈书谦秘书长说，雅安市政府、市茶业协会和名山区政府通过舒曼先生的《吃茶去》（2012 年第 2 期，第 7 页）公布了蒙山论剑的邀请函。舒先生载文：“雅安市茶业协会秘书长也打来电话说，欢迎参与讨论的专家明年莅临雅安举行专场研讨，言必求真，以还原历史真相。”同刊登出杭州专家钱时霖先生的文章《我认定吴理真是西汉人》，陈秘书长的“专场研讨邀请”，通过各种茶期刊广布天下。

2012 年 3 月 25 日—27 日，雅安市人民政府、名山区人民政府和市茶协邀数十位专家参会，并专门给发表不同看法的三位先生发出邀请。3 月 25 日，周先生偕太太赴会，一位因有课走不开，一位没任何反馈。陈秘书长问周先生：“你们浙江人没约着一起来？”周笑着摇摇头：“你懂的！”

蒙顶山活动的全称是“2012 蒙顶山国际茶文化研讨会暨第九届茶祖吴理真国际茶文化旅游节”，外省的嘉宾专家有于观亭（中国国际茶文化研究会副会长、杭州茶叶研究所名誉所长、北京茶人之家顾问）、沈冬梅（中国社会科学院历史所研究员）、付光丽（北京）、陆尧（北京）、张永立（《茶周刊》）、周文棠、胡旭英、关剑平（浙江大学）、刘勤晋、林治（西安）、石爱发（湖北）、次多（西藏佛学院常务副院长）；四川方面有任新建（四川省社会科学院首席专家）、杨嘉铭（西南民族大学教授）、徐金华（碧潭飘雪创始人）、王云（四川茶科所所长）、李春华（四川省茶科所研究员）、罗凡（省茶科所副所长）、李家光、唐茜（四川农业大学茶学院副院长）、陈昌辉（四川农业大学茶学系主任）、杜晓（四川农业大学教授）、欧阳崇正、杨天炯、陈书谦、谢雪娇、张晶（四川省茶协副会长）、刘松龄、邱永风、董存荣、陈开义、高殿懋、钟国林、王龙、郭友雯以及笔者（中国国际茶文化研究会副会长、四川省旅游局巡视员）等。雅安市、名山区机关、川农茶专业、茶企和媒体200余人参会。

雅安市委副书记、市长陈越良，市委宣传部长姜小林主持“蒙山论剑”研讨会 2012.3.25—27 于蒙顶山

雅安市委副书记、市长陈越良，市委常委、宣传部部长姜小林，于观亭、笔者、王云和名山区委书记徐其斌轮流主持活动和会议，论坛10位代表发言（依序）：陆尧、林治、周文棠、刘勤晋、欧阳崇正、沈冬梅、李家光、杜晓、徐金华、叶泷泽。未及发言的文稿，将结集发行。

经专家小组评审报名稿，评出特殊贡献奖5名：李家光、杨天炯、欧阳崇正、王云、陆尧；

一等奖2名：杜晓《蒙顶山茶文化及其观光旅游价值》、李春华《四川茶树育种研究进展》；

二等奖3名：周文棠《蒙顶山的历史地位》、罗凡《试论川茶产业发展的优势》、陈昌辉《四川名优茶品质形成的生态因子》；

优秀奖10人：张晶、董存荣、骆泽海、陈佳钼、刘东娜、郭磊、钟国林、王小萍、王迎春、唐晓波等。

其中有 20 篇论及茶祖吴理真，如沈冬梅《宋甘露祖师行状碑研究》、李家光《植茶始祖吴理真史迹研究》、周文棠《蒙山茶的历史地位》、董存荣《茶神、茶祖、茶圣》、郭磊《吴理真身份浅议》……于观亭、陈越良、姜小林、王云、笔者给获奖者颁奖。

于观亭先生对大家说，雅安大度大气地召开这种研讨，要是有人再发杂音，那就不叫茶人了。

9　蒙顶山拿到五块授牌

郭总喜滋滋地对大家说：“报告各位老师一个好消息，2013 年 3 月 5 日，国务院公布蒙顶山皇茶园、甘露灵泉院牌坊、禹王宫、净居庵、天梯古道五处为全国重点文物保护单位。一个茶文化景区同时拿五块牌子，这是罕见的，这有你们的功劳和奉献。”

国内新出的有影响著述，依然坚定为茶祖点赞，依序如下：

朱自振、沈冬梅、增勤编著：《中国古代茶书集》，上海文化出版社，2010 年 8 月。

李斌城、韩金科主编：《唐代茶史》，陕西师范大学出版社，2012 年 8 月。

王建荣、郭丹英主编：《品茶说茶：在中国茶叶博物馆漫步》，东方出版社，2013 年 5 月。

姚国坤：《中国茶文化学》，中国农业出版社，2019 年 3 月。

连同最近颇受好评的荷兰人乔治·范·德瑞姆 130 万字的《茶：一片树叶的传说与历史》（2023 年社会科学文献出版社版）等，对茶祖吴理真的评价都延续吴觉农、陈椽、庄晚芳、陈宗懋、刘枫、周国富、孙忠焕、于辉达、朱自振、程启坤等人的观点。

全国重点文物保护单位蒙顶山皇茶园和茶马古道·禹王宫 2013.3.5

如果要罗列为吴理真点赞的国内外专家学者，那是成百上千。这里只列了小部分，请大家海涵。

10 用文史证明蒙顶山

我校核了当今较为严谨的古代茶书汇编 4 部，阮浩耕、沈冬梅、于良子校释《中国古代茶叶全书》（1999 年浙江摄影出版社版），郑培凯、朱自振编著《中国历代茶书汇编》（2007 年商务印书馆版），朱自振、沈冬梅、增勤编著《中国古代茶书集成》（2010 年上海文化出版社版），方健汇编《中国茶书全集校证》（2015 年中州古籍出版社版），我把涉及蒙顶山茶的各朝代内容摘录于后，为茶友省时阅读，并做一个交代。

在中国，学界公认最早涉茶的著作是《华阳国志》，常璩［约公元 291—361 年，蜀郡江原（今四川崇州）人］著，其中《巴志·三》记：在协助武王伐纣之后，方国巴蜀首领受赐封，因此在巴国向周王的贡物 18 种，即“桑、蚕、麻、纻、鱼、盐、铜、铁、丹、漆、茶、蜜、灵龟、巨犀、山鸡、白雉、黄润、鲜粉”，“其果实之珍者，树有荔芰，蔓有辛蒟，园有芳蒻、香茗、给客橙、葵”。据任乃强、刘琳、杜长煋（四川茶科所副所长、茶学专家）研究，“丹、漆、茶、蜜”出自涪陵郡，“园有芳蒻、香茗”，其“芳蒻”，外省专家有解为“竹”，此三位川籍专家解为巴蜀的“魔芋”。对“香茗”历来有二解，一种认为当时已有烘焙的茶叶，称“香茗”；另一种任、杜二先生认为靠沿江鱼、盐、丹、漆贸易之利，相当富庶。当时已进入奴隶制社会，责成园艺奴隶引种异域珍品以供观赏食用，如荔芰、扶留、芭蕉皆非巴产。任认为“巴国时，尚无香茗，人民所采贡为苦荼也”，“（苦荼）巴地从来有之，古人未知烤焙法时，惟煮汁饮之，故曰‘苦荼’”。杜书说：“巴国出产的茶叶，就曾作为贡品之一。这个时期的消费量很少，所以只是采食野茶，还未实行人工种茶。书中所谓‘园有芳蒻、香茗、给客橙、葵’，是因为这些植物在当时被视为珍稀之物，栽培于园中，不过是为了观赏而已。”（《四川茶叶》，1989年四川科技出版社版）西汉辞赋家王褒（约前90—前51年），汉蜀郡资中（今资阳墨池坝）人，公元前59年写的《僮约》一文，是买仆僮的一篇文章。在规定奴仆每年每天的工作内容中，有“烹茶尽具，已而盖藏”“武阳买茶”的内容，为后世公认茶最早进入家庭，有专用茶具，有买卖茶叶市场的记录。过去对“武阳”解之不详，只译为今彭山县江口镇，小瞧了武阳当时的风流。

据任乃强先生《华阳国志·蜀志》对“武阳县”“南安县”（南安、武阳皆出名茶，多陂池）注解：“武阳在犍为属县中开置最早而近蜀，故文化高于诸县。”（《华阳国志校补图注》，第176页）“此二县（武阳、南安），西北总岗山脉，西南峨眉、瓦屋诸山，东南自龙泉、鼎鼻、中岩、九顶、三龟诸山，自古产茶。汉世集售于武阳市，故王褒《僮约》云，武阳买茶也。”

总岗山脉牵连名山、蒲江、丹棱、洪雅4县，其山势已降至1100米左右，历来为产好茶区域，紧邻武阳（曹宏《雅安地区自然地理志》，2000年10月雅安地区方志办）。这就理解了武阳辐射含峨眉、瓦屋、龙泉、九顶诸地的新津、双流、温江、灌县、峨眉、夹江、龙泉、名山、芦山、荣（后世才改成“荥”）经、严道。大量的市场交易需求，使野生茶不敷时需，《僮约》证明茶已进入家庭，于是催生了吴理真驯化野生茶，这是茶产业链的必然趋势，吴理真从万千植茶人中脱颖而出，这是时代的需要。

《新唐书》北宋欧阳修、宋祁、范镇、吕夏卿合撰，过去的研究者没注意到，卷四二《地理志六》记载巴蜀之地剑南道雅州卢山郡：“天宝元年（742）更名。土贡：麸金、茶、石菖蒲、落雁木。户万八百九十二，口五万四千一十九。县五：有严道、卢山、名山、百丈、荣经。”在偌大的巴蜀之地，仅有区区 5 万多人的芦山郡 5 县，是唯一贡茶之地。范镇是华阳人，宋仁宗宝元元年（1038）举进士第一，他参与编撰此书的记录，足显唐代蒙山茶在四川、在中国的地位。

《宋史》元脱脱主持编撰，《地理志五·成都府路》记“州十二，县五十八”，仅雅州卢山郡荣经“州城内一茶场，熙宁九年（1076）置”，此时贡茶已偏东南，而雅州作为边陲重地，茶马交易以应国需才是重点。

《茶经》三卷十章，共 7000 多字。作者陆羽在 761—780 年之间多年修改，在湖州居时入刺史颜真卿幕下，最终定稿。《茶经》开篇第一句话，即：“茶者，南方之嘉木也，一尺二尺，乃至数十尺。其巴山峡川有两人合抱者，伐而掇之。”据统计，全书有 19 处涉及巴蜀的茶史、名人、山川地理。有茶人质疑，《茶经》为何未收早于它 800 年王褒的《僮约》？沈冬梅教授论：“王褒《僮约》一条可能就是陆羽故意不选用的。不选入的理由，可能这茶事是僮仆所为之事，一为买茶，二为净具，不符合《茶经》七之事，选取名人茶事以助茶成经的出发点。”（《茶经校注》，2021 年中华书局版，第 10 页）此说可以解惑。可惜陆羽当时没看到《僮约》的价值。

但是《茶经·八之出》论及“剑南（道）”（含今天四川大部分和云南、贵州、甘肃的部分地区）的彭州、绵州、蜀州、邛州、雅州、泸州、眉州、

江苏画院副院长、著名油画家张华清绘皇茶园　2004.8

汉州等地茶品分类时，无论用当时的评价还是今天的眼光，陆羽之论失误。他说："邛州次，雅州、泸州下[①]，眉州、汉州（今广汉）又下。"校注者方健在小注"百丈山、名山"之后，加上毛文锡"二者尤佳"句，这就妥帖了。742年，名山、百丈茶是川茶中的唯一入贡者。二三十年后，怎么就会沦为下等了？这都是陆羽没到过四川出的错。唐宋无数诗人、文人为蒙顶助威，可惜陆羽听不到了。

《茶经·一之源》："茶之为用，味至寒，为饮，最宜精行俭德之人。"此论，引无数饮者，畏"寒"却步。

《尔雅·释木》："槚，苦荼。"郭璞注："树小似栀子，冬生叶可煮作羹饮。今呼早采者为荼，晚取者为茗。一名荈，蜀人名之曰苦荼。"

而早于《茶经》百余年的《新修本草》，唐代苏敬集23人的智力，编撰的中国历史上的第一部政府药典，五十四卷，显庆四年（659）颁布。其中第386条"茗、苦荼"记："茗，味甘、苦，微寒，无毒。主瘘，利小便，去痰，热渴，令人少睡，秋采之。苦荼，主下气，消宿食，作饮加茱萸、葱、姜等，良。……生山南汉山谷。"

到宋代的唐慎微（约1056—1136，成都华阳人）积数十年研究，写成《重修证和经史证类备急本草》一书，三十卷，60余万字。其中专门写到蒙顶茶的奇异之处，"真茶性极冷，惟雅州蒙山出者，温而主疾"，书引证了

① 注：雅州百丈山、名山，泸州泸川者，与荆州同也。

毛文锡《茶谱》中“昔有僧人病冷且久”，到蒙顶采茶饮后成仙而去之事。唐氏是第一位论证蒙山茶性温的医家。

北宋后期王庠作《雅州蒙顶茶记》，记蒙顶茶“不特味甘色白，又其性温暖，久服不令人患冷，非他茶之比”。

明李时珍（1518—1593，湖北蕲春人）《本草纲目》卷三二“茗”条记：“真茶性冷，惟雅州蒙山出者温而主疾。”

清代陆廷灿《续茶经》记：“蜀雅州名山茶……真茶性极冷，惟雅州蒙顶山出者，温而主疗疾。”

笔者胃偏寒，过去冬不饮绿茶。自2000年到雅安工作以来，冬皆饮蒙山甘露、黄芽。茶友刘昌明，是多所大学的院长，写茶专著数部。30多年来，清明前必到蒙山买数斤甘露，供一年之需。每天两泡，教书写书，乐在其中。蒙山茶汉代以来被历朝历代看重，必有它奇特之处，只是过去自己不知道罢了。

《煎茶水记》张又新［唐元和九年（814）进士，河北深州人］撰，所列泡茶水品质的排列“扬子江南零水第一”（江苏镇江长江域，扬子江心泉，又称南泠泉，中泠泉）。此书记陆羽神鉴中泠泉故事。这为以后宋元的天下第一茶联“扬子江心水，蒙山顶上茶”做了铺垫。

《十六汤品》苏廙（唐末五代人，方书未辑此书，似认为只谈水而不言茶）撰。“汤者，茶之司命”，司命即掌握命运之神，此讲水之好坏决定了茶汤的好坏。

《茶酒论》王敷（唐末五代人，此文出自敦煌石室，抄录于970年）撰，这是一个唐代俳优戏的演出脚本，以拟人化描写茶酒争大，风格诙谐，富有哲理。茶对酒说：“阿你不闻道：浮梁歙州，万国来求。蜀川蒙顶，其（骑）山蓦岭。”此指浮歙之茶卖及天下，蒙顶山漫山遍野茶，“供武侯宅，奉帝王家，时新献之，一世荣华”，“供养弥勒，奉献观音，千劫万劫，诸佛相钦”，这些叙述皆与流传至今的蒙顶贡茶以及永兴寺和智炬寺、千佛寺茶禅文化一脉相承。茶酒互为攻讦，脸红筋胀，不言败。最后水站出来裁判，说他们两个“言辞相毁，道西说东。人生四大，地、水、火、风，茶不得水，作何相貌？酒不得水，作甚形容”，“两个何用争功，从今以后切须和同。酒店发富，茶坊不穷”。服气，休战。

《顾渚山记》《水品》二文皆陆羽撰，简约，后书仅一句话。

《茶述》裴汶（唐代，813 年任湖州刺史，此书已佚）著，载：“经宇内为土贡实众，而顾渚、蕲阳、蒙山为上。”“千人服之，永永不厌，与粗食争衡，得之则安，不得则病。”“人嗜之如此者，两晋已前无闻焉。”

《采茶录》温庭筠（801—866，今陕西户县人，花间派代表作家，此书北宋佚，辑成不足 400 字）撰，载：“陆君别茶闻，扬子南泠水又殊绝，今者二妙千载一遇。命军士谨慎者深入南泠。”（取水，此引张又新述陆羽神判南泠水故事。）

《茶录》杨晔（唐人，曾任安徽巢湖县令）著，成书于 856 年，收入《膳夫经手录》。首次把唐代饮茶发展分为三个阶段：“茶，古不闻食之。近晋、宋（400—479）以降，吴人采其茶煮，是为茗粥。至开元（713—741）天宝（742—756）之间，稍稍有茶，至德（756—758）、大历（766—779）遂多，建中（780—783）以后盛矣。”卢山郡贡茶是 742 年。

“蒙顶（自此以降言少而精者）。始蜀茶得名蒙顶，于元和之前，束帛不能易一斤先春蒙顶。”

“湖州顾渚，湖南紫笋茶，自蒙顶之外，无出其右者。”

“东川昌明茶，与新安（芦山域）含膏争其上下。”

《茶谱》毛文锡（今河北高阳人。唐末五代，入蜀依前蜀王建）著，此书撰于 907 年前，是《茶经》后最重要的一部茶著作，起承前启后作用。书中涉及中唐以后 7 道 36 州所产 50 余种名茶的品目和性状，较《茶经》

大为拓展。方健评："《茶谱》是继《茶经》后的又一茶学巨著。"

唐玄宗开元二十一年（733）分天下为15道、360州府、1557县，《茶经》记载了8道43州（陆羽自述有"11州未详"），鉴于陆羽行迹所限，尤其是西南诸地未到，在唐代的产茶州至少有56个，他起码有14个产茶州府未记入《茶经》。陆羽对茶叶品质的判断多用"上、中、次"等级和"佳、尤佳"来表达，少有具体名茶的确切记载。

而《茶谱》则不同，它晚于《茶经》120余年，据《太平寰宇记》等文献记载：五代十国时产茶区已增到77个，比唐代净增21个，增幅38%。《茶谱》记录了50多种名茶，是中国第一部名茶文化著述。有些名茶千年不衰，如蒙顶石花、霍山黄芽、江苏阳羡、浙江顾渚紫笋等。

《茶谱》辑巴蜀茶产地、品质、名称极富，此摘其与蒙山相关者：

临邛数邑茶，有火前、火后、嫩绿、黄芽号。又有火番饼，每饼重四十两，入西蕃、党项，重之。如中国名山者，其味甘苦。

雅州百丈、名山二者尤佳。山有五顶，顶有茶园，中顶曰上清峰，所谓蒙顶茶也，为天下之称。

蜀之雅州有蒙山，山有五顶，顶有茶园，其中顶曰上清峰。昔有僧病冷且久，尝遇一老父，谓曰："蒙之中顶茶，尝以春分之先后，多人力，俟雷之发声，并手采摘，三日而止。若获一两，以本处水煎服，即能祛宿疾；二两，当眼前无疾；三两，固以换骨；四两，即为地仙矣。"是僧因之中顶，筑室以候，及期获一两余。服未竟而病瘥。……时到城市，人见其容貌，常若年三十余，眉发绀绿色。其后入青城访道，不知所终。今四顶茶园，采摘不废，惟中顶草木繁密，云雾蔽亏，鸷兽时出，人迹稀到矣。今蒙顶有露镃芽、籛芽，皆云火前，言造于禁火之前也。

此段文字为历来茶书、地理、方物志所引。用此校勘《茶经》，方知陆羽未到巴蜀之误。国人皆知，青城山、鹤鸣山（大邑）是中国道教之源，所谓“丹丘子”，即“丹丘”为神仙居住之地，“子”乃来自仙乡的仙人。《茶经·四之器》载：“永嘉中，余姚人虞洪入瀑布山采茗，遇一道士云：‘吾丹丘子，祈子他日瓯牺之余，乞相遗也。’”《七之事》引陶弘景《杂录》曰：“苦茶轻身换骨，昔丹丘子、黄山君服之。”屈原《远游》中有“仍羽人于丹丘兮，留不死之旧乡”。

这些叙述，千多年来山川地理史迹互为印证，讲明5件事：

病僧喝蒙顶茶而愈，这是为唐慎微、王庠、李时珍、陆廷灿“唯蒙山茶性偏温”的早期铺垫；病僧遇老父言蒙顶山五顶间有茶园，这是至今兴盛的五顶皇茶园，此老父疑是道家长者；喝“三两，因以换骨”，“四两，即为地仙”，这是饮茶成仙的最早翔实记载，陆羽引的“丹丘子”传说，是他未查到源头的蒙顶山故事，直到清末，给中央朝廷贡的第一上品为产自此处的“仙茶”；病僧瘥愈，“后入青城访道，不知所终”，对此可信的理解是，他从佛门皈依道教之门，到青城山升仙了。毛文锡录此，时间、地点、人物、前因后果，可考可述，这同把《神异记》的故事当史证为后人所引，那就霄壤不同了。

毛文锡著学精微，以他长期在蜀为官的经历，评价“所谓蒙顶茶也，为天下之称”，这是对此前千年蒙顶茶地位、品质的客观总结和评价。

唐代除上述诸茶书（陆羽占三篇），其他有名的涉茶论述有：

《元和郡县志》李吉甫（758—814，河北赞皇人，曾任忠州刺史）著，卷三二载：“蒙山在（严道）县南十里，今每岁贡茶，为蜀之最。”

《封氏闻见记》封演（河北景县人，天宝年间进士）编撰，与陆羽（733—804）同时代，卷六“饮茶”篇，讲了禅教饮茶而传播各地；茶自江淮而来，“舟车相继，所在山积，色额甚多”；御史大夫李季卿评判常伯熊、陆羽二人沏茶，小看陆氏，陆氏险些著《毁茶论》，不再玩茶；吴主孙皓以茶代酒；“古人亦饮茶耳，但不如今人溺之甚，穷日尽夜，殆成风俗。始自中地，流于塞外。往年回鹘入朝，大驱名马，市茶而归，亦足怪焉”，这是最早的西北少数民族以马换茶的民间记载，为此后唐宋时期雅州茶马古道作了前序。

《唐国史补》李肇（约 876—945，安徽阜阳人）著，此书是述及从唐开元至长庆百余年间社会风气、朝野轶事、典章制度等的琐闻笔记，以后多书引注。史家认为此著可信度高，其中一节甚为有趣：

常鲁公使西蕃，烹茶帐中，赞普问曰："此为何物？"鲁公曰："涤烦疗渴，所谓茶也。"

赞普曰："我此亦有。"遂命出之，以指曰："此寿州者，此舒州者，此顾渚者，此蕲门者，此昌明者，此浥湖者。"

这是一段引注很广的唐代资料，由此证明唐蕃的茶文化交流，我对此有不同理解，曾写《茶何时入蕃》。但是，绝大多数人没注意的是，此常鲁公即《封氏见闻记》“饮茶”篇中的常伯熊，他的一番“茶道”表演（据说是中国“茶道”的开创者），让陆羽在御史大夫李季卿面前蒙羞。

“风俗贵茶，茶之名品益众。剑南有蒙顶石花，或小方，或散芽，是为第一”（《唐国史补校注》，2021 年中华书局版，第 285 页），后列四川和全国 16 种名茶，皆排蒙顶之下。

《唐代茶史》李斌城、韩金科主编（2012 年陕西师范大学出版社版），记唐代中日茶交流之事。日本高僧圆仁，于唐文宗开成三年（838）六月十三日，从日本上船过海，唐宣宗大中元年（847）九月二日因“会昌毁佛”被遣送回国，在中国十年两个月之久。他的日记体笔记《入唐求法巡礼》回日本后出版，有学者讲：“《日本茶业发达史》援引日本古文献说，唐文宗开成五年（840）日本慈贵大师圆仁（784—864）出使中国，从长安归国时，大唐皇帝赠给他的礼物中，即有‘蒙顶茶二斤，团茶一串’。”此信息传播甚广。经李、韩先生论证，是好友、职方郎中杨鲁士赠天下第一的蒙顶茶，可见友谊甚深，以及蒙顶茶在当时的影响。

以上唐代茶著述、讲清了不可争辩的蒙山茶地位。

进入宋代，是茶书爆发期。据沈冬梅教授研究，宋代总共30部茶书中，有关北苑贡茶的就有16部，而其中12部讲建安茶叶的制作生产或工艺技术。由于宋朝都城先开封后临安（杭州），赵匡胤玉斧划界时，把黎州大渡河外的区域归于大理国，雅州就成了大宋的西部边城，难有安宁，雅州蒙山以至四川茶区，也就不重要了。①

那么宋代历史300余年，帝都南迁，重视顾渚、紫笋、龙凤团茶，作为边陲战乱不息的蒙顶山，还有什么戏吗？仍然以史证说话。

查朱书录宋元茶书25种，方书录26种，沈书录30种，三家互有出入补益，蒙顶山和茶祖故事大有文章，举几例：

陶穀（903—970）著《清异录》，其中《茗荈录》记："吴僧梵川，誓愿燃顶供养双林傅大士。自往蒙顶结庵种茶。凡三年，味方全美。得绝佳者圣阳花、吉祥蕊，共不逾五斤，持归供献。"（郑、朱书，第66页）

范镇（1007—1088）与欧阳修、宋祁共修《新唐书》，封蜀郡公，苏轼为其作《范景仁墓志铭》，著述丰盈。在其《东斋记事》中评价："蜀中数处产茶，雅州蒙顶最佳。"（方书，第252页）

2016年8月23日，我陪余悦、刘昌明先生到西藏考察茶文化，余赠王河、虞文霞著《中国散佚茶书辑考》（2015年世界图书出版公司版），并题签"古书勤搜索，旧说有新知"。其中有《雅州蒙顶茶记》王庠（1071—？）撰，引起我高度重视，第一次知道此文，如获至宝。

王庠，其功力德行，非同一般。徽宗崇宁元年（1102）举德行，考定为天下第一。《宋史》卷三七七有传，他是苏辙的女婿，其父做茶生意，

① 沈冬梅、黄纯艳、孙洪升：《中华茶史·宋辽金元卷》，陕西师范大学出版社，2016年，第371页。

开茶铺，从小浸染茶中。

他做学问“寻师千里，究其旨归”，常以诗文寄苏轼、苏辙请教，深得嘉许。朝廷多次诏赐各种职衔，皆拒之，一心学问。《三苏文选》中苏轼一篇《又答王庠书》即是回复其手教点拨后学之语，已成千古文章：

书富如入海，百货皆有，人之精力，不能兼收尽取，但得其所欲求者尔。故愿学者每次作一意求之……勿生余念。……此虽迂钝，而他日学成，八面受敌，与涉猎者不可同日而语也。

此意为做事学习要专一，不要泛泛涉猎。看来是笨办法，一旦学成就不惧“八面受敌”，可以应付各种情况。

《雅州蒙顶茶记》，除光绪《名山县志》第80页有“又引王庠《蒙顶茶记》”一句外，历代书均未著录。朱书、沈书皆无，仅方书作《蒙顶茶记辑佚》引一句而已。王河先生考证，《雅州蒙顶茶记》载录于《国朝三百家名贤文粹》一四六卷，“是迄今为止最早和最详细介绍蒙顶茶的文献”，“讲雅州茶名闻遐迩，为天下最的由来，同时也介绍了为什么陆羽的《茶经》、李白和杜甫的诗歌没有记载蒙顶茶……”[①]此文珍稀，已录于第十三篇《历代名人咏蒙山》。

此记早于孙渐诗，是对蒙顶茶的权威点评。

《舆地纪胜》王象之（1163—1230，浙江磐安人，进士，曾任职宜宾长宁）编纂，其中记：“西汉时，有僧从岭表来，以茶实植蒙山，忽隐池中，乃一石像，今蒙顶茶，擅名师所植也。至今，呼其石像为甘露大师。”

《邛州先茶记》魏了翁（1178—1237，四川邛州蒲江人）撰，载：“眉山李君铿，为临邛茶官。史以故事三日谒先茶告君。”在魏了翁家乡蒲江当茶官的李铿，按民间习俗，上任三天要拜祭茶神以佑丰收，李君见茶神

① 王河、虞文霞：《中国散佚茶书辑考》，世界图书出版公司，第19页。

庙破旧，就重新修缮，后给在外地当官的名人魏了翁写信，求写一记，刻石教民。“先茶”即茶神庙。有研究者认为，四川历史上无茶神之称，蒲江与名山地界相连，被尊为茶神者，应共是一尊，即茶祖吴理真，因皇帝敕封为菩萨，所以民间当成茶神祭拜。19世纪末20世纪初，外国人到蒙顶山，见当地把吴理真当行业神祭拜，与此形成前后印证。

整个宋代，京城先开封后临安，皇帝和大臣推高北苑和武夷茶，偏远的蜀地和雅州大受影响。虽然如此，从汉沿延而来的茶摇篮文脉，依然深入人心。再加上以茶易马，以雅州为中心，所以茶文化的传承，仍有很高的地位。

元代国祚虽短，但是却给中国和世界留下一幅千年茶联。元代文人李德载作元曲《中吕·阳春曲·赠茶肆》10首，常用元曲选本多选前3首，而第二首即是《蒙山顶上春光早》：

蒙山顶上春光早，扬子江心水味高，陶家学士更风骚。应笑倒，销金帐饮羊羔。

“皇茶园”线描图　刘思远绘　2014.8

前已多引，陆羽在李季筠面前神判中泠水，张又新《煎茶水记》把中泠泉排天下第一泉，经唐宋元数百年传播，文人茶客尽人皆知，而此前蒙顶茶名气更大，李德载信手拈来，就成为公认的天下第一茶联：“扬子江心水；蒙山顶上茶。”由此北宋早期写《清异录·茗荈》的文人陶縠，因记述了蒙顶、圣阳花、吉祥蕊名茶，被视为茶水风流，而不屑于那些在金丝帐篷中喝美酒、吃羊羔的粗人。马致远杂剧《吕洞宾三醉岳阳楼》第二折《牧羊关》：“也不索采蒙顶山头雪，也不索茶点鹧鸪斑。比尔你吸引扬子江心水，可强似汤生螃蟹眼。”

明代茶产业的发展，首功要数朱元璋罢龙凤团茶、倡导散茶冲饮之举。由于长江中下游经济的发展，散茶易于加工、成本低廉，迅速普及到民间，也推动了茶著述爆发性增长。

郑培凯、朱自振收明代有关茶的书目有 56 种，方健收录有 37 种，这些书中只要言及茶的历史文化、名茶名水，鲜有不涉及雅州的。

《茶疏》，许次纾（1549—1604，浙江杭州人，约 1597 年成书）撰，在“辩讹”一节中说：“古今论茶，必首蒙顶。蒙顶山蜀雅州山也，往常产，今不复有，即有之，彼中夷人专之，不复出山。蜀中尚不得，何能至中原、江南也。”（朱书，第 275 页）

《茗史》，万邦宁（重庆奉节人，1622 年进士）辑，“收茶三等。待客以惊雷荚，自奉以萱草带，供佛以紫茸香。盖最上以供佛，而最下以自奉也。”“结庵种茶：双林大士自往蒙顶结庵种茶。凡三年，得绝佳者，号圣阳花吉祥芷，各五斤持归供献。”“会昌初，监察御史郑路，有兵察厅掌茶。茶必市蜀之佳者。贮于陶器，以防暑湿。御史躬亲监启，谓之御史茶瓶。”（朱书，第 484、832 页）

《蒙茶辨》，杨慎（1488—1559，四川新都人）撰，他讲清雅州蒙山与山东蒙山所产之“蒙茶”不是一回事，蒙顶茶受白居易、李德裕、文彦博、吴中复推崇。记“而蒙山有五峰，最高曰上清峰，方产此茶”。

明代官居熹宗朝的一品大员杨梦衮（1577—1633，山东淄博高青县人），仿苏轼《叶嘉传》写了一篇《烹雪头陀传》（《岱宗小稿》卷一《十九友传》之十六，为蒙山茶立传，其手笔和格局，远在苏文之上。此文不见于阮书、

蒙顶山茶祖殿挂新匾　刘枫题　2019.9.19
出席者：钟渭基、谭继和、祁和晖、徐金华、司徒华、王云、朱波、曾英慧、秦福荣、刘勇、覃中显、喻长根、陈书谦、董存荣、孙前

方书，仅见于朱书下册的《明·茶史·佚名》中，我称之为有史以来替蒙顶山代言的神奇文章，以后的无尽故事，将由此萌生。

苏轼因陆羽《茶经》不写福建茶，颇为不满。他贬流闽地，塑造一个叶嘉，即闽人也，去见了陆羽，两人便觉相见恨晚，遂推荐到皇帝处得以重用，仅此而已。

杨梦衮则大为不同，所谓《烹雪头陀传》，“姓汤，名点，字瀹之，蒙山人也。其先有雀舌氏者，受知于神农，神农为食经，雀舌氏列名其中”。此可解为，用蒙山雪烹茶的苦行修炼的植茶人，即茶祖吴理真，用水点茶，是明代风尚，其用的雀舌茶，是供佛菩萨的专品。他先后拜访了晋之王濛，唐卢仝、陆羽，品鉴了扬子中泠的各处名泉，蔡君谟向皇上推荐，名声大振。凡是当官的或文士相聚，“定必首及之”，首先推荐的必定是蒙山人汤点！以杨梦衮之学养官阶，专为蒙山汤点立传，可见当时蒙山茶的影响所及。何谓汤点，即蒙山茶植饮第一人，他从神农氏时走来，前后数千年，茶润亿万民。

由于明末清初的四川战乱，人口锐减，以致很多老虎窜到城区食人，这在外省是不可想象的。明政府组织了长期大量的“湖广填四川”移民，今四川土语“解手”，就是要押送官兵解绳以方便。又说川人习惯双手后背而行，就是老祖宗长距离负绳押送的后遗症。成都龙泉驿等地通行的方言，被称为“土广东”，即广东移民用语。如此，湖南、湖北、江西、安徽、广东的种茶者，融汇和推动了四川茶产业的大复苏、大发展。

朱书录清代 26 种茶书，方书录 13 种。此为总结前数代茶书之得失，书较为可信。

《续茶经》，陆廷灿（曾任福建崇安县令）著，此书被《四库全书总目提要》评为“征引繁富”“颇切实用”。他评价蜀地贡茶“近世蜀之蒙山，每岁仅以两计”。（朱书，第 774 页）

“谢在杭《五杂俎》载：‘昔人谓：扬子江心水，蒙山顶上味。蒙山在蜀雅州，其中峰顶尤极险秽，蛇虺虎狼所居，得采其茶，可蠲百疾。’”（朱书，第 790 页）

“蜀雅州名山茶，有露鋄芽、籛芽，皆云火前者，言采造于禁火之前也。”“真茶性极冷，惟雅州蒙顶出者，温而主疗疾。”（朱书，第 792 页）

“苏辙的《论蜀茶状》，是其谪监筠州（今宜宾筠连县）盐酒税职时观有关蜀茶见闻写的奏本。对四川茶马司的工作有详细记录。”

“洪武二十八年，驸马欧阳伦以私贩茶扑杀，明初茶禁之严如此。”（朱书，第 828 页）

此书写于雍正十二年（1734）七月，以后多为征引，是陆羽《茶经》、毛文锡《茶谱》后的茶巨著。

《陇蜀馀闻》，王士禛（1634—1711，山东淄博桓台县人，顺治朝进士）著，他游历四川后写下此书，其中写道：

蒙山在名山县南十五里，有五峰，最高者曰上清峰。其颠一石，大如数间屋，有茶七株，生石上，无缝隙，云是甘露大师手植。每茶时，叶生，智炬僧辄报有司往视，籍记其叶之多少，采制才得数钱许。明时贡京师仅一钱有奇。环石别有几十株，曰陪茶，则贡藩府诸司之用而已。

四川总督黄廷桂修雍正《四川通志》四十七卷。雅州知府曹抡彬修乾隆《雅州府志》皆有上述内容。

赵懿，贵州遵义举人，光绪十六年（1890）任名山知县。他邀兄赵怡（进士，在京城为官多年）耗时两年多，“循览《通志》《府志》及其他舆地纪述诸藉，考求建置古今”，“故老传说之近远，断碑荒碣之记载，靡不浅涉周于足，访揽穷于目，营于耳而审于心”，终成《名山县志》十五卷，于光绪十八年（1892）刊刻。

赵氏兄弟生于茶乡遵义、湄潭、凤岗。赵懿曾在巴山峡川的川东云阳县工作过，赵怡在京师任职多年，两人研写《名山县志》，其中对茶史、贡茶、茶文化的比勘校核，论述精详，令人叹服。多书已引论吴理真事，不赘，此仅举贡茶之史。

名山知县胡寿昌在《三登蒙山采茶序》记：

山有五峰，环列状如指掌，曰上清，曰甘露，曰玉女（注：以后在此处修毗卢殿，改称毗卢峰），曰井泉，曰菱角。仙茶植于中心，蟠根石上，每岁采仙茶七株为正贡，分贮银瓶。

拣精洁者六百片入贡，余则分致同官。每盒不过五片，宝如奇珍，收藏数载，苍翠如故，其见重如此。迨国朝则兼以蒙山仙茶为上供，制作与古微别，亦非始于近代。尝考熊蕃《北苑茶录》载，万春银叶，造自宣和二年（1120），玉叶长春，造自政和二年（1112），其正贡不过四十斤。

赵懿《蒙顶茶说》详述“贡茶”：

上清峰茶园七株又美之，世传甘露普慧禅师所植也，二千年不枯不长……谓曰仙茶。每岁采贡三百三十五叶，天子郊天及祀太庙用之。园以外产者，曰陪茶。岁以四月之吉祷采，命僧会司（注：清代县一级僧官）领摘茶僧十二人入园，官亲督而摘之，尽摘其嫩芽，笼归山半智炬寺（加工）。每贡仙茶正片，贮两银瓶。瓶制方，高四寸二分，宽四寸。陪贡两银瓶，菱角湾茶两银瓶，瓶制圆，如花瓶式。颗子茶大小十八锡瓶，皆盛以木箱，黄缣丹印封之。临发，县官卜吉，朝服叩阙。选吏解赴布政使司投贡房。经过州县谨护送之，其慎重如此。（光绪《名山县志》，第237页）

2023年10月27日，在执着地网上抢票一周成功之后，我同小雅专程从成都坐高铁到故宫看专题展《茶·世界》。这是荟萃全国茶文化珍品的特展，我的重点之一，是看陈列的故宫珍藏的贡茶珍品，我极兴奋地把全部贡茶和详细说明录入相机，陈列说明详记：

故宫的贡茶地有24个府州县，共38个品种，位居第一的是雅州府有7个品种（仙茶、陪茶、菱角湾茶、观音茶、春茗茶、名山茶、蒙山茶）；并列第二的是福建南平市（小种花香茶、岩顶花香茶、花香茶），江西赣州市（储茶、芥茶、茶砖），安徽六安（银针茶、雀舌茶、梅片茶），各有3种；排第三的是邛崃市（邛州茶砖、锅焙茶），都江堰青城山（青城芽茶、灌县细茶），贵阳市（贵定芽茶、龙里芽茶），各2种。

让人不可置信的是，38个贡茶品种的包装多是竹木、帛锦、铜铁、锡器，只有雅州府的仙茶、陪茶、菱角湾茶、观音茶和春茗茶5种是特制银瓶包装，实物与赵懿兄弟《名山县志》完全一致。

2024年3月26日，在茶祖吴理真生日之际，故宫博物院和雅安市政府、名山区政府联办蒙山贡茶回故乡展3个月，7个贡品连同包装，全部回到蒙顶山展出，全川轰动，观者潮涌。感谢茶祖吴理真，感谢毛文锡、陆廷灿、王士禛，感谢赵怡、赵懿兄弟，这些人足证蒙顶山茶历史。

以上唐宋元明清茶书的涉蒙顶茶部分，虽然篇幅长一点，却是首次梳理，或对读者有所助益。

11 四件古迹实物

陈椽先生1980年到蒙顶山察验的是《天下大蒙山碑》，刻于雍正六年（1728）。后经名山考古文旅部门发掘整理，又发现了明天启壬戌年（1622），奉雅州知州吴伯锜之命镌刻的《重修蒙山甘露大师殿坊碑记》，内有“至西汉果有吴氏子法名理真，俗倖为甘露大师者，自岭表来住锡蒙山，携灵茗之种而植之。自是延遍布塞，民间之利源渐增，商贾之贸迁者日众”“邑进士喻大中奏师功德及民，宋孝宗敕赐甘露普惠大师”，这是迄今蒙山存最早记吴理真的古碑，相距百年的两碑史实陈述一脉相承。

蒙顶山记吴理真事迹最早的碑刻
明天启壬戌年（1622）

1985年在天盖寺出土的“石佛茶图”

陈晖老师的《中华茶文化寻踪》（2000年）叙述一段史料：

现今蒙山茶史博物馆内就有一块原保存在蒙山天盖寺内的清代茶树花枝石刻（注：1985年修葺天盖寺时出土，石刻长宽各60厘米，厚20厘米，刻石是南宋、明或清，尚存争议）。茶花中心就刻着吴理真像，显露出茶图腾崇拜的古风遗韵来，可见这位“吴”姓的蒙顶茶祖并不像一般人认为的，只是一个僧人那么简单，其背后必然隐藏着大量的远古茶信息。

孙前、陈书谦、刘昌明、廖曼华、窦存芳、张雅琪考察宋代达州境《紫云坪植茗灵园记》种茶石刻　2024.4.9

在四川万源市石窝乡苏家岩石壁上，刻有《紫云坪植茗灵园记》摩崖石刻，幅长 2.36 米，宽 0.84 米，18 行 203 字，刻于北宋大观三年（1109）十月廿三日，这是我国至今保存最大、时间最早的种茶记录（中国茶叶博物馆有拓图展示），正文之下诗一首："筑成小圃凝蒙顶，分得灵根自建溪。昨夜风雷先是发，绿芽和露濯春畦。"这是记录一家人引茶种植之事，足见蒙顶茶当时的影响和名气。那个时代，皇帝推崇福建茶，所以此碑和孙渐诗皆讲引种建溪茶，实属可以理解。

范增平先生 2007 年 3 月 12 日和 3 月 14 日在香港城市大学分别采访朱自振、程启坤先生，提出一个共同的问题：怎么样才算是一个茶人？

朱答："茶人，要讲茶德，要正。"

程答："个人的品德不能有问题。"

用《礼记 · 曲礼上》的一句话作为此篇的小结：

"爱而知其恶，憎而知其善。"喜欢的人，要知其短处；不喜欢的人，也要看到对方的长处。

蒙顶山“中华茶祖”图腾宝鼎落座，司徒华、孙前、朱波揭幕　2019.4.11

中国国际茶文化研究会会长周国富、常务副会长孙忠焕到蒙顶山祭茶祖　2016.5.1

第二十篇

雅州太守的三苏情缘

提　要

法国评全球新千年英雄 12 人，苏东坡是唯一中国人

雷简夫三信，改变了三苏人生

南宋邵博书，详载三封举荐信

蒙山茶起死回生，功在太守

苏东坡差点当状元吗？

《新修白水路记》是雷氏撰书

雅州《江声帖》，千年书法名帖

给东坡定位，既复杂又简单

唐代雅州雷氏琴，弹给当今法国总统欣赏

魂兮归来，东坡的成都玉观局故事

1 新千年英雄的来龙去脉

2017年11月23日，全国18座城市（500多个纪念性景点）的受邀嘉宾，在四川眉山市举行纪念苏东坡诞辰980周年的“第八届（眉山）东坡文化节暨首届四川音乐周”。沿东坡人生轨迹，四川眉山，河南开封，陕西凤翔，河南周口，浙江杭州，山东诸城，山西永济，江苏徐州、常州、扬州，浙江湖州，湖北黄州，河南汝州，山东登州，安徽颍州，河北定州，广东惠州，海南儋州，河南郏县的代表，以及72所东坡学校校长，兴高采烈欢聚一堂，全国网刊喝彩。

雅安的一些文化人网上发声：如果没有当年雅州知府雷简夫的倾力举荐，就没有以后世人景仰的三苏父子，为什么不邀一箭之隔的雅安嘉宾？

新世纪，首先把苏东坡推向高峰的，是法国《世界报》副主编、专栏作家让·皮埃尔。为迎接公元新千年，《世界报》策划了一档节目，评选全球12位“千年英雄”，时限在1000—2000年之间。此报1944年12月18日创刊，日发行量36万份左右，是法国第二大报，每期的20%销欧洲、北美、非洲，有广泛严谨的国际声誉。让·皮埃尔先生执笔，2007年7月29日在《世界报》刊出《苏东坡·无可救药的文人——全球“千年十二英雄”评传》，这是唯一入选的中国人。让·皮埃尔出席了眉山会议，并捐赠报纸原件。12位英雄，我未在国内报刊上见到，靠欧洲朋友的帮助，我简引于下。

皮埃尔·朗热里与《公元1000年的英雄》

作者：Jean-Pierre Langellier 皮埃尔·朗热里，《世界报》记者和作家，在《世界报》（Le Monde）工作了三十五年，他有多本著作，并把2000年在世界报上发表的《公元1000年的英雄》(Les Héros de l’An Mil) 系列文章也整理出版成一本同名著作。12位英雄是：

1. Raoul Glaber， le moine de la jet-set 拉乌尔·格拉贝 (985—1050，法国)，因写

有名为《历史》的编年史而闻名。

2. Gerbert d’Aurillac， l’horloger de Dieu 杰贝尔 · 多里亚克 (950—1003，法国)，在科学和钟表制造方面贡献突出，被称为“上帝的钟表匠”。

3. Otton III，l’empereur qui déterra Charlemagne 奥托三世 (980—1002，卡塞尔，神圣罗马帝国)，神圣罗马帝国皇帝。

4. Guy d’Arezzo， le père de la musique 吉伊 · 达雷佐（991—1050，意大利），因对音乐记谱法的研究而被誉为“音乐之父”。

5. Étienne Ier de Hongrie， chrétien de cœur et d’épée 斯蒂芬一世（975—1038，匈牙利），匈牙利第一任国王。

6. Olaf Ier de Norvège，le Viking ardent 奥拉夫一世（968—1000，挪威），国王。

7. Basile II, le tueur de Bulgares 巴西尔二世(958—1025,君士坦丁堡,拜占庭帝国)，拜占庭帝国皇帝。

8. Al-Mansur，le Richelieu de la guerre sainte 阿尔 · 曼苏尔（712— 775，巴格达，今伊拉克），巴格达的第二代帝国哈里发。

9. Avicenne，le savant épicurien 伊本 · 西那(980—1037，波斯)，博物学家、医学家、自然科学家、文学家，伟大的思想家之一。

10. Mahmud de Ghazna，le briseur d'idoles 加兹尼的马哈茂德(971—1030，土耳其)。

11. Su Dongpo，le lettré incorrigible 苏东坡，(1037—1101，中国四川眉山)，中国宋代文学家，因他的个性和豪放不羁的文学作品而被称为“本性难移的中国文人”。他的笔墨带着东方世界难以参透的神秘和深邃。

12. Murasaki Shikibu，la première romancière du Japon 紫式部 (973—1014，日本)，日本女文学家，其巨著《源氏物语》近百万字，被誉为世界文学史上第一位小说家。

在中国，只要是读过小学的人，大概无人不知苏东坡。但是，哪怕是铁杆苏粉，恐怕也没有多少人知道雷简夫。梳理了 1940 年以来把三苏和雷简夫联系在一起的书刊，计有:《苏东坡传》(林语堂著，1947 年美国版);《历代名人咏蒙山》（孙前主编，李国斌、董存荣副主编，2004 年中国国际文化出版社版）；《雅州文化论谈》（曹宏著，2007 年内刊版）；《雅安史略》（耿俊杰、王杰著，2010 年四川大学出版社版）；《苏洵评传》（曾枣庄著，2018 年巴蜀书社版）；《北宋雷德骧家族 一门四世五杰》（黄勇编，《华西都市报》2018 年 3 月 31 日）；《雅州史事纵横》（董存荣著，2018 年四川民族出版社版）；《三苏文化大辞典》（曾枣庄主编，曾涛执行主编，

2020年巴蜀书社版）；《苏洵、苏轼与雅州》（赵良冶撰，《成都日报》2022年5月17日）；《眉州三苏》（郦波著，2023年四川人民出版社版）；《苏东坡辞典》（蒋蓝著，2023年四川人民出版社版）。以上书刊，为雷简夫赞言，虽然有些史实引证有待商榷。雷简夫与三苏到底有怎样的关系？有必要探究三个问题：

一、雷简夫荐三苏，史实何在？

二、没有雷简夫，三苏可能错失名留千古的机会吗？

三、苏洵与雷简夫友谊如何？

2 雷简夫的三封荐书

雷简夫何人？《宋史》卷二七八有载，雷简夫（1001—1067），字太简，同州郃阳（今陕西合阳县城关镇雷家洼村）人，少时在耀州与富弼、司马光歌咏戏游成为好友。隐居不仕，戴着铁帽子骑牛野游，自称“铁冠道长”。宋仁宗庆历二年（1042），经枢密使杜衍荐为校书郎签署秦州观察判官，多岗工作，颇有政声。53岁时（1054年）经益州（四川）太守张方平荐，任雅州知州。

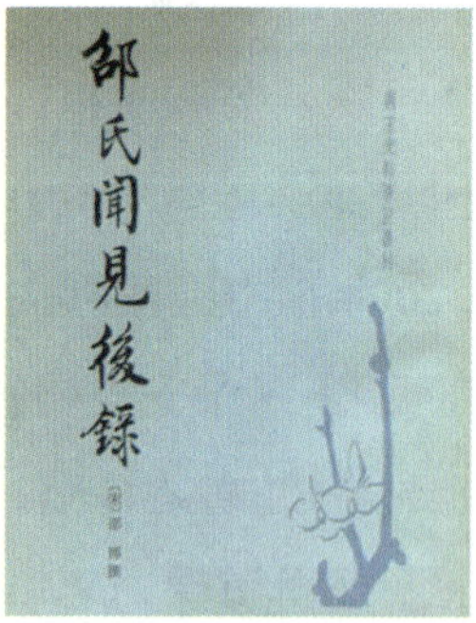

南宋《邵氏闻见后录》是第一次详细记录雷简夫三封举荐信的史书

嘉祐元年（1056），已47岁的苏洵带着20岁的苏轼、17岁的苏辙到雅州拜访雷简夫，他送上《洪范论》《六经》《史论》《权书》等文章自荐。

自唐以来文士之流时兴“干谒”，即把自己诗文送官吏文豪品评，以求举荐，李白、杜甫、王维亦然。雷氏连夜阅览，大为震撼，请住府衙，说天言地，长夜不息，又对二子测评，视为奇才。在得知苏洵要携二子赴京科考之后，即给省官张方平、京官欧阳修（文坛盟主）、宰相韩琦写三信举荐。时隔千年，何以证明他写了三封信？

第一个问题，最早记录这三封信的是南宋人邵博写的《邵氏闻见后录》，成书于绍兴二十七年（1157）。邵博是河南洛阳人，绍兴二十二年（1152）以左朝散知眉州，也曾在雅州为官，1158年四月卒于犍为县。在书中，第一次披露雷简夫荐苏洵信三通，弥足珍贵，现录其中两通于下：

北宋李公麟绘苏东坡像

上张文定书

简夫近见眉州苏洵著述文字，其间如《洪范论》，真王佐才也。《史论》，真良史才也。岂惟西南之秀，乃天下之奇才尔。令人欲麋珠齑芝，躬执匕箸，饫其腹中，恐他馈伤。且不称其爱护如此，但怪其不以所业投于明公，问其然，后云："洵已出张公门下矣。又辱张公荐，欲使代黄东为郡学官，洵思遂出张公之门，亦不辞矣。"简夫喜其说，窃计明公引洵之意，亦不只一学官，第各有所待也。又闻明公之荐，累月不下，朝廷重以例捡，执政者靳之，不特达。虽明公重言之，亦恐一上未报，岂可使若人年将五十，迟迟于途路间邪？昔萧昕荐张镐云：用之则为帝王师，不用则幽谷一叟耳！愿明公荐洵之状，至于再，至于三，俟得其请而后已，庶为洵进用之权也。

给欧阳修的信

……伏见眉州人苏洵，年逾四十，寡言笑，淳谨好礼，不妄交游，尝著《六经》《洪范》等论十篇，为后世计。张益州一见其文，叹曰："司马迁死矣，非子吾谁与？"简夫亦谓之曰："生，王佐才也。"呜呼！起洵于贫贱之中，简夫不能也，然责之亦不在简夫也。若知洵不以告于人，则简夫为有罪矣。

用是不敢固其初心，敢以洵闻左右。恭惟执事职在翰林，以文章忠义为天下师，洵之穷达，宜在执事。向者洵与执事不相闻，则天下不以是责执事，今也读简夫之书，既达于前，而洵又将东见执事于京师，今而后天下将以洵累执事矣。

给宰相韩琦也写信举荐，称苏洵有“王佐之才”。

邵博写道：“予官雅州，得太简荐先生书。”此时他见苏轼曾孙子符、仲虎，与雷、苏相隔不足百年，得此三信之事，可采信。

邵博的爷爷邵雍是易学大师，与王安石、司马光交厚。父亲邵伯温，比东坡小近20岁，他曾在雅州府衙作为一个部门负责人工作多年，著有《邵氏闻见录》，文风史实皆佳。邵伯温对大红大紫的三苏与简夫的关系耳熟能详，他书中未记此事，而是交代给儿子邵博，邵博写《邵氏闻见后录》，并寻到荐书载入《后录》。

马端临《文献通考》卷二三五载：“（苏）洵初入京师，益帅张文定荐之欧阳公，世皆知之；而有雷简夫者，为雅州，以书荐之张、欧及韩魏公尤力，张之知洵由简夫，世罕知之。雷之书文，亦慨慷伟丽可喜。”

绍兴年间（1131—1162），李良臣任雅州知州，衙署内已有“双凤堂”，相传是太守樊汝霖（温州永嘉县人）所建，列苏轼、苏辙像于两壁，李良臣认为无苏洵、雷简夫像不妥，于是在“双凤堂”附近20步许，另建“贤范堂”，列雷简夫并三苏像于祠壁，书简夫荐三苏的信。

绍兴十八年（1148）十月，堂落成，李良臣书《雅州雷苏贤范堂记》（简称《堂记》），洋洋洒洒千余字，镌于衙内，称在蜀二千石俸禄的官员中，“辄以雷公简夫为称首”，至今95年，雅州“邦人被服其化，子孙传诵之，犹绰绰然如前日事”。苏氏兄弟，“声焰震赫，立朝谋国，忠义慷慨，隐然为一代伟人，则公室推毂之。夫自昔称知人为难能，而谓荐贤为盛德事。今公皆优为之，然则一时盛名不公之归，而将谁归哉”！这篇证简夫与三苏关系的宏文，虽历岁月而碑不存，但宋代《国朝三百家名贤文粹》辑全文。

我未见他处引李良臣事。《堂记》标题就足见雷简夫应该具有的地位。以后各书引用，简称为《贤范堂》。

王象之（1163—1230）著《舆地纪胜》二百卷，费二十多年心血，于1227年书成。其中录《双凤堂》："在郡厅后，为二苏设也。至和中，老泉携二子谒太守雷简夫，雷以书荐于张文定公，又韩魏公、欧阳文忠公。其后太守樊汝霖作堂，以表其事。"《贤范堂》："在州治，绘雷简夫、苏氏父子像，并刻荐苏三书于壁间。"王象之所记与李良臣《堂记》互为印证。

《天全州志》卷四"苏轼、苏辙"条目下记："三苏未第时，曾游于此，与司官（土司）高金毂之祖父相友善，后大显，司官忆之，为之建亭于泥山梅岭，号曰景苏亭，取高山景仰之意。"明代司官高文林在景苏亭题"两蜀屏障，天然图画"，并赋诗缅怀三苏。

陆游（1125—1210）在四川各地为官8年，回到家乡赋闲之后，整理他一生所见所闻，其中写成《老学庵笔记》十卷，但直到逝后才由儿子在宋理宗绍定元年（1228）出版。其中《老学庵续笔记》记："老泉布衣时，初未有名。雅安守雷太简夫独深知之，以书荐于韩魏公、欧阳文忠公、张文定公，辞甚切至，文亦高雅，今蜀人多传其本，而东坡、颍滨二公独无一语及太简者。"

邵博也有同样的疑问："三公自太简始知先生。后东坡、颍滨但言忠献、文定、文忠而不言太简，何也？"

综合各方见解，有两种说法认同度较高。首先，苏洵久试不第，年龄也大了，所以要靠举荐进仕途，而二苏尚小，只能走科举之路。应该是简夫荐苏老泉，二人年龄相近，交流亦多，有诗文为证。二苏与雷简夫来往甚少，加之几年后雷简夫逝世，更难留下诗文。其次，《宋史·雷简夫传》说，他开始是隐者，乘牛铁冠自号"道长"（东坡也号"铁冠道人"），"既仕，自奉稍骄侈，骀御服饰，顿忘其旧”，据说他经济上出了点小问题，二苏便更无来往了。

以上前后相距百年，多层次印证的四方面材料，足以证明雷简夫荐三苏的真实性。

3 雅州太守起作用了吗

第二个问题，雷简夫的三封举荐信都称苏洵有堪为帝王之师的“王佐之才”，他知道张文定荐苏洵为学官，认为大材小用，且迟迟没有批准。他希望张文定“愿明公荐洵之状，至于再，至于三，俟得其请而后已”。给文坛盟主欧阳修的信说：“张益州一见其文，叹曰：‘司马迁死矣。’”“起洵于贫贱之中，简夫不能也。”“若知洵不以告于人，则简夫为有罪矣。”“恭惟执事职在翰林，以文章忠义为天下师，洵之穷达，宜在执事。”千年后读雷简夫的推荐信，叹服他对苏洵文的判断力，他是苏洵文章的第一阅读者和“鉴定人”。看来，不是简夫的连连重击，他们帮忙帮到什么程度，那是未知数。

苏洵拿着举荐信携二子到成都拜访张文定，张是益州太守，举荐雷简夫到雅州任知州，二人可称莫逆之交。再读苏洵的文章，确认是“王佐之才”，又出六题，测试二苏文笔，他避一旁侧窥。（《瑞桂堂暇录》）有的题难，有的题为杜撰，考其判断力。阅毕卷，张公对苏洵说：“二子皆天才，长者明敏尤可爱，然少者谨重，成就或过之。”

苏洵谈了二子要从州的乡举投考，然后赴京科举，征求张公意见。张疾呼不可：“从乡举，乘骐骥而驰闾巷也”（张方平《文安先生墓表》），“远方不足成君明，盍游京师乎？”（《苏洵评传》，第 46 页）张写信，跨过乡举，直荐到京礼部考贡举，不应在蜀耽误时间。由此才有了嘉祐二年（1057）

在眉山青神县苏东坡与王弗的初恋处
2024.1.23

的兄弟进士及第。如果循旧例走跬步，错过此机会，京城科举是三年一试，宋文坛和中国文学史的故事或是另一种写法，简夫之功可见。

由此，三苏皆拜于张公门下为弟子，虽然苏洵仅比张小两岁。《宋史》卷三一八记：“（张文定）少颖悟绝伦，家贫无书，从人假三史，旬日即归之，曰：‘吾已得其详矣。’凡书皆一阅不再读，宋绶、蔡齐以为天下奇才。”张文定又修书与欧阳修等人，并资助盘缠送三苏北上。

此前，犍为县令吴照邻到京，已给欧阳修转交苏洵多篇文章。此次苏洵到京拜访欧阳修，呈上张文定、雷简夫信，虽然欧阳修和张文定在变法新政上意见不协，但在荐三苏问题上声息一致。

欧阳修“一见大称叹，以为未始见大人也，目为孙卿子（荀子），献其书于朝。自是名动天下，士争传颂其文，时文为之一变，称其为老苏”[①]。欧阳公还写信感谢张方平举荐三苏，《东坡密语》卷十六说：“文忠时在翰林，得明允、子瞻、子由著作，喜安道（张方平）所荐得人，因谢安道曰‘后来文章当属此人矣’。”[②]欧阳修即把苏洵文章献给朝廷，并写《荐布衣苏洵状》，希望宰相富弼接见苏洵。苏洵也给文彦博、梅尧臣等写信。力主古文革新的欧阳修，特别喜欢苏轼文章，他在《与梅圣俞书》中说：“快哉！快哉！老夫当避路，让他出一头地也！可喜！可喜！”断言苏轼将超过他，“更三十年，无人道着我也”！

① 张方平《文安先生墓表》，引自《苏洵评传》第174页。
② 曾枣庄：《苏洵评传》，四川人民出版社，1983年，第52页。

《邵氏闻见后录》记，苏轼中制科后，王安石问吕申公对苏文的看法，吕答甚好。王安石说：“全类战国文章，若安石为考官，必黜之。”若非雷、张、欧之推动，待王安石炽盛之日，定无二苏的出头之日。

4　苏轼差点当状元

不过，也需要澄清一个千年误解，很多人以为欧阳修避弟子曾巩嫌，把苏轼试卷列第二，失去状元衔。事实真相是，宋仁宗嘉祐二年（1057）公布各科录取889人，在388名进士中，眉山45位考生连同苏氏昆仲有13人高中，苏轼22岁。

这年进士科礼部考试分四场：第一场诗赋，苏轼被评不合格；第二场试论，《刑赏忠厚之至论》得第二；第三场试策，成绩不详；第四场经义，得第一。综合四科成绩，登科进入殿试资格。因《刑赏忠厚之至论》获欧阳修、梅尧臣高评，所以被人传为疑似状元。实际当年状元章衡，榜眼窦卞，探花罗恺。加上欧阳修激荐苏洵文，这一年，京城文士盛扬一门三苏文章，洛阳纸贵。同年苏轼母程氏卒，三苏返乡治丧。嘉祐六年（1061），仁宗主持殿试制科考试，这不同于进士考，在两宋300余年中，只进行了22次，当时只有苏轼、苏辙和王介3人参考，考官是胡宿、司马光、范镇、蔡襄等4人。宋人叶梦得《石林燕语》解释说，制科分五等，一、二等为虚设，三等实为最高，在苏轼时代及之前，获制科三等的，只有苏轼和吴育二人，苏辙为四等。雷简夫对苏轼父子的举荐之功，一目了然。

第三个问题，苏洵不忘雷简夫的识人举荐之恩。

张文定至和元年（1054）冬十一月到蜀任职，雅州为北宋边镇，治理要广集群贤智慧。张公曰：“仆领益州，念蜀异日常有高贤奇士，今独乏人耶？或曰：‘勿谓蜀无人，蜀有人焉，眉州处士苏洵，其人也。’”幕僚介绍：

“公不礼士，士莫至，公有思见之意，宜来。”（张方平《文安先生墓表》）求贤若渴的张公于1055年在成都首见苏洵，读《权书》《衡论》后说：“左丘明《国语》，司马迁善叙事，贾谊之明王道，君兼之矣。”举荐为成都学官，并介绍了雷简夫的情况。

数月，不见举荐回复，苏洵携二子到雅州拜访雷简夫。如前所述，简夫倾力举荐三苏，在苏洵给犍为县令吴照邻的《忆山送人》诗中写道：“昨闻庐（芦）山郡，太守雷君贤。往求与识面，复见山郁蟠。”吴把苏洵文章先行送达欧阳修，起到敲门预热的铺垫。苏洵携二子和雷的荐书到成都再拜访张方平，“一见以国士相许，自尔遂结忘年之契”（《栾城集·追和张公安道赠别绝句并引》）。“至和二年（1055），洵雅州见简夫后，写《与雷太简纳拜也》，称二人之间‘道则师友，情则兄弟’。”

嘉祐三年（1056）十月，苏洵得雷简夫书，说京城将下诏书，请他到舍人院复试后以委用。十一月五日，诏命到眉山，苏洵称病不赴试，并给雷和梅圣俞写信说明理由，在他的《答雷太简书》中抨击科举之误人，从少儿熬到白头，虽有宏文博议而不为任用，已无仕进之情，所以托病辞诏。由于文笔犀利，他说：“然此可为太简道，不可与流俗人言也。”足见二人相知相交甚深。

宋治平四年（1067），雷简夫逝，苏洵为他写《雷太简墓铭》，墓志已佚，赵德麟《侯鲭录》评：“老苏作雷简夫墓铭云……此语大妙，有三代文章骨气，为文之法也。”（苏洵著，曾枣庄、金成礼笺注《嘉祐集笺注》，第482页）

张方平（1007—1091）高龄而逝，时东坡为颍州（安徽阜阳）知州，无法脱身，在家设灵堂致祭，到寺院致哀悼恩公，写下8800字的《张文定公墓志铭》，称“天下伟人，张公第一”，最后感叹“噫天何时，复生此杰？”

东坡在世时，其诗文已传播朝鲜、日本、越南。金攻破汴梁，搜罗苏轼文章书画，作为战利品掠走。

“唐宋八大家”，是明朝朱右、茅坤《八先生文集》《唐宋八大家文钞》问世后，相沿成习的称呼。政和二年（1112）正月十六日，鹤群盘旋于宫殿不愿离去，徽宗赵佶睹此景作《瑞鹤图》，此图至今保存在辽宁省博物馆。此年，八人中最小的苏辙逝去，他们退出，也是登上了历史舞台。八人中，三人与简夫相关。

对以上三个问题的查证考辨，是否能得出三苏从雅安走向世界的判断，盼读者辨析。

5　蒙山茶起死回生

李良臣《堂记》称，在蜀的两千石以上的官员中，“辄以雷公简夫为称首”，他只列了荐三苏一事，而其被雅州人“子孙传诵之”的还多，此列二三于后。

雅安蒙顶山是世界茶文化发源地，始于公元前53年吴理真首开人工种茶的记载。唐玄宗天宝元年（742），蒙顶山皇茶园的仙茶就作为中央朝廷祭天祀祖的专用茶，名震天下。到宋太祖赵匡胤派大将王全斌平蜀之后，王建议乘胜进取大理国。太祖鉴于国内外局势，以大渡河为界，划定了大理国和宋的极西疆界，这就是后人熟悉的“宋挥玉斧”划河而治。南诏大理对蜀袭扰，雅州首当其冲。民生凋敝，经济落后，雅茶被之后的福建、浙江、江西茶所赶超，岌岌危矣。

至和元年（1054）张文定为益州太守，鉴于雷简夫在多地的政绩，次年荐他为雅州太守。在全面稳固边陲军政的同时，雷简夫着重抓发展经济，其中恢复蒙顶山茶是他的一项重要工作，这从梅尧臣写的《得雷太简自制蒙顶茶》（《全宋诗》第5册）可以看出。雷、梅二人年龄相近，且都是无“进士”学历而在宋王朝名声赫赫的文臣能吏，梅氏被公推为宋诗改革的开山祖师。二人又都是三苏的恩公恩师，惺惺相惜，甚为投契。梅诗曰：“陆羽旧茶经，一意重蒙顶。”“蜀荈久无味，声名谩驰骋。”“因雷与改造，带露摘芽颖。”“初分翰林公，岂数博士冷。”这里我们读到了三重味道：蒙顶茶久享盛名，因战乱之祸，只知其名，而不见其物了；雷简夫作为太守，亲力亲为参与研制和改造，蒙顶茶已与福建、江浙茶不相上下；我得到雷公之茶，分享给翰林院的同僚，得到一致夸奖。文彦博《蒙顶茶》《和公仪湖上烹蒙顶新茶作》，欧阳修《和原父扬州时会堂诗》，文同《谢人惠寄蒙顶茶》，苏轼《寄蔡子华》“想见青衣江畔路，白鱼紫笋不论钱”，苏辙《次韵子瞻道中见寄》，黄庭坚《西江月·茶》，孙渐《智炬寺留题》，陆游《效蜀人煎茶戏作长句》，杨万里《谢木韫之舍人分送讲筵赐茶》……从这些局部选取的宋代名家咏颂蒙顶茶的诗词，可以看出雷简夫对雅州茶的再造之功。

苏辙的女婿王庠，写有一篇《雅州蒙顶茶记》，文中写道：“雷史君太简《茶轩录》皆言蒙顶上清峰不特冠蜀中，自最天下。”简夫为推动蒙山茶的恢复，写《茶轩录》教吏民种植、加工、认识蒙山茶价值，惜书已佚。至今蒙顶山天盖寺的“茶祖殿”，塑有三尊雕像，茶祖吴理真、茶圣陆羽、雅州太守雷简夫，这就是李良臣所言：“邦人被服其化，子孙传诵之，犹绰绰然如前日事。”今人言蒙顶茶，不忘简夫再造之功。

6 雷先生笑傲《蜀道难》

在中国，似乎没有人不知道唐代李白写的《蜀道难》，这是一首气势磅礴、天上人间任驰骋的诗作。但是，肯定很少人知道雷简夫同《蜀道难》的关系。

《汉书·礼乐志》记，汉武帝在公元前113年定郊祀之礼时，设乐府官署，在全国采诗、配乐、颂诗，彰显太平盛世。乐府歌辞分六类，前三类属官吏文士作品，后三类为民间创作的搜集、整理，其中第四类为“相和歌”（汪耀明《汉魏六朝文学作品选讲》，第53页）。此前，以“相和歌”形式写蜀道难的，南朝诗人中有作品。而李白铺张扬厉、踵事增华、一咏三叹的“蜀道之难，难于上青天”，在他首到长安干谒著名文人贺知章，奉上此诗时，就被贺称为“谪仙人”，钦佩不已。此时李白25岁左右。一生中，他对此诗不断修改，形成今天所见模样时，已是60岁上下了。其中“青泥何盘盘，百步九折萦岩峦”，与雷简夫关系密切。

青泥岭在陕西略阳县和甘肃徽县交界处，“大抵蜀道之难，自昔以青泥岭称首”。至和二年（1055）冬，利州路（广元古称，辖四川北部，与甘肃、陕西交界）转运使主客郎中李虞卿，上报改青泥岭险峻的旧路，新开白水路，历时2年，作阁道2309间，建营房、邮亭、纲院383间，减旧路33里，裁减邮兵驿马156人骑，岁省铺粮5000石，精减役夫30余人。鉴于雷简夫在当地的名望和书法功力，请他撰文并书《大宋兴州新修白水路记》。雷简夫是去雅州赴任时，接受了家乡亲友的托付，路修毕，嘉祐二年（1057）二月六日，简夫在雅州任上把墨稿交当地，刻于白水江公路27千米处的白龙江畔5米高的崖壁上，高2.75米、宽1.8米，26行，883字，篆书碑额“新修白水路记”，堪称宏文和宋代书法精品。他书碑的主旨是教化，“而后之人见已成之易，不念始成之难”，

雷简夫书《新修白水路记》石刻碑
公元1057年

要以感恩之心铭记此事。此碑千余年，保存完好，堪称神奇。

1961年9月18日，郭沫若写了一首《蜀道奇》，诗序中写“李白曾作《蜀道难》，极言蜀道之险，视为畏途，今略拟其体而反其意，作《蜀道奇》”。这首长诗一咏三叹，“蜀道之奇奇于读异书”。这是一本什么样的异书？

这要从最早写《蜀道难》的南北朝时期诗人、文学家阴铿写的《蜀道难》说起，诗文是：

王尊奉汉朝，灵关不惮遥。
高岷长有雪，阴栈屡经烧。
轮摧九折路，骑阻七星桥。
蜀道难如此，功名讵可要。

《汉书·王尊传》记王尊过九折阪的典故发生在雅州大相岭的九折阪（今荥经、汉源县界）。灵关在今宝兴县，面对如此险峻的蜀道，还要什么功名？但是效忠国家“不惮遥”，不惧“屡经烧”的战火，在“九折路”前，驱马而上的志士仁人，代不乏人。此诗讲了蜀道的东西两端。

唐贞观年间的诗人张文琮，也写了同题诗《蜀道难》。李白在川20余年，要科举，必读《汉书》，深知二王在“九折阪”前的进退之事，所以他在《蜀道难》中用了“青泥何盘盘，百步九折萦岩峦”的典故，很多人释此句，讲百步之内曲折而上，这是不知《汉书》用典，此处一语双关，用语贴切，把四川北、南进出的“蜀道难”一概描述了，否则讲北不讲南，那不是诗仙水平！

这本“异书”的棋眼在雷简夫！

作为雅州太守，九折阪、灵关遥、大相岭、泥巴山皆是他的治下。经益州到雅州赴职，必经太白鸟道、扪参历井、抚膺长叹的青泥岭。李白《蜀道难》后数百年，雷太简不惧杀人如麻，睥睨一夫当关万夫莫开之险，来到战火纷纷的大宋边陲，“嗟尔远道之人，胡为乎来哉”！为大宋安宁，为雅州百姓康乐！我们这才理解李良臣《堂记》所写，在益州二千石以上的官员中，“辄以雷公简夫为称首”，“邦人被服其化，子孙传诵之”非虚辞。

7　千古名帖《江声帖》

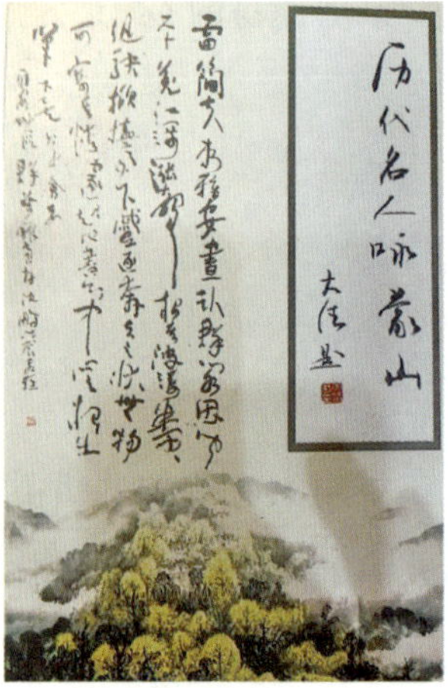

中国书协主席沈鹏在雅安书《江声帖》

在中国书法史上，有一个听江声而笔艺进的故事，就出自雷简夫的《江声帖》。“近刺雅州，昼卧郡阁，因闻平羌江暴涨声，想其波涛番番，迅駃掀搕，高下蹷逐奔去之状，无物可寄其情，遽起作书，则心中之想出笔下矣！”（北宋朱长文《墨池篇》）

今天的青衣江当年叫平羌江，傍府衙穿城而过，夏天翻腾暴涨的江水，启迪促进简夫书法再上台阶，作为千古佳话。苏东坡说：“古人书法皆有所自。张长史言观舞剑器而得神，雷太简言听江声而笔法进，文与可亦言见蛇斗而草书长。殆非诬也。”① 苏东坡的学生黄庭坚受牵连，贬蜀 8 年，明初《书史会要》记：“（黄）于夔道舟中，观长年荡桨，群丁拔棹，乃觉少进，意之所得，辄得用笔。”其书法精品多为谪戎州（宜宾）所创作。简夫听江声、庭坚观船夫，笔艺大进，让人感悟求知的渠道，无处不在。

明代状元杨升庵说：“听江声而笔法进。”（《墨池琐谈》）明代大书画家徐渭说自己的学书历程：“余玩古人书旨，云有自蛇斗、若舞剑器、若担夫争道而得者，初不甚解，及观雷太简云，听江声而笔法进，然后知向所云蛇斗等，非点画字形，乃是运笔，知此则孤蓬自振，惊沙坐飞，飞

① 注：多书引证于《东坡志林》，查五卷本、十二卷本，皆无此条。清康熙《渊鉴类函》卷三二五记此，这是东坡《书张少公判状》的题语，在《东坡题跋》中可见。

鸟出林，惊蛇入草，可一以贯之而无疑矣！”（《徐渭集》，1983 年中华书局版，第 535 页）

20 世纪 90 年代，中国书法大家沈鹏（后为中国书协主席）先生到雅安寻访《江声帖》之源和蒙顶山茶，应地区群艺馆之请，一挥而就留下《江声帖》墨宝，《历代名人咏蒙山》即以此法帖作封面，享简夫遗惠。

8 怎么给东坡定位

为此章节，我花 1800 元买了曾枣庄主编《三苏文化大辞典》（全 4 册），还有曾先生多册专著，买了邵雍、陆游、林语堂、曾枣庄、王水照、莫砺锋、祝勇、董存荣、蒋蓝、张花氏、夏钦、郦波等人著作拜读，有藏书《宋史》《宋会要》《明史》《清史》，唐林著《四川美术史》，以及看《光明日报》《新华每日电讯》《华西都市报》《成都日报》和网上涉东坡文论不计其数，那么给东坡先生一个什么样的定位呢？虽说褒评无数，我择三先生语。

林语堂先生《苏东坡传序》说：

苏东坡是个秉性难改的乐天派，是悲天悯人的道德家，是黎民百姓的好朋友，是散文作家，是新派画家，是伟大的书法家，是酿酒的实验者，是工程师，是假道学的反对派，是瑜伽术的修炼者，是佛教徒，是士大夫，是皇帝的秘书，是饮酒成癖者，是心肠慈悲的法官，是政治上的坚持己见者，是月下的散步者，是诗人，是生性诙谐爱开玩笑的人，可是这些也许还不足以勾绘出苏东坡的全貌。

像苏东坡这样富有创造力，这样守正不阿，这样放任不羁，这样令人万分倾倒而又望尘莫及的高士……这些品质之荟萃于一身，是天地间的凤毛麟角，不可多见的。而苏东坡正是此等人！

当代大学问家季羡林先生评论苏东坡时说：

中国古代赞誉文人有三绝之说。三绝者，诗书画三个方面皆能达到极高水平也，苏轼至少可以说已达到了五绝：诗、书、画、文、词。因此，我们可以说，他是中国文学史和艺术史上最全面的伟大天才。论诗，他为宋代一大家。论文，他是唐宋八大家之一。论画，笔墨凝重，大气磅礴。论书，他是宋代苏、黄、米、蔡四家之首。论词，他摆脱了婉约派的传统，创豪放派，与辛弃疾并称。

三苏文化研究大家曾枣庄先生，在其《三苏选集》发布会时对记者说：

苏轼在很多领域内成为创新型的大家。如果非要给苏轼一个定位，我觉得可以说他是中国古代文化史上独一无二的通才，找不到第二个能跟他的整体成就相媲美的。（2018 年 3 月 29 日《华西都市报》）

三位先生的评论综合起来，应是对东坡的客观评价。东坡留下 4800 多篇文章，2700 多首诗，350 多首词，其数量高居北宋文学家之首。

几年前，网络一条流行语广为传播：“人生缘何不欢乐，只因未学苏东坡。”他 22 岁中进士，从政 40 年，被委任 30 次，17 次被贬，当过 8 处州官，在贬谪和贬谪路上曲折 33 年。

在黄州流放时，他给弟弟苏辙的信中说：

吾上可陪玉皇大帝，下可陪卑田院乞儿，眼前见天下无一个不好人。

他到澡堂洗澡，写了一首《如梦令·水垢何曾相受》的词调侃：

水垢何曾相受，细看两俱无有。

寄语揩背人，尽日劳君挥肘。

轻手，轻手，居士本来无垢。

他是第一个把牛粪入诗的文豪，除夕用牛粪烧芋子吃烧烤。他向卖酒的林婆赊账，《黠鼠赋》写装死的耗子骗人，《老饕赋》《菜羹赋》中猪、牛、羊、鸡、鸭、鹅、海鲜、茶、酒、水果、时蔬，无一不可入诗而流传千古。这位才高八斗、豁达谐趣的神仙级人物，人识人爱。

9 陶渊明、王维得缘于东坡

陈寅恪先生说：“华夏民族之文化，历数千载之演进，造极于赵宋之世。”这是两宋皇朝文士循吏的推动之功。东坡的几项发掘推动，润泽千古，是他把陶渊明和王维送上了今人认识的坛场。

陶深明有什么值得学习的？简淡朴实的诗风？不为五斗米折腰的人格？超脱世外的田园逸趣……

学者莫砺锋在《诗意人生》（2020 年江苏人民出版社版）中对陶先生有如此叙述，他在贫困艰难却又恬静安宁的隐居生活走完人生。“临终时，他作《自祭文》云：‘不封不树，日月遂过，匪贵前誉，孰重后歌！’果然，他的身后相当凄凉，挚友颜延之作诔哀悼，并与其友好商议后私谥曰‘靖节征士’，此外无人为其作哀悼文字，更没有得到朝廷的封赠。以至于他身后不久，沈约、萧统等人对他究竟是名‘渊明’字‘元亮’，还是名‘潜’字‘渊明’，就已不甚了然。”南朝刘勰的《文心雕龙》评价了 6 世纪以前几乎所有代表作家，对陶氏只字不提。齐梁时的文学批评家钟嵘著《诗品》，把陶氏水平置于“中品”。（章培恒、骆于明《中国文学史新著》，2011 年复旦大学出版社版）

岁月流逝，陶渊明的地位越来越高，何也？

苏轼走到了前台。元丰五年（1082），苏轼 47 岁贬黄州时筑东坡雪堂，他把这里比作陶渊明的斜川，在此写下《江城子》（曾枣庄著《东坡评传》，1981 年四川人民出版社版）：

梦中了了醉中醒，只渊明，是前生。
走遍人间，依旧却躬耕。
昨夜东坡春雨足，乌鹊喜，报新晴。

苏轼认为，只有他和渊明能做到梦中清醒，醉中清醒。

严酷的现实使东坡想当陶氏归隐田园，他自认其前生是渊明（同时，东坡也承认高僧所说，蕲州黄梅五祖戒禅师是他前生）。既然如此，他把“和陶诗”作为兴趣和追求，一诗一和，要和遍渊明的诗作，他说：“始余在广陵和渊明《饮酒二十首》，今复为止，要当尽和其诗乃已耳。”（王水照、朱刚《苏轼评传》，2019 年长江文艺出版社版）这是元祐七年（1092）在扬州任时开始的，后来在儋州继续，并编成一集，几乎遍和陶诗，其目的，是以自己的艺术修为，追寻陶氏的人生兴趣和诗歌境界，黄庭坚说他“饱吃惠州饭，细和陶渊明”（《跋子瞻和陶诗》）。

苏轼评陶“其外枯而中膏，似淡而实美”（《东坡题跋》卷二《评陶韩柳诗》）的艺术价值，这是东坡发掘出的诗歌史上的新价值，“和陶诗”正是要再造这种艺术的极致之境。东坡说陶渊明，“其诗质而实绮，癯而实腴，自曹、刘、鲍、谢、李、杜诸人，皆莫及也”（《与苏辙书》）。十分明显，以苏轼之功，才有了后人重新认识的陶渊明。如同屈原的经历，此前没有记载，是司马迁实地探访搜集后，写进《史记·屈原贾生列传》，由此诗人屈原彪炳千秋。王国维说：“三代以下诗人，无过屈子、渊明、子美、子瞻者。此四子者，若无文学之天才，其人格亦自足千古。”（《文学小言》）

今天，在比较中西美术时，常常把中国画的突出特点说成是写意为主的文人画，而西方是自然为主的具象画，谁提出和推动了文人画？是苏东坡把王维推成文人画的鼻祖。

唐代诗人王维，诗画皆佳，中年以后在蓝田置“辋川别业”，吟诗作画乐陶陶。王维诗说：“宿世谬词客，前身应画师。不能舍余习，偶被世人知。”（《偶然作六首（其六）》）宋嘉祐八年（1063），苏轼任陕西凤翔签判，一日在寺庙中看到吴道子和王维的壁画，作诗一首《王维吴道子画》：“吾观画品中，莫如二子尊。道子实雄放，浩如海波翻……摩诘本诗老，佩芷袭芳荪。今观此壁画，亦若其诗清且敦……吴生虽妙绝，犹以画工论。摩诘得之于象外，有如仙翮谢笼樊。吾观二子皆神俊，又于维也敛衽无间言。”

在宋代，把画作分三类，民间画工、宫廷画院职业画师、士大夫绘画，后者也称为“士夫画”。苏轼第一个提出了士夫画的标准，即神似和传神，不以形似作为论画标准。此诗评论吴画“犹以画工论”，即高级画匠水平。而王维画作“得之于象外”，有如脱笼之仙鹤，任意翱翔。画工作品重在“不差毫末”，文人画重在写意“得之于象外”。

他在《书鄢陵王主簿所画折枝二首》诗中说“论画以形似，见与儿童邻”，“诗画本一律，天工与清新”，看画讲形似，其见解与儿童的认知差不多。

东坡在评王维《使至塞上》诗中说：“味摩诘之诗，诗中有画；味摩诘之画，画中有诗。”由上述可看出，东坡对士人画特点的精彩点评，都指王维诗画。吴道子在唐代被称为“画圣”，但东坡认为他工而不巧，意蕴不够，在王维画之下。

苏东坡与表兄文同是前后任湖州太守（文病逝，未到职）。文同以绘竹见长，东坡评他绘竹是“胸有成竹”“成竹在胸”，成语因二人诗文而生。他俩开创了文人画的“湖州画派”，东坡的《潇湘竹石图卷》《古木怪石图卷》是典型代表。元代赵孟頫将苏轼称为“士夫画”之作，正式命名为“文人之画”，此概念至今沿用，王维也因此成为“文人画”的开山祖师，多亏东坡耶！

苏东坡绘竹拓片　原刻于雅州府衙四经楼　曹宏供稿

林语堂说："（东坡）他在中国绘画上创出了新门派，那就是文人画，而使中国艺术增加了独特的优点。""他也是第一流的画家、书法家。"（《苏东坡传》，第 13 页）今人明白，是东坡品格决定了文人画。

10 雅州雷氏琴

琴棋书画诗曲茶，是中国文人雅士的雅趣。琴源于何时？众说不一，最晚已在春秋时有记载。目前出土最早的古琴出自湖北随州战国早期的曾侯乙墓。琴相伴，是修为与身份练达的体现。欧阳修自号"六一居士"，家藏书一万卷，金石遗文一千卷，琴一张，棋一局，酒一壶，加一老翁。北宋名臣赵抃，史称铁面御使，到蜀为官，携一琴一鹤而已。苏氏父子三人，皆是弹琴高手，苏洵及儿子，有琴诗、琴文 50 余篇。苏轼有琴艺专著《杂书琴事》《乐城集》，前书第十三章有《家藏雷琴》《欧阳公论琴诗》《文与可琴铭》……尤珍爱制于雅安的雷氏琴，这是很少听人谈起的典故。

嘉祐四年（1059），三苏父子走水路举家赴京，夜泊戎州（今宜宾），苏洵抚古琴，苏轼当夜写下《舟中听大人弹琴》，他尊父亲为大人。苏辙也写《舟中听琴》。对这把琴，东坡在《家藏雷琴赠陈季常》（《杂书琴事》）中有详细叙述："余家有琴，其面皆作蛇腹纹，其上池云'开元十年造，雅州灵关村'，其下池铭云'雷家记，八日合'……此最琴之妙而雷琴独然。其求法不可得，乃破其所藏雷琴求之。"为了弄清雷琴"独然"的妙音，小小年纪的苏轼竟拆古琴探求，哪个家长会同意这样干？

雅安为什么会生产出雷琴？隋文帝时，蜀王杨秀（隋文帝之子）爱琴，蜀地制琴名家辈出。唐代蜀琴制作名家首推雷氏，后世尊为"雷琴""雷公琴"，欧阳修写《三琴记》，其中珍藏就有雷氏琴。史载，756 年唐肃宗继位大典琴师所用"九霄环佩"就是斫琴圣手雷威所制。据说雷琴至今存 4 张，除香港一收藏家外，分别为故宫博物院、中国国家博物馆、辽宁省博物馆珍藏。

中国制琴史上，唐代有雷、张（江南张越）两家制琴技艺冠古今。雷氏造琴传三代九人，从开元二年（714）至开成元年（836），历120多年。《琅嬛记》中说："雷威作琴，不必皆桐。遇大风雪中独往峨嵋酣饮，着蓑笠入深松中，听其声连延悠扬者伐之，斫以为琴，妙过于桐。"文献记载，宋代一张好琴价值10贯，而唐代雷琴价值1000贯以上。

雅州灵关，即《华阳国志·蜀志》中说"（杜宇）以褒斜为前门，熊耳、灵关为后户"之地，在宝兴、芦山县交界处。今人熟悉的是长征途中红军到此，派陈云回上海，《陈云出川》电视剧就从灵关写起。大熊猫的科学发现地和命名地亦在宝兴县，它是法国博物学家戴维神父1869年4月1日在宝兴邓池沟教堂首次采集到的。此地离灵关不远。

东坡贬谪黄州，观寺院盛开的海棠作《记游定惠院》："醉卧小板阁上，稍醒，闻坐客崔成老弹雷氏琴，作悲风晓月，铮铮然，意非人间也。"观花醉，好友抚雷氏琴，如游仙境。用雷琴抚曲吟歌，从雅州走来，雷琴以宏博宽韵抚慰心灵，伴东坡一生。

雅安"高颐阙"，是汉献帝时益州太守高颐的墓阙，1961年全国首批重点文物，刻有弹琴和听琴浮雕。琴与雅安情深谊远。

2023年4月7日，法国总统马克龙在广州市松园欣赏琴艺高手用千年雷琴"九霄环佩"演奏的《高山流水》曲。总统兴致盎然，让人记下琴名、曲名。

11 魂兮归来

苏洵《嘉祐集》有《题张仙画像》一文，讲他天圣庚午（1030）重九日，时22岁，长女夭折，膝下无子，到成都玉局观见张仙像，"笔法清奇""有感必应"，祀之令人有子，"固解玉环易之"，"每旦必露香以告，逮数年，

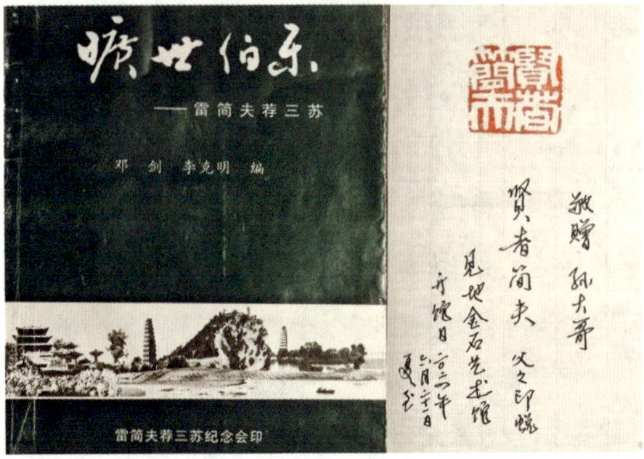

1999年4月陕西合阳县出版《旷世伯乐——雷简夫荐三苏》，著名篆刻家邓德业篆“贤者简夫”

参加恢复蒙顶山皇茶采制大典 2004.3.27
李毅（名山县委书记）、孙前、杜义、陈书谦、杨奇（庄主、右2）

乃得轼，又得辙，性皆嗜书”。

宋代吏制有一规制叫“提举”，即为安置老病大臣和冗闲官员而设的一个机构，坐食俸禄而不管事，称为“祠禄之官”。玉局观在成都，东坡从儋州北归后，朝廷诏令他“提举成都玉局观”，获此诏令，他即上谢表，认为“年届六十有五”，有此安排，皇恩浩荡，万千谢忱。惜，他还未到任，即逝于江苏常州，葬于河南郏县北部小峨眉山下。

呜呼，得于玉局观，回到玉局观。蜀地灵秀，息于小峨眉山。

没有雷简夫的举荐，三苏，陶、王和宋以后的中华文化艺术史会怎么写？

用梅尧臣写给欧阳修《寄滁州欧阳永叔》中的一句诗“安求一时誉，当期千载知”来概括简夫，不企求一时荣誉，流传千年不朽。先生做到了！

东坡是一株参天大树，任何枝叶皆可成宏范文章。取树苗初绽时的嫩叶，成此文以记景仰。

第二十一篇

茶马古道之趣

▶ 提　要

本篇只讲有趣的故事

怎么给茶马古道定位，李旭《九行茶马古道》可信度高

是谁提出茶马古道的概念

陈保亚 30 年后首上蒙顶山，定位“茶马古道之源”

行走川陕甘青茶马古道—川藏茶马古道—岩州古道，解诸多茶马古道之谜

吴作人长卷《藏茶传》　　布朗山寨过元宵节

访问马锅头田仕华　　香竹箐 3200 年大茶树

昆明何时始卖普洱茶

讨教张顺高、虞富莲先生古树龄问题

阿里古墓出茶，让我一探究竟

林芝易贡茶场过生日，呕吐腹泻

茶友调侃：玩茶——玩命；为茶——玩命

“茶马古道文化遗产保护（雅安）研讨会”参会人员合影　2011.8.21
单霁翔（中国国家文物局局长）、木霁弘（云南大学，前排右1）、孙前（四川文旅厅，右2）、冯明珠（台北故宫博物院院长）、刘勤晋（西南大学，左1）、孙华（北京大学，左3）

1　茶马古道概念的提出

当今，有4条陆上贸易通道为大家所熟悉，我依其历史影响程度的大小列序，分别是北方丝绸之路、南方丝绸之路、北方唐蕃古道、茶马古道。

为“茶马古道”下定义者很多，但我觉得，只有两种人对此的发言可资参考：一是有较深的文史哲修养的人；二是对传说中的茶马古道深入踏勘多次，不是做蜻蜓点水似的表面文章的人。

40多年来，四川（重庆未直辖以前）的232个县我全部走遍，最初的动机是了解长征之路、旅游资源、集邮盖章，之后25年，是茶马古道和旅游考察。

从四川去陕西的蜀道难之路到唐代京城，再到甘肃、青海、新疆、内蒙古之途，我亦选其重点走过。

西藏除那曲以外的地区，多数茶马古道县和著名寺庙，我都去过。

在云南，重点是考察茶马古道和六大茶山、古茶树区域，有些地方是多次重访。

我认为茶马古道有广义和狭义之分。广义是中央王朝以茶易马用于战争和民族和睦之需，这以川陕甘青和川藏线为主；狭义是云南茶马古道和一段滇藏道。我们必须明确一个基本概念，“茶马古道”的“马”，不是讲的运输工具的“马”而是用于交易为战争所需的“马”。

我觉得四川农业大学李家光先生的定义，较为科学客观（李家光、陈书谦编著《蒙山茶文化说史话典》），他说：

“茶马古道”是一个具有特定历史含义的概念，比较统一的说法，是指唐宋以来汉民族同边疆少数民族之间因以茶易马、茶马互市而形成并发展起来的贸易通道。茶马古道在不同的历史阶段，具有特定的明显走向和不同的历史作用。

千百年来，茶马古道先后在军事、政治、经济、文化等领域，以及民族团结、国家统一等方面作出的伟大贡献，表现人类的不朽精神，创造的历史奇迹，彪炳青史，雅安茶马古道更加独树一帜。

狭义的云南茶马古道是什么呢？木霁弘、陈保亚、李旭等6人写的《滇藏川大三角文化探秘》一书，木先生总结说：“茶马古道的马帮运茶为主要特征。”两相比较，就看出“广义”“狭义”的内涵与外延的区别了。

现今，天下闻名的“茶马古道”一词，源于30年前6位敢闯横断山的云南青年，我购阅了他们出的多本书，且同木霁弘、李旭是朋友，应该记住他们的名字。

1990年7月9日—10月10日，6人在云南迪庆中甸县志办集中，他们是:木霁弘，纳西族，云南大学中文系教师，致力于语言和历史文化的研究；陈保亚，土家族（四川德阳人），喜好语言学研究；李旭，半个哈尼族，云南民族学院中文系教师，对民族文化及文学用功甚勤，记忆力惊人；徐涌涛，白族，迪庆中甸县志办编辑，对民族史有独特见解，中甸县志办出资6000元，是本次活动的唯一资助者；王晓松，藏族，迪庆藏族自治州民族事务委员会藏学研究室主任，精通藏语方言，“格萨尔王”研究专家；李林，藏族，中甸县区划办副主任，狩猎高手。（摘自木霁弘等著《滇藏川大三角文化探秘》，2003年云南大学出版社版）

此行的目的是考察民族语言、滇藏民风民俗历史，以及格萨尔王故事。

李旭《九行茶马古道》（2004年作家出版社版）说，准备了几乎一个连的粮草，腊肉、大米，酥油、糌粑，25千克压缩干粮，4口锅，帐篷、雨衣、睡袋等，还带了两支枪和大狼犬嘎丢。

李旭是公认记忆力惊人者，出了十多本考察实录书。我以《九行茶马古道》为准，摘录他们的故事。

李旭《九行茶马古道》 2004年版

在中甸上了去德钦的客车，挤得一塌糊涂。在德钦雇了一个有七匹骡子的马帮，过了两天，解雇了昂贵的骡马队，分担重物行走，谁受得了。中途搭上一辆拉木材的东风车。在左贡采访几天，终于搭上车了，继续前进。在昌都一待就是一周，等了几天没车，只好花450元包了一辆解放牌卡车去邦达。两天后过金沙江到巴塘采访两天，后又坐车18小时，经义敦、理塘行 300 千米到雅江。又坐车一天到康定，在这里看了跑马山和黄教、红教寺院。李旭评论说："在这里，感觉不是太好。对一个地方要是缺乏爱心，就绝看不见她的美丽。所以不要随便跑去一个你漠不关心的地方。"

经费难以为继，赶快打道回府。从康定一大早出发，又坐了 18 小时车，夜里到乡城县。这是他们最后一段行程，220 千米坐车 23 个小时，中途车坏，第二天凌晨 5∶30 到中甸。

在中甸又待了半个月，冲胶卷，查资料，居然就找不到这条路的规范名称，徐涌涛建议叫"茶马古道"，大家觉得甚好，于是就叫开来了。

1992 年 4 月，6 人联名出版《滇藏川大三角文化探秘》，"茶马古道"的叫法就越来越响。

以后在雅安、康定的茶马古道会上，我问已是朋友的考察队员，你们都到了康定，为什么不到 49 千米外的泸定桥看看，那可是茶马古道的核心点。他坦诚地说，那时哪里知道什么茶马古道重镇泸定，已是精疲力竭，只想赶快回云南。

对这 6 位探险者怎么定位，"六君子""六壮士"？叫"六壮士"是可以的，他们敢冒险，吃了不少苦。野人看到他们要退避三舍：这是一帮蓬头垢面、胡子拉碴的"野人"。经历泥石流、翻车、饥饿、伤痛……这是真壮士！至于媒体朋友帮忙助兴夸大英雄壮举，说是徒步往返 2000 千米。李旭日记证明，背七匹骡子的负重，了不起走 3 天吧？

瞄一眼上述内容就明白了，广义的、狭义的茶马古道不是一回事。

2008 年夏，李旭第一次独上蒙顶山。

2019 年 8 月 23 日，成都朋友邀请我参加陈保亚一行的聚会，聊茶马古道，我因事未能参加。8 月 24 日，陈保亚一行 16 人考察茶马古道，上蒙顶山，同行有画家、作家、《科学中国》总编、北大 4 位博士等。我请蒙顶山总裁朱波、张京盛情招待。

陈保亚一行首次考察蒙顶山　2019.8.24

金牌导览郭友雯全程陪同，郭总在茶博馆回答了他们感兴趣的所有问题，陈保亚在红色签到簿题词“茶文化之始”。到天盖寺，陈出题，艺术家合写“茶马古道之源”。他们遍览名胜古迹后心悦诚服地离开。

小郭给我电话：“孙市长，报告您一个意想不到的信息！陈教授是第一次上蒙顶山！”“啊！”我惊得目瞪口呆，这位“茶马古道”的首倡者之一，

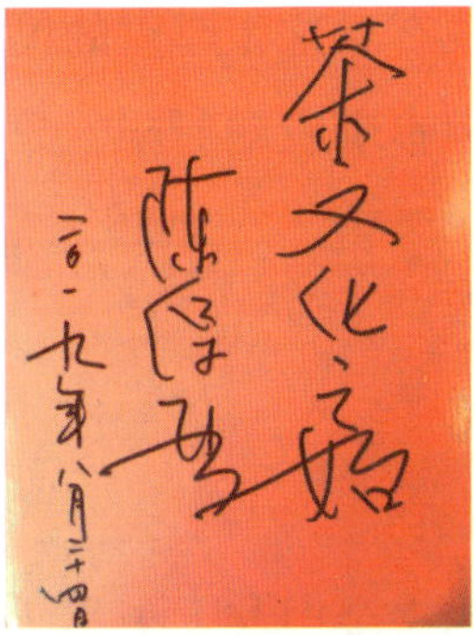

陈保亚在签到簿题
“茶文化之始”

陈保亚题、艺术家书“茶马古道之源” 2019.8.24

“茶多酚之父”杨贤强教授题词 2008.7.9

将近30年后，第一次到茶马古道的源头。

2001年8月9日，昌都行署在北京开了一个小规模的“茶马古道旅游开发座谈会”，这是首位打出“茶马古道”品牌的觉悟者。

2002年6月1日—17日，由格勒博士、马丽华各率一队，进行茶马古道考察。这是昌都行署倡议，四川甘孜州、云南迪庆州组织，分别从成都、昆明出发，到昌都会合研讨后，再分组到拉萨会合。这支60余人的考察队，有半数以上是媒体，可以想象，每天全国各大媒体都在说茶马古道。木霁弘、霍巍、李旭、郭昌平、王川等参加了考察。

现在，推动茶马古道旅游做得最好的是云南省。我有对这张厚重的民族历史文化旅游牌的积淀和摩挲，可以写一本厚书。但本书主题所限，只能分别撷取一点片段，以飨读者。

2 川陕甘青茶马互市

川西的唐蕃古道、松茂古道和夏阳道（宝兴灵关越夹金山北上）都属早期的茶马古道。唐睿宗景云二年（711），吐蕃女政治家亦玛类倡议丝茶换马贸易，朝廷准奏以赤岭（日月山）、甘松岭（松潘）为互市地。

“安史之乱”后，唐王朝为酬谢回纥出兵援助，从至德二年（757）起，每年赠回纥绢两万匹，回纥送唐王朝马两万匹，相当一马一绢的比价。《封氏闻见记》称：“往年回鹘入朝，大驱名马，市茶而归。”回纥所得丝茶，除自用外，远运中亚销售。

唐王朝还在边境设市，以 40 匹绢换一匹马的优惠价购买，最多一年达 10 万匹马。回纥把廉价的绢倒卖给波斯、印度，辗转卖到欧洲罗马。惊人的利润使回纥贵族脱离游牧生活，在蒙古草原靠俄罗斯的鄂尔浑河左岸建起占地 25 平方千米的壮丽的可汗城。兵戈入库，纵情安逸。公元 788 年，回纥向唐王朝申请改名为“回鹘”，即“回旋轻捷如鹘”之意。公元 840 年，可汗城被宿敌吉尔吉斯人的祖先所毁。19 世纪末，俄罗斯探险队发现可汗城遗址，震动欧亚史学界。

毛文锡《茶谱》说：“临邛数邑，茶有火前、火后、嫩绿、黄芽号，又有火番饼，每饼重四十两，入西蕃，党项重之，如中国名山者，其味甘苦。”

党项以后建西夏国（1038—1227），定都于今宁夏银川东南，辖陕甘宁青和蒙古一部。此讲临邛数邑，是隋大业三年（607）所置“临邛郡”，郡治严道（今雅安雨城区多营），辖严道、沈黎、汉源、名山、芦山、依政、临邛、蒲江、临溪、火井10县。火番饼，后又名锅焙茶，是中国最早的黑茶。在现今故宫收藏的贡茶中，有邛崃锅焙茶。（陈书谦、窦存芳、郭磊编著《中国藏茶文化口述史》，2023年中国农业出版社版）有专家认为，唐代实行两税制征收实物税，府库充盈，当时有一专用名词“马价绢”，以绢易马是主体，茶当时很贵，不可能大量用于易马。（方健《中国茶书全集校注》）

在唐代，松州管100多个羁縻州，包括青海南部、甘肃南部、四川西北，可换河曲名马。川甘青道含西山道、岷山道、松茂古道、灌（县）松古道。还有《华阳国志》中被称为蜀之后户的“灵关道”（夏阳道），这是川茶北上，翻过夹金山，经汶川、松州可达甘青诸地。唐天宝元年（742），改临邛郡为雅州卢山郡，确定此郡名山茶为贡茶，这是四川唯一的贡茶之地。

笔者在江油茶厂考察 2007.9

阿坝州北川茶厂，2008年512汶川特大地震被毁 孙前摄

现在正史所记以茶易马的第一例，是《资治通鉴》卷二六六记唐末五代后梁的一段史实：“（908）湖南判官高郁请听民自采茶卖于北客，收其征以赡军，楚王殷从之。秋，七月……运茶于河南、北，卖之以易缯纩、战马而归，仍岁贡茶二十五万斤，诏许之。湖南由是富赡。”说明当时的产

茶区域和产量已非昔日可比。

“唐代茶马互市、茶马交易无定制，取决于实际需要，是茶马古道形成的开端。”（李家光、陈书谦《蒙顶山茶文化说史话典》）

唐代始行茶法，十取其一，而古代农业税是三十取一，可见其重。实行两年罢。（杨绍淮《茶马古道》，第 57 页）“榷茶制”始于唐文宗大和九年（835），王涯当过榷茶使，即茶的买卖皆官方控制。其后历代仿之，时紧时松。

3　宋代是川茶易马的兴盛期

国富而兵弱的宋朝被少数民族欺凌。此时福建龙团凤饼、江浙顾渚紫笋天下得意时，唯蜀地雅茶、川茶担起了保家卫国的重责，写下茶文化史辉煌的一页。

黄庭坚诗：“蜀茶总入诸蕃市，胡马常从万里来。”

在唐末五代及宋初，与边民易马，皆是铜钱、布帛、茶及他物。可能最早明确记载茶马互市的史料是李焘《续资治通鉴长编》卷二“宋太宗太平兴国八年（983）”记，每年要运 5000 贯铜钱到灵州（今宁夏灵武西）买马，路途遥远，运钱不便，又恐“戎人”镕铜钱铸兵器，故应盐铁使王明之奏，诏：“自今以布帛、茶及它物市马，从之。”《续资治通鉴长编》卷四三载：应杨允恭之请，正式置估马司，主管市马，定河东、陕西、川陕诸路置市马务，遣官立其事，年市马 5000 匹。宋真宗景德二年（1005）诏，沿途易马之茶，全部免税。（方健《中国茶书全集校注》）

茶马贸易的高潮期在熙宁、元丰年间（1068—1085），是为适应宋神宗开疆拓土的军事需要，派李杞、蒲宗闵入蜀主持榷茶、买马，在成都、秦州（甘肃天水）分别置茶马两司，榷茶买马。李杞经营一年获茶利 50 万

在川农大商讨共同打造茶马古道 2004.8.5
左起：施嘉播、孙前、刘勤晋（西南农大教授）、李家光、唐茜

缗，相当于唐朝全年茶税。为解决茶、马二司分设的矛盾，于崇宁元年（1102）二司合并，升格为“都大提举茶马司”，权重事专，富甲一方。（方健《中国茶书全集校注》）

《宋史》载：“崇宁五年（1106），增黎州市马至四千疋。然凡云蜀马者，惟沈黎所市为多。”这即前所述，购蜀马，不仅是黎州所属之笮马，还有与沈村一河之隔的木雅贡嘎一带的藏族聚居区河曲马。即任乃强先生之论。（龚伯勋《边茶杂记》，第26页）

到南宋时，数驮茶换不到一匹好马。最多时，年用博马茶1000万斤，约为蜀茶产量的三分之一。由于西北易马场的丧失，重点愈依赖蜀地。

熙宁三年（1070），“置文州（今甘肃文县）买马场，又置威州（四川理县）、龙州（四川平武）、碉门（四川天全）买马场”，这是官方第二次设买马场。

元丰四年（1081）七月，宋神宗特诏“专以雅州名山茶易马”，宋徽宗两次（1101、1108）重申诏令：“熙河、兰、湟路以名山茶易马，恪遵神考之训，不得他用。”绍兴十三年（1143）陕西失陷，西北易马停止，更加重视四川雅州、黎州两地易马。名山茶北上易马就此结束，历时70年，换马百万匹，为大宋军力提高做出突出贡献。

四川茶马互市能买到好马吗？常人持否定态度，这是不了解四川的地

理物产。

《史记·西南夷列传》："巴蜀民或窃出商贾，取其筰马、僰僮、髦牛，以此巴蜀殷富。"也就是说，汉武帝之前，巴蜀这几样买卖，就富甲一方。云南有作者说，"筰马"就是丽江马。作者忽略一史实，丽江是元代之名，晚了1200年以上。"筰马"即建昌马、西昌马，产于横断山的冕宁、越嶲、凉山一带，个头不大，能负重，善走山路攀援，汉武帝称它为果下马，骑着它在上林苑的果树下游玩不会碰掉果子。它是城市、山区驮运工具，深受喜爱。打仗冲锋不行，但后勤运输离不开它。

《史记》所讲牦牛，是两层含义：一是杀肉取皮用毛，二是牦牛尾是极贵重的装饰品和军队指挥大纛的饰物。汉源县在汉代曾设牦牛县（云南德钦县金沙江上游一段叫牦牛河）。而九龙、石棉、冕宁交界的菩萨岗下延到西昌、德昌，历史上叫牦牛山，最高处4031米。（《山河志》上册，第1346页）

那么，在四川甘孜、阿坝的牧区，出产河曲良马，而木雅藏族聚居区（今康定折多山以西，新都桥、道孚、甘孜、雅江）的广袤草原，出产良马牦牛。从雅州取夏阳道，把茶运到甘松岭（松潘），就可换若尔盖、红原、阿坝、马尔康的河曲马。历史上这里是羌地，出好马，吐蕃占领此域很长时间，为军马需要，改良品种，那是牧区人民的拿手好戏。所以到宋代用茶换此地良驹以应军队之需，亦是常识。

宋太祖在开国的16年间（960—976），着力于北方，对付突厥。到乾德中（约965），他把注意力放到西部边疆的稳定上，下诏在碉门（今天全县），首先创定"土军三千，茶户八百，种植茶树，采焙制造，以备赏蕃"，当时大渡河沿岸黎州所辖有54个羁縻州，碉门（雅州）辖44个羁縻州。而大渡河对岸，割给大理国的凉山州一大块地。所以他必须把羁縻州安抚好，这是国策。

日本棚桥考察队自驾车走川藏茶马古道 2005.8.1 于名山县

蜀茶易马对国家的贡献，研究者津津乐道，但繁重的茶赋税对四川、陕西的危害，少有人言及。

中国首例茶农不堪重扰，揭竿造反，占地称王的大事件，发生在川西。灌县青城山茶农，难以完成繁重的茶赋税，于淳化四年（993）聚众造反。王小波提出“均贫富”的口号，妻弟李顺也加入，四民拥戴。王小波牺牲后，李顺为首领，攻占成都称王，建大蜀政权，不久被镇压失败。此事影响久远，至今青城山建有“王小波、李顺农民起义纪念馆”。

王安石全方位激进推行新法，利弊参半，对多桩以茶易马的法规，苏辙在任户部侍郎时（1086），写出《蜀茶五害状》（《栾城集》卷三六），明确提出反对和改进意见。在益（四川）、利（广元）、秦、凤、熙河设的以茶易马场严重影响川陕茶农赋税和官场风气，“虐害四路生灵”。运茶出川，经蜀道难之险地，苦不堪言，成都府路组织厢军（地方武装）数百人运茶，不到两年，因死伤和逃亡，所剩无几。苏辙数次上奏，待王安石下野后，西北茶马互市渐进规范。当然，在苏辙之前，益州太守张方平、雅州太守雷简夫对职权之内的蜀茶恢复和发展，已做了重大调整。

4 川藏茶马古道

什么是茶马古道？从以上史实可知，唐宋的以茶易马，不是人们今天在口头的“茶马古道”，那是政府行为的以茶易马，保家卫国。

明代建立，元代残余势力不断在大漠诸地挑起事端，从朱元璋到朱棣，先后大规模征伐 5 次，才渐告平息。《明史 · 茶法》记：“番人嗜乳酪，不得茶，则困以病。故唐、宋以来，行以茶易马法，用制羌、戎，而明制尤密。有官茶，有商茶，皆贮边易马。”宋代已实行了“长短引法”，允许商人纳钱买引，凭引购茶，运销少数民族地区。明嘉靖三年（1524），定四川茶引为 5 万道，每引征茶 100 斤，另附 14 斤不纳引税。另置“由帖”，每由购茶 60 斤。明代四川是“专卖法”“茶引法”并行。后来改成商人自买、自运、自销，官府只征收引税和检查监督。最初茶引一道纳钱 200 文，后增至 1000 文。乾隆改官营为商营，茶引由户部统一颁发，四川设盐茶道主管其事。《清史稿》《四川通志》记载，顺治年间定四川茶引 106187 道，其中腹引 9203 道，边引 80492 道，土引 16490 道，可见数量之大。（杜长煋等《四川茶叶》，1991 年四川科技出版社版）

为防备走私扰市，洪武四年（1371），中央实行了金牌勘验法，对全

茶马古道线路图　陈书谦、郭昌平、蒋秀英校审

背夫图　洛克摄

同任新建、李旭、刘昌明、孙光俊、董祖信考察泸定岚安（岩州）合影　2018.5.11

国重要的茶马司，共发 41 枚金牌，每牌对剖为 2，各有文字，一半放收茶地，一半给发茶地。茶运到目的地，验证金牌合符，方为有效。每三年重新核发一次。

洪武二十一年（1388），朱元璋“又诏天全六番司民，免其徭役，专令蒸乌茶易马”。研究者认为，此乌茶即销往乌斯藏茶的简称，并不是后人理解的“黑茶”含义，可算一家之言吧。（《天全边茶》，第 50 页）后岩州卫（泸定岚安）请置茶马司，改诸茶于其地，“定上马一匹，给茶百二十斤，中七十斤，驹五十斤”（《明史·食货志·茶法》），可见当时马贱茶贵。洪武末年（1397），私茶外流猖獗，驸马欧阳伦走私乌茶 10 万斤，东过兰县（兰州）事发，处斩，可见当时以茶易马管理的严格。

天顺二年（1458）政府规定：“今后乌斯藏地方赏食茶，于碉门茶马司给。”成华二年（1466）又诏：“命进贡番僧自乌斯藏来者皆由四川，不得径赴洮、泯，着为例。”成华六年再重申。由此地区入京人员，动辄数百数千，由青藏路改为川藏路，崎岖漫长，舍千年唐蕃熟道不走，改为此途，是中央朝廷的一种防范措施，就是要给他们添麻烦，以便控制，由

古岩州考察，冒险挤手扶拖拉机　2022.10.26

泸定岚安（明清岩州卫）考察茶马古道、烽火台　2022.10.26

此产生了今天的“茶马古道”。（李家光、陈书谦《蒙顶山茶文化说史话典》）

据考证，川西的汉夷羌藏互市场所，最早在邛崃南桥，后移至雅州南关、碉门、岩州卫，直到康熙三十五年（1696）诏准打箭炉（今康定）开市。（李家光、郭昌平，第105页）

藏胞到汉区的路线改为川藏线以后，贸易的方式也发生了变化，在川陕甘青时代，雅州的茶运到西北的榷茶场，另有专门的买马场（司），经过官方调配，完成以茶易马。现在是汉区把茶送到川藏结合部的碉门、黎州、岩州，最后是康定，完成茶马和货物的交易，这就是茶马古道。到打箭炉时代，汉人始把茶运到藏族聚居区。

这个区域运雅茶进藏有大路（官道）、小路（翻二郎山）之分，很多读者搞不清。

大路（黎州道），唐宋已开通，明代拓宽，增加驿站，是明代以后进藏的主要通道，邛崃、雅州茶，经名山、芦山、荥经、大相岭、黎州（汉源），到泸定磨西，翻雅家埂到打箭炉。

小路（天全碉门道），两路口、马鞍山垭口（二郎山）、岩州（泸定岚安）—鱼通（长河西）到打箭炉。需要强调的是，小路仅运天全乌茶，其他县的茶全部走大路。宋代乌茶只运到碉门交易，因明代把岩州卫设易马场，翻二郎山险峻，但近了很多。

四川、云南的不少茶书讲，在狭窄的栈道、山道，如果两驮队或背夫队相遇，无法通行，矛盾怎么解决。一是打架，输的弃货让路；二是双方协商补偿价，势力弱的一方得补偿，把茶马掀下陡岩让路。可能看过此类书或听过茶马古道段子的游客对此不陌生。

我对此事一直存疑，马锅头也罢，背夫头（掌拐师）也罢，都是打工仔，这就把老板的货断送了，老板给合同方怎么交代？我问过很多人，不得解。

2022 年 10 月 26 日，我第三次专访岚安，目的是勘察明代设于此的岩州卫茶马司。当地有泸定文史和茶马古道研究专家孙光俊（县政协主席）、董祖信（教师，文史专家）、邓明前（旅游局原局长、海螺沟管理局原局长）、黄伦贵（藏族，岚安群艺馆馆长）、金安伦（岚安昂州村长），我们一行有林强、张雅琪、冯菊梅（县文化馆馆长）。

我们一群人挤上柏树村民小组长高向均开的三轮手扶拖拉机，省了 3 千米的脚程。虽然只剩残垣断壁，地名茶仓地楼牟谷遗址，仍能显出当年茶马司规模，又看了保存完好的冷边土司衙门建筑，以及 1936 年红四方面军的野战医院，很珍贵。

此时已是 12:30，兴头上的孙光俊说，前面的古道上还有好东西，有烽火台，吃饭还早，去看看吧！每人塞了一个面包跟着他匆匆而行。问他还有多远，手一指：“就在前头，就在前头。”这个“狡猾”的家伙知道如此险道这辈子我们不可能来第二次，他要借我们的眼力，帮助评判一下此古道的价值。林强步行不到 100 米，穿的新登山鞋开了一个大豁口，我拿他开涮：“冠军呀冠军，在这里等我们吧！”他指着小道说：“路太歪了，费鞋。”董老师的鞋也坏了，二人结伴回停车处。

在古道杜家弯弯的一块大石头上，有30多个大小不一的拐柱窝，石头的边棱上有磨刀的痕迹。金安伦说，这是背夫掌拐师开路时用柴刀劈棘藤，刀钝了，在此磨刀。旁边有歇哨台，是背夫休息的垒砌土台。我遍行古道，第一次看见此台，百年老照片为证，背夫是靠拐子支撑站立歇气的。

我们现在是下坡，极陡峭，一边靠山，一边是一两百米的陡壁，下边是滔滔大渡河，稍一失足，绝无生还的可能。

来到一个呈V字形的转弯处，靠河陡坎处，用片石砌有一个小台，仅能站2人。金安伦说：“这是马日光大岗哨台，也叫望风台。”我不解地望着他：“什么哨台？”他站在哨台上，这是一处90°的死角，能看东西两边，夷区来的马和背夫队伍，根据各自所在的宽窄，哨兵对东边的吹牛角号，就是通知停下，待西边的通过后再出发，相反亦然。有的地方是吹哨子或敲盆子，通知双方暂停让道。金村长平淡地重复给一些人讲过的这个故事(来此的人很少）。我拍着光俊说：“主席，你给我解了一个闷在心里20多年的疙瘩。”他眨眼迷惑，我述原由，他霎时眼睛发光：“我说有好东西嘛，你还不信！”横断山路难行，应是2000年左右了吧，有马帮、有背夫行走运货（那时不包括茶），就有约定俗成的通行规则，如同今天的行车靠右规则一样，只是自己孤陋寡闻，不知而已。有的书讲，马锅头或掌拐师在前面敲铓锣，提醒让道。看来，这里的管理方式更胜一筹。

光俊向西一指，那个烽火台是必须去的。我们顺着让人胆战心惊的小路，终于来到烽火台，残基3米高，面积约10平方米，我们互相拉扯上了平台。向东可看二郎山垭口，向西可看到康定的瓦斯沟口，向下可看到20千米左右的大渡河和蜿蜒曲折的茶马古道。一放眼，心神旷达地俯瞰横断山绝景。还没有鉴定清楚是元或明代的烽火台，已是下午3时过。

返程全是上坡，望不到尽头的茶马古道。孙光俊依然跑得飞快，走走停停等我们。我想起孙明经先生写川藏茶马古道，坡度最多的是 65°，最少的也是 20° 到 30°，我体会到了。我拖着已病了一年多的身体，心里默念“下定决心，不怕牺牲，排除万难，去争取胜利”，只看脚下几步路，不敢远看，否则越看越灰心，还有那样远呀！

4:30，大家终于会合了。林强说：“走安逸啦？我们肚子饿扁了。”“你这一辈子后悔也没用啦！”旅游老江湖邓明前从他的保温瓶给我沏了一杯含人参片的咖啡水。“快喝下！”同行的小雅、小冯比我小 30 多岁，当然她们让我喝啦。

已是 4 点多的午餐，在岚安的一处藏家小院，这里的美食是有名的，老腊肉、粉皮、雪山大豆炖鸡、豆花、野菜刺龙苞、火烧玉米馍馍，大家风卷席桌，扫光一盘再上一盘。咂酒三巡，孙光俊给没到现场的朋友分享收获：“我们今天才真正认识到岚安在茶马古道的价值！”董老师说：“我们过去只是从泸定、康定，或包括汉源、荥经的范围来认识茶马古道，孙书记是从全国茶马古道的范围来比勘论证，视野完全不同，效果也不一样啰。”

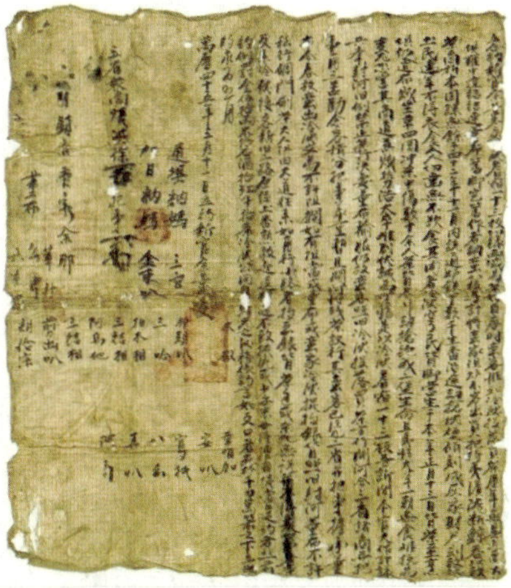
泸定发现的明代《万历合约》，这是民间最早的茶马古道解决纠纷合约
孙光俊供稿

董祖信、孙光俊是泸定县一流的茶马古道专家。

1991 年秋末冬初，泸定冷碛村三队的余启仁、余启福兄弟，拿着一捆陈旧发黄的纸，到县委统战部求证其价值。董老师询问物件出处，二人的祖上是明正土司的管家，直到改土归流，所以这些明清及民国的地契、纸约合同就一直留在他家。其中有一份万历四十五年（1617）三月十一日解决商道阻隔、解决茶贸易的合同（简称“《万历合约》”），引起董老师的注意，后他借出差到成都的机会请龚伯勋老师鉴定，然后二人写了一篇短文，发表在《四川法制报》和《四川民族》杂志上。经反复研究，《万历合约》是民间茶马古道最早的解决纠纷合约，正文 493 字，参与者 25 人签章，包括沈边土司余景冬、明正土司管家余那及冷碛沈村耆宿，还有那个祸害一方的恶霸董布。《万历合约》谴责董布勾结泸定大坝的雍中达结，阻断唐以来的泸定到藏族聚居区的贸易通道，大家一致盟誓签约，恢复贸易。

2006 年 11 月 9 日，县政协主席孙光俊从余启仁手中将原件收购。12 月 31 日，他抱娃娃似的将这宝贝捧到成都我家，让我鉴定其真伪。老实说，我对此道功力有限。询问了原件来历，依纸的陈色、墨迹、印色，我觉得是真迹。但要译出原文，非请熟悉康巴人文宗教历史地理贸易的高人才行。雅安的曹宏先生是独此一选。他用了 10 天时间，校译全文，使我们看懂了《万历合约》的价值。此后我把其彩印件作为珍贵礼物，赠予朱自振，赠予中国茶叶博物馆、台北故宫博物院冯明珠馆长。至今，除北京原大内文档以外，这是存世最早的解决茶马古道纠纷的唯一文书，现存泸定县档案局。

以我之所见，研究茶马古道必看之地，蒙顶山第一，泸定岚安第二。信不信，看了才知道。

到了清代，情况发生了根本性的变化。康熙用兵 10 万，扫平漠北、漠南和厄鲁特一带以后，外患平息。满族人民善殖军马，马源不缺。

雍正十三年（1735），五司“招茶中马”制度停止。清代维持了 92 年（1644—1735）的以茶易马，历史上从宋以来实行了 700 多年的茶马互市制度完全中止。

土司制度是元代开始的，以改宋代的羁縻制为土司制。首先建立吐蕃宣慰司都元帅府（位于今甘肃临夏），下辖陕西、四川行省分署（二品），属下有碉门、鱼通（今康定姑咱）、黎州、雅州、长河西、宁远（今道孚）

天全老茶仓

中国茶业博物馆朱珠珍副馆长组织川康茶马古道考察
2013.6.13

六地安抚司，至元二年（1337），碉门改称六番招讨司。（李家光书，第105页）

清代决心变土司制为流官制，即变世代承袭为流官可任免、调离。

康熙五年（1666），驻守康藏地区理塘、宁远、长河西一带的土司丹增扎克巴内附，清朝设长河西、鱼通、宁远军民宣慰司，授他原职。西藏驻打箭炉木雅地区营官昌侧集列叛乱，杀死宣慰司土司奢拉扎巴。次年四川提督唐希顺平叛，代表朝廷授奢拉扎巴之妻工喀为“明正长河西、鱼通、宁远宣慰司宣慰使”，简称明正土司。以后的康定锅庄就因此家族而兴起发展。

康熙五十九年（1720），吐蕃对达赖六世供奉和死后化身确认产生争执，发生叛乱。清政府派远征军由北路（青海西宁）、东路（打箭炉）进拉萨平叛，撤销了互相割据的一切王国、可汗，改称西藏。雍正七年（1729）进行改土归流，在康区结束了土司制，改宣慰司为“打箭炉直隶厅”，隶属雅州府。

用当地人每天离不开的边茶控制藏族聚居区，是清王朝的一出高棋，由于不再需要易马，就走大路小路把茶运到打箭炉。小路要翻高2900多米的二郎山，大路要走2830米高的飞越岭垭口，不能马驮，只有靠背夫运输。

在雅安经营边茶的川商和陕商（主要是泾阳县的），实力在伯仲之间，或陕商强一筹，他们在管理、用人、资金方面更规范。茶到康定，寺院商是大头。各大寺派朵本、聪本长驻康定，还有如昌都的“三昌”大茶商，邦达昌、三多昌、日升昌等，也有官商，近距离的中小藏商。

四川边销茶，销地在两个方向：从成都老南门，经邛崃、名山、雅安、天全、芦山、荥经等县，用当地所产之茶，专销康藏，称南路边茶；从成都西门出发，用灌县（都江堰）、平武等地所产之茶，销理县、松潘，称西路边茶。

从清到民国，继续实行“引茶制”，即供应量凭证，是交税依据，分边引、土引、腹引三种，给民族地区边销茶的为边引，给雅州原土司域的为土引，运内地销售的为腹引。

当时雅州有两个很大的茶仓。一是碉门的始阳，至今还完好地保存了一个，已审批为全国重点文物保护单位，这是全国唯一尚存的茶马古道茶仓。二是汉源县宜东（古称坭头），这是雅州茶最大的转运站，从各县来的背夫，卸茶以后返回的称“短脚”，而“长脚”继续前进到康定。出发时，由掌拐师牵头，有担保人，到茶庄取茶，先付一半运价，称为“上脚”，宜东、康定交货后付余款，叫“下脚”。能找到回头货的，算运气好。无回头货的，一溜小跑返家。背茶到康定要 15—20 天，甩手回家 5 天左右。

每一条藏茶重 16—18 斤，运到康定的运费是 1—1.2 个银圆，相当一斗米价。背夫男女老少都有，最小 10 岁以下，最大 60 岁左右。有的妇女抱着孩子背茶。德国地理学家、“丝绸之路”的命名者李希霍芬，1872 年 3 月 19 日到荥经的大相岭，沿途他看到了邛崃、名山、雅安的背夫，他在出版的日记体著作中写道：“据说还有背 18 包的，或许世界上没有哪个地方的人能背着那么重的东西翻山越岭！”

茶课税银锭

背夫有诸多的“口溜子”流传，这如同川江号子一样，互相打趣，互相鼓励。他们除了背的茶，还要带一个卷席，遇下雨可遮茶，到住地可铺地。2002 年 6 月，马丽华老师在泸定磨西询问 82 岁的老背夫李光荣，他说晚上歇的幺店子，一宿 1 角 5 分钱，提供开水、菜汤，如果吃一碗豆腐，另加 5 分钱，自带盐，吃完玉米粑粑，又做好第二天吃的玉米粑背上。

康熙四十九年（1710）发茶引 106027 引（每引 100 斤），其中边茶 84027 引，每日上路背夫 470 人左右。嘉庆年间（1796—1821），边引 108000 引，每日上路背夫 670 人。光绪三十三年（1907），边引 100000 引，每日上路背夫 550 人（李家光、陈书谦编著《蒙山茶文化说史话典》，2013 年中国文化出版社版，第 120 页），这就构成每年 10 多万背夫运茶到打箭炉，这是横断山最耀眼的人文历史景观。

背夫从雅安去康定，日行 10—15 千米，有句话“七上八下平十一”，即上坡走 70 步，下坡 80 步，平路 110 步，就要打拐子休息，手上戴一个竹圈圈，叫汗刮子，是抹汗用的。

著名左翼作家、陕甘宁边区政府教育厅长周文（1907—1952），荥经人，于 1934 年 12 月 5 日写过一篇《茶包》，这是明清至 1949 年以前唯一写背夫的文章，把背夫的辛酸苦辣描述得精微：

大路是通康定、西藏的官道，历代政府重视，光绪丙午年（1906），清溪、荥经两县令联手，改造大相岭道 36.5 千米，葺新旧铁木桥 11 座。竣工后，清朝督蜀使者巴岳特锡良（晚清廉洁务实的封疆大吏，蒙古镶蓝旗人，巴岳特是姓，名锡良）为此写碑文赞二县令。锡良文中写道：“益部号称天险，邛崃九折，王阳畏途，铁索飞桥，尤他行省所未有。然同一蜀道也，李白以为‘难于上青天’，陆畅（唐代诗人）又以为‘易于履平地’，何耶？”

这可印证前所写雷先生笑傲《蜀道难》。

川藏茶马古道有一问题，是多书闪烁其词的盲点，背夫吸鸦片吗？背夫染妓吗？我询调多处，现在的答复较为肯定，相当多背夫要吸鸦片以解疲劳。在大的集镇有不少妓馆，一些背夫有此爱好。

谭楷老师写了一本《我用一生爱中国》（2022年天地出版社版），写106岁的加拿大籍人类学家、英语专家伊莎白·柯鲁克的故事，此书获得2022年第十六届全国“五个一工程奖”。其中，记叙伊莎白1939年到阿坝理县杂谷脑做人类学田野考察，在灌县八景之一“凤栖窝一瞥”的章节，回答了上述两个问题：

这一排，都是烟馆，这里的烟馆远近有名，是因为特别相因（便宜），一百文钱就可以打个泡，烧几口。最穷的脚夫都出得起这个钱。再往前走几步，是一排排挂着灯笼的大小客栈，奇怪的是，家家客栈门口都立有写着客满的大牌子，却还有衣衫不整的男子和一脸亢奋的苦力们朝里面挤，这是怎么回事啊？这几家挂着客栈牌子的，全都是土窑子。今天生意太好了，你看她们忙得连吃饭的工夫都没得了，买个锅盔来填肚子，一个窑姐，这一天恐怕要做十几趟生意了！老板叉着腰，呵斥道：“快点嘛，客人都等不及了！”

有此，就不用再写松州、雅州、打箭炉的此类问题了。

“三竘九坪十八关，一锣一鼓上松潘。”这是1892年一位灌县（今都江堰）诗人董湘琴（羌族，川西董姓土司后代）从灌县去松潘15天时间写的《松游小唱》，他是应松潘厅总兵夏毓秀之邀前去做幕僚，写诗不少。

我从百年茶马古道老照片和生产企业了解，雅州和阿坝背夫谁的负重量大？

雅州的背夫比阿坝的负重多1/3左右，为什么？这是包装方式所决定的。雅州是竹篾长条包，在1米到1.2米，逐条垒加捆扎，使脊柱和腰腿的受力均匀，男女老少，多少不论皆可背茶。都江堰、平武生产的茶是50千克到60千克装一箱，称马茶，两箱垒架，高高耸起，绝不可能放第三箱，重

甘孜州石渠、色达县的茶马古道考察，笔者做采访笔记 2010.6.5

力集中在脊柱。而雅安道更险峻。对此，美国植物学家威尔逊有详细叙述。每位背夫要自带 15 千克左右玉米面食用，再带小袋盐巴。

康熙三十二年（1693），达赖喇嘛奏请在打箭炉设市，1696 年同意“行打箭炉市，蕃人市茶贸易”。康熙四十六年（1707），泸定桥修好以后，雍正六年（1728）统一在此设巡检司（茶关）验证收税放行，原来分布泸定的三个渡口沈村宜牧、田坝子牛、烹坝和岚安逐步冷落，不再渡茶，而沿大渡河山岩古道，经咱里、黄草坪翻山到打箭炉。1904 年，法国驻昆明总领事方苏雅拍下了背夫在咱里古道休息的照片，这是中国第一张茶马古道背夫照片。嘉庆时开通冷竹关到瓦斯沟岩路，才不翻黄草坪了。

背夫到打箭炉东关办完手续，就分别到各家老板固定的锅庄交货结款。康熙初打箭炉开市时，明正土司派 4 大管家在此设 4 家锅庄，主要用于接待应酬。随着生意兴隆，又安排大小管家头人在此设了 48 家锅庄，用于接待贸易。所有锅庄主人皆是精通汉语、精明干练的藏族女性。

茶到打箭炉，催生了此地的缝茶业，茶要从此地运往康区、昌都、西藏、青海，必须改换包装，否则长距离驮运就要散架。包装是把三条茶从中折断，叠加后用湿牛皮包成方包，缝茶工用牛皮绳缝合成花包（短距离）、满包（长距离）两种，每包 30 千克。这里干燥风大，几天后牛皮收缩，方包牢不可破，不用刀具无法打开。

住的锅庄是老客户，信用服务善佳，食宿免费，成交一笔收 4% 的“退头”（回扣）。茶交固定的缝皮行改包，然后由锅庄联系的藏族女转运工送至打箭炉西门外，交给关外（折多山为界，分关内、关外）来的驮行商家。当时规定，驮队不能入城。孙明经先生 1939 年有此相片。言及茶马古道运输，任新建教授多次给我谈及打箭炉西运的牲畜，主要是牦牛，很少骡马。因为牦牛只吃草，不需精料，成本低；而骡马必须精料，成本高。且两者的负重能力是一样的，都是两方包茶 60 千克，没有驮 3 包的。因为高寒缺氧远行，所以只能如此。

对于每竹条包茶多重，什么价，销往何处，议论很多。我引一权威文献分享。

贺觉非（1910—1982），湖北竹溪县人，著《西康纪事诗本事注》。1941 年任今理塘县长三年，1949 年随刘文辉起义。（龚伯勋、郭昌平编《康定古今诗词选》，2014 年中央民族大学出版社版）先生被称“康巴大儒”，其《南路边茶之消长》记：

抑考雅安、荥经、名山、邛崃、天全各县，虽因为边岸，而其所产茶之性质，则各有不同，故其名称制造亦异。试分述之：

一、芽茶：雅安产，每包 16 斤，每包值 20 元左右。品质最佳，行销拉萨，非贵族、大喇嘛不购也。

二、砖茶：雅安、荥经均产，每包 16 斤，每斤作砖形，值 10 元左右。品质较次，行销康藏各地。

三、金尖：各县均产，每包 4 甑，共重 18 斤。品质较次，价值亦较低，行销康藏各地。

四、金玉：各县均产，每包 18 斤，价 3 元左右，粗细掺和，经销关外各县。

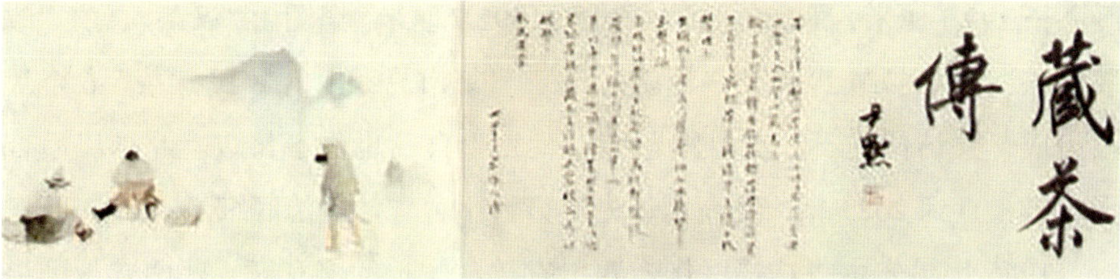

吴作人先生《藏茶传》局部 1945 年绘 高富华供稿

五、小路茶：天全产，纯以粗叶制成，质价均次于金玉，牛厂（牧场之称）、牧民多饮此。

六、红茶：荥经产，粗叶制成。价值较小路茶为高，亦销牛厂。

七、散茶：各县均有，价无一定标准，零整均售，行销各地。

业此者（驮运牦牛）谓之赶猪娃。康藏道上，驮茶之牛，动以千百计，漫山遍野而行，殊为壮观。茶之为物，在内地并不如何重视；一到关外，顿成珍品，既如粮食之不可或缺，如金钱之不可或无。余见大喇嘛或土司处，其斟茶者固属小娃子之类，而一般民家，则以家长司其事。

茶从打箭炉去西藏分南路、北路。

清代规定，从打箭炉经雅江、理塘、巴塘及西藏的芒康、左贡、昌都到拉萨，此路海拔低，但是颇险峻，称南路，所有官员进出拉萨都走此路，称官道。

北路则是从打箭炉经道孚、炉霍、甘孜县、德格到西藏江达、昌都。

康定的锅庄有名，女主人称“阿佳”，以美丽干练闻名天下。吴作人先生 1944 年 10 月到康定，专门为木家锅庄阿佳木秋芸绘一幅油画《打箭炉少女》，现收藏在中国美术馆。

让人想不到的是，吴先生在西康半年多的采风期间，搜集了大量有关藏茶的素材，回到成都后，于 1945 年夏创作了一幅《藏茶传》横幅手卷，画心长 299.7 厘米，高 38.4 厘米，裱后长 392.7 厘米。全图由“汉茶入藏”“改装汉茶”“乌拉娃背茶”“牦队运茶”“集市易茶”“牧民煮茶”6 个片段组成，并请傅抱石、沈尹默题签，吴先生自己也作了长跋。此画以后杳无音讯，直到 2023 年，经高富华先生穷追不舍，才摸清底细。

1945 年吴先生将这幅巨作赠四川省教育厅长的郭有守，郭两次帮助吴先生西行安排。郭先生是四川资中县人，是张大千亲戚，早年留学巴黎获博士学位，精通英、法、德多种语言，是民主爱国人士。1946 年郭先生将此画带到巴黎，在巴黎赛努奇博物馆举办的“现代中国绘画展览”上，首次展出《藏茶传》。1953 年，郭先生把画赠此博物馆。1987 年，吴作人偕夫人萧淑芳访问法国，赛努奇博物馆举办吴作人艺术作品展，再次展出《藏茶传》。郭先生 1966 年回国，在全国政协工作，1978 年病逝。《藏茶传》横空出世，为川藏茶马古道写下神来之笔，不朽！

2011 年 4 月 13 日，“雅安茶马古道研究中心”在雅安市博物馆挂牌，刘勤晋、笔者给馆长李炳中授牌。时任四川省文物局副局长的朱小南说，这是我省第一家以茶马古道为专题的研究中心，国家文物局已启动“川滇藏茶马古道”申遗工作。

5　云南普洱茶的故事

我认为，在云南讲普洱茶的故事，比讲茶马古道更有故事。全国出的云南茶和古道书，多如山积，作者的动机、学识、眼光不一样，写的内容和结论也不同，我看过不少，且近 40 年来遍游云南，应该有点发言权。以下，仅就个人的观察讲几点体会。

（1）什么是云南“直过区”

这是认识云南的钥匙，不了解这个问题，而对茶马古道和普洱茶发议论，那就难免不出问题了。

2005 年 11 月 12 日，四川省政府派省民委组织一个 25 人的民族工作考察团到云南考察交流，我是省旅游局的代表。在昆明开座谈会时，云南省民委发了一份《云南直过区简介》，这是两省官方交流，且是直接的主管部门，材料可信度高，录于后：

云南直过区的概念，具有特殊的历史意义，“直过区”为 20 世纪 50 年代初，中国共产党和人民政府对云南边疆还处在原始社会末期或已经进入阶级社会，但阶级分化不明显、土地占有不集中、生产力水平低下的景颇、傈僳、独龙、怒、德昂、佤、布朗、基诺族和部分拉祜、哈尼、瑶等民族约 66 万人居住的地区，采取特殊的“直过过渡”方式，即不进行土地改革，以“团结、生产、进步”为长期的方针，通过人民政府和其他民族长期有效的帮助，逐步消除落后因素，保证他们直接地但却是逐步地过渡到社会主义，实现了历史性的跨越。……云南“直过区”的范围，涉及 8 个州市、20 个边境县、5 个内地县。其中，有整乡“直过”的乡镇 76 个，整村“直过”的村委会 647 个，还有 42 个零散的“直过”的村民小组……到 2003 年，人口已发展到 125.7 万人。现在，还未解决温饱的绝对贫困人口占 13.5%

请注意，以上所引中，有 8 个少数民族是整体全员属原始社会的“直过区”居民，现在讲的六大茶山基本在他们的领地。试问，1955 年尚在原始社会的经济、生活水平，普洱茶故事讲唐代已经喝茶、上贡，那时就喝茶消油腻？这是不了解历史，还是为炒茶写天书？

我跟踪“直过区”问题有 30 多年时间，现仅列部分新华社、《人民日报》《光明日报》《新华每日电讯》刊登的“直过区”文章标题（含附注）：

《云南：2019 年实现‘直过民族’聚居区整体脱贫》（新华社 2016 年 10 月 16 日，《新华每日电讯》2016 年 10 月 17 日载）

《1978—2018 基诺族的变迁故事》（此族总人口 2 万多，是我国最后一个被确认的少数民族，主要居住在西双版纳景洪市基诺山基诺族乡。2017年农民人均收入1.1万多元，是1978年的100倍左右。）（《新华每日电讯》2018年11月26日）

《哀牢山一个“原始部落”的千年跨越》（这是拉祜族苦聪人所在的镇沅县、金平苗族瑶族傣族自治县。国家对“直过”民族聚居区实行学前教育到高中毕业的14年免费教育。这里的茶叶合作社把普洱茶卖到上海、福建、重庆等地，红茶远销俄罗斯。）（新华社2018年12月26日，《新华每日电讯》12月27日载）

《直过民族脱贫镜像》（直过民族是中华民族“56个民族56朵花”的重要成员，是云南少数民族的独特风景，主要包括独龙族、德昂族、基诺族、布朗族、景颇族、佤族、傈僳族和部分拉祜族、哈尼族、瑶族等，原有人口66万，今有200多万人。附有14张最新照片，如布朗族——西双版纳傣族自治州勐海县布朗山布朗族乡老曼峨村村民岩烟叫创业的茶叶初制厂。）（新华社昆明2019年6月23日，《新华每日电讯》2019年6月24日载）

《少小民族跨越发展的中国样板：云南基诺族实现整族脱贫纪实》(《光明日报》2019年7月5日）

《独龙江畔我的家：云南独龙族“一跃千年”系列报道》(《光明日报》2019年5月2日）

《一跃跨千年，跑步奔小康》（《人民日报》2019年8月1日整6版，由云南省委书记陈豪、省长阮成发署名发表）

《彩云之南挥别千年贫困：写在云南88个贫困县全部摘帽之际》（新华社昆明2021年11月14日，《新华每日报讯》2021年11月15日载）

《云南普洱市思茅区——澜沧江拉祜族自治县高速公路通车》(图片，此路把直过民族最多的澜沧、孟连、西盟三县相连，惠及边疆70多万人民

群众。）（《光明日报》2021 年 1 月 27 日）

看了以上记录什么感觉，肯定骂我的人不少，我无意中砸了一些段子手的饭碗。极少数人为不良动机，炒出神乎其神的普洱茶和茶马古道故事，一斤普洱鲜叶炒到几千上万元，这不是在帮助直过区，而是误导他们竭泽而渔，诱人投机坑人的误区，坑害各地消费者，得利的是不良企业和商人。如上所述，直过区的发展是靠党和政府的决策与帮助，是靠全国兄弟省市的助力，我们今天应加入这个行列，善行而为，共同发展。

采访云南马锅头 田仕华 2010.2.27

（2）布朗山寨过元宵节

2010 年 2 月 25 日—3 月 12 日，到普洱市、丽江、大理、迪庆考察茶马古道。25 日下午同何芬奇、林植、华颖到普洱市，朱志安先生（市茶协秘书长，哈尼族）陪同各处参观，看望曾经名气很大的马锅头田仕华，他的“赶马人茶庄”生意不错，他是 2005 年、2006 年两次云南百马进京的马锅头，第一次很成功，第二次夭折。还看了多处茶马古道老路，以我的眼水，都是打造旅游的新道。

布朗山寨的元宵节 2010.2.28

布朗族的茶祖帕岩冷寺

2 月 28 日，何、林二先生租

车去江城观鸟，朱志安驾着他的大众新车带我和华颖去布朗山寨。他有豪爽之气，驾龄一年，喜欢超车。“砰！”在一处路况视野蛮好的上坡路，他一家伙撞上前面的一辆新皮卡车的屁股，交警来了，照相测距，朱先生全责。他打电话等山寨的人来接，我同华颖暗自庆幸，他这手艺和性格，差点让我们今晚长眠在深谷大河里了。

南海明、周天华和两个布朗小伙子拉我们到县城晚餐后，开车去80千米外的惠民乡芒景翁洼村民小组，山路崎岖。晚9时，到澜沧迈芒景天发古茶厂，这是南海明的毛茶生产小厂。他的母亲、兄嫂和几个布朗小伙伴陪着喝茶，这是地道的布朗山寨。稍歇，就到了附近小南家，一座漂亮的新布朗房，在二楼火塘边，朱秘书长拿出带来的甜心汤圆，今天是元宵节，寨子从来不过元宵节，今天吃个新鲜，来了不少老人、姑娘、小伙分享，每人2—3个汤圆，其乐融融，年轻人唱了几首歌欢迎我们。山寨的第一次元宵节，终生不忘。我们住二楼，小华陪我楼外上厕所，他悄声说：“明年今天差点成了我们的祭日。”我笑了，吉人天佑！天文学家公布，今天是53年来月亮最大的一天。

猫窜鸡唱狗叫，早早起来，不舍寨子美景，到处照相。早餐后我对小南说：“请你带我看你们最大的茶树王，看野生茶树林，看帕岩冷寺。”

被称为“茶魂”的茶树王高5米，该树龄1000年，被小棚栏围着，归苏国文所有。小南送我一本《芒康布朗族与茶》的签字本，苏国文所写，他今天很早去县城未能谋面。

我注视一片野生古茶林，颇为疑惑：“就这样大？”小南走到树根，刨开表土，露出比树干大一倍多的根蔸，“过去茶不值钱，村民砍来当柴火，根部不断繁育，所以光看地表，判断不出树龄。”

看着林边高低不同的小茶树，这是种子掉在红壤土里，雨季覆盖，次年发芽，循环往复，这是千万年来原始林区扩展的秘密。

离寨子几千米，县上新建了一座布朗族风格的帕岩冷寺，大气而有特点，供奉着据说1700年前的始祖帕岩冷，他在此开植茶之始，是他们的茶祖，每年采茶前都要先祭祀他。我很满意惊险历程的布朗山寨之行。

回到普洱市，我专程拜访了黄桂枢先生，他是市文管所原所长，对普洱茶的文献收集整理和传播做了很大贡献，参加过雅安“一会一节”。

此次在普洱市、丽江、大理、迪庆皆有重大收获，下本书见。

（3）勐海南糯山祭茶树王

2014年3月20日—29日，应世界茶文化交流协会（香港）创会会长王曼源之邀，到西双版纳参加第六届董事会任职典礼，我从第一届至今都是名誉会长，颇受礼遇，本届由林修源任会长。

3月21日上午，王曼源夫妇、儿子王智诚陪我和张京，到30千米外的勐海县格朗和乡南糯山半坡老寨村竹林小组哈尼族开才家品茶，被称为“茶王树”的古树属他家所有。此地海拔1320米，停车后步行1.5千米，昨天下雨，红壤松软，极多的自生小树苗，散步很惬意。“茶树王”旁20米，开才建有一间小木屋，妻子布茶。

“茶树王”用木板和铁丝网围着，主干直径35厘米，距地1米处多有分枝，总高8米左右，树龄是由定居此地57代推演出来的，实际上这是打了一个移花接木之牌。20世纪80年代，科研部门在南糯山发现古茶树，直径1.35米，经家谱推演，有800年历史，由此得名“南糯山茶树王”，可是1994年左右，此树不明原因死亡，残体无踪。本地为打“茶树王”牌，就给开才家树戴上“茶树王”帽子，如果以直径而论，1.35米与0.35米，那是相差多少代了，可它依然是800年“茶树王”。

南糯山的居民是单一的哈尼族，有3700多人。我询问开才祭茶树王的礼仪器具后，问祭“茶树王”的活动有多久了，我猜总有几百上千年吧！

他说：“没多久！”“多久？”“就这几年开始的。”

勐海南糯山祭茶树王　2014.3.2

在哈尼族开才村落和乡亲们合影

普洱市那柯里茶马古道景点　2010.2.27

参加勐宋古树茶斗茶会接受采访　2014.3

“年年都祭吗？”“不一定，有大型活动，接到通知就祭。”

“啊！是这样的。”

“过两天你们来，要举行祭祀活动。”

3 月 23 日，林修源组织部分代表来祭“茶树王”并做了一面会旗。我要专门来看看祭祀活动。

当地的村委会主任东杰盛装出席。我约了何芬奇、罗娅萍伉俪看热闹，有几位机关退休干部也来参加。5 位哈尼装中年人钻进铁丝网，开才抱着一只红鸡公，对树三鞠躬，用两个小碗，分别盛酒和水，把鸡杀了，放血入碗，浇在树根上，那几个男士蹲在地上，无任何动作和表情，几十位盛装哈尼男女，排队唱歌。因地势陡窄，大家轮流展旗照相。茶室太小，很多人没喝上茶就返回了。

一面生，二面熟，返程我同开才聊天，“你们祭祀活动很有特点，谁教你们的？”“就是今天来的许局长，现在刚退休。”

下午的活动很丰富，参观南峤茶厂，到贺开景迈山看700年大茶树，晚餐在林修源的勐海顺兴茶厂。

返程下雨，何芬奇夫妇和我同车，还有一位就是开才提到的许局长。车行不久，我称赞上午的活动有特色。许先生很得意，不由自主地托出底牌：“2006年8月，一批专家到西双版纳开会，我们局与他们业务紧密，我全程陪同。他们要到南糯山看大茶树，我灵机一动，就给开才打电话，安排他们盛装表演祭茶王活动。他们说不会，我就把步骤、器具详细告诉他们，做好准备。第二天专家们到了，现场还有州县领导参加。还好，开才没出问题，专家们信以为真，对茶树三鞠躬，表示对民俗习俗的尊重。回去后到各地开会时，都讲少数民族尊重茶，祭俗久远。这样，在西双版纳，再到云南，给茶树王、茶神祭拜的习俗就推开了，很多地方来找开才取经。”

（4）昆明何时始卖普洱茶

2014年6月7日，我同四川茶艺术研究会会长何修武到云南考察。从成都飞到昆明，刘益成先生（昆明市茶业行业协会会长，广东潮州人，参加过“一会一节”）到机场接，去他的“天一堂”茶庄。他的太太黄梓瑞是2003年永川茶艺赛冠军，重庆人，也参加过“一会一节”。大家聊得很投缘。刘会长给我们安排丰富的茶活动，

采访刘益成会长，他对拓展昆明茶叶市场有贡献 2014.6.7

参加昆明第三十个会长接待交流日　2014.6.10
右 2 起：何修武、刘益成、孙前、阮殿蓉

很开眼。有一次同他聊了半天怎么到昆明打天下的故事，并且当面写成提纲给我，让人感动。

他说："我老家潮州，耳濡目染，从小涉茶。1993 年到昆明寻找发展机会。当时昆明市场没有普洱茶卖，只有几种本省绿茶，有耿马的蒸酶茶、腾冲的磨锅茶、大渡岗的岗绿、屏边的糯米香茶、元阳的沙拉托云雾茶，这些名字，今天没有几个人说得清。1994 年底，我在昆明新迎路开了一个茶庄，取名'金晖茗茶总汇'；1995 年，我算第一家在昆明卖普洱生饼（大益牌、中茶牌），还有普洱散装茶；1998 年 1 月 6 日，我在金晖茗茶总汇开办第一期茶艺培训班，学员 13 人；1999 年 1 月，昆明市举办云南省首届茶艺大奖赛之后，茶庄开始雨后春笋般地发展，大量推普洱茶，每饼进货价 5—8 元，卖 15—30 元，销量不是很好。直到 2001 年开始，随着广州芳村茶叶市场普洱茶销量的步步提高，行情传到昆明，市场的普洱萌动逐步攀升，直到发展成今天的局面。"

2014 年 6 月 10 日，我应刘益成会长之邀，同何修武参加在金星小区的

“云南六大茶山公司”轮值主办的“昆明市茶业行业协会第三十个会长接待交流日”座谈会，主题是“滇茶与川茶的对话”，阮殿蓉董事长主持，通栏横幅醒目，参会者满座，秩序良好。这是刘益成首创的茶活动，双月举办一次，从 2010 年 6 月开始的，实行申办制，谁能主持一届，献上茶礼，是很有面子的事。云南茶商的这种向心凝聚力，让我意外。到我写书时询刘会长，已办到 61 届。

我基本照抄了刘会长写给我的提纲，以后同他联系很少，但是他对昆明市场的开创和茶艺推广之功不应被遗忘。

其间，刘益成带我去拜访一位能干的女茶人，她是昆明清梅茶叶公司董事长周珊梅。工厂在官渡工业园区，接待厅蛮大但谈不上整洁。她待人热情爽朗，几句话就打得火热。她讲了一个故事，2000 年 9 月在昆明用一饼几十元价格买了几千饼老茶，后来以 20 倍的价格出售几十饼，大赚了一笔。其余的慢慢卖，价格上不封顶，真佩服她的精明。

晚宴是给周珊梅女儿过生日，邀请我们参加，送我们女儿沱茶等多种老茶。她是德宏陇川人，让我们一定去看阿昌族的茶祖：“云南这茶祖那茶祖是假的，只有阿昌茶祖是真的！”她这番话，使我们多跑几百千米专门去了德宏。

从分手后，我们从未联系过，她可能早把我忘了。如果看到这段文字，她会说：“我忘得一干二净的老先生，他把我记得一清二楚，连标点符号都没错。昆明请茶，干！”

（5）香竹箐 3200 年的大茶树

承云南国辉神农公司董事长丁云国先生厚爱，派郑师傅开了一辆越野车，任我在云南茶区转悠。丁董事长是我们西南茶文化研究中心副主任，2016 年 4 月，我组团去英国考察，他是副团长，出了很多彩。

现在重点讲香竹箐茶树王的神话故事。

到临沧市凤庆县考察3200年的香竹箐大茶树　2014.6.15

右起：肖庆宇、孙前、韩凤昌、何修武

2014年6月15日，我们到临沧市凤庆县，县茶办主任李绍中热情接待了我们。他要到市上开会，派助理肖庆宇陪我们前往，这是一位热情博学的茶专业人士，给我们留下了很好的印象。

中午到达小湾镇锦绣村香竹箐自然村，据说这里有一株3200年的茶树王。此树的地权属韩凤昌（彝族，32岁）、妻子李映松（彝族），离家不远，一处大围墙把树保护着，墙上嵌大理石板，刻着此树历史，诸多专家认证树龄3200岁，其中有美国人奥斯汀（美国七碗茶公司董事长、国际名优茶协会会长），他是我将近 20 年的老朋友，看到名字很亲切。一个平台上放置一座大香炉，做祭祀用。小韩打开门锁，进到围内，一个小坝子，20 米外的小丘上种着天下闻名的香竹箐茶树王，被 1.8 米高的竹篱墙围着，也上了锁，游众只能在小坝子观看照相。李绍中专门给小韩电话，满足孙老师的任何观览要求。

我请小韩打开竹篱锁，走到树旁，抚摸、观察、分析。县政府挂有一块金属牌，赫然写着“香竹箐茶树王　3200 岁”，另一小标牌介绍，此处海拔 2130 米，树高 10.2 米，胸围 5.67 米，基围 5.84 米，主干高不足 2 米，其上分枝繁茂，根须强势，似 2—3 株连生状，红壤土舒松。我围着大树左右转，照相，不舍离去。这是一株生机勃勃的大树，从叶片光泽和树皮状况可以看出。我缺乏对树龄判断的专业知识，仰慕已久，来看看稀奇。

午餐在小韩家，我做了采访记录，这里现名小湾镇茶王村槐花组，35 户，150 人左右，茶王村全村 17 个组，2000 多人，主要是彝族，有少数汉族。

“这株树的树龄多大，你们原来知道吗？”

“不知道。”

下午 6 时左右，到了鲁史镇，这是阮殿蓉推荐我一定来看看的，说这里才是真资格的茶马古道。古镇保存完好，街宽 3 米左右，中间铺长条砂石板，有深深的骡马上坡时用力刨出的双坑。我坐在石坑旁照相，这是我所见真正的茶马道。第二天，我到六大茶山总厂参观，骆厂长破例带我参观了生产车间。昨天接电话的姑娘传错消息，让厂长等我们一天，原定要参观的阮氏祖宅也没看成，我们在厂区大门合影告别。

在车上，肖庆宇说，他原来看过一本凤庆茶史书，写的香竹箐茶树龄 800 年左右，不知道怎么变成 3200 年了。我问：“能帮我找到这本书吗？”“所里好像还有，要李主任答应才行！”我即给李主任电话相求，他说：“我找一下。”

鲁史镇的茶马古道　2014.6.15

昆明拜访张顺高先生　2014.6

6月16日，我同李主任在凤庆城边交接，他带来《凤庆县茶叶志》（1995年云南人民出版社版），他翻开茶树王彩图，注明780年左右，内中还有文字说明。我请他题签相赠，他送我顶级凤庆红茶。以后他率队到蒙顶山，我从成都赶去相陪，以谢他的厚待。

2014年6月20日，我回到成都，留下终生不忘的云南茶马古道和古茶树考察之旅印象。整理完相关资料后，我给张顺高教授①电话，请教古茶树问题。我同张先生亦师亦友20多年，每次我到昆明，必到他府上拜访聆教，受益良多。我说看了香竹箐大茶树，有不少疑惑未解，专此求教。我把《凤庆县茶叶志》《中国临沧茶文化》（2007年云南人民出版社版）以及我实拍的县政府数据做了说明，请他赐教。

他说："我有一件很遗憾的事，云南大茶树我都看过，一些还是50多年前，我是首位发现者。可是阴差阳错，唯独香竹箐茶树我没看过，但是它的全部资料和图片我都很熟悉。

"从几组数据看，这是一株生命力旺盛的大茶树。我们这些从事茶科研的老人有一个共识，茶树的年龄上限在1000年左右，过了此限，它绝不

① 土家族，湖北五峰县人，1933年10月生，1960年毕业于湖南农学院茶叶专业，即申请到西双版纳从事茶专业工作。妻子梁凤铭，广西苍梧县人，大学同学，毕业同去云南从事茶专业工作。

会再长粗长高，只是自然生存，直到死亡。《凤庆县茶叶志》记录的树高 9.3 米，胸径 1.59 米，胸围 5.01 米，树龄 780 年。这是 1986 年 9 月中山大学叶创兴博士考察和判断，以后《凤庆县志》也用了此资料。

“2003 年 2 月 18 日，云南农业大学蔡新教授测定，树高 10.2 米，树幅 11.1—11.3 米，胸围 5.67 米，基围 5.84 米，鉴定树龄 3200 年。邹家驹先生在《漫话普洱茶》中说：‘这棵栽培型茶树历史应该是最久远的，是人类最早种植、利用和驯化茶树的活化石。’这些资料，发表在他说的第二本书中。在不到 20 年的时间内长高近 1 米，胸径增加 0.66 米，只说明它年轻力壮，至于说是 800 年、700 年、600 年不成定论。

“碑刻石上说，北京农展馆馆长王光志讲是 3000 多年，是用同位素测定的。我同王先生熟，当面问过他此事，他说不会使用同位素方法，从来没有讲过什么 3000 年的树。”

在我看过的诸多介绍香竹箐茶树的文章和著作中，从未见过专家把前后 20 年的生长系数进行比较并做出判断的，对张先生赐教深躬有礼，这不仅是我受教，对所有爱普洱茶、讲科学的人皆有益。

同虞富莲教授在雅安市和荥经县考察 2017.3.29

2014 年 9 月，《茶博览》登出临沧作协副主席何松的一篇文章《茶与临沧三则》写道：“1982 年，北京农展馆馆长王光志先生采用同位素方法，推断它的树龄该在 3200 年以上。2005 年，美国茶叶学会会长奥斯汀对其考察认为：香竹箐茶树是到目前为止世界上发现的最大的古茶树，如果考虑到它是栽培型的，对人类茶文化的历史就具有重要意义。”

2024 年 3 月 19 日，美国奥斯汀、朱萍夫妇到成都，同我、刘昌明、张雅琪专题讨论汉代王褒《僮约》问题。中间聊到香竹箐大茶树，他比画着手势说：“我给云南讲过多次，把我的名字刨掉。一、我没讲过那样的话；二、我不懂茶树龄判断，让国外同行看到，多丢脸呀，骂我胡说八道！”他的这个意见，多年来是第三次给我讲。

2015 年 11 月 3 日，湖南广播电视台茶频道做了一期专题节目《慕茗而来——揭开古树茶的神秘面纱》。请虞富莲（中国农科院茶叶研究所研究员）和湖南一位骨灰级普洱茶爱好者张晓文先生同台 PK。其中一个问题是茶树龄有多大。

虞先生答：“不可能有 1000 年以上的茶树！”

主持戎新宇盯着问：“那么如果云南要是没有超过 1000 年的茶树，地球上是不是也就没有超过 1000 年的茶树？”

虞先生答：“那肯定没有！”

2021 年 4 月 21 日，云南麻栗坡网发布一条振奋人心的新发现，当地发现了一株 3703 年的古茶树，比香竹箐的多了 500 年。虞先生微信中的点评文字是：“一株茶树树龄 3703 年，相当于人活到 500 多岁。”

6　西藏茶马古道

西藏与茶、与茶马古道有怎样的关系？

我的书架上有《王统世系明鉴》，元末明初萨迦·索南坚赞（1312—1375）著；《汉藏史集》，明代达仓宗巴·班觉桑布著，成书于1434年；《贤者喜宴·吐蕃史》，明代巴卧·祖拉陈瓦（1504—1566）著；《安多政教史》，清代智观巴·贡却乎丹巴饶吉（1801—？）著，成书于清同治四年（1865）；及任乃强、任建新、杜永彬、马丽华、李旭等著数十本涉藏史料书籍。

萨迦著作的译注者陈庆英、仁庆扎西写了一篇很好的译后记，是识读此书的钥匙。“吐蕃王朝崩溃后各部分裂割掘，互相混战，文物典籍毁损严重，除敦煌遗存之藏文写卷及部分碑刻木牍外，几乎荡然无存，后世学者难以窥见其全貌，故使吐蕃一朝的许多重要史实，竟成千古之谜。直至元兴，统一青藏，扶植萨迦派统领藏族聚居区。”“到了明初，才有细述吐蕃王朝历史的《王统世系明鉴》一书问世”，此书的“内容除作者当时所能见到的吐蕃王朝史料外，还采集了不少民间流传的故事传说，另外作者从佛教僧人的角度还加进了不少宗教的内容”。

这里需要说明的是，吐蕃由数十年混战到破灭，原典籍荡然无存，要等1900年敦煌遗书才面世。那么萨迦写此书时，“采集了不少民间流传的故事传说”，加上宗教内容，今天读此书当成史证就偏颇了。如书中第七十三章“迎娶汉地文成公主”记载，嫁妆礼物中“各种茶具和香醇饮料”，这是过去史料中所没有的，既然有茶具，就必然有茶呀，虽然没有记载。

多摘自萨迦书的《汉藏史集》第十三章，“茶叶和茶碗在吐蕃出现的故事”，讲国王得病，吃了小鸟衔来的枝叶，病缓，然后叫大臣去寻找，在汉区觅得，推广并普及了饮茶。这是一个在茶书中广为引用的故事，以证唐蕃茶贸易。此王都松莽布支（676—704），是松赞干布之孙，骁勇善战，在位29年，卒于云南征战。著者不知道一个史实，公元742年唐王朝才开始叫雅州贡茶，这在704年前就知道喝茶治病了？以下解析吐蕃区域几个问题。

（1）茶何时入藏

吐蕃时期，以逻些（今拉萨）、桑主孜（今日喀则）为中心，各设二翼拱卫，称“四茹”，即四翼，统称“吐蕃四茹”。

元明称为“乌斯藏”，泛指西藏地区，另外的康巴、安多地域，涉及甘孜州、阿坝州、木里县（四川），昌都地区（西藏），迪庆（云南），玉树（青海）。

清代，为明确划分达赖与班禅各自的香火地，才出现前藏（今拉萨、山南市、阿里、那曲、林芝西部）和后藏（日喀则至萨迦一带）的称谓。

李世民坐天下，不少民族可汗求婚和亲，他最早把弘化公主嫁吐谷浑，又把衡阳公主嫁突厥。初兴的吐蕃松赞干布奉表求亲，李世民没有同意。他发兵松州来硬的，皇帝同意见求亲使者，出了 7 大难题，皆被化解，允宗室女文成公主和亲，派江夏王送去，虽说走了两年，但礼物很多。史载，唐代向 8 个少数民族嫁出和亲公主 20 多人。

法国市长考察茶马古道第一站并题辞，雅安兄弟友谊茶厂董事长甘玉祥（左 3）陪 2004.12.2 高富华摄

文成公主 641 年嫁松赞干布，他建新宫殿迎接，公主 680 年卒。金城公主 710 年嫁赤德祖赞普，739 年卒。流传至今的正式典籍中，没有二位公主带茶入藏的记载，这是众多专家学者研究的结果。

当然，需要区分的是，此处指的藏族聚居区，是唐时吐蕃把四川很多地方纳入他们的地盘，把原住民氐羌人逐步变成藏族。而早在《汉书·西南夷传》中已说，少数民族以牦牛、笮马与汉区交易，殷以致富。朱自振先生现场考察的东汉严道窖藏茶，就是同民族地区以物易物最好的证据。所以茶何时进入藏族聚居区，不能只限于唐代的视角。

与刘光轩、陈书谦等在西藏考察　2010.8.7

说到茶入藏族聚居区，绝大多数文章都要引《唐国史补》中的一段话，但对主人公语焉不详，此事有趣，记之：

常鲁公使西蕃，烹茶帐中，赞普问曰："此为何物？"鲁公曰："涤烦疗渴，所谓茶也。"赞普曰："我此亦有。"遂命出之，以指曰："此寿州者，此舒州者，此顾渚者，此蕲门者，此昌明者，此㴩湖者。"

此赞普为赤松德赞（755—797年在位）。763年，他联合吐谷浑、党项20万人，10月攻入长安，乘安史乱之虚占城15日，"大掠百工财富而去"（《藏族简史》）。781年，常鲁公在吐蕃又占瓜洲之后，作为官员随使臣崔汉衡出使吐蕃。

茶界中人，鲜知常鲁公是中华茶道的创始人，他在背靠背的比拼中，让陆羽蒙羞，欲写《毁茶论》，不玩茶了。这在《封氏闻见记》卷六"饮茶"中有详细记载。

陆羽写的《茶经》影响很大，跟学者众，"有常伯熊者，又因陆羽之论广润色之，于是茶道大行，王公朝士无不饮者"。

御使大夫李季卿宣慰江南，"或言伯熊善茶者，李公请为之"。"伯熊着黄被衫、乌纱帽，手执茶器，口通茶名，区分指点，左右刮目。茶熟，李公为啜两杯而止。"

后来李季卿到了另一地，听说陆羽能茶，李公又请之，“鸿渐身衣野服，随茶具而入。既坐，教摊如伯熊故事，李公心鄙之。茶毕，命奴子取钱三十文酬煎茶博士”，以鸿渐之名气，受此之辱，欲写《毁茶论》。

也就是说，伯熊打扮靓而有特色，把陆羽的论述讲一通，做茶道演示，深得好评。陆羽穿着常服，把伯熊讲的重讲一遍，引得御使“心鄙之”。前者给人的“茶道”之美取胜，后者以泡出好茶败阵。这说明茶道茶艺表演，要因人而异，掌握套路。

现在常鲁公给赞普来“茶道”，懂不起！

至于脱口而出的6种唐代名茶，是战利品是礼品不得而知。

常鲁公就是常伯熊，是陆羽的好朋友。《封氏闻见记》写“伯熊饮茶过度，遂患风，晚节亦不劝人多饮也”。

另一大茶人宋代蔡襄，书法宋四家之一，烹茶品鉴高手，晚年也不能饮茶了，只能自烹自玩。陆羽说：“茶之为用，味至寒，为饮，最宜精行俭德之人。”（《茶经·一之源》）此二位大伽如此，该喝什么茶？明白了，选性偏温者。

（2）昌都行

我先后在川藏交界的金沙江边跨江到昌都的芒康县、江达县晃过几次，过江百米，表示到了昌都即返回。要研究川藏、滇藏茶马古道，昌都城是必访之地。

2011年6月6日，我同刘光轩（原西藏自治区党委副秘书长、西藏自治区气象局党委书记，四川仁寿人）、陈书谦从成都飞昌都。6日端午节，图嘎（昌都地区政协副主席，文史专家，华东师范大学毕业）、阿旺旺堆（昌都地区气象局局长）陪我们去看昌都强巴林寺。该寺是1444年建的，是康区黄教最早的寺庙。大寺高大挺拔，强巴佛威严地注视着我们，寺内金碧辉煌，500位喇嘛同时诵经。按藏俗，最好上午看寺庙。当天节日，转大寺一圈，相当于平时转 100 圈的功德。

出寺到一制高点，图嘎指着前方说，那是扎西河与昂曲河的交汇处，由此形成澜沧江源头，“昌都”即两河交汇之意。此河流到缅甸、柬埔寨、泰国被称为湄公河。对面山上的小道，就是康定来的牦牛道和云南迪庆的马道。

晚上，见到了昌都地区政协旺堆主席和扎西巴姆副主席（茶马古道巨商邦达昌的儿媳）。

之后我们到左贡、芒康邦达仓故居，纳西民族乡古盐井、上盐井天主教堂，迪庆藏族自治州的德钦县城，玉龙雪山，洛克故居。每到一地，我同陈书谦都要进行详细的市场调研，了解雅茶、滇茶的市场情况。

在下盐井乡看过古盐田，局长带我们吃特色“家家面”，局长问：“你吃几十碗？”“几十碗？”他看我瞪着眼睛，“这里的最高水平 108 碗！”“那要吃多少钱？”“18 元，管够！”我吃了 19 碗。为什么这样，且听下回分解。

昌都是川藏、滇藏茶马古道的枢纽，有无穷无尽的故事。不写，可惜啦！写，时间篇幅不够。下本书中再见。

（3）阿里出土茶叶了吗

2015 年 5 月 31 日—6 月 14 日，我同四川音乐学院成都美术学院赵建国教授来了一次铤而走险的阿里行。他没有到过西藏，我时年 67 岁，要到平均海拔 4500 米的阿里，颇有点玩命之旅的感觉。

我此行两个目的，一是探究一些书报上说，阿里噶尔县出土了 1800 多年前的茶叶茶具，二是看古格王朝遗址。十世班禅画师尼玛泽仁大师曾送我一幅新唐卡画法的《最后的净土》，古格遗址让我深为震撼，愿有生之年，一定去实地看看。

6 月 1 日，阿里州旅游局的副局长孙岩到机场接我们，他是陕西人，派到旅游局挂职 3 年，担任副局长。因为州府所在地海拔高，且有大型宗

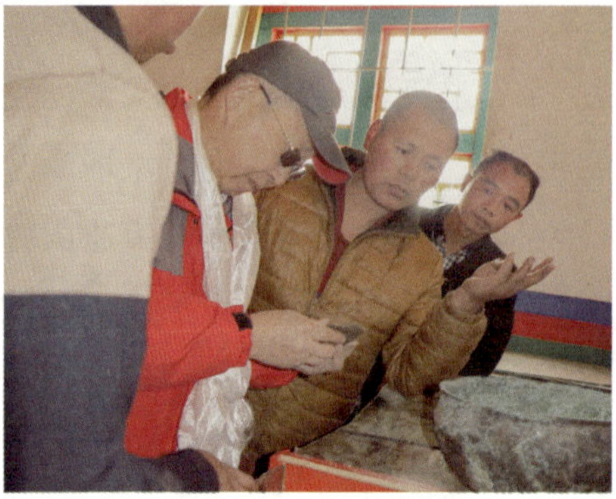

噶尔县古入江寺，向活佛楚成平措了解出土墓葬情况　2015.6.1

教活动，让我们先看稍低一点的地方。沿途吃东西很不方便，车行 1 个多小时，到噶尔县门士乡途中一个面馆吃面。我惊奇地发现，小馆里坐了 20 多位乌克兰人，美女居多，一打听，她们是到冈仁波齐神山朝圣的。这山的海外知名度，实属出我意外。

将近 5 时，我们到了噶尔县门士乡古入江寺，拜访活佛楚成平措。他是那曲人，31 岁，面目和善。因为是预约，他给我献上哈达，我送了一份不错的礼物。然后他带我们到离寺门 100 米左右的公路边的古墓遗址，已经回填了，这是邻小河的一大片平地，知道一下区位环境。2005 年，一辆载重车压垮一个洞，无意中发现了古墓。来到寺里二楼，楚成平措无保留地把他们保存的部分古物给我看，珍贵的都交到县、州文物部门了。我问有茶标本和茶器吗，他指着玻璃柜里一小堆黑乎乎的东西说："有人说这是茶叶，我们也不知道。"我请他取出看看，没有任何气味，也判断不出是什么植物或食物。

我们到寺门口坐在门槛上聊天，我请寺管会的白多喇嘛帮做记录。之前我看过相关资料，问了几个想知道的问题，请他们在记录上签了名，合影纪念，就此告别。

同赵建国教授在阿里古格王朝遗址
2015.6.1

尼玛泽仁大师绘《最后的净土》，赠作者的生日礼物 1996.6.10

第二天到札达县文物局拜访罗丹局长。2009 年札达县出土了两处象雄时代的古墓，在一个藤编筐内装有多种食物，仝涛老师取一块回成都，鉴定之后说是茶，我依然做了笔录，请他签字。以往的资料中，未见此处出茶的报道。

下午 4 时，来到札达县古格王朝遗址。这里是 1961 年颁布的全国重点文物保护单位，海拔 3600 米，如果登顶，高差有 200 米左右。孙岩劝我不要上了，我说盼了 20 年的愿望，岂有不上之理。放心吧，登山不是问题。海拔高，缺氧，这两天又没休息好，我同赵教授晃晃悠悠慢行。

这真是一处独居山巅的险堡，只要有人守，极难攻克。中山以下有极多岩洞，是守军和住户的。三分之二以上，有几处庙室，绘精美壁画，导游在给老外讲解，顾不上我们。接近山顶有隧道相通，门一关无法通行。山顶平坦，是宫室所在地。放眼一望，给人以轩昂之感，远处蓝天下雪山连绵，另外几面悬崖陡壁，不可攀登。山下是一条小河，原本供水的管道已毁。

在札达县文物局考察出土实物　2015.6.2

古格王朝是吐蕃分崩以后，公元 895 年，王子吉德尼玛衮带部下逃到此，被象雄首领扎西增接纳，把女儿嫁给他，接了被吐蕃所灭象雄的地气。此王国延续 700 年，被拉达克军队和起义军所灭。我拾了山顶的 4 枚不同于内地的卵石作纪念。我心足矣——“最后的净土！”教授照了许多相片，他说此美景一生仅此一次。

6 月 3 日，我们穿行峡谷土林，进入高山草场，摄下 80 只左右野毛驴、10 多只野羊的照片。见一牧羊小女孩赶着几百只羊慢行，很可爱，我送她一只毛茸茸的小熊猫玩具，她不认识，拿在手上摆弄。

到普兰县看冈仁波齐圣山，在 1299 千米桩处是最佳拍摄点，这里是印度教、耆教、佛教、苯教的共同神山，高 6656 米。离圣山 35 千米的玛旁雍错圣湖是世界最高的淡水湖，海拔 4588 米，最深处 81 米，绕湖一周 90

千米。朋友们，趁年轻，去享受一下绝世美景吧！

6:30，到了阿里地区所在地噶尔县城，这里海拔 4200 米，住陕西省援建的宾馆，室内有固定的吸氧装置，不怕缺氧了。周树是州旅游局局长，成都四中高材生，在省企工作多年后，2004 年申请挂职到阿里旅游局工作已经 11 年了，帅气，精明能干。

讲明我为茶而来的目的，周树两次带我家访刚退休的州委宣传部副部长来玛次仁（对文史有研究），两次到阿里州文化局（文物局）拜访局长李兴国（1971 年生，祖籍洛阳），拜访地区政协副主席李玉建。

当然依其信息和理解不同，副部长认为有茶，李玉建答不清楚。李兴国讲，在古格王朝之前，阿里没有茶，也没有茶具，有领导说出土的是茶和茶具，是 2000 年前左右的，据他们的研究，不能成立。

历史上，阿里同南疆的和田、喀什有交流，更多的是同尼泊尔、印度有来往。阿里不出木材，全从印度进口，所以中等以下的人家用不起木制品。中国社会科学院考古研究所王树芝老师在北京对甲木墓地出土墓顶横木检测后，认为这是印度的三尖杉。阿里至今未发现疑似茶之物。以后李兴国回成

西藏阿里地区文物局访李兴国局长 2015.6.3

同余悦、刘昌明、伍仲斌在拉萨品甜茶 2016.8.26

都休假，我们再次讨论过同类问题，看是否有新发现新材料，他的口径不变。上述三人的记录，我全部请签字留存。

周树陪我们到处看看走走，他希望我们宣传神奇美丽的阿里。我挽着裤子，穿着布鞋(怕扎脚)，同赵教授拖着拦网，在孔雀河里网鱼，半小时捞着十多斤，送酒店做好下肚，美食！我网上炫耀，有朋友批评我不尊重藏族风俗，把“天菩萨”吃了，捞鱼前我问过同样的问题，藏族朋友笑笑：“满街餐馆都卖鱼火锅、糖醋鱼。西藏这样大，各地风俗不一样，放心吃吧。”

7号上午飞拉萨。在阿里一周，对我的调研有什么思考？

我认真学习了《西藏阿里地区噶尔县故如甲木墓地2012年发掘报告》（中国社科院考古研究所、西藏自治区文物保护研究所，仝涛、李林辉、黄珊执笔，《考古学报》2014年第4期）；《西藏西部考古新发现的茶叶与茶具》（四川大学藏学研究所所长霍巍撰，《西藏大学学报》2016年第

1 期）；《发现世界最早茶叶实物 丝绸之路布局又添新物证》(中国科学院地质与地球物理研究所研究员吕厚远等撰，2016 年 1 月 13 日发表)；《考古还原青藏高原丝路的样貌》（中国社科院考古研究所边疆考古研究中心研究员仝涛撰，《光明日报》2022 年 12 月 11 日）等文章，觉得有诸多问题值得探讨。回成都写了一篇长文，因篇幅和主题，不在此展开，讲几个常人不太注意的考察信息分享。

故如甲木墓地位于西藏西部阿里地区，其中 4 个墓葬全是二次葬。所称出土有茶、金面罩的墓葬，距地表 1.4 米，长方形木棺内逝者不能横卧，棺外放随葬品，其中有 7 件小木案。有人推测是喝茶木案，看看标的尺寸可知，其大小相当文人书斋的“清供”玩物的托座，墓中无“清供”摆件，7 件木案用途存疑。

墓中共出土铜器 4 件，包括盆、壶、釜、勺。铜盆“发现时内置一铜勺，有茶叶状植物叶片结块”，勺“出土时内有茶叶状植物叶片残留”。另有铜壶1 件，“内部发现有褐色茶叶状植物叶片残留”。吕厚远先生测定残留物是 1800 年前茶品。其中装有茶叶的铜盆“口沿有两处修补痕，用方形小铜片包住口沿，并用两枚铜钉加固”。墓主是30—35 岁的男性，可能是一位贵族，用残破修补过的铜盆陪葬以享受茶的愉悦。能以金覆面的茶爱家贵族，竟没有一件像样的茶器具相伴，不可思议。

放置茶叶的铜盆、铜壶有多大，铜盆的尺寸有农村老大爷喂猪潲水时使用的最大的塑料脸盆那样大，铜壶有中号以上高压锅那样大，有用这样大的器物放珍贵的茶吗?

以上分析所用数据，全来自 2014 年公布的发掘报告。我们期待更多有关西藏西部地区茶叶的考古材料发现。

2022 年 3 月 26 日，在雅安举行“中国蒙顶山·世界茶文化之源”研讨会，有刘仲华、谭继和、孙华、霍巍、沈冬梅、王川、王云、段渝等数十位专家学者参加。同霍巍先生聊起我的阿里行，他说：“孙老师，据我所知，您是到阿里的最年长者！”

记此，不浪费一周的阿里行。

（4）林芝易贡茶场过生日

6月8日，我们飞到拉萨，陪赵教授各处观览，看布达拉宫，下午到一家有名气的甜茶馆，店铺很大，长方桌，长凳子已显陈旧，人坐得满满的。同伴给我们挤出几个位置，服务员给每人放一个小玻璃杯，比啤酒杯小一半，手脚麻利地倒满甜茶，就不管我们了，是红茶加奶加糖的饮品，喝完了，不用招呼，她会立即来掺第二杯。每一杯5角钱，客人自觉地把现钞放桌上。同伴说，1949年前进甜茶馆就被称为下等人，俚语说“喝甜茶的说明家无酥油，吃烧饼的说明家无糌粑”，现在甜茶馆很火爆，这是接地气的拉萨特色。

6月9日，毛丽开车去600千米外的林芝，当时高速公路未通，最高点翻米拉山口，海拔5013米。晚上到，同辜甲红会合，还有蒋天兵（波密兵站原站长）、伍仲斌（雅安茶企业家），毛丽一同前往波密县易贡乡易贡茶厂，路不好走，颇费周折。辜甲红是西藏茶叶协会会长，我们西南茶文化研究中心副主任，他现在经营98平方千米的易贡茶厂区域，知道赵教授是旅游策划高手，接我们去看看，出出主意。辜会长安排到湖里打鱼，鱼又肥又大。我们四处参观，这里原来是军垦农场，1963年从雅安引种茶叶成功，1979年移交自治区农垦局，更名易贡茶场，这是西藏的第一片茶园，被美誉为天堂上的茶园。

晚餐在场部食堂，两位藏族场长陪同。席间赵教授宣布：今天是孙老师67岁生日。哈！高潮迭起，献哈达，唱歌跳舞，尽情欢快，不亦乐乎。回到房间，赵教授说：“我没带礼物，画一幅肖像素描作纪念吧！”我知道他是画肖像高手，我端坐在那里，半个小时画毕，我非常满意。安睡一夜到天明，阿里的劳顿一扫而空。

辜甲红带我们转了个遍。2000 年，这里暴雨山体滑坡，形成巨大的堰塞湖，把工厂、宿舍一扫而空，中央落实广东对口援建，恢复茶园。这是一个美丽的、极有前途的地方。下午甲红说：“今天补过生日哈，昨天的不算。”他安排人划船捞鱼，去林子里采野菌。蒋天兵有一手好厨艺，他得意地说：“我以波密兵站原站长的手艺隆重地为老领导亮一手。”毛丽、伍仲斌也各献一菜。晚餐的豪爽欢乐就不用说了，记不清喝了几箱啤酒。

半夜 4:30，我呕吐、腹泻；6:30，第二次呕吐；到 9 点，又腹泄几次。辜总请广东援建的二位女医生诊疗，吃药，躺下输液，其他人都没问题，就我一人犯毛病，可能与前一天淋雨，对某种蘑菇不适有关，与年龄也有关吧。

我们需要赶快返回林芝，行程 170 千米。晚餐在鲁朗兵站，站长是万州人，爱人是雅安人，与我是双重缘分。晚餐很丰富，可惜我只能喝石锅鸡汤，煮了一两面条。

晚上我到林芝健民医院住进急诊室，输 5 种液，1000 多毫升，伍仲斌陪着我。住了两天院终于缓过劲来了。

6 月 4 日，大家到医院送我，伍仲斌、蒋天兵一同去机场。辜甲红打趣地说：“玩茶，玩命！”

赵教授说：“为茶，玩命！”这句话好。

2016 年 8 月 23 日—30 日，我陪余悦、刘昌明从成都坐火车到拉萨，辜会长专门请余先生做研讨会主讲。二人皆 60 后，从未到过西藏，家人不放心。两人不约而同的说辞是：“孙先生比我大好几岁，有他陪着，怕什么？”这一行的精彩故事，下次再说。

赵建国教授在林芝易贡茶场给我的生日礼物　2015.6.10

第二十二篇

众说纷纭的茶文史器物

▶ 提　要

热议了二三十年的云南木兰化石是茶祖宗，被推翻了

神农饮茶的旧说新说

南方丝绸之路之证：越南安阳王庙

《诗经》中“荼”的新解

湖州青瓷罍“茶”：茶罐说的不同见解

马王堆墓的“棈”字不是‘槚’字，不是茶，早有定论

最早的汉砖饮茶图出在成都

历代贡茶《故宫贡茶图典》证明，蒙顶山位列第一

外国人何时到蒙顶山介绍吴理真

中国最早的茶园照片——1865 年宜宾

中华茶历史文化博大精深，随着不断出现的考古新发现和更先进的科研设备投入检测，更多的研究者参与，就有了更多的新见解。

1　木兰化石是茶树祖宗吗

《农业考古》1997年第2期刊载《从木兰化石论茶树起源和原产地》，作者是云南省地矿局区域地质调查所高级工程师何昌祥。我当时未涉茶事，不知此文影响。

2005年10月9日，国内多家媒体刊载《茶马古道：邂逅3540万年前的茶树始祖》，由此引起我的兴趣，持续跟进。

2006年4月2日，新华昆明网公布何先生的发现论证，认为云南茶树是由宽叶木兰经中华木兰（新种）演变而来，历经3540万年，推演层层递进，用很多木兰化石和普洱茶鲜叶对比印证。国内很多报刊登载此事。其效果，一是当时国外有人同中国争茶树原产中心，国内也有多省在争，此文一出就不会有人争了；二是普洱茶价那时节节攀升，给人的印象是这种原生老茶涨价是应该的，所以千年茶树、几千年茶树不断冒出来。

木兰化石实物

2010 年 3 月 4 日，我到昆明张顺高教授家拜访，请教几个问题，并做了笔记，其中一个问题是木兰化石与茶的关系。他说，现在吵得很热，但是有一个问题他绕不过——五桠果问题。在青藏高原隆起之前就已经存在，山茶是喜温性植物，五桠果是热带植物，既是木兰，必经五桠果，才能到茶，这解释不通。

2010 年 5 月 29 日，我在重庆永川中华茶艺山庄参加第十一届国际茶文化研讨会，经姚国坤老师引荐，晚上拜访虞富莲教授。我请教了两个问题：一是茶的树龄问题，二是木兰化石与茶的关系。他做了概要说明，茶树上千年是不可能的，尤其是亚热带的阔叶林，树龄不可能长，攀比古老不等于文明。

二位先生都不约而同地说一句话，何昌祥先生是学地质的。言下之意自明，地质和生物跨界太远！采访二先生，我都做了笔记。

此后，不尽其数的书籍报刊谈木兰化石与茶的关系，声音一边倒。我看了不少文章，老实说看不懂，没有一篇让我明白。

2018 年 5 月 2 日，《人民日报》发表一篇 400 余字的文章《我国学者破解中国种茶树全基因组密码》，报道该研究由安徽农业大学教授宛晓春团队和中国社会科学院国家基因研究中心、深圳华大基因共同完成，结论是茶树祖先种大约在 8000 万年前与亲缘关系最近的猕猴桃物种发生分化，继而在 38 万—154 万年前，又分化形成中国种和阿萨姆种。“这些发现首次从基因组层面系统解开了茶叶中富含独特风味物质之谜”。可能是有鉴于多年大版宣传木兰化石的教训，此文只有巴掌大，但它解答了两个重大历史问题：茶树与木兰化石不沾边；中国种和阿萨姆种都是独立存在的野生原产地种，没有谁先谁后、谁传给谁的问题。

当晚，我就把图片发给程启坤、钟渭基、虞富莲三位先生，垂询见解。第二天午后三位先生微信告知：“这项研究，意义十分重大。”“科技发展很快，这一成果是茶学的重大突破，值得关注和学习，不能不信，难以全信。以往媒体信息都不作为学术评价依据。”“独家研究，独家观点，目前应该可信。”

《农业考古》2020年第5期发表《源于古滇，出自巴蜀——论茶的起源与传播》，作者杨崇仁（中国社会科学院昆明植物研究所植物化学与西部植物资源重点实验室博士生导师）、张颖君（女，博导）、陈可可（实验室高级工程师）、杨晓琳（女，博士），这是一篇万余字的长文，明确提出“从山茶科及其类缘植物，如木兰科及其近缘物种化石推测茶的起源，不符合植物进化的规律”。

此后仍见有长篇大论述及木兰化石事，可能他们不相信上述之说，也可能他们没见到这两条信息。孰真孰假，读者自判。

2　神农发明了饮茶

最先提出神农发明饮茶之事的是陆羽，在《茶经·六之饮》《七之事》中，前者提出“茶之为饮，发乎神农氏”，后者写“三皇、炎帝神农氏”，即最早喝茶者是神农氏。

吴觉农主编《茶经述评》（2005年中国农业出版社版）说：“《六之饮》中把晏婴所处的春秋时代（前770—前477）以及这个时代以前的周公时代，并上溯神农氏时代，都作为茶的饮用时期，这是没有科学根据的。”

鲁迅先生评论说：“我们一向喜欢恭维古人，以为药物是一个神农皇帝尝出来的。他曾经一天遇到七十二毒，但都有解法，没有毒死。这种传说，现在不能主宰人心了。”（《南腔北调集·经验》，1972年人民文学出版社版）

朱自振《茶史初探》说：“对于陆羽的‘茶之为饮，发乎神农’的观点，历来就有赞同、持疑和否定三种不同的态度。”“《神农食经》《神农本草》

成都新津出土汉代神农石刻
成都博物馆藏

等一类的神农书是汉代儒生的伪托，并非真的是神农所写。”2024年1月30日，公布“2023年中国考古新发现”6个项目中位列第一的是“四川省资阳市濛溪河旧石器时代遗址”，这里出土数量不少的接骨草、筋骨草，也就是说，在神农尝百草之前数千上万年，古人类已有对植物药物的认识。这里是王褒的故乡，是资阳人头骨出土地。

在中国多地有供奉茶祖的习惯。世所公认的茶祖有两位，一是神话传说的“茶祖神农氏”，二是有史为证的人工植茶第一人茶祖吴理真。另外具有地方性影响的是云南茶祖孔明、布朗山寨的茶祖帕岩冷。

3　安阳王和南方丝绸之路

《史记·西南夷列传》记，公元前316年，秦大军灭蜀，在武阳追杀了蜀王，读者以为蜀的故事就完了，不对！在中华历史上，有灭国不灭族的习惯，周灭了殷，依然把殷后人迁各地为王，意在笼络安定其旧族，如果要造反，则灭之。

蜀后裔也一样，降为侯等级分封，但仍是不断造反。到蜀王子泮时，他在卢山一带造反失败，率数万兵众，经凉山、云南、缅甸到越南，攻占雒王、雒侯地盘，建蜀朝，称安阳王。这在《水经注·叶榆水》所引《交州外域记》

及越籍《大越史记全书》《安南志略》《钦定越史通鉴细目》都有记载，说他率了 3 万军队攻无不克，雒域臣服。那么加上家属、后勤人员，他的部众应在 10 万左右，长距离迁移无阻，就因此道上千年来为“蜀身毒（印度）道”，为他提供方便。

汉武帝时派张骞出使西域，他历经羁押、逃亡之苦，在 8 年以后到大夏国，见有蜀地的蜀布、邛竹杖出售。当地人告诉他，这是经印度、缅甸千象之国而来的物品。在汉武帝明此玄机后，派唐蒙开五尺道（宜宾、滇），派司马相如到云南，试图打通“蜀身毒道”，未成。

应越南民主共和国之请，四川大学徐中舒（《交州外域记·蜀王子安阳王史迹笺证》、蒙文通（《越史丛稿·安阳王杂考》）、任乃强曾专题研究安阳王史实。

越南河内至今尚存的安阳王庙

蜀朝被南越王赵佗所灭，据说蜀王带部众乘船逃到柬埔寨。至今河内市还有安阳王庙。蜀王子泮所走的路，被公认为早于北方丝路上千年的南方丝绸之路，并且多地段与川滇茶马古道重合。四川三星堆和金沙遗址出土的海贝币、部分象牙、金器、青铜器与南方丝绸之路有联系。

4 《诗经》中的“荼”指啥

这是一个议论至今、热门不衰的议题，其实，起码从明末清初顾炎武《日知录》以来，已有不少书提出了基本正确的见解，但是苦于不愿下功夫检索，很多错误流传，这里做一个概述。

《诗经》305首，记录了公元前1100年至前600年约500年间北方15个小国的诗歌，经孔子亲手编订而成，是汉民族的第一部诗歌总集，涉及今之山西、河南、河北、陕西、山东的一些地方。这些诗中，有7首涉及“荼”字，也就是被一些人误解为茶的诗。

在当时，“荼”字分别是苦菜、白茅和毒害之意。

①谁谓荼苦，其甘如荠。（《邶风·谷风》）《邶风·谷风》是一首长诗，是一位被休之妻在被赶出家门时，哭诉、数落其负心郎与新欢的诗：我就像苦菜，你和新欢过着像荠菜（一种鲜美的野菜）一样的日子。

②采荼薪樗，食我农夫。（《国风·豳风·七月》）据著名诗人流沙河先生说，这是中华民族历史上第一位有名有姓的诗作者周公所写，屈原比他晚。豳是周的发迹地，《七月》是讲祖宗创业的艰辛，起到教育后代的作用。此二句讲先民食物匮乏，采野菜，用烂柴煮着吃。（《流沙河讲诗经》，第97页）

③周原膴膴，堇荼如饴。（《大雅·绵》）周方国要迁都，到了周原这个地方，土地肥美，各种野生植物都带甜味。

以上三句“荼”作苦菜解。

④出其闉阇，有女如荼。（《郑风·出其东门》）当时郑国风俗，夫妇同出东门踩青踏月，出了城门外，大家交谊欢快，如火如荼状。（任乃强《周诗新诠》，第157页）

⑤予手拮据，予所捋荼。（《国风·豳风·鸱鸮》）是周公写给周成王的诗，他当时才20多岁，率军远征，但是其兄管叔、其弟蔡叔在周成王面前说他坏话。周公把二人喻为鸱鸮，即猫头鹰，在当时是一种不吉祥的鸟。

此处比喻自己是鸟妈妈，在修补已坏的鸟巢，十分辛苦。

⑥其镈斯赵，以薅荼蓼。（《周颂·良耜》）周宣王复行秋社慰农所制乐章。农人除掉田地野草，“荼蓼”这种野草很大，除之烂于地成有机肥，对黍稷尤茂。（任乃强《周诗新诠》，第565页）

此三句“荼”指白茅花或茅草。

⑦民之贪乱，宁为荼毒。（《大雅·桑柔》）相传为周大夫劝谏周厉王写的诗。荼为野草，毒为蛇虫。讲不堪忍受荼毒。这里荼毒作毒害解。

另在《周礼》中有“掌荼”一句被广为引用。

⑧“掌荼，掌以时聚荼，以共丧事。征野疏材之物，以待邦事，凡畜聚之物。”（《周礼译注》，2004年上海古籍出版社版，第249页）

收取各地供奉的茅秀、草木果蔬，以供王国办理丧事和国之祭典时用。

“掌荼”来由，这要从一个故事说起：

公元前656年的春秋时期，齐桓公联合诸国伐楚，兵到边界，楚使前来讨说法：我国有什么错，你要出兵打仗？

桓公说，按《禹贡》的规定，各诸侯国定时上贡，楚国没有按时贡白茅（荼），影响了国家的祭祀活动，所以兴兵问罪。“知罪了，立即补贡！”齐兵退。

楚茶有什么神异之处，大中华有白茅之处甚多呀！《史记·封禅书》记“江淮间一茅三脊为神藉”，只有楚地茅神异通灵，每祭奠或丧事时，用楚茅滤酒，铺地及殿堂各处，方能祭奠，这就是“掌荼”。马牛羊是祭天地鬼，而“掌荼”最神灵，规制最高。很多人不知“荼”有多解，只知“荼”是茶的古读音之一，为了提高茶文化的影响力，就不切实际地把“掌荼”解成用茶来祭祀。

5　湖州青瓷罍上的“”读什么

1990 年 4 月 19 日，湖州市博物馆在该市弁南乡罗家浜村发掘了一处东汉末至三国时的砖石墓，出土一个有“”的青瓷四系罍，还有青瓷碗、青瓷盆、青瓷罐。此罍“”被解读为茶字。多年后，此器在湖州市博物馆展出，导览说这是镇馆之宝。

馆文介绍，这个青瓷四系罍器，为大型盛酒器和礼器，多用青铜或陶器制成。此罍口径 15.5 厘米，腹径 36.3 厘米，底径 15.5 厘米，高 33.7 厘米，肩横置对称四系扣，用于盛重物时系绳抬运，或为礼器的装饰。此类砖石墓，20 世纪在浙江多有发掘，且葬品有青瓷器具，可见不是豪富家墓葬。

2014 年 6 月 4 日，我请好友郭丹英（中国茶叶博物馆陈列部主任）发此罍图片。7 月 13 日，我请教四川大学教授赵振铎先生（《汉语大字典》常务副主编、著名语言学家、词典学家，湖州人）“”怎么读，他说：“我回家查一下，明天告诉你。”我同时请教四川师范大学中文系张昌余教授，他是我的业师，亦说不识，回家查后回话。

第二天我电询二师，赵先生说：“在中国现今录字最多的《康熙字典》和《汉语大字典》中，皆无此字，这不是一个字，只是一个符号，可能是工匠为表示一种特殊含义而写。”我又问：“能否当成‘茶’字理解？”

湖州青瓷罍

他说：“不能！中国文字数千年，其间架结构任何笔画都有特定含义，这是常识。‘[illegible]’少了一撇一捺，不能用今天的观点去猜测用茶字解。”张教授告诉我，遍查字典、辞典，无此字。当晚我电联郭丹英，介绍赵、张二先生身份功力和对“[illegible]”的见解，她说，我们以后讲解此字时，要慎重了。

对此罍作什么用，有一点思考。

①以墓的型制、葬具判断，墓主的身份不高，排除此罍作祭器的功能。

②从多种青瓷随葬品判断皆是生活用品。

③此罍是放酒、放他物，还是储茶？此罐较大，且有四系，放酒、放其他较重物可能性大，放茶的可能性小。

《茶经》所记，陆羽遍游江浙，只收录了几百年前孙皓、陆纳二高官涉茶之事，足见当时茶量少价贵，涉茶圈小。《七之事》连蜀妪在京城卖茶粥被市管员打破器具都收录了，他在湖州多年写《茶经》，熟悉风俗掌故，为何不写一二民间茶俗、茶事，只能说明当时茶普及度太低，价格不低，所以埋一个放十多斤茶的罍入葬，这可能吗？

此罍无盖，浙江湿度大，无盖之罍装茶，是不成立的。考古报告无破碎罍盖的记录。

因误识“”符号，推演出湖州地区在三国之前数百年，已制茶、储茶、饮茶且达相当规模，并进入家庭，这个结论对吗？

6 马王堆的“梢”是茶吗

2018 年 11 月 19 日，我到湖南长沙参加第十五届国际茶文化研讨会，他们的重点是到茶祖公园祭神农氏，到茶陵县看炎帝景区，还有“茶祖流芳，茶惠天下：让生活更美好”高峰论坛，诸多老友见。

11 月 22 日，我专门坐火车去了广西兴安县，拜谒红军湘江之战纪念地。1995 年此地建了一个占地 120 亩的纪念碑公园，主体雕塑是四川美院原院长叶毓山设计，泸定桥纪念碑公园、阿坝州三大主力会师纪念雕塑公园皆出自他的手笔。我是长征迷，此前已把长征各重要节点走完，因此地僻远不便，所以排到最后。湘江战役红军牺牲人数众多，是最惨烈之战，铭记不忘。

11 月 23 日回到长沙，我电联刘仲华教授，想到学校参观，然后到湖南茶叶集团学习。他在广东开会，安排弟子林海燕博士导览校区，安排同学尹钟在茶叶集团接待。很开眼，我收获甚丰。

下午，我到湖南茶叶集团学习。这是一个有名的大企业，副总尹钟女士带我看了企业的茶博馆，很不错，其中涉及马王堆中的“梢”字怎么讲。她说：“我们都讲是古‘槚’字的异体字，即‘茶’字。”我问：“是什么人鉴定的？”“湖南省博物馆专家周世荣先生。”“他的专业长处是什么？”“陶瓷考古专家。”“哦，研究陶瓷的。”“马王堆博物馆能看到

湖南省博物馆藏长沙马王堆出土的“槚”字木牌　2018.11.24　孙前摄

这些文物吗？”“能看到，明天我陪你去。”“谢谢，这是我一定要去看的！”

第二天下午，尹钟陪我到博物馆，此前我曾来过两次，与茶无关。尹总带我直奔涉“槚”部分。因为是星期六，有一个埃及法老木乃伊展，人很多。如果不是她带路，我根本就找不到这里。藏品放一排玻璃柜的下部，按出土时的方式陈列。“视死如生”，这里把辛追生前所用之物全部带到另一个世界。此柜博物馆设一牌，归类“果类竹笥木牌”。

我眼睛不好，蹲在地上，眼睛贴着玻璃仔细观察。每一个果类，有一个不大的盛装器，每器有一个木牌，毛笔写着什么水果，有数十种之多。在“槚”牌下，一个比今天柚子品种小得多的“柚”，残缺不全，博物馆的解说牌注明是“柚”。

我同尹总讨论，“槚”牌标的是“柚”，不是“檟”，实物也不是茶叶，这一清二楚。周世荣先生是博物馆研究员，如果他的注解正确，现在肯定沿用，现在断然不用，足见“槚”“檟”之论不对。古埃及法老墓也有此葬俗，他们的小牌是在象牙片上写字。中国报道过汉代的一出土墓，一个木牌上写好几个名称，不像这样一物一牌。“谢谢孙老师，让我悟出了很多道理，我们博物馆不能再照错的讲了。”

“我们很多长篇大论讲‘椿’‘槚’异体字的，是传抄网络文字，如果来实地看看，一目了然！”

尹总带我到一个大展柜，平展着大大的T形帛彩绘。她说，现在有一种说法，辛追要升天，一位天使跪地，双手举盘，给她奉茶迎候。这是第一次听说，我用手机的放大档，从不同角度照相，看后对尹总说，瞎编的，盘中空无一物。天使举动什么意思，不得而知，不实地看，只从网络照片看，一定信以为真。

非常感谢尹总，我们共同明白很多道理，做学问的不二法门多着呢！

2016年10月18日，我到开封参加“第十四届国际茶文化研讨会”，认识了中原出版集团郭孟良先生，他是洛阳嵩县人，我是洛宁人，同属洛阳市，相聊投契。10月27日，他给我寄来20斤一木匣书《中国茶书全集校证》，江苏方健先生汇编校证，400万字7册，2015年中州古籍出版社版，1200元。我不识方先生，偶见他文章，颇严谨。他不是学茶或考古专业的，以一己之力能有此研究成果，让人敬佩。此套书，使我之后获益甚多，其中就有“椿”字解。

他说，对马王堆涉“椿”木牌，“湖南的考古学者周世荣先生将‘椿’释读为‘槚’，笔者不能无疑，遂求教于裘锡圭先生。得到裘先生亲笔答复云：这个字的古旁，与三号墓遗策中‘介胄’的‘胄’字十分相似，似可隶定为‘椿’，释为柚。”又说：“‘椿’可能是水果一类东西，而不可能是茶。”（《中国茶书全集校证》导言，第8页）

此书2015年已出版，但在网上查不到该书对“椿”字的电子版，就把误解当正果了。

大邑县出土中国最早的饮茶汉砖　戴开林供稿

7　蜀地最早的饮茶汉砖

由李斌城、韩金科先生主编的《唐代茶史》（2012年陕西师范大学出版社版，第61页）有一幅东汉画像砖图，文字说明是“中国最早饮茶的例证”。经询收藏鉴赏家戴开林先生，此砖出土于成都大邑县，现藏成都博物馆，弈棋之人席地而坐，置一大茶汤钵，人前一茶碗，袅袅生烟。可惜印书时，把图片印反了。

8　历代贡茶

中国史籍中能查到最早给中央朝廷的贡茶史实发生在四川，分别是《华阳国志》和《新唐书》所记。

以后史籍所记，贡茶最多最热闹的是四川、浙江、福建。除四川外，对贡茶的叙述皆大而化之，笼统而过，已无实物例证。

唯四川雅州府名山县例外，雍正十二年（1734）沈廉在《退笔录》中

故宫存银瓶封装蒙顶仙茶、陪茶贡品　2023.10.27　张雅琪摄于故宫茶展

写道："仙茶每年采送各上台，储以茶瓶，亦不过钱许，其矜如此。"光绪《名山县志》为县令赵懿、赵怡弟兄所写，二人是遵义人。他们依史著、碑刻寺观遗俗、官方档案，把每年清明前采贡仪轨、制茶、装瓶、笺封、押运、交贡，交代得清清楚楚，并且得到几百年后的故宫遗存所证明，全部印证了县志所述。

2023 年 10 月 27 日，我专门到故宫看了贡茶实物。故宫统计，清代贡茶地有 24 个府州县，共 38 个品种，位列第一的是雅州府，有 7 个品种，并列第二的是福建南平、江西赣州、安徽六安各 3 个品种（详见第十九篇）。

2024 年 3 月 27 日，名山所贡 7 种贡茶，由故宫博物院送回到故乡蒙顶山展出 3 个月，得到川人的盛赞。

9　外国人眼中的茶祖吴理真

中国茶何时传入欧洲？2016 年 4 月，我率 17 人"中华茶文化赴英国考察交流团"到英国进行 14 天考察交流，回到国内，我用 5 年时间写了一本《英茶行日记：中英交流 400 年——茶 瓷器 丝绸 漆器 园林 贸易撷英》，63 万字，请陈宗懋院士题书名，其中写有"中国茶何时到欧洲"，有兴趣的可以找来翻翻。

那么，西方人接受了饮茶，他们能接受中国的茶文化吗？何时开始的？

几年前，国内译出［英］休·昂纳著《中国风：遗失在西方800年的中国元素》，其中详述西方人用中国茶祭祀祖先。书中写到，18世纪时意大利、法、英等国演出中国话剧、歌剧很流行。彼特·罗基亚里的剧作《中国女奴》，在1752年威尼斯狂欢节首演，开创新的时尚。剧中的饮茶仪式："官员们先是以茶祭奠祖先，然后7位奴仆奉上7杯清茶，宾主共同举杯饮茶，而后擦拭嘴唇，犹如机器一般步调一致。"次年，他又写出续集《中国姐妹》并上演。

西方人接受了中华茶文化，他们了解中华茶祖吗？

在1950年以前，有4位外国人上过蒙顶山，写过吴理真并留有著述或报告传世，这在西藏赵国栋先生写的《茶谱系学与文化构建》（2017年西藏人民出版社版）中有详细译文，现依时间先后简录于下：

英国人罗森为了调查四川和西藏的贸易，1891年到了打箭炉、天全、名山。他写道：最好的茶叶产自四川西部名山县的蒙山之上。山顶上立着一座佛教寺庙，僧侣们要照料神像，还要看管只有七株茶树构成的一个小茶园。

相传这些茶树由后汉一个叫吴理真的朝圣者种植，种子是他从印度带回来的。这些茶树每年只能生产几磅重的茶叶。地方官员们每年都要到那里监督茶叶的采摘，然后把这些茶叶作为贡品进贡到北京。这些茶叶被称作仙茶或甘露。一种叫蒙茶的茶叶盛名远播，同样也出自此山，可以对游览者出售。

有一种流行的说法，说是要得到一杯上等好茶，必须要具备两样东西——"蒙顶山上茶""扬子江中水"。这本小册子，1895年伦敦出版，2013年印度再版。

这里需要提示的是，在县令赵懿《名山县志》1892年刊刻之前，外国人就在蒙顶山看到了吴理真寺庙，知道他种了 7 株茶的小茶园，每年官方督采进贡京城。

英国人詹姆斯·哈里森 1905 年深入四川、西藏，他的目的仍然是藏茶生产和贸易。哈里森考察了雅州周边的茶叶贸易中心，包括名山、天全、荥经，以及其他感兴趣的地方，包括名山的“莲花峰会”。他对“莲花峰会”的评价是“那里有 7 棵非常有名的茶树，树龄超过了 2000 年，并且最初是从印度移植过来的”。这种茶“通过某种仪式由皇帝用来祭天。由于非常重要，所以这些茶树被专门保护起来，任何人不得随意进入保护范围”。

哈里森专门对吴理真做了介绍，“当时吴理真被雅州当地视作茶行业的守护神”，此话印证了南宋魏了翁所写《邛州先茶记》的叙述，县令到任 3 天，就要去寺庙祭祀茶行业神。

早于哈里森到蒙顶山的英国人，是印度茶税委员会的秘书，随“中国内地代表团”到了蒙顶山。他后来给哈里森写信说，每年只能从蒙顶山上的 7 棵茶树上采摘 700 片叶子，他目睹了这种茶叶。通过进一步的询问，他得知了这种茶叶取自超过 2000 岁的茶树，通过某种仪式由皇帝用来祭天。他声称有幸获得了用一个小金属盒装着的一点点样品。

梵蒂冈原外交部长嘎海椰红衣主教、法国艾斯佩莱特市市长戴海杜到蒙顶山祭拜茶祖吴理真 2003.9.25

第四位到过蒙顶山的英国人叫奥彭肖，他也早于哈里森到过蒙顶山，他寄了一张“吴理真行状碑”的拓片给哈里森，就是“神僧争论”的那张拓片，来自山上的寺庙，以后哈里森把拓片用于自己的书中。

除以上四位外，还有极重要的一位是美国人威廉·乌克斯先生。他没有到过蒙顶山，但他的影响和著作足以留存茶天地间。他是美国《茶与咖啡贸易杂志》的主编，同时是旅行家、演讲家、无线电播音家及广告家。他之前出版过《咖啡全书》《茶叶小史》《咖啡小史》《咖啡贸易》诸书。经二十多年在全世界产茶国收集整理资料后，1935 年他在美国出版《茶叶全书》。该书文字 60 多万，英文版 568 页，图片 1470 余张，被吴觉农先生称为"不失为今日茶叶著述中唯一具有世界性和综合性的伟构"，"茶叶界必读之书"。

吴觉农主持国内专家耗时 10 余年译成的《茶叶全书》（上下册中译本），在 1949 年 5 月解放上海的炮声中，由上海开明书店出版，这是献给新中国的一份厚礼。由于经费和印刷技术的原因，该书只有 215 页，选图 20 余张。

2011 年 5 月 21 日—26 日，我到美国参会之际，买到一本英文原著（2007 年再版），花 63.60 美元。我请四川省旅游局的几位朋友全译图片说明。他们告诉我，国内出版社有新出的中译本《茶叶全书》，买来一看，他们以吴觉农书为底本，吴书误的，他们误；吴书不误的，他们也误，错讹之多，不忍卒读。我通过中国茶叶博物馆冯卫英博士找到吴书电子版，印 20 本，分享于极小众爱家。

［美］威廉·乌克斯著《茶叶全书》，1935 年英文版封面

吴先生在下大力气宣荐此书的同时，也对乌克斯的殖民心态有批评，其中一个重点讲中国茶的起源，是僧

人吴理真从印度引进 7 株茶树而发展起来的。

我查看了电子版中涉吴理真部分：

迦罗传：

证明四川在古代已种茶树之证据，可于迦罗传中发现之。惜中国任何有关茶叶之主要书籍内，均未涉及此事，殊属可异。按迦罗于魏时代由印度研究佛经归来，携回茶树 7 株，栽培于四川之岷山，此种记载，似有相当事实根据。

此段译文，害得我好苦，我遍查佛教辞典，那个时代无“迦罗”其人，把“名山”译成“岷山”，怎么找？

直到何芬奇、柯高浩（联合国官员）到我家做客，我拿出英文版原著，二人看后相视一笑，中文译错了，他们把“甘露传”译成“迦罗传”，把“名山”译成“岷山”。

此书在全世界至今影响巨大，感谢乌克斯先生，让全世界知道雅州蒙顶山植茶始祖吴理真的故事。

10　中国最早的茶园照片

我问过很多茶界高人，中国最早的茶园照片何时何地出于谁人，无人知道。

2015 年 11 月 23 日，我到云南文化名人殷晓俊先生家做客，他以收藏方苏雅（法）老照片而闻名。他说最近又交换得到英国皇家地理协会摄影师约翰·汤姆森（1837—1921）1865 年沿长江到四川宜宾的照片使用权。

我对涉四川内容感兴趣，他在一台大电脑视频上放给我看。长江拉船纤夫、风光、船客吃饭……进入宜宾界，一张照片引起了我的注意，在一长排川南民居前的开阔坡地上，长着一片低矮灌丛茶园，一个农妇右手提一大竹篮，左手弯腰采茶，后面是一片树林。我即请晓俊停住，定格此片，反复放大让我辨识，最后确认，这是一片宜宾的茶园，1865 年摄。

照相机 1839 年 8 月才由法国画家达盖尔发明，此时能在茶的故乡留下可能是最早的茶园照片，弥足珍贵。殷先生当即复印一套送我，并授予使用权。

当时是湿版法照相技术，要有众多设备匹配，费时、费力、费钱，照相不是常人玩得起的。此图片用作引子，寻求更早的茶照片。

如果机缘巧合，说不定我撞巧成了第一个公布首张中国茶照片的爱茶人！

中国最早的茶园照片 1865 年汤姆森摄于宜宾　　殷晓俊授权

第二十三篇

雅安茶业大事记

▶ 提　要

这是历来最详尽的雅安茶业大事记，古今中外，汇集考辨

王庠《雅州蒙顶茶记》首录雅安茶事

明代大吏杨梦衮的《烹雪头陀传》是千古奇文，为蒙顶山发声

《万历合约》发现于泸定，解决川藏茶道纠纷

1891 年［英］罗森、1905 年［英］哈里森到蒙顶山，记录了茶祖

1904 年［法］方苏雅拍有史以来第一张茶马古道背夫图

1908 年，植物学家威尔逊照的背夫，用于《中国——园林之母》一书

1929 年，小西奥多·罗斯福拍背夫，用于《最后的熊猫》书中

1935 年，威廉·乌克斯的《茶叶全书》详介吴理真

1945 年，吴作人绘《藏茶传》手卷　　1950 年，茶业界可圈可点的史事

1978 年，陈椽考察，为蒙顶山古史定位

2004 年 9 月，朱自振举证茶祖圣山的千秋功德

光辉千秋的雅安“一会一节”，前无古人，后难有来者

先秦时期

约公元前 2700 年，相传神农氏发现野生茶叶，既作为食物，亦作为药物，被后世视作用茶之始。

约公元前 2140 年，大禹在蔡山（今雅州域周公山）、蒙山举行祭祀大典，庆贺治水成功。

公元前 1046 年，巴蜀助周灭商后，把多地生产的好茶贡西周王室（晋常璩《华阳国志》），这是贡茶之始的记载。

战国时期，成都青铜器《水陆攻战铜壶》（1965 年，成都百花潭中学出土），有“采茶”图案，这是最早的茶文物。

公元前 316 年秦征服巴蜀，由此巴蜀饮茶习俗传向全国。“是知自秦人取蜀而后始有茗饮之事。”（明顾炎武《日知录》）

汉　代

西汉神爵三年（前 59），蜀郡资中人王褒著《僮约》载“烹茶尽具，已而盖藏”“武阳买茶”，说明当时茶已进入家庭，有专用茶具、专门的茶交易市场。

成都博物馆藏汉代开怀饮茶陶俑证茶进入家庭、百姓饮茶。

西汉甘露年间（前 53—前 50），蒙顶山本地农人吴理真在蒙山顶移植野生茶树 7 株，进行人工种植，开人工植茶先河。据湖南农业大学陈椽、浙江农业大学庄晚芳考证，这是中国最早的人工植茶记录。《巴郡图经》载：“蜀雅州蒙顶茶受阳气全，故芳香。”

成都大邑县出土东汉饮茶汉砖（成都博物馆藏），是中国最早的饮茶例证。

隋唐五代

隋朝开皇三年（583），以依政县（今邛崃牟礼乡）置邛州，蒙山县、始阳县、沈黎县均属之。

隋文帝开皇十三年（593），改始阳县为蒙山县，原蒙山县易名为名山县。均以《尚书·禹贡》“蔡蒙旅平”之蒙山命名。

隋文帝仁寿二年（602），邛州开始在蒙山郡平定占据雅安两百余年的“野僚”。仁寿四年，于邛州辖地内析置雅州和登州（今汉源县境）。雅州治地蒙山县，下辖蒙山、名山、卢山三县。“雅州”之名始此。

隋炀帝大业元年（605），改蒙山县名为严道县。次年，废州置郡，合邛、雅、登三州为临邛郡，郡治严道县。

唐高宗武德元年（618），废临邛郡置雅州，除领原十县外，又在宝兴、小金、泸定境新置六县。武德九年，废登州并入雅州。

唐太宗贞观元年（627），分全国为十道，雅州属剑南道。同时于边防要地广置羁縻州。

唐先天元年（712），唐、蕃开始以茶易马，以赤岭为交马地，以松潘为互市地。

天宝元年（742），改州为郡，剑南道雅州卢山郡“土贡：麸金、茶、石菖蒲、落雁木”（《新唐书》卷四二）。蒙茶开始入贡皇室，雅州是巴蜀唯一的贡茶地，这也是首次出现唐代贡茶的记录。

唐代宗大历十一年（776），吐蕃攻雅州，大掠而去。

唐建中元年（780），陆羽《茶经》（成书于761—780）明确记载了雅州茶。同时涉及巴蜀茶史、名人、山川地理 19 处，多次论及邛州、雅州、泸州、眉州、汉州产茶。

唐玄宗开元、天宝年间，吐蕃、南诏相继强大。唐代宗大历十一年（776）至唐僖宗乾符二年（875）百年中，吐蕃四次寇雅州，一次围雅州城；南诏三次攻占雅州，两次围成都。作为边关重地的雅州，经济发展多次受到极大影响。唐文宗大和三年（829），南诏陷黎、雅、邛三州，围成都，陷外郭城，掠百工数万人而去，南诏手工巧技从此大进。

唐元和八年（813），蒙茶进贡数量为蜀之最，在全国名列前茅。

唐长庆年间（821—824），李肇《唐国史补》记载："剑南有蒙顶石花，或小方，或散芽，号第一。"唐大和九年（835），王涯提出并实行茶叶专卖的"榷茶"制。

唐开成五年（840），蒙顶茶由唐大吏赠遣唐高僧圆仁带回日本。

唐宣宗时期（847—860），种茶遍及雅州大部分地区。大中十年（856），杨晔《膳夫经手录》称："始蜀茶得名蒙顶。于元和之前，束帛不能易一斤先春蒙顶。"后广为发展，芦山新安茶市，岁易千万斤。

唐张又新《煎茶水记》、苏廙《十六汤品》、王敷《茶酒论》、裴汶《茶述》、温庭筠《采茶录》、李吉甫《元和郡县志》、封演《封氏闻见记》，皆盛赞蒙山名茶。

唐威通十年（869），南诏倾国入侵西川，陷嘉、黎、雅、邛四州，再围成都。乾符元年（874），南诏军过大渡河，陷黎州、攻雅州，成都再度惊惶。次年，高骈任西川节度使，追击南诏军至大渡河。

后唐清泰二年（935），毛文锡《茶谱》详述全国五十多种茶名，这是《茶经》后又一部茶史巨著。其中介绍了蒙山茶的品质、制作技术和茶性偏温的特性，记录了喝蒙山茶成仙的故事，称赞蒙顶镂芽、压膏露芽、不压膏露芽、井冬芽、研膏茶的品质。

宋代

宋代茶的重点在福建、浙江，边地雅安受到冷落，重点是以茶易马的贡献。

乾德三年（965），遣王全斌伐蜀，太祖“玉斧画界”。此时南诏为大理国取代。

乾德五年（967），朝廷将天全百姓编为“土军三千，茶户八百”，栽种、采摘、焙制乌茶（黑茶），以赏番民。

开宝二年（969），茶被定为军需品。

淳化四年（993），青城味江（今都江堰）茶农王小波、李顺不满茶税过重，揭竿起义，攻占成都。此事波及雅州。

两宋时期，由于吐蕃、大理衰落，雅、黎二州经济文化较发展。此时雅州仅辖名山、百丈、卢山、始阳、严道、荥经、和川（天全）数县。黎州划州而立，宝兴、天全以北成羁縻州。

至和二年(1055)，雷简夫任雅州太守后，恢复蒙顶山茶生产，改良工艺，鼓励百姓种茶，并写下《茶轩录》。同时，给京城大吏文彦博、梅尧臣、欧阳修、文同等寄茶宣传。

熙宁初年（1068—1077），苏辙《蜀茶五害论》批评暴征蜀茶给四川百姓带来危害。

熙宁四年（1071）后，王庠作《雅州蒙顶茶记》，这是迄今存世最早全面论述蒙顶山茶的文献。

熙宁七年（1074），李杞入川榷茶，统管全州茶叶，提举茶马司在名山设立买茶场和烘焙作坊，并采取强制手段，一驮（一百斤）名茶榷买载至秦州（甘肃天水）本钱不满十贯，卖三四十贯。名山场、百丈场设商税务，征收茶税、商税。熙宁九年（1076），百丈设置买茶场。

神宗年间（1068—1085），官府统购雅州茶价格：贵者每斤三百文，贱者二三十文。名山茶易熙（甘肃临洮）秦（甘肃天水）马，一百斤茶可换上马一匹。

元丰元年（1078），朝廷在名山建茶监（在今名山区蒙顶山镇槐溪村槐溪桥），统管以茶易马公务。

元丰四年（1081）七月十二日下诏："专以雅州名山茶为易马用。"从神宗熙宁年间至孝宗淳熙年间，名山茶运至熙秦、河州（甘肃临夏）及今青海地区与吐蕃易马，每年多达二万驮（当时一百斤茶可换一匹四尺二寸大马）。建中靖国元年（1101）十二月，重申神宗原诏"用名山茶易蕃马"，并定为"永法"。大观二年（1108）再诏："熙、河、兰、湟路，以名山茶易马，恪遵神考之训，不得他用。"

绍圣二年（1095）至大观元年（1107）年间，孙渐游蒙顶山后写下《智炬寺留题》，这是最早叙述茶祖吴理真的诗作。

宣和二年（1120），创制万春银叶，年贡皇室四十片（一片即一饼）。宣和四年，创制玉叶长春，年贡皇室一百片。

蒙顶石花、露芽、谷芽、圣杨花、吉祥蕊、不压膏、石苍压膏等名茶，位居全国名茶前八名。

淳熙十三年（1186），人工植茶始祖吴理真，被皇帝敕封为"甘露普慧妙济菩萨"。上清峰的七株仙茶列为正贡茶，五峰之茶作陪贡，并修建石栏围护，赐名"皇茶园"。

南宋魏了翁《邛州先茶记》首次记载了地方官到职三天必须祭拜茶神，以求丰产。说明当时四川的茶行业神只有茶祖吴理真。

宋代众多著名诗人讴歌蒙山雅州茶，计有梅尧臣、文彦博、欧阳修、吴中复、文同、苏轼、苏辙、王庠、黄庭坚、孙渐、刘跂、陆游等。

元 代

元代将黎、雅二州划为少数民族地区，为宣政院吐蕃宣慰司属下，虽有县名但无县官、无学官、无科举。

至元六年（1269），立西蜀四川监榷茶场，禁民私自采卖。

至元八年（1271），诏以四川民力用弊，免茶盐等课税。名山茶业逐步恢复。

至元十三年（1276），恢复南宋茶引制，规定“茶商货茶必令实行，无引者与私茶同”“犯私茶者，杖七十，茶一半没官，一半付告人充偿”。

至元十四年（1277），置榷茶场于碉门、黎，与吐蕃易马。李德载作《赠茶肆·阳春曲》“蒙山顶上春光早，扬子江心水味高”，是以后千古名联“扬子江心水，蒙山顶上茶”的雏形。

明 代

洪武四年（1371），诸产茶地设茶课司，定税额“陕西二万六千斤，四川一百万斤”，设茶司于秦、洮、河、雅诸州。

洪武十九年（1386），设雅州碉门、黎州茶马司（在今名山区新店镇长春村）。

洪武二十二年（1389），在岩州置仓储茶，以易番马。开拓碉门至岩州道路，立邮传，开垦大渡河两岸荒田。

洪武二十四年（1391），朱元璋下诏废团饼兴散茶，从此贡茶以散茶入贡。

对藏族聚居区赶马到雅州换茶规定：“上马一匹茶一百二十斤，中马一匹茶七十斤，下马一匹茶五十斤。”

雅州创制“甘露”名茶，品质、特色超过唐宋时期的“石花”。

隆庆三年（1569），四川茶引分边引、腹引，边茶少而易行，腹茶多而常滞，“裁引万二千，以三万引属黎、雅，四千引属松潘诸边，四千引留内地”。

万历后期（1574—1620），朝廷大员杨梦衮作《烹雪头陀传》，是为蒙山吴理真立传的千古奇文。

万历四十五年（1617），为解决商道阻隔、牦牛道东西两边（今雅安、泸定与康定）茶贸易纠纷，立定《合约》（泸定档案馆藏），这是迄今民间最早的茶马古道合约。

天启二年（1622），雅州知州吴伯锜刻《重修蒙山甘露大师殿坊碑记》，讲述吴理真的贡献，这是至今发现存世最早记载吴理真事迹的古碑。

清　代

清初，改革以园、树论茶税为按斤计征，并鼓励开荒种茶，由官府借给垦民资金，扶持生产。

康熙二十年（1681）至雍正六年（1728），天盖寺僧人释照澈（字霁白，上里任氏子弟）植茶万株于蒙山。

康熙三十年（1691），康熙批准“打箭炉市，番人市茶贸易”。雅州边茶交易逐步移至打箭炉，开始出现大量背夫。

康熙、雍正时期，雅州各县实行“引岸制”，允许茶商在一定地区内自由贸易。县设茶引局，负责配引征茶。

雍正六年（1728），名山僧官刻《天下大蒙山碑》，记录吴理真史迹，蒙顶仙茶演变为皇室祭祀太庙之物。皇茶园内外所产茶叶列为正贡、副贡和陪贡。

雍正七年(1729),升雅州为府,首任知府张植(安徽巢县监生)取名“雅安县”(迟于雅州名1125年),开始改土归流,整合县、土司、羁縻州。

雍正十一年(1733)设打箭炉厅(散厅)、天全州(散州)隶于雅州府,至此雅州面积扩大至16.83万平方千米,南邻云南,北接青海,为清代全国面积最大的府。

乾隆四年(1739),雅州知府曹抡彬主持纂修刊刻《雅州府志》,搜集整理了大量关于茶祖吴理真的史料,并梳理了历代名人咏颂蒙山的诗词。

同治十一年(1872)三月二十五日前后,德国著名地理学家李希霍芬(1860年,普鲁士皇帝派出170多人的庞大使团到中国建交通商,时年27岁的年轻学者李希霍芬是成员之一)到雅州,在日记中详细记录了从雅州到打箭炉背夫负载的重量,“据说还有背18包的,或许世界上没有哪个地方的人能背着这么重的东西翻山越岭”。这是外国人首次报道雅州背夫的情况。

光绪二年(1876),四川总督丁宝桢在雅州各县实行招商认岸办法,规定茶商请“引”认“岸”后,即作为自己专利,非人亡产绝,不得另招承允。

光绪十七年(1891),英国人罗森考察川藏贸易,登上蒙顶山,记录了吴理真和皇茶园的事。1895年,他在伦敦出版了这次考察的书,应该是欧洲最早讲述吴理真的书。

光绪十八年(1892),知县赵懿与兄赵怡主持修纂《名山县志》。该志整理、完善了蒙山茶文化,收集了大量蒙山茶文化诗词、文赋,是研究名山历史和蒙山茶史、茶文化的重要文献。其中所记贡茶始末和程序,为中华贡茶资料最权威者。

光绪三十年(1904),法国驻昆明总领事方苏雅在泸定咱里村茶马古道拍摄了雅安背夫去打箭炉的照片,这是有史以来的第一张背夫和泸定桥的相片。

光绪三十一年（1905），英国人詹姆斯·哈里森到雅安考察。

光绪三十二年（1906），名山王恒升、李裕公等18家茶商，为抵制印度茶倾销西藏，保全自身利益，集资五万两白银筹建“名山茶业有限公司”，制定《简章》十八款，向川滇边务大臣赵尔丰呈请开办，未获批准。

光绪三十三年(1907),赵尔丰、周孝怀(劝业道道台)联合名、邛、雅、荥、天五县茶商，在雅安组成官督商办“边茶股份有限公司”。王恒升等人以5万两白银入股，在名山县城设置“制茶处”，将所制茶叶运往清溪中转，出售康藏地区。

《四川官报》第九册第一页刊登《四川商办藏茶公司筹办处章程》。《章程》说：“本处系奉盐茶劝业道宪札饬详奉督宪批准，专为组织公司振兴茶务，保护利权而设。”办公地点在“雅州府城内，暂借雅安茶务公所为处所”，“本处奉委筹办茶业公司，为保全全川藏茶权利，关系甚大”。

光绪三十四年（1908），美国植物学家威尔逊在雅州、阿坝收集植物，拍下两背夫照片。此后，他出版《中国——园林之母》讲述在四川的考察经历。

民国时期

1912年，腹引取消，边引改行茶票，原以银两计征茶税，改为以元计征。

1929年，美国小西奥多·罗斯福兄弟到四川狩猎熊猫，拍下背夫照片，用在他们的著作《最后的熊猫》书中。

1934年12月5日，荥经籍作家周文，在《太白》期刊发表《茶包》一文，讲述背夫的艰辛。这是有史以来第一篇写背夫的文章（作者后为陕甘宁边区政府教育厅长）。

1935年，美国学者威廉·乌克斯著《茶叶全书》，向全世界介绍蒙顶山甘露祖师吴理真，此书影响深远。

1937年,中国茶叶公司成立5月,上海出版我国第一本茶叶刊物《茶报》。

1938年，废除茶引制，任商自由经营。“引税”改为“营业税”。

1939年,著名摄影家孙明经,在西康省考察期间,拍摄了大量背夫、茶庄、生产场地的照片，同时记录下雅州、打箭炉的茶马古道。

1942年，西康省主席刘文辉派遣24军部队官兵，到蒙山永兴寺附近屯垦植茶，从宜塘坪到回龙寺，开垦熟荒一百余亩，实行粮茶间作，命名为“骆蒙茶场”。因时政腐败，技术落后，经营不善，仅维持3年。

1944年至1945年2月，著名画家吴作人到雅安、康定写生，创作了《藏茶传》长卷（现藏法国博物馆，长299.7厘米，高38.4厘米），以“汉茶入藏”“背夫”“锅庄”“牦牛队”“打茶”为题，展现了丰富多彩的茶马古道。

1947年，百物腾贵，通货膨胀，市场出现以物易物，名山所产细茶大多用于调换大米。

1948年，名山茶业同行成立“陆羽会”，吸收会员30余人。

1949年，国民党元老张群（字岳军，成都人）去台湾时，专为张学良将军送去蒙顶茶。

中华人民共和国时期

1949年底，雅安茶号仅存48家，其中雅安30家，天全10家，荥经8家，年产边茶17万包，是历史上最低产量年份。

1950年1月16日，名山县人民政府成立，隶属四川省眉山专区。1952年9月1日改隶温江专区。1955年1月1日，划入西康省雅安专区。1955年10月1日，西康省撤销，并入四川省。

1951年，西康省农林厅在蒙山永兴寺建立“西康省茶叶试验场”。中华人民共和国的第一代茶人陆续走上蒙山。至1955年底，有梁白希、陈少山、彭学成等 30 多位技术工人在此工作。

1953 年，农业部划定名山为内销茶和南路边茶产区。当年修正税制，细茶税率调整为 25%。

1955 年，彭学城、何永祥、李伯祥、王栋良被评为四川省劳动模范，出席第三届农业模范大会，受到表彰。

10 月 1 日，四川、西康两省合并。10 月，“西康省茶叶试验场”改名为“四川省雅安专区茶叶试验站”，移交雅安地区行署管理。

1956 年 1 月，四川省雅安专区茶叶试验站抽调何专林、施嘉璠、彭学成等 12 人前往荥经县，帮助新建雅安地区第三茶场（即荥经塔子山茶场），施嘉璠任副站长（主持工作）。

1957 年，“四川省雅安专区茶叶试验站”改名为“四川省雅安茶叶生产场”。

1958 年，中共名山县委按照毛主席“蒙山茶要发展，要与广大群众见面，要和国际友人见面”的指示，组织 817 名民工到蒙山智炬寺、天盖寺四周垦荒，组建国营“名山县蒙山茶叶培植场”。

1959 年，四川省雅安茶叶生产场及县商业局土产经理部所属茶厂在雅安茶厂梁白希等人的指导协助下，恢复“蒙顶甘露”“蒙顶石花”“蒙顶黄芽”“万春银叶”“玉叶长春”传统名茶制作工艺。当年，“蒙顶甘露”在全国第一次名茶评选中被评为十大名茶之一。

1963 年，“四川省雅安茶叶生产场”与“名山县蒙山茶叶培植场”合并，组成“四川省国营蒙山茶场”，直属省农业厅领导，场部设永兴寺。8 月至 11 月，成都先后招收 3 批 93 名青年到国营蒙山茶场工作。

1966 年 9 月，国营蒙山茶场由四川省农业厅下放给雅安专区管理。11 月，又下放给名山县管理，更名为“名山县国营蒙山茶场”，场部迁至静居庵。

1967 年，国营蒙山茶场派技术骨干何光明、邓克明到西藏林芝、察隅等地开展技术指导，帮助发展茶叶生产。

1970 年，国营蒙山茶场及车岭、前进、红岩乡开始发展新式茶园。

1971 年，经“雅安地革委”批准，从国营蒙山茶场抽调技术骨干到名山县组建“地方国营名山茶厂”，当年建成投产。

1972 年底，国营蒙山茶场在雅安县招收 121 名知青，在天全县招收 10 名知青；1974 年 8 月，在名山县招收 70 名知青，扩大了企业规模。

1976 年，四川农学院开始招收茶叶专科生；1977 年恢复高考，开始招收茶叶本科生。

1977 年，四川省国营蒙山茶场李家光发表《名山名茶的形成与历史演变》（《名山科技》1979 年第 2 期），首述蒙山“贡茶”与“凡茶”的演变过程，认定吴理真就是名山当地植茶人，并且是有文字记载的最早的人工植茶人。

1978 年初冬，著名茶学家、教育家陈椽受国家委托，组织安徽农学院王镇恒等 10 余人的专家队伍到全国茶区进行调研考察，为撰写《茶业通史》收集资料。在雅安、名山由李家光（蒙山茶场场长）、欧阳崇正（县文化局局长）、施嘉璠、彭天贵（地区外贸局长）负责接待、讲解。他看到蒙山天盖寺《天下大蒙山》碑文关于吴理真在蒙山种茶的记载，高兴地说：“这是迄今为止有文字记载的最早种茶人。”后在《茶业通史》中记道：“蒙山有我国植茶最早的文字记载。”“据蒙山茶场李家光记载，蒙山茶就是本地茶，吴理真就是本地人。”“蒙山植茶为我国最早的文字纪要。”1979 年，李家光等人在蒙山海拔 1400 米的柴山岗娄子岩，发现 4 株野生茶树，鉴定树龄 800 年以上。

1979 年，著名茶学家庄晚芳和唐庆忠等编著《中国名茶》，介绍吴理真和蒙顶茶历史。

1980 年 8 月，在重庆西南农学院召开全国农业院校教材审编会。会毕，陈椽教授邀请与会专家再次到蒙顶山考察茶叶生产和历史文化。同行人员有浙江农大、云南农大、西南农大、四川农学院、广西农学院、福建农学院教授、讲师及杭州茶厂的技师，由李家光、欧阳崇正和施嘉璠陪同介绍。

1983 年，李家光撰《蒙山茶史考》刊印。

1983 年，国营蒙山茶厂派技术骨干岑化礼、郭光荣、曾显蓉（女）前往西藏波密县易贡农场，指导加工金尖茶、细茶，取得成功。

1983 年 9 月 8 日，国营蒙山茶场对外贸易机构“名山县蒙山农垦茶叶公司”成立。

1984 年 4 月 20 日，黄宗英自编自导自演的电影《小木屋》在蒙山开镜，蒙山茶首次被搬上银屏。黄宗英还在蒙山学习采茶技术。

1984 年，名山县茶叶技术推广站调运该县茶籽 2.5 万千克，支援西藏林芝县农场。

1984 年，中共四川省委书记杨汝岱、省委原书记谭启龙、省长杨析综、省委副书记刘西尧、何郝炬等领导到名山视察茶业、旅游业，并题词赋诗。

1985 年 1 月，名山县政协倡议开发蒙山旅游区，开展“我爱蒙山、修我蒙山”社会捐助活动，集资 5 万多元，修复唐代遗址皇茶园和天梯古道等名胜古迹。

2 月，省委老书记许梦侠考察蒙顶山，题词鼓励。

9 月 1 日，西藏自治区成立 20 周年，雅安茶厂制作重 1 市斤的“康砖”茶 25.9 万份，重 1.3 市斤的“金尖”茶 14.3 万份，共计 40.2 万份，分送 40 多万户藏族农牧民，表示慰问。

12 月 9 日，名山县政府批准蒙山永兴寺、千佛寺、禹王宫、天梯、延龄桥摩崖、石笋为县级文物保护单位。

1986 年 3 月 26 日，名山县茶叶科学研究所成立，杨天炯任所长，严仕昭任副所长。

8 月 3 日，全国人大常委会副委员长、第十世班禅额尔德尼·确吉坚赞大师视察雅安茶厂，并赋诗纪念。

8 月 30 日，四川省文化厅下发《关于建立名山县蒙山茶史博物馆的通知》（川文物〔1986〕第 61 号）。次年 9 月建成，原国防部长张爱萍将军题写馆名。这是中国第一家茶史博物馆。

1987 年 4 月 22 日，蒙山旅游风景区初步具备条件后，名山县政府举办了“仙茶故乡品茶会”，宣布蒙顶山风景名胜区正式开放。

1987 年，和龙茶农甘福琴在雅安市乡企局注册，成立和龙茶叶加工厂，厂房 400 平方米，年产藏茶 30 吨左右。2013 年，转为和龙茶叶公司，法人伍仲斌，厂房扩成 20000 平方米，年产藏茶 3000 吨左右。

1988 年 4 月，名山县志办公室编辑出版《名山茶业志》，近 9 万字，介绍蒙山茶的沿革、生产、加工、购销等情况，并列名山茶业大事记。

1989 年 11 月 25 日，蒙山茶场、四川农业大学园艺系联合选育的蒙山 9、11、16、23 号，通过四川省品种委员会审定为四川省（级）茶树优良品种。

1991 年，雅安行署李忠国副专员任团长，彭天贵局长任副团长，带领地区外贸局、雅安茶厂、天全茶厂和荥经茶厂负责人共 14 人，赴西藏考察交流茶叶产销情况。

1992 年，雅安市藏茶世家甘玉祥投资 3.2 万元成立友谊茶叶有限公司，年产边茶 300 吨。2024 年，已发展成占地 22 亩，总资产 1.5 亿元，年产藏茶 2000 吨。甘玉祥作为国家级南路边茶制作技艺非遗传承人，入选联合国人类非物质文化遗产名录。

1993 年 5 月 28 日上午，“93 名山国际名茶节”开幕式隆重举行。

1994 年，成立乡镇企业雅安中里茶厂。2002 年转为四川吉祥茶业有限公司，法人代表梅树华，占地 20 亩，厂房 7500 平方米。2013 年迁大兴农业园区，2023 年产 2500 吨藏茶。

1995 年，中共四川省委书记谢世杰引荐，名山县人民政府招商引进泰国正大集团到名山开发乌龙茶。

10 月 20 日，泰国正大集团茶叶有限责任公司有偿租用茶良场土地 133 亩，时间为 60 年。29 日，第一批从台湾运来的“青心乌龙”茶树枝条，在茶良场扦插育苗。

1997 年，张跃华在名山县红岩乡成立了名山县跃华茶厂。2012 年，规模扩大，成立了四川蒙顶山跃华茶业集团有限公司。2016 年，投资 1.1 亿元，在蒙顶山下建成跃华茶文化生态科技园区，占地 50.07 亩，集现代化生产、科研、体验、禅茶、销售、休闲于一体。跃华茶业成为雅安首屈一指的名优茶生产企业。

1998 年，杨文学在名山县中峰乡四岗村成立名山县皇茗园茶厂，年产绿茶 200 吨。2009 年成立皇茗园茶业集团公司，投资 1000 多万元，占地 18 亩，厂房 3600 平方米，年产优质绿茶 500 吨。2013 年成立雅安市第一家“绿茶工程技术研究中心”，生产知名品牌“蒙顶山特色甘露”。

2000 年 3 月 15 日，日本国家电视台在蒙山拍摄《首届蒙山茶文化专集》。

5 月 1 日起，我国第一个黄金周期间，“雅安地区首届名优特新商品展销会”在雅安市体育场隆重举行。一举改变历来农副产品交易“坝坝会”的观念，多家茶企获奖。5 月，“2000 四川蒙山名茶节”在名山县城举行，“茶与县域经济发展研讨会”在百丈湖松林山庄召开。

5 月，安徽芜湖平安房地产开发有限公司签约整体兼并了有 400 余年历史的雅安茶厂。1950 年前，此企业是中国茶叶公司西康省第三制茶场，属国民党官僚资本。1951 年 10 月，改制成国营雅安茶厂，100 多人，年产 5000 担藏茶，旗下包括荥经、雅安多家私营茶作坊。1958 年，完成公司合营改造。2005 年，在雨城区大兴农业园区重建投产。

5 月，名山县新店镇人民政府投资修复茶马司，并竖碑以志，联曰：“茶马互易相得益彰垂青史；汉藏交融和衷共济贯古今。”同期，在新店镇街口塑“茶马交易汉藏一家”雕塑。

6月14日，国务院发出《关于同意四川省撤销雅安地区设立地级雅安市的批复》，作如下批复：一、同意撤销雅安地区和县级雅安市，设立地级雅安市。市人民政府驻新设立的雨城区。二、雅安市设立雨城区，以原县级雅安市的行政区域为雨城区的行政区域。区人民政府驻沙湾路……12月10日，雅安完成撤地建市工作。

2001年1月4日，拉萨次仁顿典投资800万元，在名山建设“西藏朗赛茶厂”。

4月30日，名山县旅游局向四川省版权局提交“龙行十八式著作权登记申请”，2002年5月13日，省版权局局长李正培签发《著作权证书》〔登记号：21-2002-D-（0763）-0090〕，认证名山县旅游局的“龙行十八式”著作权资格。

12月6日，国家质量监督检验检疫总局发布2001年第35号公告，即日起正式对蒙山茶实施原产地域产品保护。11日，质检总局、四川省政府在钓鱼台国宾馆联合举行“《蒙山茶原产地域产品保护》新闻发布会”。

2002年3月5日，发布《蒙山茶国家标准（GB18665-2002）》，6月1日实施，本标准主要起草人为杨天炯、夏家英、李廷松等。

3月21日，四川省计委以工代赈办公室主任王光四到雅安调研时表态，连续四年支持雅安发展“以名山为中心，以雨城为重点”的茶叶基地。传达国家林业总局把茶叶作为生态林，可享受8年退耕还林优惠的政策。1999年至2013年，名山县实施退耕还林11.09万亩。

8月7日，雅安市政府副市长孙前陪同中国国际茶文化研究会常务副会长宋少祥，专家姚国坤、刘勤晋、朱红樱，四川省茶文化协会会长谢运全、刘贵民、刘松龄、钱晓宪一行人到蒙山考察茶文化，了解申办“第八届国际茶文化研讨会”条件。

9月8日，台湾天福茶博物院院长阮逸民和陆羽茶学研究所所长蔡荣章一行专程到名山，向永兴寺赠送台湾出版的《蒙山施食仪》《蒙山施食仪轨》两本佛教经典。

9月9日—12日，“第七届国际茶文化研讨会”在马来西亚首都吉隆坡隆重举行，雅安市人民政府申办团孙前、曾英慧、杜义、李毅、陈书谦申请“2004第八届国际茶文化研讨会”在雅安市举办成功。

9月17日，在名山县陈家坝新区动工兴建广场。2004年建成后命名为“吴理真广场”，占地31000平方米。

12月12日，雅安蒙山风景名胜区被国家旅游局评定委员会批准为2002年第四批国家AAA级旅游区。通过国家评审并定位为“四川三大历史文化名山”（峨眉山、青城山、蒙顶山）之一、“世界茶文化发源地”。

2003年，因企业改制，国营蒙山茶场解体，全部职工被统一安置。

3月30日，“皇茶祭天祀祖采制大典暨皇茶入陕祭祖活动”隆重举行，县长杜义领读《皇茶祭天祀祖大典祭文》。杜义一行到陕西黄陵县祭祀黄帝陵。

3月，成先勤成立全国第一家女子茶技表演队，挖掘整理蒙山“凤舞十八式”茶技。

9月20日，智炬寺禅茶茶艺参加重庆永川国际茶文化旅游节，“禅茶茶技表演”获一等奖。

9月25日，梵蒂冈原外交部长嘎海椰红衣大主教、法国艾斯佩莱特市戴海杜市长一行10人到蒙顶山，祭拜茶祖吴理真。

11月17日，西康大酒店打造成全国首家茶文化主题酒店，获得广泛赞誉。

11月26日，名山县政府发文明确将“蒙山”“蒙顶山”统称为“蒙顶山”。

2004年1月13日，雅安市茶叶行业“一会一节”动员大会暨雅安市茶业协会成立仪式在雅州宾馆举行，孙前为创会会长。

3月27日，“皇茶采制大典”在蒙顶山皇茶园举行。雅安市、名山县政府确定以后每年3月27日为蒙顶皇茶采制大典暨茶祖吴理真生日祭拜日。

同日，名山县文化局、“第八届国际茶文化研讨会暨首届蒙顶山国际茶文化旅游节”（简称“一会一节”）办公室，雅安市、名山县妇联，雅安市科协和市农业局联合在蒙顶山举办蒙顶山首届“蒙顶皇茶杯”采茶女能手大赛，600多名妇女参加初赛，63名选手参加决赛。

3月29日，祭祀蜀汉昭烈皇帝仪式在成都举行。雅安市人民政府率市县相关人员，用蒙顶茶祭祀。

4月3日，成都万人品蒙山春茶迎“一会一节”新闻发布会在成都武侯祠、百花潭公园举行，省市领导，文化名人魏明伦、李树人、任新建、张昌余等参加。

4月24日，雅安市政府孙前副市长、名山县政协主席王维带领“一会一节”筹委办、蒙山茶史博物馆及部分茶企，赴陕西法门寺博物馆参加“第三届法门寺茶文化国际学术研讨会”，赠送茶祖吴理真汉白玉雕像。

4月25日，在南充市北湖公园举行“果城万人同品蒙顶春茶暨雅安国际茶文化推介会”。

4月27日，四川省茗山茶业有限公司“蒙山”牌茶叶商标被四川省工商行政管理局认定为四川省著名商标，成为全市茶叶类第一个省级著名商标。

5月1日，名山县西藏朗赛茶厂董事长次仁顿典被全国总工会、工商联评为全国优秀民营企业家，在人民大会堂受表彰。

5月25日，全国政协副主席白立忱调研雅安茶产业。国家商标局公告“蒙顶山茶证明商标”核准注册。

9月19日上午，“2004第八届国际茶文化研讨会暨首届蒙顶山国际茶文化旅游节”开幕式，在四川农业大学体育馆拉开帷幕，来自28个国家和地区、全国34个省、自治区、直辖市和特别行政区的数千名代表参加，108

人表演、600 人伴唱歌曲《龙行十八式》名震天下，一系列研讨会、展会、活动全面启动。

下午“植茶始祖吴理真像揭幕并祭拜大典”在名山县吴理真广场进行。

9 月 20 日，“第八届国际茶文化研讨会”在四川农业大学逸夫楼礼堂隆重举行。雅安市委书记侯雄飞宣读《世界茶文化蒙顶山宣言》，确立茶祖吴理真和蒙顶山圣山地位，全体代表一致鼓掌通过。

9 月 19 日—25 日，“一会一节”在川农大组织了 11 个高端研讨会，海内外 300 多位专家学者莅会。主城区举办的“国际茶叶博览会展区”“名优特新商品展”“大西南美食节”“茶马古道老照片展”“熊猫文化生态展”、蒙顶山朝圣、碧峰峡游览等，吸到了 30 多万游客。100 多家媒体的 200 多名记者参会报道。

10 月 19 日，雅安市委、市政府在四川农大体育馆召开了总结表彰大会，表彰筹备承办“一会一节”的先进集体 71 个和先进个人 164 位。

11 月 18 日，名山县成立茶业发展局，撤销原名山县茶叶产业化办公室。

11 月 27 日，法国艾斯佩莱特市市长戴海杜夫妇一行考察世界茶文化圣山蒙顶山，在刻有他和嘎海椰主教名字的朝山纪念碑前合影。

2005 年 3 月 27 日，“祭拜植茶始祖吴理真暨蒙顶山皇茶采制大典”在蒙顶山举行。

8 月 28 日—31 日，“第三届四川旅游发展大会”在雅安市隆重召开。“第二届蒙顶山国际茶文化旅游节暨蒙顶山世界茶文化博物馆开馆仪式”同期举行。四川省委书记、省人大常委会主任张学忠、省长张中伟、省政协主席秦玉琴等领导参加，并到蒙顶山世界茶文化博物馆剪彩开馆，张学忠题写馆名，到牛碾坪茶园体验采茶、品茶、唱茶歌。

8 月 31 日，雅安市茶业协会、市社科联、名山县政府联合主办的“首届川藏茶马古道论坛”在名山县茗都花园酒店举行，会后出版“茶界特刊”

《首届川藏茶马古道论坛论文集》。

其间，雅安市茶业协会组织评选的“雅安十大名茶”公布。通过省市茶叶专家现场评审、现场公证，从 30 多个茶样中评选出蒙顶黄芽、蒙顶石花、蒙顶甘露、蒙山毛峰、蒙山飘雪、玉芽、翠竹、藏茶、康砖茶、金尖茶为“雅安十大名茶”。

9 月中旬，韩国釜山文化交流财团总裁李施英在蒙顶山捐赠的韩国馆开馆。

9 月 29 日，雅安市向杭州市赠送植茶始祖吴理真汉白玉雕像（高约 2.5 米，用宝兴汉白玉雕刻），何大清副书记、孙前副市长、杭州市委叶明副书记，中国国际茶文化研究会宋少祥常务副会长、程启坤副会长，中国茶叶博物馆江万绪书记、王建荣馆长等领导在中国茶叶博物馆吉庆台为雕像揭幕，何大清致辞，叶明讲话。

2006 年 5 月 23 日，在北京人民大会堂召开“蒙顶皇茶万里祭孔新闻发布会”。给老舍茶馆赠茶祖吴理真汉白玉雕像。

5 月 24 日，在山东曲阜孔庙大成殿用蒙顶皇茶祭祀孔子。名山县人民政府县长徐其斌宣读祭文，53 人组成的表演团队在大成殿广场展示茶马古道背夫形象，赠送吴理真雕像。

5 月 26 日，“第九届国际茶文化研讨会暨第三届崂山国际茶节”在青岛市崂山区开幕。雅安市茶业协会作为协办单位组团参加，赠送茶祖吴理真汉白玉雕像，两地政府主要领导在开幕式上共同为茶祖像揭幕，进行川藏茶马古道背夫形象展示、“龙行十八式”茶技表演。

2007 年 3 月 27 日—29 日，雅安市承办的“中国国际茶文化研究会学术委员会一届二次会议”在雅安举行。

3 月 28 日，中国国际茶文化研究会和雅安市茶业协会联合主办的“南路边茶（藏茶）传承与发展高峰论坛”在雅安市图书馆召开。

3月29日，成都大慈寺释大恩法师率弟子20余人到蒙山朝拜茶祖吴理真，观看禅茶表演，并至皇茶园按旧制采摘、制作贡茶。

7月6日，雅安藏茶协会登记成立，与雅安市茶业协会合署办公。

11月12日—13日，北京老舍茶馆、雅安市茶业协会、名山县人民政府联合主办的“迎奥运·五环茶战略联盟高层研讨会”在名山召开，蒙顶黄芽、雅安藏茶双双入选“迎奥运·五环茶”代表茶品。

12月25日，蒙顶山景区被四川省建设厅和省世界遗产办公室授予“全国首批省级自然与文化遗产”称号。

2008年1月上旬，名山县蒙顶山佛茶研究会挂牌成立。

2月9日，雅安市茶业协会在市区中大街温州商城举办藏茶贺岁活动。

3月27日，“全国茶馆专业委员会2008年年会暨第四届蒙顶山茶文化旅游节”在蒙顶山开幕。

2009年7月9日，“2009全国农业高等院校茶学学科发展与改革研讨会”在四川农业大学举行，来自25所高等农业院校的70多位专家学者考察蒙顶山，在著名茶学家杨贤强、宛晓春、刘勤晋带领下祭拜茶祖吴理真。

2010年4月，经中国茶叶区域公用品牌价值评估研究中评定，“蒙顶山茶”品牌价值达9.9亿元，四川省排名第一。

4月27日，四川蒙顶山跃华茶业集团有限公司董事长张跃华被评为全国劳动模范，在人民大会堂参加“2010年全国劳动模范和先进工作者表彰大会”。

4月29日，党和国家主要领导人胡锦涛，世博局主席蓝峰，法国总统萨科齐夫妇在上海世博馆欣赏了蒙顶山“龙行十八式”茶技表演。

5月19日下午，上海东方卫视《看东方》栏目在世博会四川馆采访，现场拍摄蒙顶山场景。

6月，中国蒙顶山茶技队受邀出访哈萨克斯坦进行国际茶文化交流，并为哈萨克斯坦总统表演巴蜀茶艺。

2011 年 2 月 5 日，央视《春节大庙会》节目播出名山蒙顶山茶技“龙行十八式”。

“蒙顶山茶”品牌评估价值达到12.72亿元,列四川省第一位,并荣获“中国著名农产品区域公共品牌”称号。

8 月 21 日，“茶马古道文化遗产保护（雅安）研讨会”在雅安举行。单霁翔(国家文物局局长、故宫博物院院长)、冯明珠(台北故宫博物院院长)、李家光、任新建、孙华、刘勤晋、司徒华、王云、木霁弘、孙前、郭昌平、蒋秀英、杜晓、陈书谦、甘玉祥等百余位专家参加。

10 月，文化部公布“第一批国家级非物质文化遗产生产性保护示范基地”，四川省雅安市友谊茶叶有限公司“南路边茶制作技艺”和云南省普洱市宁洱县困鹿山贡技茶场“贡茶制作技艺”两个茶叶项目入选。

2012 年 12 月 4 日，中国茶叶学会“第六届全国茶学青年科学家论坛”在雅安举行，《说茶论道蒙顶山：全国茶学青年科学家论坛论文集》公开出版发行。

12 月 31 日，国家工商行政管理总局商标局公布认定“蒙顶山茶”为中国驰名商标。这是四川省首个茶叶类地理标志类中国驰名商标，雅安市首个农产品中国驰名商标。

2013 年 4 月 28 日，著名演艺家成龙在雅安，为 420 芦山强烈地震后蒙顶山茶文化公益代言人。

6 月 4 日，台湾佛教界代表团到名山举行佛教文化交流，向地震受损严重的千佛寺、永兴寺和古城寺捐赠善款。

2014年9月19日,在名山区茶马古城举办纪念“一会一节”10周年活动,四川省 200 多位专家学者聚集一堂，发送 10 周年特制纪念册。（活动由孙前主持,名山区区委书记吴宏、副书记冯俊涛、区政协副主席张成军,陈官权、钟渭基、谭继和、张昌余、王云、李毅、司徒华、覃中显、丁云国、陈书谦、甘玉祥、张跃华、杨文学、董存荣、高富华、赵迎鸿等出席。）

11月，雅安市人民政府、名山区人民政府共同出资组建的“四川蒙顶山茶业有限公司”成立。

2015年3月12日，“第十一届中国四川蒙顶山国际茶文化旅游节”开幕。启动仪式上，雅安市被中国茶叶流通协会授予“中国茶都”称号。其间，举行世博会茶火炬传递、“中国梦·新家园·新农村”摄影展、“雅安记忆·非物质文化遗产”展、生态农业文化旅游融合发展成果主题展览。

3月13日，在蒙顶山蒙山书院，西南茶文化研究中心和名山区政府联合举办“茶史专家朱自振八十寿辰暨巴蜀茶文化研讨会”。西南茶文化研究中心孙前主任主持，100多位中外专家学者致贺，朱先生题写“蒙顶山，世界茶文化圣山”墨宝纪念。

2016年1月，芦山地震的援建项目雨城区“中国藏茶村”在多营镇建成营运，占地6平方千米，包括茶马古道、民族走廊、博物馆、西康往事、茶园、科研生产、旅游等项目。

4月12日—25日，由西南茶文化研究中心孙前主任组织，国内外知名专家沈冬梅、刘昌明、丁云国、吴乌米、冯斯正、邓存据等17人组成“中华茶文化赴英国考察交流团”赴英国考察交流，雅安多家企业参加。考察英国有关茶文化的25个点，其间大力宣传茶祖吴理真和世界茶文化圣山。回国后，孙前用5年时间集结考察成果著成《英茶行日记：中英交流400年——茶 瓷器 丝绸 漆器 园林 贸易撷英》一书，影响广泛。

9月10日—15日，由四川省茶叶流通协会、四川省茶馆协会、雅安市茶办等单位联合举办的“中国黑茶（藏茶）发展高峰论坛”在成都大华茶城举行。陈宗懋院士、江用文理事长、刘仲华教授、孙前副会长等知名专家学者发表演讲，为雅安藏茶产业健康发展献计献策。

2017 年 5 月 18 日—20 日，由中华人民共和国农业部和浙江省人民政府共同主办的“首届中国国际茶叶博览会”在杭州国际博览中心（G20 杭州峰会主会场）举行。公布中国十大茶叶区域公用品牌名单，“蒙顶山茶”位列第四。

8 月 3 日，“国家茶叶产品质量监督检验中心”（四川雅安）正式启动运行。

2018 年 4 月，中国茶叶区域公用品牌价值评估结果发布。“蒙顶山茶”评估价值 30.72 亿元，在全国 105 个公用品牌中列第 8 位，同时被评为“最具品牌经营力三大品牌”；雅安藏茶评估价值 18.45 亿元，列第 36 位，同时被评为“最具品牌发展力三大品牌”。

2018 年是成都知青到蒙山茶场 55 周年，雅安、天全知青到蒙山 45 周年，名山知青到蒙山 44 周年，8 月 18 日，蒙山知青再次在蒙顶山风景区旁彭家大院举办“纪念知青到蒙山联谊会”。

2019 年 8 月 29 日，雅安市人民政府办公室印发《雅安藏茶志编纂工作方案》，计划 5 年完成编纂任务并出版发行。

11 月 28 日，“中国·雅安藏茶文化旅游节”开幕式在大兴镇“中国藏茶城”隆重举行。来自北京、上海、云南、西藏等地的 500 多名嘉宾汇聚一起，共谋藏茶产业发展策略。其间成立中国藏茶联盟，举办“中国藏茶 · 健康中国”高峰论坛。

2021 年 11 月 12 日，雅安职业技术学院成立蒙顶山茶产业学院，任敏任院长。

2022 年 5 月 21 日，3 米高的汉白玉吴理真雕像落户成都金牛区茶文化公园茶祖广场。

11 月 4 日，四川雅茶控股集团有限公司在成都挂牌成立（从原国有雅安市农业和水务投资有限公司转型为茶产业龙头企业），注册资金 60 亿元，古劲任董事长，以“做响雅茶品牌，振兴雅茶产业”为发展目标。

2023 年 10 月 4 日—9 日，西南茶文化研究中心组织“中国蒙顶山：韩国智异山茶文化交流团”，到韩国智异山、许黄玉故地考察交流，用蒙顶甘露、黄芽祭拜。孙前、刘昌明、窦存芳教授做演讲交流，张雅琪、余远学进行茶技、茶艺展示。

10 月 11 日，法国比利牛斯省副省长率艾斯佩莱特特市代表团到蒙顶山考察，以纪念友城 20 周年。

12 月 18 日—19 日，韩国国际禅茶研究会会长崔锡焕，组团到蒙顶山和安岳县，祭吴理真和普州太后许黄玉。

2024 年 3 月 27 日—29 日，“第二十届蒙顶山国际茶文化旅游节”在名山区吴理真广场举行，省人大常委会副主任祝春秀，全国供销合作总社党组成员、理事会副主任陈祖新，故宫博物院副馆长，以及（美国）国际名优茶协会会长奥斯汀、茶营销专家朱萍等出席。

同期，故宫博物院把清代雅安的 7 种贡茶护送回名山区博物馆展出 3 个月。

8 月 24 日—9 月 1 日，著名陶艺术家叶骁在蒙山创立的蒙山窑艺术馆开馆。这是蒙山茶和蒙山陶结合的首例。

9 月 19 日，雅安市、名山区纪念“一会一节”《世界茶文化蒙顶山宣言》发表 20 周年活动在名山区举行，省内外和日本、巴基斯坦专家 200 余人共贺。

名山区委、区政府授予孙前“荣誉市民”称号。孙前著《世界茶文化圣山笔记》一书同天发行，55 万字。

（大事记辑录参考了曹宏、李家光、陈书谦、董存荣、窦存芳、高殿懋、杨绍淮、钟国林等提供的资料，此致谢忱）

参考书目

[1] 黄楙材 . 印度札记 [M]. 自强斋丛书，1897.

[2] ［美］威廉·乌克斯 . 茶叶全书 [M]. 中国茶叶研究社，译 . 上海：上海开明书店，1949.

[3] 郭沫若 . 中国古代社会研究 [M]. 北京：人民出版社，1954.

[4] （清）张廷玉等 . 明史 [M]. 北京：中华书局，1974.

[5] （宋）宋祁、欧阳修、范镇，等 . 新唐书 [M]. 北京：中华书局，1975.

[6] 陈祖椝，朱自振 . 中国茶叶历史资料选辑 [M]. 北京：中国农业出版社，1981.

[7] 曾枣庄 . 苏轼评传 [M]. 成都：四川人民出版社，1981.

[8] （清）王士禛 . 香祖笔记 [M]. 上海：上海古籍出版社，1982.

[9] 李有明 . 四川古代名人 [M]. 成都：四川省社科院出版社，1982.

[10] （清）阮旻锡 . 海上见闻录 [M]. 福州：福建人民出版社，1982.

[11] 蓝菊荪 . 诗经国风今译 [M]. 成都：四川人民出版社，1982.

[12] 牛宝彤 . 三苏文集 [M]. 成都：四川人民出版社，1983.

[13] 四川省社科院文研所 . 历代四川山水诗选注 [M]. 重庆：重庆出版社，1985.

[14] （清）张廷玉 . 清实录 [M]. 北京：中华书局，1986.

[15] 吴觉农 . 中国地方志茶叶历史资料 [M]. 北京：中国农业出版社，1986.

[16] （汉）司马迁 . 史记 [M]. 北京：中华书局，1987.

[17] （宋）司马光 . 资治通鉴 [M]. 北京：中华书局，1987.

[18] 杜长煋，闵未儒 . 四川茶叶 [M]. 成都：四川科学技术出版社，1989.

[19] 贾大泉，陈一石 . 四川茶业史 [M]. 成都：巴蜀书社，1989.

[20] （清）檀萃．滇海虞衡志校注 [M]. 昆明：云南人民出版社，1991.

[21] 林永匡，王熹．清代西北民族贸易史 [M]. 北京：中央民族学院出版社，1991.

[22] 龚予，陈雨石，洪炯坤．中国历代贡品大观 [M]. 上海：上海社会科学院出版，1992.

[23] 庄晚芳．庄晚芳茶学论文选集 [M]. 上海：上海科技出版社，1992.

[24] 范增平．台湾茶业发展史 [M]. 台北：碧山岩出版社，1992.

[25] ［俄］顾彼得．被遗忘的王国 [M]. 李茂春，译．昆明：云南人民出版社，1992.

[26] 赵殿增，林向，李绍明．三星堆与巴蜀文化 [M]. 成都：巴蜀书社，1993.

[27] （宋）苏洵著，曾枣庄、金成礼笺注．嘉祐集笺注 [M]. 上海：上海古籍出版社，1993.

[28] 朱自振，沈汉．中国茶酒文化史 [M]. 北京：文津出版社，1994.

[29] 阮浩耕．中国茶文化丛书 [M]. 杭州：浙江摄影出版社，1995.

[30] （明）何乔远，闽书 [M]. 福州：福建人民出版社，1995..

[31] 朱自振．茶史初探 [M]. 北京：中国农业出版社，1996.

[32] 余悦．问俗 [M]. 杭州：浙江摄影出版社，1996.

[33] 马可·波罗．马可·波罗游记 [M]. 梁生智，译．北京：中国文史出版社，1998.

[34] 马大正．国民政府女密使赴藏纪实 [M]. 北京：民族出版社，1998.

[35] 陈彬藩．中国茶文化经典 [M]. 北京：光明日报出版社，1999.

[36] 张光直．中国考古学论文集 [M]. 北京：生活·读书·新知三联书店，1999.

[37] 郭大烈，和志武．纳西族史 [M]. 成都：四川人民出版社，1999.

[38] 蔡荣章．无我茶会 180 条 [M]. 陆羽茶艺公司，1999.

[39] 夏鼐著．夏鼐文集 [M]. 北京：社会科学文献出版社，2000.

[40] （清）李渔．闲情偶寄 [M]. 上海：上海古籍出版社，2000.

[41] 李旭．藏客：茶马古道马帮生涯 [M]. 昆明：云南大学出版社，2000.

[42] 陈珲，吕国利．中华茶文化寻踪 [M]. 北京：中国城市出版社，2000.

[43] 木霁弘 . 茶马古道考察纪事 [M]. 昆明：云南教育出版社，2001.

[44] 木霁弘，陈保亚，李旭，等 . 滇藏川大三角文化探秘 [M]. 昆明：云南大学出版社，2001.

[45] 钱穆 . 中国历代政治得失 [M]. 北京：生活・读书・新知三联书店，2001.

[46] （明）谢肇淛 . 云南史料丛刊（第 8 卷）：滇略 [M]. 昆明：云南大学出版社，2001.

[47] 王贵，黄道群 . 十八军先遣侦察科进藏纪实 [M]. 北京：中国藏学出版社，2001.

[48] ［法］亨利・奥尔良 . 云南游记：从东京湾到印度 [M]. 昆明：云南人民出版社，2001.

[49] 陈香白 . 中国茶文化 [M]. 太原：山西人民出版社，2002.

[50] 任乃强 . 任乃强藏学文集 [M]. 北京：中国藏学出版社，2002.

[51] ［美］埃德加・斯诺 . 马帮旅行 [M]. 李希文，译 . 昆明：云南人民出版社，2002.

[52] 陈节 . 诗经注译 [M]. 广州：花城出版社，2002.

[53] 龚永新 . 三峡茶文化 [M]. 北京：中国农业出版社，2002.

[54] 张星烺 . 中西交通史汇编 [M]. 北京：中华书局，2003.

[55] 王云 . 四川茶馆 [M]. 成都：成都时代出版社，2003.

[56] 蔡慧菁 . 回甘人生：世界茶王李瑞河传奇 [M]. 厦门：鹭江出版社，2003.

[57] 庄昭 . 茶诗三百首 [M]. 广州：南方日报出版社，2003.

[58] 郭孟良 . 中国茶史 [M]. 太原：山西古籍出版社，2003.

[59] 许倬云 . 求古编 [M]. 台北：联经出版公司，2003.

[60] 魏明孔 . 西北民族贸易研究 [M]. 北京：中国藏学出版社，2003.

[61] 孙前，李国斌，董存荣 . 历代名人咏蒙山 [M]. 北京：中国国际文化出版社，2004.

[62] 李旭 . 九行茶马古道 [M]. 北京：作家出版社，2004.

[63] ［日］角山荣 . 茶的世界史：文化与商品的东西交流 [M]. 王淑华，译 . 台北：玉山社出版事业股份有限公司，2004.

[64] 周红杰 . 云南普洱茶 [M]. 昆明：云南科技出版社，2004.

[65] 谷维恒，潘笑竹 . 茶马古道 [M]. 北京：中国旅游出版社，2004.

[66] 王云，杨文华，李春华 . 四川茶事考 [M]. 成都：四川科学技术出版社，2004.

[67] 亮炯 · 朗萨 . 恢宏千年茶马古道——川藏茶马古道寻幽探胜 [M]. 北京：中国旅游出版社，2004.

[68] 刘启贵 . 盛世茶缘 [M]. 上海市茶叶学会，2004.

[69] ［法］老尼克 . 开放的中华：一个番鬼在大清国 [M]. 济南：山东画报出版社，2004.

[70] 董存荣 . 蒙山茶话 [M]. 北京：中国三峡出版社，2004.

[71] 曹宏 . 雅安史迹名胜探实 [M]. 北京：中国国际文化出版社，2004.

[72] 张国防 . 茶祖吴理真演义 [M]. 北京：中国三峡出版社，2004.

[73] 高富华 . 蒙顶山：最后的知青部落 [M]. 北京：中国三峡出版社，2004.

[74] 刘枫，程启坤 . 第八届国际茶文化研讨会论文集 [M].2004.

[75] ［美］路易斯·亨利·摩尔根 . 古代社会 [M]. 杨东莼，等译 . 南京：江苏教育出版社，2005.

[76] 刘海翔 . 欧洲大地的中国风 [M]. 深圳：海天出版社，2005.

[77] ［英］麦克法兰 . 绿色黄金：茶叶的故事 [M]. 杨淑玲，译 . 台北：商周出版社，2005.

[78] 范增平 . 中华茶人采访录 [M]. 台北：万卷楼图书股份有限公司，2005.

[79] （唐）封演 . 封氏闻见记 [M]. 北京：中华书局，2005.

[80] 徐寒 . 中国历史百科全书：民族民俗卷 [M]. 长春：吉林大学出版社，2005.

[81] （清）李化楠 . 醒园录 [M]. 北京：中国文史出版社，2005.

[82] 刘礼堂 . 问径集 [M]. 武汉：湖北人民出版社，2005.

[83] 张立汉 . 中国山河全书 [M]. 青岛：青岛出版社，2005.

[84] 戴均良，刘保全，等 . 中国古今地名大词典 [M]. 上海：上海辞书出版社，2005.

[85] 中国茶叶博物馆 . 品茗的排场 [M]. 杭州：浙江大学出版社，2006.

[86] 柏杨 . 中国历史年表 [M]. 海口：海南出版社，2006.

[87] 杨静萍 .17—18 世纪中国茶在英国 [D]. 浙江师范大学，2006.

[88] 刘勤晋 . 古道新风：2006 茶马古道文化国际学术研讨会论文集 [M]. 重庆：西南师范大学出版社，2006.

[89] 赤烈曲扎 . 西藏风土志 [M]. 拉萨：西藏人民出版社，2006.

[90] 劳榦 . 古代江山历史与文化 [M]. 台北：联经出版公司，2006.

[91] 许明龙 . 欧洲十八世纪“中国热”[M]. 北京：外语教学与研究出版社，2007.

[92] 郑培凯，朱自振 . 中国历代茶书汇编 [M]. 北京：商务印书馆，2007.

[93] 陈平原，凌云岚 . 茶人茶话 [M]. 北京：生活・读书・新知三联书店，2007.

[94] （宋）陈师道，朱彧 . 唐宋史料笔记：后山谈丛　萍洲可谈 [M]. 北京：中华书局，2007.

[95] 马存兆 . 茶马古道上远逝的铃声：云南马帮马锅头口述历史 [M]. 北京：中国农业出版社，2007.

[96] 丁文 . 陕西茶史 [M]. 西安：陕西旅游出版社，2007.

[97] 政协临沧市委员会 . 中国临沧茶文化 [M]. 昆明：云南人民出版社，2007.

[98] 虞富莲 . 走进茶树王国 [M]. 昆明：云南科技出版社，2007.

[99] 霍巍，赵德云 . 战国秦汉时期中国西南的对外文化交流 [M]. 成都：巴蜀书社，2007.

[100] 王力 . 中国古代文化讲座 [M]. 桂林：广西师范大学出版社，2007.

[101] （元）脱脱 . 宋史 [M]. 北京：中华书局，2007.

[102] 马丽华 . 藏东红山脉 [M]. 北京：中国藏学出版社，2007.

[103] 马丽华 . 西行阿里 [M]. 北京：中国藏学出版社，2007.

[104] 白九江 . 巴人寻根：巴人、巴国、巴文化 [M]. 重庆：重庆出版社，2007.

[105] 宜兴政协 . 苏轼与宜兴 [M]. 西安：西安地图出版社，2008.

[106] 何芳川 . 中外文化交流史 [M]. 北京：国际文化出版公司，2008.

[107] 陈椽 . 茶业通史 [M]. 北京：中国农业出版社，2008.

[108] 王明达，张锡禄 . 马帮文化 [M]. 昆明：云南人民出版社，2008.

[109] 何兴泽，吴海坤 . 云茶大典 [M]. 昆明：云南民族出版社，2008.

[110] 杨招棣 . 人迹板桥霜 [M]. 杭州：西泠印社，2008.

[111] 欧阳勋 . 茶诗八百首 [M]. 香港：天马出版社，2008.

[112] 刘勤晋 . 茶文化学 [M]. 北京：中国农业出版社，2008.

[113] 周孟棋 . 南方丝绸之路 [M]. 成都：成都时代出版社，2008.

[114] 程启坤，董存荣 . 蒙顶山：蒙顶茶史两千年 [M]. 上海：上海文化出版社，2008.

[115] 张祖道 .1956・潘光旦调查行脚 [M]. 上海：上海锦绣文章出版社，2008.

[116] 孙前 . 大熊猫文化笔记 [M]. 北京：五洲传播出版社，2009.

[117] ［英］约翰・霍布森 . 西方文明的东方起源 [M]. 孙建党，译 . 济南：山东画报出版社，2009.

[118] 王玲 . 中国茶文化 [M]. 北京：九州出版社，2009.

[119] 李旭 . 茶马古道上的传奇家族 [M]. 北京：中华书局，2009.

[120] 高发倡 . 古六大茶山史考 [M]. 昆明：云南美术出版社，2009.

[121] 徐凤龙，张鹏燕 . 普洱溯源 [M]. 长春：吉林科技出版社，2009.

[122] 范代忠，邓祖玲，王伟民 . 巴渝茶叶纵横 [M]. 重庆：重庆出版社，2009.

[123] 袁莎 . 西藏古格王国探秘 [M]. 北京：宗教文化出版社，2009.

[124] 陈先枢，汤青峰，朱海燕 . 湖南茶文化 [M]. 长沙：中南大学出版社，2009.

[125] 邹博 . 清通鉴 [M]. 北京：线装书局，2009.

[126] 石硕 . 藏彝走廊：文明起源与民族源流 [M]. 成都：四川人民出版社，2009.

[127] 谭继和 . 仙源故乡 [M]. 成都：成都时代出版社，2009.

[128] 流沙河 . 流沙河认字 [M]. 北京：现代出版社，2010.

[129] ［英］李约瑟 . 中华科学文明史 [M]. 上海：上海人民出版社，2010.

[130] ［意］利玛窦，金尼阁 . 利玛窦中国札记 [M]. 何高济，王遵仲，李申，译 . 北京：中华书局，2010.

[131] 周振甫 . 诗经评注 [M]. 北京：中华书局，2010.

[132] 班固 . 汉书 [M]. 北京：中华书局，2010.

[133] 耿俊杰，王杰 . 雅安史略 [M]. 成都：四川大学出版社，2010.

[134] 中国茶叶博物馆 . 话说中国茶 [M]. 北京：中国农业出版社，2011.

[135] （北魏）杨衒之 . 洛阳伽蓝记 [M]. 南京：凤凰出版社，2011.

[136] 马丽华 . 马丽华散文 [M]. 杭州：浙江文艺出版社，2011.

[137] 王铁，郭瑞民 . 中原茶典 [M]. 开封：河南大学出版社，2011.

[138] 刘复生 . 西南史地与民族：以宋代为重心的考察 [M]. 成都：巴蜀书社，2011.

[139] 杨民 . 秦汉两晋中央与巴蜀地方关系研究 [M]. 成都：巴蜀书社，2011.

[140] 姚国坤 . 图说世界茶文化 [M]. 北京：中国文史出版社，2012.

[141] 王士元 . 茶马古道研究集刊（第一辑）[M]. 昆明：云南大学出版社，2012.

[142] 王士元 . 茶马古道研究集刊（第二辑）[M]. 昆明：云南大学出版社，2012.

[143] 李斌城，韩金科 . 唐代茶史 [M]. 西安：陕西师范大学出版社，2012.

[144] 翦伯赞 . 秦汉史十五讲 [M]. 北京：中华书局，2012.

[145] 王学泰 . 中国饮食文化史 [M]. 北京：中国青年出版社，2012.

[146] 雅安市政府，四川省文物局 . 边茶藏马 [M]. 北京：文物出版社，2012.

[147] （唐）苏敬 . 新修本草 [M]. 太原：山西科技出版社，2013.

[148] 方国瑜 . 云南民族史讲义 [M]. 昆明：云南人民出版社，2013.

[149] 阚能才 . 四川制茶史 [M]. 北京：中国农业科技出版社，2013.

[150] 四川大学博物馆，四川大学考古学系，成都文物考古研究所编 . 南方民族考古（第九辑）[M]. 北京：科学出版社，2013.

[151] （宋）李昉，李穆，徐铉 . 太平御览 [M]. 北京：中华书局，2013.

[152] 邓九刚 . 复活的茶叶之路 [M]. 兰州：甘肃文化出版社，2013.

[153] 李家光，陈书谦 . 蒙顶山茶文化说史话典 [M]. 北京：中国文史出版社，2013.

[154] 蒙文通 . 蒙文通全集 [M]. 成都：巴蜀书社，2013.

[155] 郝炜 . 茶马古道：在山河的旧梦里 [M]. 兰州：甘肃人民出版社，2014.

[156] 林世兴 . 云南山头茶 [M]. 昆明：云南科技出版社，2014.

[157] 生活月刊 . 茶之路 [M]. 桂林：广西师范大学出版社，2014.

[158] 廖东风 . 藏地风俗 [M]. 北京：中国藏学出版社，2014.

[159] 娘吉加 . 感恩与探索：高原牦牛文化论文集 [M]. 拉萨：西藏人民出版社，2014.

[160] 余悦 . 中国茶俗学 [M]. 北京：世界图书出版公司，2014.

[161] 周本男 . 学茶笔记：记范增平老师讲茶 [M]. 台北：碧山岩出版社，2014.

[162] 段渝，邹一清 . 四川古代发明创造遗产 [M]. 成都：巴蜀书社，2014.

[163] 袁行霈，陈进玉，张在德，等 . 中国地域文化通览 · 四川卷 [M]. 北京：中华书局，2014.

[164] 刘建生 . 晋商五百年 [M]. 太原：山西人民出版社，2014.

[165] 欧阳崇正 . 蒙顶山茶文化丛谭 [M]. 北京：中国文史出版社，2015.

[166] ［英］罗伊 · 莫克塞姆 . 茶：嗜好、开拓与帝国 [M]. 毕小青，译 . 北京：生活 · 读书 · 新知三联书店，2015.

[167] 胡恒 . 皇权不下县：清代县辖政区与基层社会治理 [M]. 北京：北京师范大学出版社，2015.

[168] ［美］萨拉 · 贝斯基 . 茶叶大盗：改变世界的中国茶 [M]. 孟驰，译 . 北京：社会科学文献出版社，2015.

[169] ［英］福钧 . 两访中国茶乡 [M]. 敖雪岗，译 . 南京：江苏人民出版社，2015.

[170] ［美］威尔逊 . 中国——园林之母 [M]. 胡启明，译 . 广州：广东科技出版社，2015.

[171] 马识途 . 西窗札记 [M]. 上海：文汇出版社，2015.

[172] 刘枫 . 新茶经 [M]. 北京：中央文献出版社，2015.

[173] ［英］蓝诗玲．鸦片战争[M]．刘悦武，译．北京：新星出版社，2015.
[174] 张星烺．欧化东渐史[M]．北京：商务印书馆，2015.
[175] ［日］冈仓天心．茶之书[M]．徐恒迦，译．北京：中国华侨出版社，2015.
[176] 詹英佩．茶祖居住的地方：云南双江[M]．昆明：云南科技出版社，2015.
[177] 王河，虞文霞．中国散佚茶书辑考[M]．北京：世界图书出版公司，2015.
[178] 方健．中国茶书全集校证[M]．郑州：中州古籍出版社，2015.
[179] 任乃强．周诗新诠[M]．成都：巴蜀书社，2015.
[180] 龚荫．民族史考辨[M]．北京：民族出版社，2015.
[181] 赵国栋．茶叶与西藏：文化历史与社会[M]．拉萨：西藏人民出版社，2015.
[182] 方铁．方略与施治：历朝对西南边疆的经营[M]．北京：社会科学文献出版社，2015.
[183] 苏秉琦．满天星斗：苏秉琦论远古中国[M]．北京：中信出版社，2016.
[184] ［德］李希霍芬．李希霍芬中国旅行日记[M]．李岩，王彦会，译．北京：商务印书馆，2016.
[185] ［美］马士．东印度公司对华贸易编年史（1635—1834年）[M]．区宗华，译．广州：广东人民出版社，2016.
[186] 许嘉璐．中国古代衣食住行[M]．北京：北京出版社，2016.
[187] ［美］迈克尔·法夸尔．欧洲王室另类史[M]．康怡，译．北京：生活·读书·新知三联书店，2016.
[188] 沈冬梅，黄纯艳，孙洪升．中华茶史·宋辽金元卷[M]．西安：陕西师范大学出版社，2016.
[189] 王思明，何红中．全球视野下东亚农业文明研究[M]．北京：中国农业科学出版社，2016.
[190] ［英］彼得·弗兰科潘．丝绸之路：一部全新的世界史[M]．邵旭东，孙芳，译．杭州：浙江大学出版社，2016.

[191] 许靖华．气候创造历史 [M]. 北京：生活·读书·新知三联书店，2016.

[192] 张起．晚清松茂古道的一次民间行吟考察 [M]. 成都：西南交通大学出版社，2016.

[193] 王娟．化边之困：20 世纪上半期川边康区的政治、社会与族群 [M]. 北京：社会科学文献出版社，2016.

[194] ［英］艾伦·麦克法兰，艾丽斯·麦克法兰．绿色黄金：茶叶帝国 [M]. 扈喜林，译．北京：社会科学文献出版社，2016.

[195] 许晖．植物在丝绸的路上穿行 [M]. 青岛：青岛出版社，2016.

[196] 杨忠．历史拾遗、文化印记：名山历代碑刻拓片与对联 [M]. 北京：光明日报出版社，2016.

[197] 王子今．秦汉名物丛考 [M]. 北京：东方出版社，2016.

[198] 余世存．时间之书：二十四节气 [M]. 北京：中国友谊出版社，2017.

[199] ［英］休·昂纳．中国风：遗失在西方 800 年的中国元素 [M]. 北京：北京大学出版社，2017.

[200] ［美］弗兰克·哈德利·墨菲．茶之精神 [M]. 高彩霞，译．济南：山东画报出版社，2017.

[201] ［英］马戛尔尼，约翰·巴罗．马戛尔尼使团使华观感 [M]. 何高济，何毓宁，译．北京：商务印书馆，2017.

[202] 祝勇．在故宫寻找苏东坡 [M]. 长沙：湖南美术出版社，2017.

[203] 成都金沙遗址博物馆．古埃及：法老与神的世界 [M]. 成都：四川人民出版社，2017.

[204] （清）袁枚．随园食单 [M]. 北京：中华书局，2017.

[205] 刘迎胜．话说丝绸之路 [M]. 合肥：安徽人民出版社，2017.

[206] 李旭．茶马古道各民族商号及其互动关系 [M]. 北京：社会科学文献出版社，2017.

[207] 屠幼英，胡振长．茶与养生 [M]. 杭州：浙江大学出版社，2017.

[208] （明）达仓巴·班觉桑布．汉藏史集 [M]. 西宁：青海人民出版社，2017.

[209] （明）巴卧·祖拉陈瓦．贤者喜宴·吐蕃史 [M]. 西宁：青海人民出版社，2017.

[210] （清）智观巴·贡却乎丹巴饶吉．安多政教史 [M]. 西宁：青海人民出版社，2017.

[211] 舒曼．舒曼茶文化集 [M]. 石家庄：河北教育出版社，2017.

[212] （宋）邵博．邵氏闻见后录 [M]. 北京：中华书局，2017.

[213] 流沙河．流沙河讲诗经 [M]. 成都：四川文艺出版社，2017.

[214] 赵国栋．茶谱系学与文化构建：走进西藏茶叶消费空间的秘密 [M]. 拉萨：西藏人民出版社，2017.

[215] 龚伯勋．康巴纪实 [M]. 北京：中国文化出版社，2017.

[216] 杨绍淮．川茶与茶马古道 [M]. 成都：巴蜀书社，2017.

[217] 林海村．观沧海：大航海时代诸文明的冲突与交流 [M]. 上海：上海古籍出版社，2018.

[218] ［美］彭慕兰，史蒂夫·托皮克．贸易打造的世界 [M]. 黄忠宪，吴莉苇，译．上海：上海人民出版社，2018.

[219] ［英］凯茜·威利斯，卡罗琳·弗里．绿色宝藏：英国皇家植物园史话 [M]. 珍栎，译．北京：生活·读书·新知三联书店，2018.

[220] 梅维恒，郝也麟．茶的真实历史 [J]. 博览群书，2018（07）.

[221] 虞富莲．中国古茶树 [M]. 昆明：云南科技出版社，2018.

[222] 袁庭栋．成都街巷志 [M]. 成都：四川文艺出版社，2018.

[223] 任新建，何洁，李敏洵．四川藏区史·政治卷 [M]. 成都：四川人民出版社，2018.

[224] 李敏洵．四川藏区史·经济卷 [M]. 成都：四川人民出版社，2018.

[225] 宋兆麟．民族考古之路：我的治学生涯 [M]. 北京：商务印书馆，2018.

[226] 窦存芳，陈书谦，张勇．茶马古道与藏茶文化探源 [M]. 北京：中国农业出版社，2018.

[227] 李炳中．茶马古道：雅安段文献索引掇英 [M]. 成都：巴蜀书社，2018.

[228] 舒曼．舒曼茶文化续集 [M]. 北京：中国文化出版社，2018.

[229] 林语堂．苏东坡传 [M]. 长沙：湖南文艺出版社，2018.

[230] ［美］濮德培．万物并作：中西方环境史的起源与展望 [M]. 韩昭庆，译．北京：生活·读书·新知三联书社，2018.

[231] 司徒华．中华姓氏图腾 [M]. 杭州：西泠印社，2018.

[232] ［英］爱德华·科尔伯恩·巴伯．华西旅行考察记 [M]. 黄田，译．重庆：重庆出版社，2019.

[233] ［美］萨拉·贝斯基．大吉岭的盛名 [M]. 黄华青，译．北京：清华大学出版社，2019.

[234] 周国富．世界茶文化大全 [M]. 北京：中国农业出版社，2019.

[235] 张国刚．中外文化关系通史 [M]. 北京：北京大学出版社，2019.

[236] 裴亚静．从 17—18 世纪几艘沉船出水的中国茶具看茶文化在欧洲的传播 [M]. 首都博物馆，2019.

[237] ［加］贝剑铭．茶在中国：一部宗教与文化史 [M]. 朱慧颖译．北京：中国工人出版社，2019.

[238] 张闻玉，曾鹏，桂珍明．夏商周三代纪年 [M]. 北京：科学出版社，2019.

[239] 袁庭栋，张志烈．历代文化名人在四川 [M]. 成都：四川人民出版社，2019.

[240] 蓝勇．中国川菜史 [M]. 成都：四川文艺出版社，2019.

[241] ［英］谢立山．华西三年：三入四川、贵州与云南行记 [M]. 北京：中华书局，2019.

[242] 傅奕群．商从商朝来 [M]. 北京：北京日报出版社，2019.

[243] 姚国坤．中国茶文化学 [M]. 北京：中国农业出版社，2019.

[244] 李贵平．历史光影里的茶马古道 [M]. 北京：中国文史出版社，2019.

[245] 焦彪，焦好雨．茶马古道：锅庄文化文史调查与研究辑要 [M]. 成都：西南交通大学出版社，2019.

[246] 陈书谦，窦存芳，郭磊．蒙顶山茶文化口述史 [M]. 北京：中国农业出版社，2019.

[247] 王水照，朱刚．苏轼评传 [M]. 武汉：长江文艺出版社，2019.

[248] ［美］段义孚．神州：历史眼光下的中国地理 [M]. 北京：北京大学出版社，2019.

[249] 李旭．茶马古道：从横断山到青藏高原 [M]. 西宁：青海人民出版社，2020.

[250] 朱家骥．茶都雅韵：杭州名茶品鉴 [M]. 杭州：杭州出版社，2020.

[251] （元）萨迦·索南坚赞．王统世系明鉴 [M]. 西宁：青海人民出版社，2020.

[252] 王旭烽．茶文化通论：品饮中国 [M]. 北京：中国农业出版社，2020.

[253] 刘礼堂，吴远之．中华茶文化概论 [M]. 北京：北京大学出版社，2020.

[254] 汤洪．古代巴蜀与南亚的文化互动和融合 [M]. 北京：中华书局，2020.

[255] 顾炎武．日知录 [M]. 北京：中华书局，2020.

[256] 曾枣庄．三苏文化大辞典 [M]. 成都：巴蜀书社，2020.

[257] （宋）苏轼．东坡词 [M]. 扬州：广陵书社，2020.

[258] 莫砺锋．诗意人生 [M]. 南京：江苏人民出版社，2020.

[259] 李水城．穿越古今：海外考古大家访谈 [M]. 上海：上海古籍出版社，2020.

[260] 张勇，窦存芳．成都藏族流动人口的生活：一项关于社会支持的实证研究 [M]. 北京：中央民族大学出版社，2021.

[261] 李水城．耀武扬威：权杖源流考 [M]. 上海：上海古籍出版社，2021.

[262] 黄剑华．从三星堆的惊世发现到金沙 [M]. 北京：中华书局，2021.

[263] （唐）李肇．唐国史补 [M]. 北京：中华书局，2021.

[264] 黄杰．两宋茶诗词与茶道 [M]. 杭州：浙江大学出版社，2021.

[265] 李韶东．茶马古道上的陕商 [M]. 成都：四川美术出版社，2021.

[266] 冯尔康．古人日常生活与社会风俗 [M]. 北京：中国工人出版社，2021.

[267] 田茂旺．清代民国时期南路边茶商营贸易研究 [M]. 北京：民族出版社，2021.

[268] 廖宝秀．乾隆茶舍与茶器 [M]. 北京：故宫出版社，2021.

[269] 孙前．英茶行日记：中英交流 400 年——茶 瓷器 丝绸 漆器 园林 贸易撷英 [M]. 北京：新华出版社，2021.

[270] 王川 . 川康近代社会略论稿 [M]. 北京：中华书局，2022.

[271] ［荷］乔治·范·德瑞姆 . 茶：一片树叶的传说与历史 [M]. 李萍，等译 . 北京：社会科学文献出版社，2022.

[272] 王亚民，陈丽华 . 故宫贡茶图典 [M]. 北京：故宫出版社，2022.

[273] 李硕 . 翦商：殷周之变与华夏新生 [M]. 桂林：广西师范大学出版社，2022.

[274] 荣新江 . 从张骞到马可·波罗：丝绸之路十八讲 [M]. 南昌：江西人民出版社，2022.

[275] 谭其骧 . 谭其骧历史地理十讲 [M]. 北京：中华书局，2022.

[276] 夏商周断代工程专家组 . 夏商周断代工程报告 [M]. 北京：科学出版社，2022.

[277] 刘一达 . 中国人的称呼 [M]. 北京：中译出版社，2022.

[278] 钟国林，罗凡 . 中国名茶：蒙顶甘露 [M]. 北京：中国农业科技出版社，2022.

[279] 夏钦 . 东坡密码 [M]. 昆明：云南美术出版社，2022.

[280] 谭楷 . 我用一生爱中国：伊丽莎白·柯鲁克的故事 [M]. 成都：天地出版社，2022.

[281] （宋）陆游 . 老学庵笔记 [M]. 北京：中华书局，2023.

[282] 周重林 . 宋茶 [M]. 北京：中华书局，2023.

[283] 王恺 . 茶有真香：懂茶的开始 [M]. 北京：中信出版社，2023.

[284] 王水照 . 苏东坡和他的世界 [M]. 北京：中华书局，2023.

[285] 莫砺锋 . 漫话东坡 [M]. 南京：凤凰出版社，2023.

[286] 冯时 . 万年中国——中华文明的起源与形成 [M]. 北京：东方出版中心，2023.

[287] 多吉平措 . 空间与历史：布达拉宫沿革史论 [M]. 北京：社会科学文献出版社，2024.

众手捧出茶圣山

能把这本书奉献给读者，我第一个要感谢的是四川大学华西医院眼科刘春玲教授。

2021 年 12 月 18 日，我煎熬 5 年写成的英国行书《英茶行日记：中英交流 400 年——茶 瓷器 丝绸 漆器 园林 贸易撷英》，共 63 万字、500 余张珍贵图片，举行了新书发布会。白内障加近视，此时我的视力左眼表测为 0、右眼 0.1，完全不能再看书写字。

我通过亦师亦友的著名作家谭楷先生，找到素昧平生的刘教授。她二话不说，三天之内分别做完了两眼白内障摘除手术，两眼视力皆达 1.0。

当时是疫情期间，她很晚下班，戴着口罩到住院室的廊道门口看望我。推我进手术室时，我还不知何人为我手术，她在我耳边悄声说："孙老师，我是刘春玲。放心，半个小时结束。"

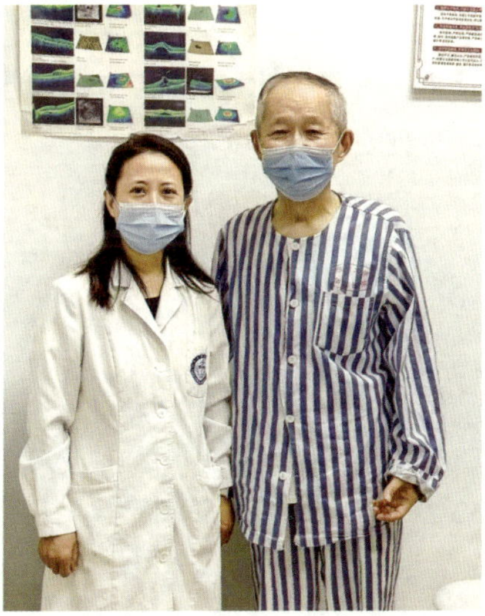

与刘春玲教授合影　2022.7.14

以后每隔 10 天，我到医院复查一次，总计 3 次。她同我交流检查情况不会超过 3 分钟。她对男女老幼患者一视同仁。如果不是数次亲历，不能想象这些专家有多忙。

出院前，我请刘教授照相留念，我的目的是在此书印刷时要附上这张相片，专致谢忱。她的医术、医德、人品为我景仰，这是为我带来光明的白衣天使。如果朋友们看了此书有什么收获，请首先记住刘春玲教授！

今天是6月16日，父亲节。朋友给我发来1994年在雅安上里古镇拍的电影《被告山杠爷》，片名我知道，其他一无所知，出于好奇，我从网上查看了此片的提要。

山杠爷是堆堆坪的村党支部书记，他大公无私，一心为民，享有崇高威信，他用千百年来的乡规民俗办法治理村民，堆堆坪党支部年年被评为乡上的先进党支部。他把酗酒打老婆的醉汉捆绑拘押甩保管室饿三天；他把故意不交公粮的壮汉当众几个大耳光；他把殴打公婆的悍妇绑着游街示众，此妇第二天吊死在山杠爷的家门口……县检察院派人来调查取证后，因山杠爷目无法纪，触犯法律，被带到县城处理。离别时村民空巷，热泪相送。此片是峨眉电影制片厂拍的，获1995年金鸡奖，主角李仁堂获最佳男主角奖。

同样在1994年，著名油画艺术家周春芽，以上里河滩的红石为题材，画了3幅《红石三联画》，藏家以3万元收走。《华西都市报》2012年12月7日报道，当年北京匡时秋拍此画，以2600万元成交，18年升值866倍。

雅安有宝吗？有宝！

我即给巴蜀书社王祝英社长发一信息：

天意！山杠爷按千百年来的规矩管理偏僻农村，无私无畏地为民做好事却犯法而不知！《圣山笔记》用千百年后的思维来打理一座城市，新旧对比，互为印证，这是中国社会前进轨迹的记录。

我是研究茶文化的后生晚辈，2000年到雅安工作时开始接触茶，时年52岁，至今耕耘浸润25年。

我常讲学来的一句话——“人文修养决定思维层次”。

52岁之前的历练和积累，使我看到熊猫和茶时，会有不同的视野和认识，会把“熊猫牌”升格为“熊猫文化牌”，会把茶农吴理真、“蒙山顶上茶”，定格为植茶始祖和世界茶文化圣山。这本书，叙述了渐进的历程。

我先后创作的几本书，必须写的一句话是：感谢原四川省委书记谢世杰同志。在他 7 年任期的最后一次常委会上 (1999 年 12 月 23 日)，确定调我到雅安工作，否则就没有这些笔耕成果了。

还要强调一点的是，2000 年 10 月，雅安地委领导决定把旅游交我分管，一个月后，戴维神父家乡亲友团来访的机会被抓住了，六个月后，“世界茶文化发源地”和“龙行十八式”被隆重推出。

这本书，是雅安市和四川省各级党政部门，全国各省市区、大专院校、茶行业协会，海内外专家学者、企业家、媒体、茶文化爱好者共同智慧的结果。

感谢宋少祥、朱自振、吴甲选、陈文华、李家光、钱时霖、施嘉璠、施兆鹏、曹宏、欧阳崇正、杨奇、丁文、石爱发等诸多贤达为蒙顶圣山的贡献。他们已往达天国，我们不会忘记他们。

感谢刘枫同志对“一会一节”的坚定支持，并为本书题写书名。

余悦教授是中外驰名的资深茶文化研究学者，是打造圣山、茶祖吴理真和“一会一节”的参与者、支持者、见证者。我们是 20 多年的茶文化挚友。我请先生写序，他一挥而就，成就一篇长序，褒誉有加，使我倍感压力，在由衷谢忱之际，也当夕阳奋蹄。

钟渭基大爷以 90 高龄，校注了涉茶科技部分，这是一位科学家的挚爱！

司徒华、胡焕平二位大师，为蒙顶山精心设计制作了“中华茶祖大铜鼎”，永立于天盖寺。

赵迎鸿、张雅琪、孙震、黄典仪为打印、校核全书，从数千张图片中精选制版、编说明、查资料，辛苦付出。

对百询不烦的吴涛、刘馨秋、冯卫英、覃中显、陈书谦、朱波、胡焕平、赵迎鸿、张雅琪、高殿懋、郭友雯、甘玉祥、高富华、董存荣、李国斌、李亚军、杨健、袁冰、陈开义、钟国林、余路遥、刘思远等对本书资料检索、图片选择、绘制插图、购买相关书籍和工作方便等方面，给予的大量、无私的帮助，心怀感激。

雅安市委、市政府，名山区、雨城区和各区县的党政领导，四川诸多茶文化产业协会、大专院校、涉茶涉旅企业，对此书写作和出版，予以关注支持。

我从众多茶著述文章中获取知识，使用了一些佚名摄影家的图片，在此一并致谢，以书相酬。这本书，仅是个人视野所及的论述，不妥之处，请专家指正。

此书有一个最大特点，记录了众多县科局级人员和无衔者的名字，我和他们一道，打造了世界茶文化圣山，这是大家艰辛劳作、开拓进取的成果，“众手捧出茶圣山”，录名以表感激之情。

我选择巴蜀书社出版本书，是因为书社名称与朱自振先生的“巴蜀摇篮论”契合。更重要的是，王祝英社长看了本书的电子版初稿，很中肯地提了一些意见，我全部接受，使本书的视野和格局上了一个档次。出版社的诸多编辑审校人员尽心尽力，为出精品而操劳，让我牢记不忘。

书翻完了，本书主题是什么？

一位人民公仆怎么为富裕一方而开拓性地勤奋工作！

书中的摩梭女王、陈建民、茶祖吴理真、雷简夫与三苏、茶马古道之趣，是长议不衰的热门话题，他们与“一会一节”的成功紧密相关。我作为亲历者、研究者，录于此，既是分享，也是讨教，祈正于方家。

我的青少年时期，家住四川省万县市（现为重庆市万州区）三马路277号，当年刘伯承从开县外出求学从军，必经我家门。1986年刘帅94岁仙逝，悼文总结他戎马军旅有一个特点——慎思断行，这暗合我此前的思想行为，当时我在泸定县挂职，请朋友制“慎思断行”镇纸，作为座右铭。

从到雅安工作至今 25 年了，涉茶做事，始如处女，行如疾电，不胜不休。

我请马识途老 20 年前在蒙顶山书此座右铭，挂在家里，算是识此书一趣。

“文章千古事，得失寸心知。”（杜甫《偶题》）

马识途题座右铭　（2004.10.3 蒙顶山）

2024 年 6 月 16 日于成都蜂巢书屋

名山区人民政府授予作者荣誉市民称号，左为区长邓旭　2024.9.19 于名山

行二十万里路
写笔记“三部曲”

高富华

有一位叫“熊猫喝茶”的老人，退休后手持两片绿叶，四处考察，甚至还漂洋过海，到了英国，先后创作出版了《大熊猫文化笔记》《英茶行日记：中英交流400年——茶 瓷器 丝绸 漆器 园林 贸易撷英》《世界茶文化圣山笔记》笔记体“三部曲”，其中《大熊猫文化笔记》先后出版了中文版、英文版、法文版（北京和巴黎分别出版典藏版），实现了他从官员到学者的华丽转身。

2024年10月1日，这位老人应四川省图书馆的邀请，在学术报告厅做了“典籍里的川茶故事——茶文化从巴蜀走向世界”的文化讲座。

结识先生很简单，他是分管旅游的副市长，我是报社旅游文化口的记者，我自然而然地成了他的“跟班”。

那些年，先生每年都要送我一本笔记本。笔记本很独特，扉页是年历，内页365页，一页一天，刚好是一整年。

他说：“这只是日记本的索引，更多的内容还得记在笔记本上。”

先生还告诉我：“好记性不如烂笔头，将来要写点东西，这些笔记本的内容，就是写作的素材，而我以后写作的体裁，就是笔记体。”

从此，我对先生的“笔记体”作品开始心心念念起来，期盼早点拜读先生的大作。

20多年过去了，先生76岁，我也进入退休人员的行列。2024年金秋九月，我集齐了三本书——《大熊猫文化笔记》《英茶行日记：中英交流400年——茶 瓷器 丝绸 漆器 园林 贸易撷英》《世界茶文化圣山笔记》，正是先生的“笔记体”三部曲。

回顾自己的写作历程，先生说：“从千禧之年我赴雅安上任至今，25年过去了，行20多万里路，读万卷书，终成笔记体‘三部曲’。”

一

先生曾任四川省雅安市人民政府副市长，分管旅游，他做的第一件事，就是在雅安“游山玩水”，因为他想玩转雅安的旅游。在到雅安工作前，先生从省委办公厅下派甘孜州泸定县，任县委副书记，他干了一件很是轰动的事，那就是开发出了海螺沟冰川景区。

雅安跟甘孜是邻居，都紧挨着“蜀山之王”贡嘎山。在先生眼里，雅安海拔从四川盆地西缘的516多米，一下跃升到青藏高原东缘的7556多米，如此巨大的落差，天下唯一。大自然的鬼斧神工，人文景观的万种风情，自然蕴藏着丰富多彩的文化旅游资源。

从青衣江到大渡河，从蒙顶山到夹金山，先生一路走来，雅安和周边的甘孜州、阿坝州、凉山州、成都市等地，都留下了他考察调研的足迹。

考察归来，先生一下就打出了雅安四张文化旅游牌，熊猫文化和茶文化，他说是雅安的“王炸”，是世界级当量的文化旅游牌，而雅安的红军文化和汉代文化，是国家级文化旅游牌。

1869年，法国博物学家阿尔芒·戴维在今雅安市宝兴县境内的夹金山科学考察，发现并命名了大熊猫这一珍稀物种，并把它介绍给了世界；而在更早的时候——公元前53年，茶农吴理真在今雅安市名山区境内的蒙顶山种植了7株茶树，从此开启了世界人工植茶的先河。

先生的微信名为“熊猫喝茶”。有人不解，他笑了笑说：“你到雅安看看两片绿叶，就知道我为什么叫‘熊猫喝茶’了。”

茶叶、竹叶，这两片在雅安大地上摇曳的神奇绿叶，在先生眼里，蒙顶山、夹金山分别是世界茶文化、世界大熊猫文化发源地。是啊，先生在雅安分管旅游，手持两片绿叶，不是走茶马古道，就是到蒙顶山喝茶，或是到夹金山观赏大熊猫，先生不叫“熊猫喝茶”，还能叫什么？

握着一手好牌，不仅要高举高打，还要打得掷地有声。

2000年底，来自阿尔芒·戴维家乡的亲友团追寻先贤足迹，悄然来访，先生偶然得知这一消息后，连夜到宝兴迎接，目的只有一个，借力造势，让天下人都知道，风靡全球的大熊猫，是法国人在雅安发现并介绍给世界的，大熊猫从雅安走向世界的，从而打响雅安的熊猫文化牌——“看熊猫到雅安”。

从此，在大熊猫故乡宝兴县和科学发现大熊猫者的故乡法国艾斯佩莱特市，先生划出了一条粗大的连接线，这条跨越东西方的连接线，实际上就是“大熊猫发现第一人”的足迹。先生沿着他的足迹来来回回地跑了好几趟。

宝兴县和艾斯佩莱特市结为友好城市、中国大熊猫保护研究中心在雅安建立基地、雅安创建中国优秀旅游城市、雅安筹办第三届旅游发展大会、大熊猫栖息地申报世界自然遗产、全球首个大熊猫野化放归基地落户石棉栗子坪、雅安参加CCTV十佳魅力城市竞评、雅安举办一年一度的熊猫电影周、大熊猫国家公园建设从雅安发轫……

这些年，一件又一件与大熊猫相关的大事接踵而至，先生都参与其中，笔记本记下了一本又一本。

先生一手打熊猫文化牌，一手打茶文化牌，双手翻飞，一时打得风生水起。

2002年，先生提议由雅安承办第八届国际茶文化研讨会，得到了四川省委、省政府的重视和支持，经过两年的精心筹备，2004年9月19日，2800多名茶人从世界各地奔向雅安，参加第八届国际茶文化研讨会暨首届蒙顶山国际茶文化旅游节（当时简称“一会一节”），创下了历届国际茶文化研讨会规模最大的盛会新纪录。

国际茶文化研讨会是由中国国际茶文化研究会主办的，研讨会每两年一届，已连续举办了7届，从没有发表过什么“宣言”“共识”。但在先生的倡议下，史无前例地发表了《蒙顶山世界茶文化宣言》（简称“《宣言》”）。

《宣言》称：“蒙顶山是世界茶文化圣山，是世界茶文明发祥地，茶文化的发源地。让蒙顶山茶文化走向世界！”目标很明确，先让蒙顶山茶文化走向世界，再让蒙顶山茶走向世界，用茶文化、茶科技促进茶产业的发展。

《宣言》得到了与会者的确认和好评。茶史专家、南京农业大学中国农业遗产研究室研究员朱自振回到南京后，仍兴奋不已，他提笔给先生写了一封信，称“这次会议，不仅以‘空前’记入世界茶文化史册，我担心可能也会以‘绝后’无人超越或继续”。

后来，先生因工作调动离开了雅安，但他依然心系雅安两片绿叶，他的目光依然聚焦在夹金山、蒙顶山上。

二

2009年11月，在纪念大熊猫科学发现140周年之际，先生的《大熊猫文化笔记》（五洲传播出版社）中文版问世。

2018年8月，首届中国大熊猫国际文化周在北京举行，在国家图书馆举行的大熊猫主题书籍分享会上，先生应邀参加了分享会。他说：“雅安市和艾斯佩莱特市是两个绕不开的坐标——雅安市是大熊猫发现地，艾斯佩莱特市是大熊猫科学发现者的故乡。”

先生告诉大家，当他第一次在法国巴黎国家历史自然博物馆看到大熊猫模式标本的那一瞬间，他震惊了，他认定大熊猫模式标本就是打开大熊猫尘封百年的文化宝典。先生决定从大熊猫文化入手，以笔记体的形式，创作一本大熊猫文化主题的图书。

于是，读者在《大熊猫文化笔记》开篇看到的第一句话，是先生引用中国与世界自然基金会（WWF）签署大熊猫研究合作协议中的内容：“大熊猫不仅是中国人民的国宝，也是一项与全世界人类息息相关的珍贵自然遗产，它具有无与伦比的科学、经济和文化价值。”

“用大熊猫文化讲好人与自然和谐共生的中国故事，讲好中国与世界人民和平友好的故事。”《大熊猫文化笔记》以先生的亲身经历为主线，讲述了大熊猫从科学发现到成为世界濒危动物旗舰的全过程，书写了大熊猫的百年传奇，被读者誉为“世界大熊猫文化的开山之作”“第一本探索熊猫文化丰富内涵的专著”。

该书2009年首次出版发行后，先后在中国、法国出版中文版、英文版和法文版，2019年，在大熊猫科学发现150周年之际，该书又出版了典藏版，受到读者广泛好评。

先生还呼吁以大熊猫发现地雅安为核心，以世界自然遗产“四川大熊猫栖息地”为圈层，整合藏羌彝民族文化、古蜀文化、茶文化等多元文化，建立一个纵横雅安、成都、甘孜、阿坝、凉山等市州的大熊猫文化主题公园，让大熊猫文化成为四川旅游的公众品牌，从而打造出一个比迪士尼大万倍的大熊猫文化主题公园，讲好中国故事，让中国大熊猫斗过美国小老鼠。

《大熊猫文化笔记》出版发行后，“大隐隐于市”的先生，又隐身不见了。

先生到哪里去了呢?

2021年8月，当一本厚达600页的“枕头书”《英茶行日记：中英交流400年——茶 瓷器 丝绸 漆器 园林 贸易撷英》（新华出版社）出现在书店时，读者这才知道，原来先生隐身在世界茶林中“耕读”。

先生担任中国国际茶文化研究会副会长，并在成都创立了西南茶文化研究中心，“茶人做茶事”，他开展了一系列卓有成效的工作。

从2000年起，先生先后考察了日本、马来西亚、新加坡、法国、德国、印度、巴基斯坦、美国、韩国等十余国的茶文化茶产业。2016年4月，先生组织了17人的“中华茶文化赴英国考察交流团”，到英国考察了25个与茶相关的研究机构、博物馆、茶叶销售旗舰店、茶园、茶厂、陶瓷厂、相关遗址等，收集了大量的史料，涉及茶叶从中国进入英国400年来，茶、瓷器、丝绸、漆器、园林、贸易……中英之间由器物到文化、制度的博弈，用事实和史证说话，用今日的场景还原历史的过往。

赴英考察，来回两周，别人是旅游，而先生步履匆匆，收获满满。

考察归来，先生“躲进小楼成一统，管它春夏与秋冬”，经过5年的潜心研究，参阅近千本相关古今中外图书，最后写成了60余万字的《英茶行日记：中英交流400年——茶 瓷器 丝绸 漆器 园林 贸易撷英》一书。“这本书应该是茶叶去英国后及其发展的一本最详尽的文献了。”中国工程院院士、著名茶学家陈宗懋是这样评价的，并欣然为该书题写书名。

书中附录的参考文献，单是图书，就多达386本。

三

也许是受先生影响，也许也是天性使然，随着年龄的增长，外出采访的时间少了，我也开始涉猎大熊猫文化、茶文化，自然向先生请教和交流就多了起来，我也写了几本与大熊猫文化、茶文化相关的小册子。有一年，我考察川藏茶马古道从雅安到了拉萨，正在贡嘎机场候机返回时，接到先生的电话，他正坐着火车到拉萨，打算到林芝考察“离天空最近的易贡茶园”。

这年，先生已满70岁，我不禁为他的身体担忧，万一发生了“高反”怎么办？我只得在心里为他祝福。后来我才知道，由于一路马不停蹄地奔波劳顿，半夜突然呕吐腹泻，辗转送到林芝急救，先生这才死里逃生，捡回一条命。

类似的惊险，已不是第一次。2010年在云南普洱市考察，他搭乘的小车撞上了一辆皮卡车，小车险些坠入深山峡谷……茶友跟他开玩笑：“玩茶，玩命！”

先生在川藏、滇藏古道上来来回回走了好几趟，西藏阿里出土了汉晋时期的茶叶，他跑去考察；云南临沧“发现”了3200年的老茶树，他跑去求证；清末法国驻昆明总领事方苏雅拍的茶马古道老照片，是在哪拍摄的，他拿着照片从云南走到四川，最后在友人孙光俊的协助下，看着照片上的那块大石头依然高悬在路边，先生确认照片的拍摄地点，就在甘孜州泸定县大渡河边咱里村的古道旁。

在先生看来，川藏茶马古道是未来的世界热点旅游线路，而茶马古道不是一个孤立的景点，如同丝绸之路一样，是一条集自然景观和民族风情于一体的旅游线路，不是哪一个地方就能搞起来的，必须同沿线的市州联手打造。界于雅安市汉源县和甘孜州泸定县之间的飞越岭，是保存最好的茶马古道，他先后考察了好几趟；紧靠二郎山的泸定县岚安乡，他就去了三次，在先生眼里，研究茶马古道，蒙顶山第一，岚安第二。因为这里有茶仓地、茶马司、冷边土司衙门、烽火台（望风台）以及红军长征野战医院遗址，茶马古道遗址还很完好。

当地老乡看着他们在泥泞山路上行走困难，开着拖拉机追了过来，执意要送他们，让先生感动不已。

在汉源县、泸定县朋友的协助下，先生在泸定县找到并确认了茶马古道上的“三件宝”，一是法国驻昆明总领事拍摄的茶马古道照片的地方，二是保障茶马古道大渡河渡口正常通行的“万历合约”，三是退休干部朱德万当年的“背夫日记”。

时间如同转动的齿轮，一刻也不停地往前走。在大家的期盼中，先生的“茶文化笔记”出现在众人面前。

2024 年 9 月 19 日，第八届国际茶文化研讨会暨首届蒙顶山国际茶文化旅游节举办已过了 20 周年。

这天，“蒙顶山世界茶文化宣言暨一会一节 20 周年纪念活动”在蒙顶山下的茶史博物馆举行，与会人员收到了一份“神秘礼物”——《世界茶文化圣山笔记》（巴蜀书社），又是先生的一本“枕头书”，一本 55 万字、近 600 页的大部头，单是书中附录的参考文献就多达 287 条。

“前所未有写雄篇”，中国著名茶文化学者、江西省社会科学院首席研究员余悦先生不仅为之写序，还盛赞这本书是“世界茶文化圣山，留给未来的文化遗产”。

《世界茶文化圣山笔记》与前两本书一样，依然是笔记体。先生以两片绿叶为圆心，以自己的工作活动为半径，徐徐展开，娓娓道来。读起来读者仿佛在与智者对话，既感亲切，而书中不时迸出的思想“火花”，又发人深省。

捧读“枕头书”，我还发现先生在书中隐藏着很多悬念，叙述川藏茶马古道考察时，他匆匆收笔，意犹未尽，情不自禁地写道“有无穷无尽的故事，不写，可惜啦！写，时间篇幅不够。下本书中再见”；说到他与余悦、刘昌明两位茶文化学者结伴到西藏考察时，他们三人都是 60 多岁的老人了，家人不放心，余、刘二人不约而同地给家人做工作，“先生比我们大好几岁，有他陪着，怕什么”，先生也在这里卖了个关子，“这一行的精彩故事，下次再说”。

类似“下本书中再见”“下次再说”在书还有很多。看来，先生的笔记体“三部曲”了又未了。

先生生于 1948 年，已近耄耋之年。我真想问一句：“先生，您还有多少精彩让我们期待？”

走笔至此，我这才想起，差点忘了介绍先生姓甚名谁，先生姓孙名前，借用先生一句话，他只是一位有着“立德、立功、立言”情怀的普通人。

（高富华，原四川省雅安市融媒体中心高级记者、中国作家协会会员、中国国际茶文化研究会理事，著有《蒙顶山：最后的知青部落》《大熊猫史话（1869—2019）》《大熊猫：国宝的百年传奇》《又见茶马古道》等十余部图书）